装备科技译著出版基金

无人飞行器系统
Unmanned Aircraft Systems

［美］ 科蒙·P·瓦拉瓦尼丝(Kimon P. Valavanis)

保罗·Y·欧(Paul Y. Oh)　　　　　　编 著

赖斯·A·皮尔(Les A. Piegl)

北京海鹰科技情报研究所　　　　　译

U0345791

国防工业出版社

·北京·

著作权合同登记　图字:军- 2013 - 129 号

图书在版编目(CIP)数据

无人飞行器系统/(美)科蒙·P. 瓦拉瓦尼丝
(Kimon P. Valavanis),(美)保罗·Y. 欧
(Paul Y. Oh),(美)赖斯·A. 皮尔(Les A. Piegl)
编著;北京海鹰科技情报研究所译. —北京:国防工
业出版社,2017.6
　书名原文:Unmanned Aircraft Systems
　ISBN 978-7-118-10886-6

Ⅰ. ①无… 　Ⅱ. ①科… ②保… ③赖… ④北… Ⅲ.
①无人驾驶飞行器-文集　Ⅳ. ①V47-53

中国版本图书馆 CIP 数据核字(2017)第 066628 号

Translation from English language edition:
Unmanned Aircraft Systems
by Kimon P. Valavanis,Paul Oh and Les A. Piegl
Copyright ⓒ 2009 Springer Netherlands
Springer Netherlands is a part of Springer Science+Business Media
All Rights Reserved

※

国防工业出版社出版发行
(北京市海淀区紫竹院南路 23 号　邮政编码 100048)
北京嘉恒彩色印刷有限责任公司
新华书店经售

*

开本 710×1000　1/16　印张 33¼　字数 600 千字
2017 年 6 月第 1 版第 1 次印刷　印数 1—2000 册　定价 138.00 元

(本书如有印装错误,我社负责调换)

国防书店: (010)88540777　　发行邮购: (010)88540776
发行传真: (010)88540755　　发行业务: (010)88540717

译者序

无人飞行系统(Unmanned Aerial Vehicle System,UAS)是无人机及其配套的通信站、起飞(发射)回收装置以及无人机的运输、储存和检测装置等的统称。无人机是无人驾驶飞行器(Unmanned Aerial Vehicle,UAV)的简称,它是一种由无线遥控设备或自带程序操纵的,有动力、可控制、能携带多种任务载荷、可重复使用的无人驾驶航空器。无人机按控制方式可分为遥控式、半自主式、自主式或三者兼备等四类;按用途又可分为军用和民用两种;军用无人机根据使命任务、航程、活动半径、续航时间及飞行高度等又可分为战术无人机和战略无人机。

无人机的发展历史已近百年。1917 年世界第一架无人机诞生于英国,20 世纪50 年代起无人机开始得到广泛应用。在军事领域,无人机最初被用作靶机,为满足作战需求,无人机上安装了多种任务载荷,从而产生了具有 ISR(情报、监视、侦查)、电子对抗等功能的无人机。

到目前为止,无人机已在数次局部战争中发挥了重要作用。它首次被用于越南战争,20 世纪的中东战争、海湾战争、科索沃战争,无人机都卓有成效地执行了多种军事任务;21 世纪初的阿富汗战争、伊拉克战争、利比亚战争中,无人机灵活的使用方式、有效的打击能力、廉价的经费投入以及突出的战绩性能更是令人赞不绝口;当前,无人机受到了空前的关注,在民用领域的发展更是遍地开花、如火如荼。

随着科学技术的迅速发展,21 世纪的无人机及其携带的载荷性能将日臻完善,它必将演变成一种高效费比、攻防兼备的武器,从而一改过去在战场上充当辅助角色的状况,甚至还有可能取代有人作战飞机,成为未来作战飞机发展的主流,并引发作战思想、作战模式等一系列变革,进而给未来军事斗争带来深远的影响。

正所谓"知己知彼,百战不殆",北京海鹰科技情报研究所在长期跟踪、分析和研究的基础上将这本《无人飞行器系统》翻译出版,可为一线科研工作者及管理人员提供相关情报支撑及资料参考。本书的出版得到了北京海鹰科技情报研究所各级领导和有关部门的大力支持,并得益于多位高水平专家的精心指导,在此致以衷心的感谢。水平有限,不足之处,敬请广大读者海涵、指正。

译 者
2017.1

目录

V

第 1 篇

用于训练和操控者评估的带有综合运动提示的无人机驾驶系统的研究

James T.Hing,Paul Y.Oh

(詹姆士·T·兴,保罗·Y·奥尔)

摘　要:随着人们对无人机需求和使用的增加,无人机事故呈现稳步上升的趋势。一项针对无人机事故的重要研究显示,人为过失是造成事故的主要原因。而先进的、不用人力驾驶的自主驾驶系统仍需多年研究才能投入使用。此外在近地环境中,无人机仍然有很多潜在应用,这些对操控者的感知和适应能力提出了要求。这就意味着需要提高无人机的遥控驾驶水平。本文研究了如何利用移动平台来增强驾驶性能,以及如何通过模拟器系统来评估无人机操控者技能。研究方法基于对人为因素的能力和认知储备的研究,得出的设计作为研究无人机驾驶性能、创建训练项目的试验台,并将最终成为减少无人机事故的平台。

关键词:无人飞行器;运动提示;无人机安全;无人机事故

J. T. Hing (✉) ・ P. Y. Oh

Drexel Autonomous Systems Laboratory (DASL),

Drexel University, Philadelphia, PA 19104, USA

E-mail: jth23@ drexel.edu

P. Y. Oh

E-mail: paul@ coe.drexel.edu

K. P. Valavanis et al. (eds.), *Unmanned Aircraft Systems*.DOI:10.1007/978-1-4020-9137-7_2

1 引言

已经出现了因军用无人机事故(与美国无关)引发的平民死亡事件[1],而这些近乎灾难般的事故数量正在稳步上升。2006年4月,一架民用捕食者无人机在亚利桑那—墨西哥边境坠毁,距离一个小镇仅几百米。2006年1月,一名洛杉矶县级法院执法人员对一架无人机失去控制,使之最后俯冲降落在附近地区。以我们过去六年在无人机领域的经验看来,坠毁事故并不少见。如图1所示,无人机事故比其他飞机事故要常见得多,且逐年增加[2]。

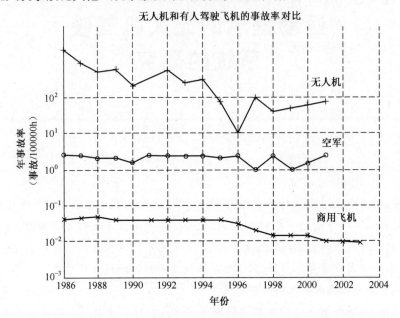

图1 事故率对比

为此,设计能够预防无人机事故的系统和协议就成为了一项紧迫而重要的工作,这要优于训练无人机操控者和提高操控者的能力。事故重现专家观察发现,无人机操控者常常进行不必要的高风险动作。而这些动作经常导致飞机的高应力,加速飞机磨损甚至导致坠毁。传统的操控者通常凭"感觉"飞行,在操纵飞机的过程中对加速力凭感觉而定。当操控者觉得加速力过高时,他们常常放松对飞机控制以使飞行更为平稳。本文作者认为,给出无人机操控者运动提示将增强操控者的能力。通过将操控者置于虚拟的飞机座舱之内,可以使操控者反应更快,从而提高控制精度。这一点在此前的一项研究中得到了证实,其研究了有人驾驶飞机(固定翼和旋转翼飞机)的飞行员所使用的飞行模拟器和教练机的运动提示效果[3-5]。在本文的研究中,提出了一种用于无人机训练、

2

驾驶和事故评估的新方法。其目标是开发一种增强操控者对无人机控制并降低无人机事故概率的系统,它也将通过重现事故场景并评估无人机操控者的命令,使人更好地理解人为失误导致的无人机事故的原因。该计划源自认知心理学家针对一种被称为"共享命运"的现象展开的讨论。这一假设阐明,由于地面操控者与空中飞行的无人机并不共享同样的命运,因此操控者常常会采取过于大胆的机动行为,从而增加了坠毁的可能性。在试验过程中,运动提示将提供给以无人机角速度为基础的移动平台座舱内的操控者。当前的试验目标是评估以下与运动提示相关的问题:

(1)无人机任务过程中的哪项技能可以在不同条件下提升/降低?

(2)之前的有人驾驶飞机试验能在多大程度上提升/降低无人机的控制?

(3)它怎样影响无人机操控者的决策过程和因共享命运感觉而采取的冒险行为?

新式无人机飞行训练设备的研制分为三部分,本文介绍的是其中第一部分。这款设备能够实现操控者评估,并能实现操控者和自主任务系统之间的无缝转换。第二部分的研究将针对系统的有效性进行评定。第三部分将介绍完整的教练器和任务就绪系统。此外,本文还介绍了无人飞行器系统的构建,包括用于训练的软件界面和用于任务就绪系统的硬件界面。图2中展示了该系统及其主要部件。本文研究了如何使用移动平台使无人机操控者增强对飞机状

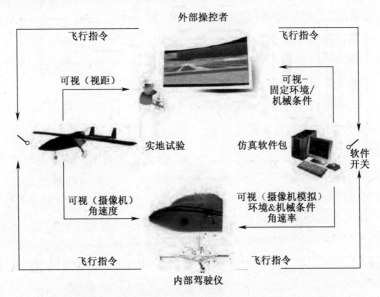

图2 用于针对无人机控制的运动提示有效性评估的试验设备

该系统的优势是,操控者可以在与实际使用的模拟系统上学习。

3

态的了解。全文中间部分介绍在无人机事故方面以及目前这些飞机怎样在操控下飞行等方面的研究。本文详细介绍了用于模拟、训练、人为因素研究以及事故评估的设备,并介绍了用于实际场景中实地试验的远距离操作设备。最后一部分介绍并讨论了结果、结论,概述了后期的工作。

2　无人机操作和事故

设备故障会导致某些事故,但人为失误是导致无人机灾难和事故的一个主要因素[6,7]。根据美国国防部的记载,70%的非战斗型有人驾驶飞机的事故归因于人为失误,而其余事故的原因也有很大一部分包括人为失误的因素[6]。很多人认为,解决这一问题的途径是让无人机完全自主控制。但是,在自动控制状态下,很难预见可能发生的所有意外事故,也很难预知无人机面对所有可能发生的情况的反应。而改变操控者的训练方式及当前控制无人机的方式将对其产生更为直接的影响[8]。

很多无人机事故是因操控者的控制能力欠缺所导致的。目前,无人机的操作模式主要有三种。①外部领航(EP)。这种模式可在视距内控制飞机,与远程控制(RC)领航类似。②内部领航(IP)。采用地面站和机载摄像机。③自主飞行。某些无人飞行器系统是采用单一模式操控的,这与完全自主飞行的全球鹰无人机相似。其他模式则与先锋无人机或者灰鲭鲨无人机类似。先锋无人机在起飞/着陆阶段采用外部领航模式,飞行过程中则采用来自地面站的内部领航模式。目前地面站(如用于捕食者无人机的地面站)设备包括静态驾驶仪和有效载荷操作员控制台。操控者使用操纵杆、方向舵踏板和监视屏来控制飞机。其中,有一个监视屏显示的是以机首为视角的图像。

有很多降低性能的因素会影响内部领航,如视野有限、控制反应和反馈延迟以及缺少来自飞机的感官提示[7]。这些因素会导致对场景的认知不足,并降低在操控中对飞机状态的了解程度,从而增加灾难或事故的发生概率。采用自动飞行模式也存在缺陷。一架完全自主的飞机,如全球鹰无人机[9],由于其自动控制程度较高,操控者并未密切监视自动化的任务规划软件。这将导致不仅对场景的认知更为不足,而且会在系统发生故障时,降低处理系统故障的能力。

以无人机地面站的驾驶控制台为基础对人为因素进行的研究,提出了提高操控者场景认知水平的一些途径。这些改进包括机首显示的新设计[10]、增加控制手柄的触摸和触觉反馈[11,12]以及更大型的视频显示器[13]。据本文作者所知,目前在无人机应用中,还没有开展任何使用运动提示用于无人机控制的研究。

4

民用无人机的潜在应用,如搜救、灾火、执法以及很多工业应用等,都将在近地环境中完成,而这些都属于低海拔飞行区域,通常存在障碍物干扰。这些新应用将会增加灾难发生的潜在风险。目前降低这一风险的办法大部分致力于提高无人飞行器系统的自动化程度,从而减少了人工操控者的作用。不过,带有障碍规避和路径规划传感器组件的无人机航空电子设备的技术发展水平仍然不够先进,不足以实现近地环境(如森林和城市环境)中的完全自主控制。尽管本文作者已证明无人机能够在近地环境中飞行[14, 15],但也指出无人机自主控制仍然是一项公开的挑战。这也使本文作者并未将重点集中于开发无人机的自主性,而是更多地关注如何提高无人机操控者的控制能力。

3 模拟和人为因素研究

有很多商用无人机模拟器可用,而且随着无人机的使用更为普及,这些模拟器的数量也在持续增长。大部分这类模拟器都是用于复制现有军用无人机的训练和操作过程的技术状态。我们的系统的模拟部分是用于训练操控者在动态环境条件下使用我们为其提供的运动反馈来操控无人机。模拟设备也能够重建无人机的事故场景,更详细地研究事故发生的原因,并且能够将操控者重新置于事故场景中,以训练他们如何恢复。模拟器使用了与无人机实际飞行相同的移动平台和座舱,因此基本可以将训练技巧直接应用到实际操控中。

3.1 X-Plane 软件和无人机模型

训练系统采用商用飞行模拟器软件,如来自 Laminar 研究机构的 X-Plane 软件。使用商用软件能够使研发时间更快,因为很多必要的仿真项目已经打包在软件中了。X-Plane 软件涵盖了许多非常精确的空气动力模型,并能使数据在程序中实时输入/输出。X-Plane 软件曾作为自主飞行控制器的可视化工具和验证工具,在无人机研究团体中使用过[16]。在参考文献[16]中,对 X-Plane 软件的内部工作情况进行了非常详细的说明,并给出了通过用户数据协议(UDP)进行数据交换的细节。通过两种方式,我们几乎能够控制程序的每个部分。第一种方式是在程序外部运行、在 Visual Basic 环境下创建的外部界面。外部程序通过用户数据协议实现与 X-Plane 软件的通信。第二种方式是通过使用插件程序,这种插件程序可以利用 X-Plane 软件开发工具包(SDK)Release 1.0.2(可从 http://www.xsquawkbox.net/xpsdk/免费获得)来创建。对 X-Plane 软件模拟器进行了改进以适应本项目的需要。通过使用本文作者创建的插件

5

程序,模拟器能够在任何位置、任意状态和任意条件下,让外部操控者和内部操控者启动无人机。图 3(b)给出了插件程序的界面。插件程序的好处是用户能够在环境有利于训练着陆、事故复原和其他空中技能时,在任意位置和状态下启动飞机。创建插件程序的另一项额外的好处是用户还能够通过改变飞机的位置、方向和启动速度,模拟进行弹射发射。少数小型无人机正在朝着弹射发射的方向发展[17]。使用 X-Plane 的建模软件,可创建一架现役军用无人机的模型。如图 4 所示,灰鲭鲨是一架由 Navmar 应用科学公司研制的军用无人机。它的质量为 59kg,翼展是 3.9m,通过外部操控实现起飞和着陆。飞机在飞行中使用了电脑辅助自动驾驶仪。在初始测试中,该无人机平台非常理想,因为作者所在地区就有经验丰富的灰鲭鲨操控者可以完成验证工作。其他的无人机模型现在可以在线获得,如图 4(c)所示的捕食者-A 型无人机。目前,本文作者已经通过一名民用捕食者-A 型无人机的操控者对模型的精确度进行了评估。训练设备是针对灰鲭鲨无人机的,这样一名外部操控者能够使用与常规操作相同的外视图和 RC 控制,在飞行任务中进行训练,如图 5 所示。因此,该系统能够随时切换为内部视图(图 5 中所示的模拟机首摄像机),从而实现控制并向移动平台内部的操控者发送运动提示。

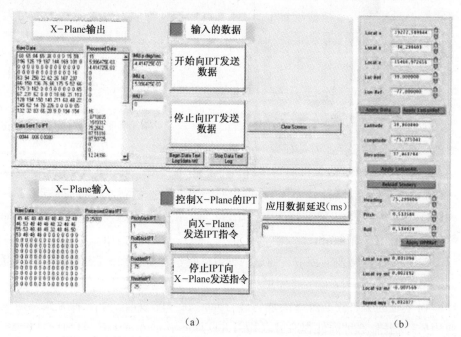

(a)   (b)

图 3 (a)是 X-Plane 软件和 IPT 地面站之间通信的图形用户界面;
(b)是 X-Plane 软件内部运行的插件程序界面

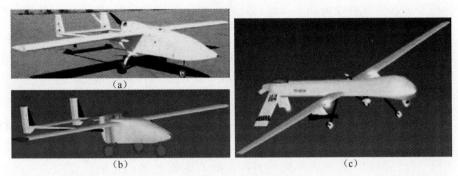

图4 （a）为Navmar应用科学公司研制的灰鲭鲨无人机，（b）为在X-Plane软件中重建的
灰鲭鲨无人机，（c）为由X-Plane软件在线团队创建的捕食者-A模型

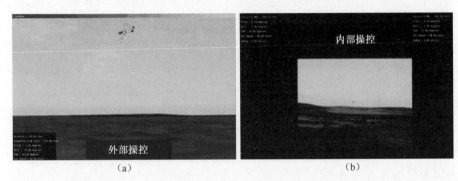

图5 使用灰鲭鲨无人机模型的模拟器屏幕截图

（a）外部操控图像，遥测数据在屏幕上显示，在真实世界中，该数据正常情况下应通过耳机传送给操控者；
（b）内部操控图像，显示了遥测数据，图像模拟了飞机上机首摄像机的位置，并复制了有限的视野。

3.2　人为因素研究

与经验丰富的灰鲭鲨无人机和捕食者-A/B两型无人机的操控者就目前的训练和对无人机操控者评估方法进行的讨论，奠定了对本文提出的运动一体化无人机训练/控制系统的有效性进行评估的基础。

灰鲭鲨无人机的外部操控者和捕食者系统的内部操控者在训练和操控无人机时，学习了相似的任务和常规的飞行机动。这些任务包括起飞、爬升和平飞。在空中时，他们实施起落航线机动（如长方形路线）和飞行机动（如荷兰式滚转）。下降时，他们实施起落航线进入、复飞和着陆过程。这些任务都是在全天候、全天时条件下，在训练和任务执行的过程中完成的，每种条件都要求不同的技能和控制技术。更加先进的训练包括在不同类型的系统故障情况下（如发动机熄火或摄像机故障）对无人机进行控制。如参考文献[18]所研究的内容，无人机的空间定向障碍会影响到内部和外部操控者，进而引发事故。模拟器应该能够训练操控者经历并学习如何处理空间定向障碍问题,而不存在事故中损失飞机的经济损失风险。

通过移动平台,在上文介绍的训练任务中为操控者提供航向、俯仰和滚动角速率的提示,以此评估无人机操控过程中运动提示的集成效果。在模拟过程中,运动提示将以 X-Plane 模拟程序反馈的飞机状态信息为基础。在现场试验中,通过机载惯性测量单元(IMU)无线接收运动提示。试验对象将包括以下群体:具有有人驾驶飞机驾驶经验的无人机内部操控者(捕食者)、没有有人驾驶飞机驾驶经验的无人机内部操控者和没有有人驾驶飞机驾驶经验的无人机外部操控者。

这些试验的结果将以对所记录的飞行航迹和操控者的控制输入的定量分析为基础。同时还将进行一项调查,以评估操控者对集成了运动提示的无人机训练/控制系统的意见。参考文献[19]充分研究了遥控驾驶飞机在控制过程中运动提示自相矛盾的影响。移动平台产生的不一致的运动提示表示,操控者在移动位置上(如船上或另一架飞机上)操控无人机时所感知的运动。本文的作者未就不一致的提示进行探讨,而是针对将无人机的当前运动状态传送至操控者的效果进行了研究。同时,作者还开发了如上文所述的、用于在实地试验中对模拟结果进行验证的硬件设备。作者认为,参考文献[19]对于本文研究的人为因素试验具有参考价值。

3.3 X-Plane 软件和移动平台界面

图 3(a)为本文作者设计的图形用户界面(GUI),以实现 X-Plane 软件和移动平台地面站(介绍见后续章节)之间的通信。该界面采用 Visual Basic 6 创建并通过 UDP 与 X-Plane 软件进行通信。该仿真界面可以发送(通过 802.11)格式相同的数据包至移动平台地面站,或接收(通过 802.11)来自移动平台地面站格式相同的数据包,就像 IMU 在实际飞行中的作用一样,因此同一地面站无需任何改造便可用于仿真和实地试验。程序界面中设置了一个按钮,从而能够在任意时刻实现模拟无人机的随机遥控控制器操控或移动平台内的操控者操控。这就模拟了典型的任务执行方式:对无人机的外部操控者控制(遥控控制器)和内部操控者控制(从移动平台内部)。目前,本文作者正在从 X-Plane 软件向移动平台地面站发送角速度数据,并将来自移动平台座舱内部操控者的操纵杆指令录入至 X-Plane 软件。程序界面的另一个优势是用户可以对从 X-Plane 软件发出或是返回到 X-Plane 软件的数据进行操作。数据中易于混入噪声,重现 IMU 在实际飞行过程中的数据传输情况。延迟也可以引入到进出

X-Plane 软件的数据中,以重现实际飞行过程中的数据传输延迟情况。比如,捕食者无人机和其他无人机的操控者看到了由于无人机远程操作和使用了卫星通信线路后产生的以秒为单位的延迟[20]。没有经验的捕食者无人机操控者经历了因延迟而导致驾驶引发的飞机摆动,从而导致某些无人机事故的发生。

4 远程操作装置

远程操作系统由五大部分组成:①移动平台;②空中平台;③包括无线通信在内的机载传感器;④遥控(RC)线路的 PC;⑤地面站。

4.1 移动平台

为了在仿真和实地试验中将飞机的运动传送至操控者,本文的作者使用了可从商业途径获得的环境工艺公司(ETC)的四自由度飞行模拟器平台,如图 6 所示。ETC 公司为战术战斗机、通用固定翼飞机和直升机设计并制造了门类齐全的全运动飞行模拟器。在研制初期,使用了四自由度综合生理学训练器(IPT)系统,因为它具有宽大的工作空间和较快的加速度,这是复制飞机的飞行状态所需要的。表 1 中给出了运动系统的各项功能。针对特定的飞机对座舱进行了改装,从而为操控者提供高保真的体验。移动平台内的视频显示器能够实现宽达 120°的视野。这项研究中使用的移动平台基本输出为操控飞行操纵杆(俯仰和滚动)、方向舵踏板(航向)和节流阀时产生的飞行指令。

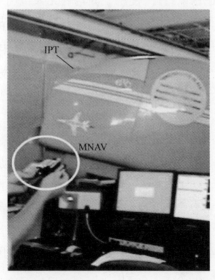

图 6 由 MNAV 无线控制的 ETC 公司的 IPT 4 自由度移动平台

表 1　选择 ETC 陀螺 IPT Ⅱ 运动系统能力

自由度	位移	速度	加速度
俯仰	±25°	0.5~25 °/s	0.5~50°/s²
滚动	±25°	0.5~25 °/s	0.5~50°/s²
连续航向	±360°连续	0.5~150°/s	0.5~15 °/s²

注:完整技术数据请参见 ETC 的网站

　　根据从地面站接收的角速度,移动平台为操控者生成适当的运动提示。运动提示是加速度方向的短暂运动,使操控者产生持续运动的感觉,但是在移动平台超过其可达到的最大工作空间时,这种感觉就会消失。移动平台一般使用冲蚀算法使平台以低于人类可感受的最小速度返回至中性位置[21]。这使得移动平台的运动仿真能够远超其可达到的最大工作空间。尤其是对于 IPT 移动平台来说,从 MNAV 发出的角速度数据经过过滤后,俯仰和滚动速度被清除。由于 IPT 移动平台具备连续偏航能力,因此可以直接反馈航向速度。

4.2　空中平台

　　本文作者对于旋转翼无人机尤其关注,因为它们非常适合执行如医疗救助和货运等类型的任务。此类任务要求悬停、原地回转和精确定位等能力。为了验证概念,最要紧的目标是制造一台能够在移动平台上复制(实时)无人机运动的主从装置。为了构造系统组件,使用了固定翼无人机用于初期验证。

　　与费用成本达数千美元的灰鲭鲨无人机相比,使用 Sig Kadet 飞机的费用将大幅减少,且能够为初期试验提供更快捷的坠毁复原方案。采用 Sig Kadet,可以在转换为本文前篇的模拟章节中所示的、与灰鲭鲨无人机类似的飞机之前,设计出相应的传感器组件并解决通信问题。图 7 中所示的 Sig Kadet 飞机是一

图 7　用做试验平台的 Sig Giant Kadet 模型飞机

款非常稳定的飞行平台,且能够携带传感器组件和摄像系统。它采用脉冲位置调制(PPM)信号控制的伺服电动机,以驱动升降舵、副翼、方向舵和节流阀工作。其翼展为2m,与尺寸更小的背负式无人机相似,如FQM-151猎犬无人机和乌鸦无人机[17]。

4.3　机载传感器

飞机的机载传感器是由 Crossbow 惯性系统公司研制的自动式飞行器传感器组件。MNAV100CA(MNAV)是一个六自由度惯性测量单元(IMU),可测量50Hz 时的机载加速度和角速度。它还能够测量高度、空速、GPS 和航向。MNAV 被固定在 Stargate 机载 Linux 系统单片机上(也由 Crossbow 公司研制)。Stargate 被设置为以 20Hz 的频率通过一个无线 802.11 链路向地面站传输MNAV 数据。如图8所示为安装在 Sig Kadet 座舱内部的 MNAV 和 Stargate,靠近飞机的重心。

图8　飞机座舱内的 MNAV 和 Stargate(顶视图)

机载视频通过一个 2.4GHz 的无线传输链路实时传输至地面站。发射机固定在 Sig Kadet 的机腹下方,摄像机则位于飞机左翼之下。目前使用的摄像机具备 70° 的视野,能够在 2.4km 的距离上以 30 帧/s 的速度传输 640×480 的图像(来自 wirelessvideocameras. net 的 AAR03-4/450 摄像机)。与高分辨率的摄像系统相比,图像质量相对较低,但由于它价格低廉,因此成为初期试验的理想选择。未来的试验将包括分辨率大幅提高的摄像机,旨在为操控者提供更佳的图像,同时摄像机将安装在更关键的位置上,以复制操控者的机上视野。

4.4 PC-RC

移动平台内部的飞行操纵杆、方向舵踏板和节流阀的编码器位置信息通过以太网链路传输至地面站。此时信号通过一个 PC-RC 线路被转送出去,该线路可将编码器的整数值转换为脉冲位置调制(PPM)信号。PPM 信号通过一个 72MHz 的 RC 发射机端口发送,该发射机随后将信号传输至机载的 RC 接收机。PPM 信号被转送至相应的伺服系统以控制飞机副翼、升降舵、方向舵和节流阀的位置。此时,IPT 飞行控制的位置信息以 15Hz 的速率通过 PC-RC 的链路发送。

4.5 地面站

用于遥控操作系统的地面站是将 MNAV 自动驾驶仪地面站大幅改进的(由本文作者完成)版本,在 SourceForge 网上免费共享。改进后的地面站有三项任务:①接收 MNAV 无线传输的所有信息,并将其显示给操作地面站的用户;②作为飞机与移动平台之间的通信中心,将 MNAV 的信息通过以太网链路转接至移动平台计算机,并通过 USB 将移动平台的飞行控制位置发送至 PC-RC 线路;③持续监控移动平台与 MNAV 之间的通信链路的状态。如果出现问题,它将移动平台和飞机(通过 MNAV/Stargate)置于安全状态。确定地面站对 IMU 或 X-Plane 软件数据包的响应是通过分配 IMU 的 IP 地址,或是分配 IPT 地面站内模拟器的 IP 地址来进行设定。

4.6 实地试验

当前的实地试验已经在一个当地 RC 小型机场实施,飞机完全由 RC 控制。试验场地的宽度约为 0.8km,深度为 0.4km。航空电子数据,如角速度、加速度和仰角,均通过固定在飞机上的 MNAV 在飞行过程中采集和记录。机载摄像机的视频无线传输至地面站并进行记录。在每次飞行过程中,RC 操控者都将完成起飞、设计 8 条航线并操控 Sig Kadet 着陆等动作。

5 初期试验结果与探讨

如本文所述,仿真部分已经完成,并准备开始驾驶试验和验证。在这一部分,本文作者将介绍无人飞行器系统硬件控制部分的初期试验结果。在样机阶段,研制工作分为三项特定的任务,包括:①利用 MNAV 控制移动平台;②使用 IPT 飞行控制对飞机伺服系统进行控制;③记录来自 MNAV 的实际飞行数据并在 IPT 上回放。

5.1　利用 MNAV 控制移动平台

飞机的角速度通过 MNAV 进行测量,同时该信息通过一个 20Hz 的无线链路向下传输至地面站。任务 A 论证了 MNAV 与地面站和 IPT 进行通信的能力。手持 MNAV 朝俯仰、滚动和偏航方向进行旋转,来向 IPT 发出俯仰、滚动和航向运动指令,如图 6 所示(展示的是俯仰)。

MNAV 和 IPT 的运动被记录下来。图 9 给出了 MNAV 和 IPT 数据的图示对比。IPT 被设计用于复制当前的飞行运动,因此在手持试验中无法重现很高的由 MNAV 控制的滚动和俯仰轴向的角速度。IPT 的处理方式是降低速度值并使之在其带宽范围之内,同时还过滤掉了一些 MNAV 传感器附带的噪声。总体来看,IPT 能够很好地跟踪 MNAV 控制的运动。IPT 受限于它能够达到的工作空间,因此角速度的幅值有时会出现不匹配。

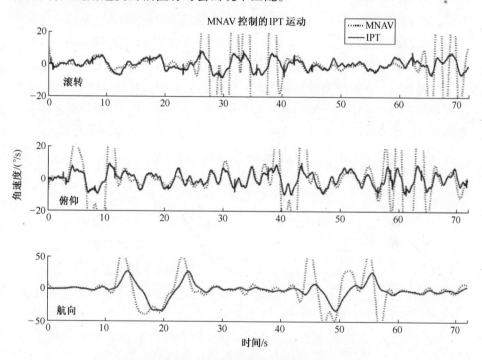

图 9　IPT 进行 MNAV 控制过程中的角速度对比

值得注意的是,指令控制的角速度和来自 IPT 移动平台的响应之间存在延迟,尤其是在偏航轴向。这可能是移动平台的一个局限性,目前正在对此进行评估。由于来自 IPT 的运动提示与来自视频反馈的图像之间存在很大差别,将会导致操控者很快发生眩晕,因此要求这一延迟尽可能最小。

13

5.2 飞机伺服系统的控制

以15Hz进行无线传输时,教练的飞行驾驶舱指令与伺服电机响应之间不存在任何延迟。这一点很重要,因为这意味着操控者坐在移动平台内部就能够通过 RC 链路控制飞机。这就强调了保真度;飞机要如同操控者在其座舱内部驾驶飞机一样做出响应。这一点仅在视距控制过程中进行过试验。RC 在距离上存在局限性,而且如前文所述,远距离的卫星通信链路会在数据传送中引发延迟。而本文的作者们设想使用操作地点附近的地面站实现近地无人机应用。

5.3 真实飞行数据的记录与回放

任务 A 验证了 MNAV 能够向 IPT 传输运动数据。在这项任务中,MNAV 经历了极端的速度和姿态。对于实际的飞机角速度来说,这种极端性是不具有代表性的,但是能够用于验证主-从功能。为了测试 IPT 对 MNAV 发送的实际飞机角速度做出响应的能力,角速度数据在 Sig Kadet 的一次实地飞行中被直接记录下来。该数据和机载飞行视频一起在 IPT 上进行了回放。记录下的视频和飞行数据模拟了在实地的遥控操作试验中可能发生的实时流动信息。图 10 给出了某次实地试验中记录的角速度的例子,图 11 给出了一张机载视频记录的静态照片。

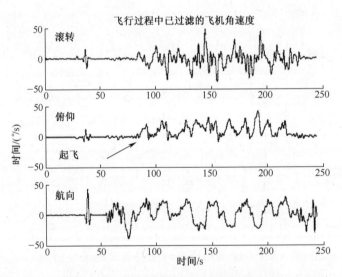

图 10　飞机实际飞行过程中已过滤的角速度

初期试验结果显示出观察到的运动与记录下的数据之间存在角速度误差。例如,俯仰速度(图 10)在摆动时很少为负值。这就意味着传感器在大部分飞

14

图 11 飞行过程中从左机翼方向看到的机载摄像机图像

行过程中都在测量一个正俯仰速度。将角速度与机载飞机视频进行对比表明，数据中始终贯穿着不同的误差，因此它并非简单的偏移量的调整。这也是多次飞行始终存在的情况。作者强调，这一现象仅在飞行过程中出现。手持式的运动总是产生出正确和预期的角速度。记录下的飞行数据在 IPT 移动平台上回放。这就导致 IPT 因上述的正俯仰速度和预期一样运行并保持在其运动接合限度上。

再次访问 IMU 以输出反映在速率陀螺的卡尔曼滤波器中完成的偏差修正的角速度[22]。图 12 给出了一次真实飞行过程中的偏差图。图中得到的偏差结果非常小，且在飞行过程中对调整正俯仰速度的现象作用甚微。因此，在试样阶段，对备选的 IMU 进行了研究，并成功地完成了 IMU 与移动平台的结合。这一点说明了无线通信界面和低水平的航空电子设备能够按照预期正常运转。

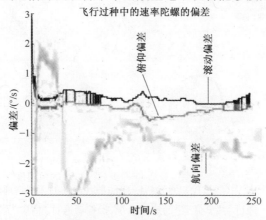

图 12 飞机实际飞行过程中的速率陀螺偏差

6　结论及后续工作

无人机有着充满希望的未来,然而技术标准和容错系统的缺乏却成为阻碍无人机在创新、技术研究、开发和市场增长方面全速发展的主要障碍。本文介绍了一种新型遥控操作范例的初步研制情况,它使用了运动提示以提升无人机操控者的操控效果并改进无人机的飞行训练。这一方法对降低无人机事故的数量和提高无人技术的适用性是具有很大潜力的。

以这项研究为基础,后续研制工作将包括研究消除、减少或补偿移动平台中的运动延迟问题,以及研究能够改善无人机控制的附加提示,如视觉、触觉和声音。同时也将评估该系统在事故重建领域的使用。最终可以通过上述研究,能够通过分析来设计系统以更好地控制无人机、训练无人机操控者并有助于消除无人机事故。

共享命运和运动提示将在近地飞行中带来巨大的优势。图 13 描述了一项概念任务,内容是在混乱的场所拾取货物并将其运输至目标位置。移动平台可以用于建立一个虚拟的"共享命运"基础,以指挥遥控直升机。机载摄像机的图像将传输至移动平台座舱。附加提示如音频、振动和运动将使操控者能够在有杂波环境(如森林或城市建筑物)中实施精确的机动。后续的研究要求考虑旋

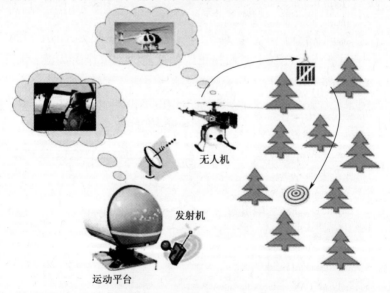

图 13　在杂波环境中,通过控制直升机随移动平台运动的无线电通信链路来实现
无人机货运。通过"共享命运"的感知系统,操控者通过"感知"无人机对操控
者机动指令的响应情况来驾驶飞机

转翼飞机,因为它们的潜在应用范围要优于现行的固定翼无人机的功能。仍然有很多有利的、救生的应用是当前的无人机所无法完成的,其中就包括搜救和消防等应用。即使是货运任务,也仍然很难在非最佳条件下和有杂波环境中自动完成。由于快速变化的环境条件和封闭的区域地形,这些任务都要求具备快速、精确的机动和动态的任务规划能力。迄今为止,这些任务仍然只能由经验丰富的有人驾驶飞机的飞行员来完成,因此他们也就仍然面临着大量的风险。

致谢

感谢 NAVMAR 应用科学机构在 UAV 模型研发上给予的支持并准许使用 UAV 飞行员。感谢 Brain DiCinti 在 Sig Kadet 制造和飞机控制上提供的帮助。感谢 Canku Calargun、Caglar Unlu 和 Alper Kus 在配备 MNAV 的 IPT 移动平台的接口连接上给予的帮助。最后还要感谢 ETC 公司总裁 Bill Mitchell 在 IPT 移动平台上慷慨给予的时间并提供人力资源支持,以及他对该项目的全面支持。

参考文献

1. Flight International: Belgians in Congo to probe fatal UAV incident. 10 October (2006)

2. Weibel, R.E., Hansman, R.J.: Safety considerations for operation of unmanned aerial vehicles in the national airspace system. Tech. Rep. ICAT-2005-1, MIT International Center for Air Transportation (2005)

3. Parrish, R.V., Houck, J.A., Martin, D.J., Jr.: Empirical comparison of a fixed-base and a movingbase simulation of a helicopter engaged in visually conducted slalom runs. NASA Tech. Rep.**D-8424**, 1-34 (1977)18 K. P. Valavanis et al. (eds.), Unmanned Aircraft Systems

4. Ricard, G.L., Parrish, R.V.: Pilot differences and motion cuing effects on simulated helicopter hover. Hum. Factors **26**(3), 249-256 (1984)

5. Wiegmann, D.A., Goh, J., O'Hare, D.: The role of situation assessment and flight experience in pilot's decisions to continue visual flight rules flight into adverse weather. Hum. Factors **44**(2),189-197 (2001)

6. Rash, C.E., Leduc, P.A., Manning, S.D.: Human factors in U.S. military unmanned aerial vehicle accidents. Adv. Hum. Perform. Cognit. Eng. Res. **7**, 117-131 (2006)

7. Williams, K.W.: Human factors implications of unmanned aircraft accidents: flight-control problems.Adv. Hum. Perform. Cognit. Eng. Res. 7, 105-116 (2006)

8. Schreiber, B.T., Lyon, D.R., Martin, E.L., Confer, H.A.: Impact of prior flight experience on learning predator UAV operator skills. Tech. rep., Air Force Research Laboratory Human Effectiveness Directorate Warfighter Training Research Division (2002)

9. Tvaryanas, A.P.: USAF UAV mishap epidemiology, 1997-2003. In: Human Factors of Uninhabited Aerial Vehicles First Annual Workshop Scottsdale, Az (2004)

10. Williams, K.W.: A summary of unmanned aircraft accident/incident data: human factors implications.Tech. Rep. DOT/FAA/AM-04/24, US Department of Transportation Federal Aviation Administration, Office of

Aerospace Medicine (2004)

11. Calhoun, G., Draper, M.H., Ruff, H.A., Fontejon, J.V.: Utility of a tactile display for cueing faults. In: Proceedings of the Human Factors and Ergonomics Society 46th Annual Meeting, pp. 2144–2148 (2002)

12. Ruff, H.A., Draper, M.H., Poole, M., Repperger, D.: Haptic feedback as a supplemental method of altering UAV operators to the onset of turbulence. In: Proceedings of the IEA 2000/ HFES 2000 Congress, pp. 3.14–3.44 (2000)

13. Little, K.: Raytheon announces revolutionary new 'cockpit' for unmanned aircraft—an industry first. In: Raytheon Media Relations (2006)

14. Sevcik, K.W., Green, W.E., Oh, P.Y.: Exploring search–and–rescue in near–earth environments for aerial robots. In: IEEE International Conference on Advanced Intelligent Mechatronics Monterey, California, pp. 699–704 (2005)

15. Narli, V., Oh, P.Y.: Hardware–in–the–loop test rig to capture aerial robot and sensor suite performance metrics. In: IEEE International Conference on Intelligent Robots and Systems, p. 2006 (2006)

16. Ernst, D., Valavanis, K., Garcia, R., Craighead, J.: Unmanned vehicle controller design, evaluation and implementation: from matlab to printed circuit board. J. Intell. Robot. Syst. 49, 85–108 (2007)

17. Defense, D.O.: Unmanned aircraft systems roadmap 2005–2030. Tech. rep., August (2005)

18. Self, B.P., Ercoline, W.R., Olson, W.A., Tvaryanas, A.: Spatial disorientation in unihabited aerial vehicles. In: Cook, N. (ed.) Human Factors of Remotely Operated Vehicles, vol. 7, pp. 133–146. Elsevier Ltd. (2006)

19. Reed, L.: Visual–proprioceptive cue conflicts in the control of remotely piloted vehicles. Tech. Rep. AFHRL–TR–77–57, Brooks Airforce Base, Air Force Human Resources Laboratory (1977)

20. Mouloua, M., Gilson, R., Daskarolis–Kring, E., Kring, J., Hancock, P.: Ergonomics of UAV/UCAV mission success: considerations for data link, control, and display issues. In: Human Factors and Ergonomics Soceity 45th Annual Meeting, pp. 144–148 (2001)

21. Nahon, M.A., Reid, L.D.: Simulator motion–drive algorithms: a designer's perspective. J. Guid. Control Dyn. 13, 356–362 (1990)

22. Jang, J.S., Liccardo, D.: Automation of small UAVs using a low cost mems sensor and embedded computing platform. In: 25th Digital Avionics Systems Conference, pp. 1–9 (2006)

18

第 2 篇

小型无人飞行器系统的联网问题

Eric W.Frew,Timothy X.Brown
(埃里克·W·弗鲁,蒂莫西·X·布朗)

摘 要:本文对未来应用小型无人飞行器系统的操作要求所带来的联网问题进行了探讨。小型无人飞行器系统具有开创民用产业新应用和新市场的潜力,可以解决许多突破性技术,同时也对空中交通管制系统造成相当大的压力。这些操作要求提出的网络需求反映在包括网络连接、数据传输和服务发现的三个不同概念轴上。小型无人飞行器系统在这些轴上所显示出的网络要求和限制条件,会影响到应部署的网络体系结构。相对于其他可能性,容迟移动式 ad-hoc 网络体系结构可以在灵活性、可靠性、耐用性和性能方面提供最佳的选择。这种网络体系结构同时也提供了在网络繁忙或遭到破坏时利用受控移动性提高性能的可能性。

关键词:无人飞行器系统;UAS;机载通信网络;受控移动性;异构无人飞行器系统;移动式 ad-hoc 网络;容迟网络

E. W. Frew (✉)

Aerospace Engineering Sciences Department, University of Colorado,

Boulder, CO 80309, USA

E-mail: eric.frew@ colorado.edu

T. X. Brown

Interdisciplinary Telecommunications Program Electrical

and Computer Engineering Department, University of Colorado, Boulder, CO 80309, USA

E-mail: timxb@ colorado.edu

K. P. Valavanis et al. (eds.),*Unmanned Aircraft Systems*. DOI: 10.1007/978-1-4020-9137-7_3

19

1 引言

小型无人飞行器系统(UAS)在军事方面越来越广泛的应用,已经促进了技术的快速进步并有望通过大量无人机专业人员,将无人机推广至民用产业的新领域和新市场。小型无人飞行器系统已经开始执行各种任务,如执法[29]、林火管理[34]、污染物研究[10]、极地气象监测[11]、飓风观察[26]等。提出的无人机系统涵盖了未来在民用、商业和科学领域的众多应用。最近一项研究结论表明,2017 年,美国民用无人飞行器系统市场销售额将达到 5.6 亿美元,(军民两用)无人飞行器系统的市场总销售额约为 50 亿美元[32]。参与这些研究项目的 1500 个民用无人飞行器系统将于 2017 年投入使用,其中大约 85%将是小型无人飞行器系统。

由于投入使用的小型无人飞行器系统的数量增加,网络通信将成为小型无人飞行器系统发展的一个日益重要的问题。目前,美国国家空域系统(NAS)中使用无人机的最大障碍是,需要满足美国联邦航空局(FAA)有关安全飞行操作规定和服从空中交通管制(ATC)。特别是,美国联邦航空局要求在国家空域系统内飞行的几乎所有飞机都应有探测、感应和避让(DSA)能力[3],以具备与有人驾驶飞机[1,33]相同的安全水平。机载传感器有望成为未来探测、感应和避让解决方案的组成部分,同时,无论是从监管还是实际角度看,还需要与航空交通管制的通信交流以及操作人员的干预。因此,美国联邦航空局关于无人飞行器系统的性能既满足安全法规要求,又不与现有系统相冲突的主要问题之一,是通信、指挥和控制的带宽与频谱的可用性与分配[2]。虽然上述规定涉及的是在美国的操作,但类似的问题也适用于小型无人飞行器系统在任何地方的操作。

这里的小型无人机(UA)包括参考文献[5]中定义的微型、小型和近距离类飞机,即指最大起飞质量小于或等于 150kg、最大航程为 30km 和最大飞行高度为平均海平面(MSL)4000m 的小型无人机。重量限值是指小型无人机不能承载与人工操作员相同重量。这里采用的飞行高度限值指的是小型无人驾驶飞机不能飞入 A 类空域(商业飞机飞行的平均海平面为 5486~18288m 的空域)。虽然这类飞行器可能能在更高的高度飞行,但会面对很大的监管难题,因此可以假定大多数小型无人机不会在这一空域飞行。事实上,大多数小型无人机可能主要是接近地面飞行的。同样,30km 的最大航程代表的是这类飞机的典型飞行限制,而且也有明显的例外情况存在[11]。最后请注意,一个小型无人飞行器系统,可以包括多架能力变化很大的异构小型无人机。

与大型无人机不同,小型无人飞行器系统采用的是独特机制,机载缓冲技术的能力是有限的,故损坏的可能性仍然很高。由于小型无人飞行器系统的尺寸和有效载荷的限制,这些无人机的机上功率、传感、通信和计算能力均有限。虽然小型无人飞行器系统的有效载荷能力有限,但150kg飞机所具备的动能仍可对其他飞机、建筑物和地面人员造成重大的损伤。此外,小型无人飞行器系统的有限尺寸使其受众比大型系统更广泛(如各个大学已有的小型无人机计划[4,9,16,21,28]),未来部署的小型无人飞行器系统的百分比可能相对高于大型无人飞行器系统[32]。与大型无人机相比,小型无人飞行器系统的有限能力会带来独特的操作需求,可以更容易地纳入现有空中交通管制框架(如较大的无人机可以装配与有人驾驶飞机相同的应答器设备)。

本文对未来应用小型无人飞行器系统的操作要求所带来的联网问题进行了探讨。这些要求来自一系列有代表性的应用场景。这些操作要求继而带来的网络要求(如流量,指的是通过通信链路可以发送数据的速率和传输的时间或延迟)大大超过目前有人驾驶飞机的网络要求。此外,这些网络要求反应到包括网络连接、数据传输和服务发现的三个不同概念轴上。小型无人飞行器系统在这些轴上所显示出的网络要求和限制条件,会影响到应部署的网络体系结构。

对于现有小型无人机可能的网络体系结构,只有容迟移动式 ad-hoc 网络体系结构才能向未来将要部署的大量小型飞机提供所需的通信。由于小型无人机价格较为低廉,未来的无人飞行器系统将有可能协同部署多架飞行器。在没有固定的通信基础设施的地区,许多小型无人飞行器系统将需要有快速响应时间。另外,当前使用大功率远程通信或卫星通信的方法,对于小型无人机来说体积过大并且昂贵,而较小的无线电系统则从根本上限制了小型无人飞行器系统在航程、高度和有效载荷方面的飞行包线。相对于其他可能性,容迟移动式 ad-hoc 网络体系结构可以在灵活性、可靠性、耐用性和性能方面提供最佳的选择。这种网络体系结构同时也提供了在网络繁忙或遭到破坏时,利用受控移动性提高性能的可能性。

2 通信要求

2.1 操作要求

这项工作是以科罗拉多大学研发的异构无人飞行器系统(HUAS)作为平台,来研究机载通信网络和多飞行器协同控制的(图1所示为异构无人飞行器系统内包含的各种小型无人驾驶飞机)。迄今研究的具体应用包括:移动性对

图1 异构无人飞行器系统的飞行器机队包括(自左上顺时针)CU Ares、CU MUA、
速度 XL、MLB Bat 3、CU 地面控制站和 Hibico NextGen

使用现成 IEEE 802.11b(WiFi)无线电的机载无线通信的影响[7],小型无人飞行器系统的网络中心通信、指挥和控制[16],传感器数据收集[22],容迟网络[6],集成直接、中继和转输通信概念的受控移动性结构[13]。

其中一个应用示例是,利用无人飞行器系统来跟踪有毒羽流。在该应用场景中,在一次事故中有有毒羽流释放出来,而目标就是确定这种羽流的浓度和来源[17]。要说明羽流的特性,可以利用多架小型无人机一边飞行,一边用机载化学传感器感应羽流。不同的无人机可能使用不同的传感器,因为可能无法或是没有必要让每架小型的无人机都装配所有的传感器。装有相同机载化学传感器的无人机都要求能够相互发现对方,从而组成搜寻梯队。化学梯度可以通过共享传感器数据进行确定,无人飞行器系统可以协同跟踪边界或跟随梯度来找到源头。无人机可以离发射它们的地面站很远,并远离彼此。在这一示例中,无人飞行器系统可能包含多架异构无人机。它们需要自由飞越很大的区域,并能动态自主地形成小集体,而非依赖于中央控制器的调控。

第二个示例是,将无人飞行器系统用做灾区上方的通信网络。这里的正常通信基础设施已遭到破坏,但地面的各种实体(如第一批应答器、救援机构和当地居民)需要借助通信来组织相应的工作。在上空飞行的无人飞行器系统可以提供连接当地设备(如可连接无线网络的笔记本电脑或手机)的网状通信架构,该结构可实现这些设备之间的通信或使这些设备的通信信息返回至更大的通信网。由于通信需求会因受灾严重程度的评估和救援工作的加强而有所变化,无人机必须能相应地改变自己的所在位置。鉴于地面各部门的行动是直接对紧急情况做出的反应,所以无人飞行器系统的行动必须依赖于他们,而不是限制他们的工作。此外,无人飞行器系统可能会在建筑物和其他有人驾驶飞机附近工作,因此,避开障碍物和避免碰撞是至关重要的。

上述两种情景与其他许多可能的小型无人飞行器系统的应用有共同之处,同时提出了对无人飞行器系统本身的通信要求。特别是这些通信需求大致可分为平台的安全性、远程驾驶和承载能力的管理(图2)。在一般情况下,无人飞行器系统将与多个外部单位进行通信,这些单位可能包括空中交通管制、飞行员和可能非常分散的有效载荷操作员。

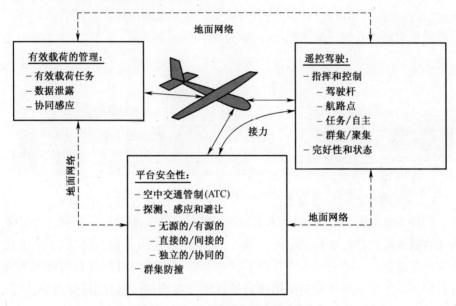

图2 无人飞行器系统中的通信类型

2.1.1 平台的安全性

从监管角度看,平台的安全性是无人飞行器系统最重要的组成部分。与有人驾驶飞机一样,无人飞行器系统的飞行员必须与大多数控制空域的空中交通管制进行通信[33]。这种通信可以通过无人飞行器系统传递,据此无人机通过传统的无线电与空中交通管制进行通信,然后,再将这一通信返回至飞行员。这意味着一种固有的低效率。单一的空中交通管制无线电频道是由一个区域内的所有飞机共用的。但是,每架无人机都需要单独返回到其各自的操作员,同时也增加了通信要求。未来管理飞机的非话音方法正在受到关注[14]。原则上,空中交通管制指令(如改变高度)可以在收到后由无人机直接采取行动而无需飞行员干预,省去了低效的反馈步骤。但是,很可能希望飞行员始终处于人在回路的状态,这样无人机的操作对空中交通管制来说才能完全透明。据对未来通信系统的分析估计,空中交通管制的平均话音和数据传输速率约为每架飞

23

机 10kb/s,特别是在无人机操作典型的自主操作区域内[14]。

其他平台安全性通信与探测、感应和避让要求相关,这些要求通常需要无人飞行器系统具有与有人驾驶飞机相同的避撞能力[1,33]。这可能需要有机载雷达(有源感应)、图像数据返回(无源感应)、应答器或无人机之间信息的协同共享。这里的通信要求在很大程度上可以依赖于采取的方法。飞机采用有源感应时需要最低的通信需求,在即将发生碰撞时,只需向操作员报告可能的碰撞,并自主进行机动避让操作。这里的通信要求可忽略。要求更高的系统向操作员发送全部的可视情况识别,这可能需要 1Mb/s 或更高(图3)。

图3 小型无人机机载成像设备提供的态势感知

在许多情况下,都对小型无人飞行器系统的通信要求进行了简化。小型无人飞行器系统经常在非管制空域内飞行,不需要使用应答器,通信也不需要使用空中交通管制。小型无人飞行器系统在非控制空域内可以直接飞行而无需有机场。这些系统往往需要使用弹射器或用手抛掷,并可以使用降落伞、拦阻网或障碍物回收系统。小型无人飞行器系统飞越的区域,一般比大型无人机飞越的区域要小。小型无人飞行器系统仍需遵守探测、感应和避让要求,但对于非常短的航程,地面飞行员或航空观察员可以提供观察和避让。而对于较长的航程,则需要采用有源或无源技术。较小的平台尺寸限制了装配机载自主探测、感应和避让系统的能力。

在2.1节所述场景的小型无人机将明确在其他重大空中交通的环境内操作,因此,平台的安全性很重要。用于紧急反应和来自通讯社的有人驾驶飞机,必定会在部署无人飞行器系统的环境中操作。无人机的操控员需要与空中交通管制进行重要通信,与其他飞机进行操作协调。从网络或无线电带宽和流通量的角度看,这种通信量的要求很低,因为信息的大小(或长度)受到限制并分散发送。然而,这种通信量安全具有的关键特性将需要更高的低延迟可靠性。

2.1.2 遥控驾驶

飞行器的遥控驾驶要求随飞行控制类型变化而变化。其中一个极端操作

24

是直接利用驾驶杆操控飞机。这需要低延迟和高可用性。而另一个极端操作则是将下达任务的指令发送到飞机,自主地转换为飞行航线(图 4 显示了小型自动驾驶仪的用户界面,可以选择或点击指令[31])。在这里,延迟可以比较长,可用性的差异是可以容忍的。无人机与飞行员之间的链路不仅包括从飞行员到无人机的指令,而且还包含飞机返回飞行员的基本完好性和状态信息。举例来说,在频谱的驾驶杆端,商用数字无线电控制(R/C)链路的数据传输速率低于 10kb/s,最好采用小于 10ms 的单向延迟。在频谱的自主端,铱星卫星链路足以用于"捕食者"无人驾驶飞机的航路点飞行。铱星具有 2.1kb/s 的流量,1~7s 的延迟并有 96%平均可用性的连接性差异[25]。

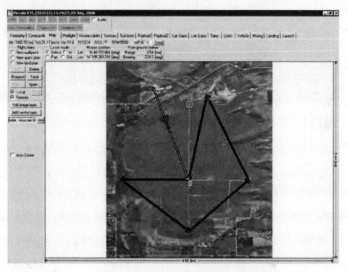

图 4　云帽技术"捕食者"自动驾驶仪指挥中心[31]

小型无人机的成本较低,而且更有可能以协同小组进行操作。这可以极大推动无人飞行器系统中操作员与无人机一对多的互动[27]。这种操作模式将需要操作员负责更高级别的任务规划和任务时,增加无人机的自主工作程度。同样,无人机必须能自主避撞,因此,飞机间的通信是通信的另一个重点。避免两架无人机相撞也具有数据传输速率低和传输时间短的要求。然而,有多个飞行器时,所有工作中的飞机间的通信增加了通信网络的复杂性,并带来了带宽和拥塞控制的需求。不同能力和飞机磨损的可能性,也使得有必要执行动态服务发现程序,从而可以对系统功能进行内部更新。

2.1.3　有效载荷的管理

与有效载荷的通信能力包括了可以从简单传感器读取的每秒几比特的速

率,以及可以传输高质量图像的每秒数兆比特的速率(图5)。例如,直接与地面站进行传输时,"捕食者"采用4.5Mb/s的微波链路进行有效载荷的图像通信[23]。小型无人机所需的有效载荷通信类型可以是多种多样的。例如,根据所跟踪的化学羽流的类型,可能不需要纳入实时数据。在这种情况下,大量数据可以储存在中间节点上,并随机发送回终端用户。相反,如果在城市环境中释放出一种有毒物质,来源的确定可以优先于其他所有要求,包括探测、感应和避让要求。利用多架无人机向多个分散的用户提供信息,也有必要执行动态服务发现程序。

图5 来自 MLB Bat 小型无人机的高质量有效载荷图像[24]

综上所述,无人机的通信要求,对空中交通管制通信和遥控驾驶并不是很严格,同时,无人飞行器系统的有效载荷管理与探测、感应和避让,有可能需要每秒数兆比特的数据传输速率。这就是多项连接的要求,其中有些采用很高的数据传输速率,可以区分无人飞行器系统与有人驾驶飞机的通信。其中也有数据传输速率、传输时间和可用性以外的考虑。在不与有效载荷和非基本通信共享的保护频谱中工作时,有可能需要空中交通管制、遥控驾驶和其他飞行安全通信[14,20]。

2.2 操作网络要求

通信需求可以沿三个轴(图6)进行探讨。第一个轴是连接性。在传统的网络中,对节点的连接性进行了正确的定义;一条物理线连接两个节点。这些链路的设计是可靠的,很少出现传输错误。另外,链路和节点是稳定的,也很少发生故障。这就产生了正确定义的网络布局,图形的连接概念清晰,即在网络节点之间是一致的。在小型无人飞行器系统中,其链路属于可靠性较低的无线链路,节点闭合时连接良好,节点相距较远时连接不佳。即使在连接良好时,相对于有线链路标准,数据包的错误率也相对较高。传输为广播的形式,可以传送到多个接收器,因此,连接不是简单的图像边缘。另外,广播传输相互干扰,使得两个节点进行通信的能力依赖于同一时间的其他传输。增加无人机的移

26

动性时,连接性变为动态连接,无人机的速度相对于标称通信范围增大时,不同的无人机可能存在连接性不一致的情况。

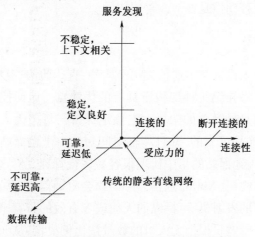

图 6   通信要求可以沿三个轴表示出其特性

第二个轴是数据传输。在传统的网络中,对连接性进行了良好的定义并且是稳定的,因此,数据传输是根据端对端模式进行的。例如,利用 TCP 通信协议的来源端点和目的端点,对假定可靠并且传输时间短的网络数据传输进行管理。由于这些连接性的假设被打破,这种传输模式不可行。如上所述,小型无人飞行器系统的连接性是不可靠且为动态的。此外,小型无人飞行器系统可能在一项任务中处于分散状态,因此,进行数据传输时,端对端的连接是根本不存在的。

第三轴是服务发现。在传统的网络中,资源是稳定的,可以通过定义良好的程序步骤发现。我们利用 URL(如 http://www.springer.com)查找网页,这是由 DNS 服务转换为网络地址的,而我们需要的则是服务器这一地址的网页。相反,小型无人飞行器系统的节点、服务和用户可以在任务期间进出网页,而寻找的资源可能是短暂的或与背景相关的。每架无人机的功能(例如,跟踪羽流示例中的化学传感器)可能是不同的,机载功能可供其他无人机使用(例如,协调摄像机进行立体成像)。小型无人机分散这些资源时,即使其存在,可能也很难发现。这种服务发现的概念可以从飞机上推广到飞机上的各子系统。通过本地子网将机载子系统连接到外部网络,分散的操作员以及无人飞行器系统中的其他飞机便可以发现并直接发送到飞机航电系统的不同组件。

3   小型无人机的网络

小型无人机联网是为了解决特定的通信需求问题,小型无人飞行器系统在连接性、数据传输和服务发现三个方面上的情况不同于传统的网络。因此,本节介绍的是不同通信架构的优点和容迟网络的传输机制。同时还讨论了小型无人飞行器系统的移动性是如何改善网络的。

3.1　通信架构

　　可用于小型无人机的基本通信架构有四种:直达通信、卫星、移动通信或者网格(图7)。这里将介绍每种架构所具有的优缺点。地面控制站与每架无人机之间的直达通信是最简单的架构。它假定保持与每架无人机专用链路的连接性,因此数据传输是可靠的,并且传输时间短。由于地面站与每架无人机进行通信,服务发现由地面站的集中代理很容易进行管理。但这种直接架构不适用于动态环境和非视距(NLOS)通信。障碍物会阻挡信号,并且在航程较长时,无人机需要大功率的发射机、可操纵的天线或者有效的带宽来支持高数据传输速率的下行链路。带宽量根据无人机的数量按比例决定,从而保证在同一地区不会有许多无人飞行器系统同时工作。此外,飞机间的通信是通过地面控制站以星形布局完成的,信息传输效率低,并且无法与在同一区域内协同工作的无人机进行直接通信。

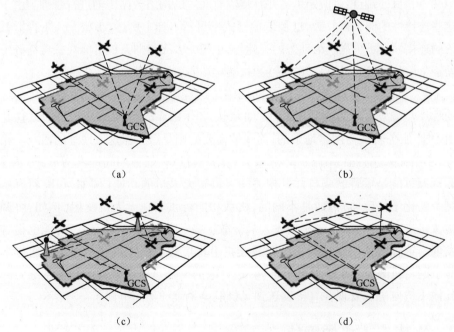

图 7　小型无人飞行器系统的四种通信架构

地面控制站(GCS)表示操作员或最终用户;(a)直达通信;(b)卫星;(c)移动通信的;(d)网格。

卫星提供的覆盖范围大于与地面控制站进行直达通信的范围,因此,无人飞行器系统的网络可以保持良好的连接,但这种连接将仍然由中央系统通过传输数据来提供。利用卫星传输数据相对较弱。缺少卫星带宽已经限制了现有无人飞行器系统的操作,并且不会随一个地区内小型无人飞行器系统操作需求按比例增长。对于高数据传输速率的应用,需要使用在尺寸、重量和成本方面不适合用于小型无人飞行器系统的大型可操纵碟形天线机构。

此外,地面控制站需要与卫星下行链路网络进行连接。地面控制站可能会因地形或地物干扰而阻挡卫星的视线。最后,在一个区域内飞行的多架无人机,如果它们的通信是通过卫星传输的,将会出现较长延迟。

移动通信基础设施指的是下行链路天线塔的基础设施,类似于普遍使用的移动电话基础设施。移动通信架构具有可提供网络连接和可靠数据传输水平高等几大优点。首先,覆盖范围可以通过多个基站进行大面积的扩展。无人飞行器系统将在飞行过程中按需在不同基站之间进行转换。第二,多个基站可以提供自然冗余度,这样,如果一个链路信号很弱,另一个链路可能传输很好。第三,有限的带宽可以在一个区域内多次重复使用,并可根据需要增加功能来满足需求。随着用户数量的增加,可以通过增设更多的基站增加重复使用的次数。第四,基础结构可以通过不同的无人飞行器系统共享。一旦安装完毕,许多无人机便可以分别支付所使用基础设施的费用。这些优点必须进行成本权衡。典型的移动电话基站在天线塔、塔址、无线电设备以及相关的网络基础设施方面投资巨大。这样的解决方案适用于基础设施的投资可以通过无人飞行器系统经常和定期飞行进行摊销的地方。包括农业监测或边境监视。这种架构不适合工作时间较短的林火管理或极地气候应用。现有移动电话基础设施的设计并非用于空地通信。一个单一的无人机发射机可以利用其信号降级系统覆盖很大的区域。因此,小型无人飞行器系统的操作需要专用的移动通信基础设施。

网格是指一种网络体系结构,其中每个节点(即一架无人机或地面节点的无线电)可以用做转发数据的中继点。无人机和地面控制站之间的通信可以通过中间节点在不同地区完成。较短的航程简化了链路需求,带宽可以更频繁地重新使用,因此也更为有效。飞机间通信可以是直接的,并且也能在需要保持通信时从使用额外中继点的网格路由协议中受益。然而,对于这种要出现的中继,这样的网格需要使用中间节点。另外,节点可能需要特定的移动来保证通信。

移动自组网(MANET)是网格架构的一个特例,包括可在整个环境中随机自由移动的路由器自动配置网络。移动自组网布局因运动而变化迅速,网络中的节点在响应中迅速自动组建。移动式 ad-hoc 网络的方法,对没有基础设施、多架无人机协同飞行的无人飞行器系统的应用很有发展前途。在移动式自组建网络中的数据中继,因源节点和目标节点只需通过中间节点进行连接而降低了连接要求。因无线电传输功率下降,通信能力也因间隔距离而下降[30],中间中继节点的存在实际上可以提高直接通信的数据传输水平[18]。此外,由于移动自组网的设计可以自动修复,它们可以对因无人机运动引起的动态网络布局做出很好的回应。移动式 ad-hoc 网络中的服务发现比其他架构更加重要,也更加复杂,因为网络在某些时间段易被破坏,并且没有集中节点对网络活动进行协调。

网格也可以采用上述其他技术。连接网格中任何节点的直接、卫星或移动通信链路能与所有节点进行通信,提供额外的通信冗余。结合移动性的网格可以延长航程。例如,一个无人机群移动到直达通信范围以外时,可指定某些无人机在形成链路链后返回到直达通信。在这种极端情况下,无人机在远距离分离的各节点之间传输数据。正是这种灵活性、稳定性和增加的航程,使网格成为小型无人飞行器系统操作的组成部分。

3.2 容迟网络

实时通信对小型无人机的移动自组网是一种挑战,因为无线连接与分散且连接稀疏的节点相结合会形成一种固有的可变性。连接可以是动态的和间歇性的,天线模式随飞机的机动操纵而转换,干扰源来来往往,低空飞行的无人机可以通过中间地形分隔开。在移动节点连接较少的极端情况下,有些节点可能无法与其他任何节点进行长时间的连接。在这种环境中,传统的端对端网络协议,如普遍使用的 TCP,使用情况不理想,并且只有容迟通信是可行的。所谓的容迟网络(DTN)是专为这些具有挑战性的环境设计的[8,15]。容迟网络提供频谱平稳的通信能力。当存在端对端连接时,数据传输迅速,并在间歇连接时一有机会便可连接。容迟网络还支持数据传输,例如,地面传感器可以将数据传输到飞越上空的无人机,然后,无人机携带数据返回网络网关并传递给观察员。

流经部署在小型无人飞行器系统上的移动自组网的数据,有各种数据类型和服务质量要求。例如,应答器、无人机控制数据或关键过程监控两两之间的 IP 语音(VOIP)就需要经优化的实时流量。对于能传递实时数据的无线自组网,需要发射机和接收机之间有同步可靠的连接。指定区域内网络的节点越多,航线建立的可能性就越大。其他数据类型,如电子邮件、非关键消息或来自长期试验的传感器数据,将不携带同等重要的紧急信息,并包含仅当最终可靠的接收数据具有重要意义时的容迟流量。只要携带数据包或在某些合理的时间量内,将其转输到其目的点,发射机与接收机间就不需要保持连续的多跳式传输链路。容迟网络体系结构可以一种无缝机制将这些不同的要求整合到单一的网络中。

容迟网络是当前研究的一个主题。例如,科罗拉多大学的异构无人飞行器系统采用了容迟网络,向无人机以外的一个或多个外部观察员传输传感器数据[22]。无人机或地面传感器产生数据,容迟网络程序分级通过网关将数据传输给观察员。每个阶段都能监管数据并将其储存在网络中,直到下一个阶段的连接时机出现。终端节点无需通过代理界面了解容迟网络就可以进行工作。

除了将移动自组网体系结构的功能延伸到稀少或中断的网络外,在无人飞行器系统发生故障时,容迟网络的概念对于保持系统是很重要的。在传统的移动自组网体系结构中,如果没有端对端连接,将不进行数据传输,因此,如果一条链路出现故障,数据将丢失。相反,容迟网络协议将数据储存在中间节点,直到被安全地发送到数据源。因此,遥测数据、完好性和状态,以及在节点从网络上断开的时间段内收集的其他数据,仍然可以收集。这包括故障前瞬间可能保存的信息,这些信息可收集供以后分析使用。

3.3　利用受控移动性

与趋于静止的地面网络和在固定轨道上的卫星通信系统不同,小型无人机的网格网络有机会最大限度地利用受控移动性。即使在建立了连续链路时,环境因素(如多航线、干扰或抗干扰)可以相对于预期模型进行实时性能降级。在这些情况下,可以利用节点本身的移动性提高网络性能。在稀疏网络条件下,可利用节点的移动性进行数据传输,即通过环境将数据包以物理方式携带到其他断开连接的节点之间。在连接网络的情况下,节点的移动性能针对未建模的干扰调整本地网络性能。

假如在自建网中存在节点移动性,源节点与目标节点之间可以采用三种形式进行数据传输(图8)。直接通信发生在两个节点直接将数据相互传输之时。中继通信发生在利用附加节点接收数据源传输的数据,并将其重发到目标节点之时。最后,数据传输发生在移动节点以物理方式储存,并将数据从一个位置携带到另一个位置之时。这些模式中的每一种都有一个通信位置。例如,在5km处,小功率无线直接链路可能只支持几万比特/秒,而50Mb/s缓冲和30m/s速度的传输能以1Mb/s以上的速率传送数据。然而,直接链路可以在一秒钟内传输一个数据包。因此,利用移动性需要在延迟和数据传输速率之间进行权衡。这些想法已在参考文献[6]中进行了探讨,对不同工作地区下的各种方式进行了定义。

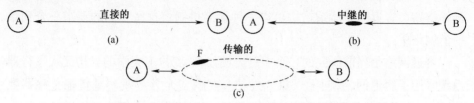

图8 保持两个静态节点 A 和 B 之间的通信链路的三种模式

为了进一步说明移动性在确定网络性能中的作用,举这样一个例子,即希望相互通信的两个任务节点和环境中用做任务节点之间中继点的其他移动辅助节点。这两个任务节点可能代表一个时敏感知系统和一个人工操作的地面站,或者是护送地面车辆的两个电子控制的中继节点。随着任务节点之间距离的增加,需要使用一个或多个辅助节点在它们之间进行数据中继。虽然已对控制节点之间数据流量的网络协议进行了广泛的研究,但如何进行最佳部署或放置这些辅助节点仍有待思考。当出现导致无线电传播失真的噪声源和地形,基于位置的解决方案便会失败[12]。例如,图9所示为一个单一噪声源是如何因3节点网络的中继节点位置而导致端对端链路容量网路失真的。对于提供多跳通信的多个无人机链,分散控制律可以只根据每架无人机感知的当地3节点网络测量对链容量进行优化[12]。

随着任务节点之间的距离相对于辅助节点通信距离的增加(即密度比例减小),辅助节点的定位变得更加困难。已知相对静态节点的设置位置及对其位置的了解,辅助节点的部署便成为一个资源分配问题[18]。随着密度比例的减小和节点之间距离的增加,难以就辅助节点部署问题达成一致。辅助节点利用分布式方法建立一致权衡优势的集中化策略,能使辅助节点仅根据本地信息做出决策。此外,节点之间距离的增长超出某个点时,就不可能在它们之间建立连接链,辅助节点必须利用其自己的移动性往返进行数据传输[19]。虽然这似乎是一个基本的过程,但实际上,这些节点并非都在一个完全连接的网络中,正是这一点阻碍了辅助节点之间达成一致和全局最优行动的实施。

虽然辅助节点的部署在相对静态的场景中已经有一定难度了,但当节点(任务节点和辅助节点)都能相对于它们的通信范围进行快速移动(即动态比例增大)时,问题变得更加复杂化。如果任务节点可以自由执行其主要任务,辅助节点就必须通过环境进行协同分布,提供多跳通信。辅助节点的运动对通信网络的性能有较大的影响,并将问题从资源分配转移到连续的协同控制。

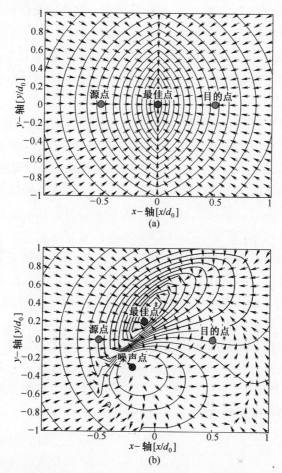

图9 3节点网络端对端链路容量的轮廓和显示容量梯度的矢量场。干扰导致无线电
传播失真,偏离标准模型,并使基于位置的中继布置解决方案不理想
(a)轮廓和矢量场(无噪声);(b)轮廓和矢量场(局部噪声源)。

这个简单的示例说明了移动性对容迟网络中通信的影响。显然,移动节点
网络的建立和维护,特别是考虑到专用于主要任务,如感知等的节点子集,需要
某种形式的分布式协同控制。此外,为了利用节点在分布式控制架构中的移动
性,必须明确纳入服务质量要求等通信指标,作为移动性控制方案的目标。

4 结论

本文对小型无人飞行器系统的建网要求进行了探讨。一般的无人飞行器
系统和专用的小型无人飞行器系统的网络通信需求要远超于有人驾驶飞机,因
为遥测、指挥和控制、完好性和安全以及有效载荷数据必须从多架飞机发送到

多个分散用户,如无人飞行器系统操作员、空中交通管制和附近的其他飞机。

小型无人飞行器系统的通信环境明显偏离了传统的网络假定。连接质量低,定义不太明确并且是动态的。数据传输可以不依赖于可靠的、低延迟和端对端的连接。网络服务发现必须在独立的网络中操作,以便动态地发现可用资源。

在这种环境中,我们介绍了由容迟网络支持的网格网络和强大的服务发现是如何工作的。网格网络的设计目的是在移动环境中工作,并允许两架无人机通过动态拼接形成一条通信线路进行通信。容迟网络的设计目的是在稀疏连接的环境中工作并插入中间监管点,这种通信可以在可连接时的较短时段内继续进行。服务发现可以使飞机展示自己的能力,以此让其他飞机发现并利用它们。

小型无人飞行器系统的网络环境具有挑战性,但也提供了某些机会。一个小型无人飞行器系统可能有多架飞机。需要时,其中某些飞机可以专用于通信支持,移动到多个位置,在断开连接的各组之间进行中继或在极端情况下,飞机可以通过物理方式携带数据往返进行转输。

小型无人飞行器系统对网络提出了一个难题。这里所撰写的内容都是基于对小型无人飞行器系统网络的应用和试验所得出的经验。人们将继续研究解决这些难题,包括如何在一个单一的通信网络上将飞行指挥和控制的重要数据与较少的重要有效载荷数据进行无缝安全的整合。

致谢

作者要感谢科罗拉多大学 AUGNet 研究小组的成员。这项工作还得到了美国空军的 FA9550-06-1-0205 授权、美国联邦航空管理局的 07-G-014 授权和 L-3 通信公司等的支持。

参考文献

1. Federal Aviation Administration: order 7610.4k. Special military operations (2004)

2. Federal Aviation Administration: meeting the challenge: unmanned aircraft systems. In: Federal Aviation Administration R&D Review, vol. 4 (2006)

3. Federal Aviation Administration: title 14 code of federal regulations (14 cfr) part 91 (2008)

4. Beard, R., McLain, T., Nelson, D., Kingston, D., Johanson, D.: Decentralized cooperative aerial surveillance using fixed-wing miniature UAVs. Proc. I.E.E.E. **94**(7), 1306-24 (2006)

5. van Blyenburgh, P.: Unmanned Aircraft Systems: The Global Perspective. UVS International, Paris, France (2007)

6. Brown, T.X., Henkel, D.: On controlled node mobility in delay−tolerant networks of unmanned aerial vehicles. In: Proc. of Intl Symposium on Advanced Radio Technologies, Boulder, CO(2006)

7. Brown, T.X., Argrow, B.M., Frew, E.W., Dixon, C., Henkel, D., Elston, J., Gates, H.: Experiments using small unmanned aircraft to augment a mobile ad hoc network. In: Bing, B. (ed.)Emerging Technologies in Wireless LANs: Theory, Design, and Deployment, chap. 28, pp. 123−145. Cambridge University Press (2007)

8. Cerf, V.G., Burleigh, S.C., Durst, R.C., Fall, K., Hooke, A.J., Scott, K.L., Torgerson, L., Weiss,H.S.: Delay−Tolerant Network Architecture. Internet Draft, IETF (2006)

9. Claus Christmann, H., Johnson, E.N.: Design and implementation of a self−configuring ad−hoc network for unmanned aerial systems. In: Collection of Technical Papers − 2007 AIAA InfoTech at Aerospace Conference, vol. 1, pp. 698−704. Rohnert Park, CA (2007)

10. Corrigan, C.E., Roberts, G., Ramana, M., Kim, D., Ramanathan, V.: Capturing vertical profiles of aerosols and black carbon over the Indian Ocean using autonomous unmanned aerial vehicles.Atmos. Chem. Phys. Discuss 7, 11,429−11,463 (2007)

11. Curry, J.A., Maslanik, J., Holland, G., Pinto, J.: Applications of aerosondes in the arctic. Bull.Am. Meteorol. Soc. 85(12), 1855−1861 (2004)

12. Dixon, C., Frew, E.W.: Decentralized extremum−seeking control of nonholonomi vehicles to form a communication chain. Lecture Notes in Computer Science, vol. 369. Springer−Verlag(2007)

13. Dixon, C., Henkel, D., Frew, E.W., Brown, T.X.: Phase transitions for controlled mobility in wireless ad hoc networks. In: AIAA Guidance, Navigation, and Control Conference, Keystone,CO (2006)

14. EUROCONTROL/FAA: Future Communications Study Operational Concepts and Requirements Team: communications operating concept and requirements (COCR) for the future radio system. Tech. Rep. 1.0 (2006)

15. Fall, K.: A delay−tolerant network architecture for challenged internets. In: SIGCOMM ' 01,pp. 27−34 (2003)

16. Frew, E.W., Dixon, C., Elston, J., Argrow, B., Brown, T.X.: Networked communication, command,and control of an unmanned aircraft system. AIAA Journal of Aerospace Computing,Information, and Communication 5(4), 84−107 (2008)

17. Harvey, D.J., Lu, T.F., Keller, M.A.: Comparing insect−inspired chemical plume tracking algorithms using a mobile robot. IEEE Trans. Robot. 24(2), 307−317 (2008)

18. Henkel, D., Brown, T.X.: Optimizing the use of relays for link establishment in wireless networks.In: Proc. IEEE Wireless Communications and Networking Conference (WCNC), Hong Kong(2008a)

19. Henkel, D., Brown, T.X.: Towards autonomous data ferry route design through reinforcement learningi. In: Autonomic and Opportunistic Communications Workshop (2008b)

20. Henriksen, S.J.: Estimation of future communications bandwidth requirements for unmanned aircraft systems operating in the national airspace system. In: AIAA InfoTech@ Aerospace,vol. 3, pp. 2746−2754. Rohnert Park, CA (2007)

21. How, J., King, E., Kuwata, Y.: Flight demonstrations of cooperative control for uav teams.In: AIAA 3rd " Unmanned−Unlimited" Technical Conference, Workshop, and Exhibit, vol. 1,pp. 505−513. Chicago, IL

(2004)

22. Jenkins, A., Henkel, D., Brown, T.X.: Sensor data collection through gateways in a highly mobile mesh network. In: IEEE Wireless Communications and Networking Conference, pp. 2786–2791. Hong Kong, China (2007)

23. Lamb, G.S., Stone, T.G.: Air combat command concept of operations for endurance unmanned aerial vehicles. Web page, http://www.fas.org/irp/doddir/usaf/conops_uav/ (1996)

24. MLB Company: MLB Company—The Bat. http://www.spyplanes.com/bat3.html (2008)

25. Mohammad, A.J., Frost, V., Zaghloul, S., Prescott, G., Braaten, D.: Multi-channel Iridium communication system for polar field experiments. In: International Geoscience and Remote Sensing Symposium (IGARSS), vol. 1, pp. 121–124. Anchorage, AK (2004)

26. NOAA: NOAA News Online: NOAA and partners conduct first successful unmanned aircraft hurricane observation by flying through Ophelia. http://www.noaanews.noaa.gov/stories2005/s2508.htm (2005)

27. Office of the Secretary of Defense: Unmanned Aircraft Systems Roadmap: 2005–2030 (2005)

28. Ryan, A., Xiao, X., Rathinam, S., Tisdale, J., Zennaro, M., Caveney, D., Sengupta, R., Hedrick, J. K.: Amodular software infrastructure for distributed control of collaborating UAVs. In: AIAA Guidance, Navigation, and Control Conference, Keystone, CO (2006)

29. Sofge, E.: Houston cops test drone now in Iraq, operator says. Web page, http://www.popularmechanics.com/science/air_space/4234272.html (2008)

30. Taub, B., Schilling, D.L.: Principles of Communication Systems. McGraw-Hill, New York (1986)

31. Vaglienti, B., Hoag, R., Niculescu, M.: Piccolo systrem user's guide: software v2.0.4 with piccolo command center (pcc). http://www.cloudcaptech.com/resources_autopilots.shtm#downloads(2008)

32. Wagner, B.: Civilian market for unmanned aircraft struggles to take flight. In: National Defense Magazine (2007)

33. Weibel, R., Hansman, R.J.: Safety considerations for operation of unmanned aerial vehicles in the national airspace system. Tech. Rep. ICAT 2005–01 (2006)

34. Zajkowski, T., Dunagan, S., Eilers, J.: Small UAS communications mission. In: Eleventh Biennial USDA Forest Service Remote Sensing Applications Conference, Salt Lake City, UT (2006)

第 3 篇

利用基于全系统信息管理(SWIM)的空中交通管制(ATM)结构实现无人机(UAV)整合

Nicolás Peña, David Scarlatti, Aníbal Ollero

(尼日拉斯·佩纳,大卫·斯卡拉蒂,阿尼巴尔·奥耶罗)

摘　要:人们已设计了全系统信息管理(SWIM)法,这种方法可以克服目前空中交通管制(ATM)系统在性能和适应性方面的限制。然而,无人机的商业应用要求将无人机纳入空中交通管制体系中。从这个观点来看,空中交通管制必将向现代化发展,无人机借此将纳入空中交通管制体系的其他领域。本文致力于研究未来在基于全系统信息管理的空中交通管制结构上进行无人机整合的可行性和影响;根据描述全系统信息管理基本原理的现有技术文件,研究了与可能进行的无人机整合的相容性以及无人机如何帮助改进未来空中交通管制体系,以天气应用为例对这两种情况进行阐述。

关键词:无人机(UAV);空中交通管制(ATM);全系统信息管理(SWIM)

N. Peña (✉) · A. Ollero
University of Seville, Robotics, Vision and Control Group,
Avd. de los Descubrimientos s/n, 41092, Sevilla, Spain
E-mail: nicolas.grvc@gmail.com

D. Scarlatti
Boeing Research & Technology Europe - Cañada Real de las Merinas, 1-3,
Building 4-4th floor, 28042 Madrid, Spain

K. P. Valavanis et al. (eds.), *Unmanned Aircraft Systems*. DOI:10.1007/978-1-4020-9137-7_4

1 动机和目的

全球使用的飞机数量已从几百架稳步增长到上万架。随着技术进步,空中交通管制(ATM)增加了各种新系统和新服务以提高安全性和性能,但由于缺乏安装新型空中交通管制功能的标准规程,这些系统是独立设计的,其接口各不相同,彼此需要以相互协作所需的特定组合方式进行硬线连接。随着现有系统数量的增加,新系统的安装费用也日益提高。

在这种趋势下,目前的空中交通管制是一个刚性配置的综合体,它包含各种独立的系统,这些系统通过地理上散布的设施相互连接。因此,这些系统的维护费用很高,且系统改造成本高昂且费时。未来的性能需求要求利用新的连网运转能力,而目前空中交通管制系统无法实现这些运转能力。实际上,为了满足预期需求,在安全、性能和效率等方面要求使用新型柔性空中交通管制体系。可满足未来需求的一种新方法称为全系统信息管理(SWIM)[1, 2],该系统可实现现有不同系统之间的网络运转信息共享,通过系统集成和性能优化改善空中交通运行状况[2, 4]。

无人机的商业应用要求将无人机纳入空中交通管制体系内[5]。目前,由于缺乏将无人机纳入空中交通管制体系的协议,无人机在完全分离的空域运行。从这个观点来看,规划的 ATM 现代化可以将无人机纳入单独空域的空中交通管制体系。实际上,SWIM 概念的应用可以更容易地将无人机纳入 ATM 体系,接口标准化和相关的 SWIM 网络中心概念也有助于无人机整合。

本文主要研究将无人机纳入未来受 SWIM 系统支持的 ATM 体系所产生的影响,在无人机航天整合方面的某些文献和正在进行的项目通常注重在进行这种整合前需要改善的方面,如自主意识和避让[6]、安全要求[7]。文献[8]讨论了适用于这种整合的一个新体系。

本文从未来受 SWIM 支持的 ATM 体系实际规划的观点出发,研究了将无人机纳入 ATM 体系的问题,讨论了规划的 ATM 体系不同层次结构的影响。本文还研究将无人机纳入所述 ATM 体系若干层次的可能性。例如,承受因飞机密度不断增加而带来的很大压力的网络层,可以考虑使用同温层无人机,以动态方式提供满足要求的额外区域带宽。另一个例子是,可使用无人机获取天气状况不确定性较高的区域信息,从而改善天气应用服务。

此外,为了进行适当的 SWIM 整合,应改进无人机的软件和硬件体系结构。在机载硬件方面,(如在安全方面)应优先考虑有限的无人机机载设备有效载荷。例如,机载软件应包含和集成空中防撞系统(ACAS),可做出以与有人机相同的方式避免碰撞的自动反应。

本研究以两个方面的整合为主：一个方面是应用层次，在这个层次向SWIM客户端提供监测和天气等不同的服务功能；另一个方面是应用层以下的层次，本研究尝试评价所述的方法对于未来ATM的某些内部结构（如所述的客户端服务器模型和数据模型）而言是否会对无人机整合造成问题或有利于无人机整合。本文章节包含了关于作者研究的这两个方面的内容。

2　应用层

本节介绍关于SWIM应用层的某些考虑因素，这些因素有助于理解随后讨论的某些概念。我们将使用两种不同的方法研究无人机整合以及相关的SWIM应用基础设施：

- 无人机在运转时使用SWIM；
- 无人机提供旨在改善某些SWIM应用项目性能的服务。

对于第一种方法，选择某个常用的应用项目（如天气应用）来说明无人机如何使用天气服务，本研究考虑了与无人机进行交互的部分，分析了在应用层次上与常规飞机的差异（即自动定期天气报告而不是根据飞行员要求提供天气报告）以及无人机要求（机载本地天气概率模型、与代理机构的持久链接、要求的带宽等）。图1显示了所述的使用SWIM的国家空域系统（NAS）天气应用结构。

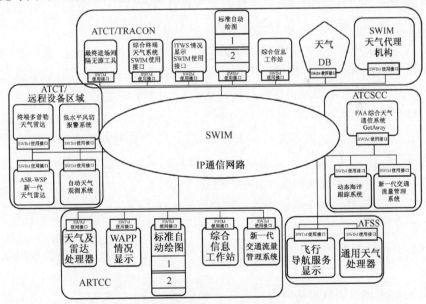

图1　根据SWIM概念改进的天气应用结构

1—监测数据处理；2—飞行目标管理系统。

39

在本章的其余部分,简要地将该图所示的各元件分别称为天气数据生成器、天气数据存储器、天气(数据)代理机构和天气应用服务客户端。

第二种方法考虑使用无人机改进 SWIM 的应用,甚至可向有人机、无人机和所有普通客户端提供新服务。例如,提供不确定性较高地区的天气信息,做出应急反应,作为飞行的伪静态信息(如中长期天气信息等)存储器。

本文将天气应用作为案例研究,以说明无人机与 SWIM 结合的相关方面。

2.1 无人机在运转时使用 SWIM

应用层将无人机划分为人为干预较少的无人机和具有遥控人为导航或操纵功能的无人机。本节将重点分析第一种类型,原因如下:

• 当遥控操纵无人机时,操纵人员可以使用 SWIM 扮演常规飞行员的角色(即处理由 SWIM 天气应用提供的信息)。因此在这种情况下,从应用层的观点来看,无人机与其他常规飞机之间没有相关差异。而在其他层存在若干差异。

• 虽然目前几乎所有无人机均要求一定程度的人为遥控操纵干预,但人们期待无人机转变为具有完全自主性[9],可使一名操纵人员同时管理几架无人机。另外,某些 SWIM 应用可以实现完全自主性,例如使用同温层无人机[10]进行天气遥感,降低运行成本。

接下来,我们只考虑具有自主性的无人机。因此,以天气应用为例,应解决与自主天气信息处理及决策有关的问题。

在目前使用的 ATM 系统中,飞机操纵人员在收到一条信息后需要对该信息进行"解码"和处理,然后根据飞机类型、有效载荷、剩余燃油等其他参数进行决策。METAR(气象终端飞行例行天气报告)和 TAF(终端机场预报)信息对于飞行计划和飞行决策而言十分重要,TAF 信息是一种非常简明的针对特定机场的 24h 编码预报信息,而不是公共天气预报信息,它只涉及重要的飞行天气因素,如风速、能见度、天气和天空状况。一种较新的信息类型是途中天气转播(TWEB),它由某些天气预报办公室(WFO)提供,其包含的信息与 TAF 信息非常相似,但其信息与两个或三个常用机场之间 50mile(1mile=1.609344km)宽的走廊有关。

如果自主无人机本身能处理全部信息,则可在无人机决策水平上考虑以下要求:

• 要求提供天气报告时进行估算。如果某个特定飞行计划地区的天气不确定性高于给定阈值,则无人机应要求提供天气报告以降低本地天气模型的不确定性。天气报告请求含有一套参数,如相关区域参数,虽然可以采用定期天气报告请求方案,但当要求提供报告时进行自主估算的能力会减小可用的有限数据带宽。

- 对标准天气信息格式进行处理和解码。图2显示了这些格式的某些METAR 和 TAF 信息。

```
SBGL  091800Z  14008KT  9999  FEW020  BKN035  23/15  Q1013

SBGL  091550Z  091818  20015KT  8000  BKN020  PROB40  2024  4000  RA  BKN015  BECMG  0002  24005KT

   BKN015  TEMPO  0210  4000  RA  BR  BKN010  BECMG  1113  20010KT  4000  RA  BR  TX22/19Z  TN18/08Z

KJFK  091751Z  34013KT  10SM  SCT038  21/11  A2952

KJFK  091425Z  091412  34012KT  P6SM  OVC025  TEMPO  1416  SCT025  FM1600  32013G18KT  P6SM
```

```
   SCT025  BKN040  FM1800  31010KT  P6SM  SCT050  FM2200  28010KT  P6SM  SKC

RJTT  091830Z  34005KT  CAVOK  14/09  Q1020  RMK  A3012

RJTT  091500Z  091524  30004KT  9999  FEW020

RJTT  091500Z  100018  05005KT  999  FEW030  BECMG  0003  14006KT  BECMG  0912  30010KT
```

图 2　里奥(SBGL)、纽约(KJFK)和东京(RJTT)的某些 METAR 和 TAF 信息

文献[3]所述的 SWIM 数据模型可使用几种方法处理天气信息。

(1) 将目前使用的格式插入到 SWIM 天气信息中,无人机应对这些格式进行解码和处理。

有几个软件项目可处理 METAR 和 TAF 信息,如文献[11]所述,某些网站能以人们可读取的格式提供某些此类信息。

尤其是,metaf2xml 软件[12]可对飞行例行天气报告和机场天气预报(即METAR 和 TAF 信息)进行分析和解码,以 XML 格式储存相关内容。这些信息随后可被转换为简明语言或其他格式(图3)。类似软件可在无人机上运行,分析 SWIM 天气信息,应在分析后使用这些信息更新本地天气模型。使用 Flight-Gear 项目[13]的软件组件进行类似操作,该软件组件根据分析的天气信息更新全球天气模型。

(2) 改变目前使用的格式:所述的基于 SWIM 结构的网络中心代理机构的优势是,它可综合多源化信息,根据特定请求做出相应反应。反应信息可具有新的 SWIM 统一格式,这种格式很容易解码和处理。实际上,当代理机构在综合几种来源的信息后生成相应信息时,无人机只需提供基本的天气报告,而无需使用复杂的本地天气模型。

方法(1)更容易快速适应 SWIM(而不是无人机 SWIM 整合),方法(2)可以

信息：SBGL 091800Z 14008KT 9999 FEW020 BKN035 23/15 Q1013			
METAR	METAR报告		
SBGL	机场编号：	SBGL	
091800Z	报告时间：	国际标准时间18时9分	
14008KT	风速：	东南风（140°），14.8km/h	8节=9.2mile/h=4.1m/s
9999	能见度：	≥10km	≥6.2mile（美国）
FEW020 BKN035	云层高度：	3500ft	1070m
	天空状况：	2000ft少云	610m
		3500ft有碎云	1070m
23/15	温度：	23℃	73.4℉
	露点温度：	15℃	59℉
	相对湿度：	61%	
Q1013	压力：	1013hPa	29.91in汞柱

图 3 METAR 信息自主分析和 HTML 转换示例

（1ft=3.048×10⁻¹m,1in=2.54cm）

充分利用 SWIM 结构提供较好的天气服务。

● 自主决策将天气信息与无人机动态特性、有效载荷、剩余燃油、任务相关性等其他参数结合,应使用适当的数据结构直接报告相应计划。在任何情况下均应定期报告数据结构变更(如计划的 4D 轨迹),还应向其他 SWIM 订阅实体提供新的本地计划。

必须定期检查无人机自主决策功能是否正常,例如,本地计划或 4D 轨迹报告可以包含自主决策软件使用的天气信息标识符列表。另外,地面设备可以复制决策机制,检测无人机运行故障(无人机故障),最终防止受到恶意干预。在这种情况下,操纵人员可以通过 SWIM 专门信道接管无人机控制,这些信道提供遥控操纵所需的 CoS 操作系统。

最后,为了以使用 SWIM 天气应用的无人机为例进行说明,本文介绍了基于文献[3]第 8 章的下述模板。在第一个阶段(图 4),使用由天气数据源发送的 SWIM 信息更新天气数据库。按照发布/订阅模型,代理机构作为处理的中间环节将数据源与数据库分离。

在第二个阶段(图 5),无人机发现本地天气模型沿其飞行路线具有较高的不确定性,无人机请求提供额外信息。该请求由最近的 SWIM 代理机构予以管理并发送到天气数据库进行说明和处理。另一个方法比较复杂,波及可以处理这种请求并将其转变为适合不同天气数据库的简易请求的代理机构。这两种选择的不同之处在于,第二种选择要求代理机构提供的信息较多,要求数据库

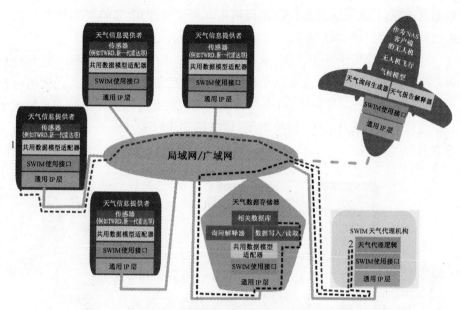

图 4 与 NAS 相连、根据 SWIM 报告数据改进的天气传感器，
信息按照发布/订阅模型发送给单个(或多个)数据库

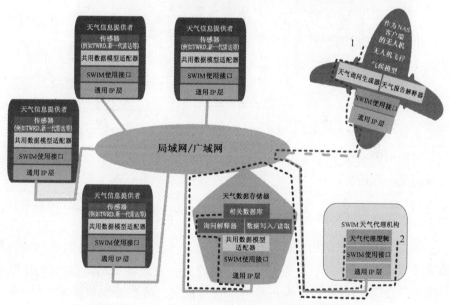

图 5 当无人机决策核心要求提供更多天气信息时，
它通过较近的代理机构向天气数据存储器发送询问

提供的信息较少，使代理机构扮演非"中间人"的角色。后者可被视为一种比较
复杂的方法，它更符合以实际分布的网络中心系统为特点的全球 SWIM 原理，

43

根据这一原理,每种服务的数据代理机构起着关键作用,这些数据代理机构尽可能将服务客户端,与后台服务元件内部结构分开。

在最终阶段(图6),天气数据存储器生成要求的信息,无人机对这些信息进行格式处理,生成的信息发送至代理机构,然后传送给无人机。代理机构也可进行信息格式化。实际上,在多个智能代理机构此前已做评论的理想情况下必须进行信息格式化,在任何情况下,信息格式化对于其余的 SWIM 元件而言是透明的。

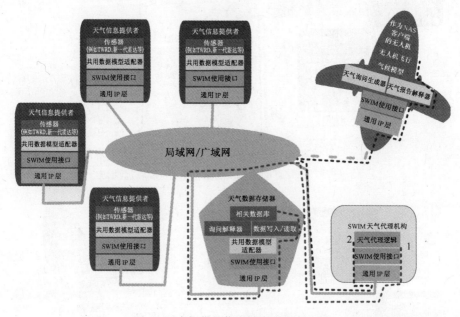

图6　要求提供的信息被发送至无人机

当做出的响应送达无人机后,新的天气信息最终写入本地天气模型中,满足最初提出的请求。

2.2　无人机改进 SWIM 应用项目性能

SWIM 概念的采用可使人们改善现有服务,提供新服务。目前的结构含有独立的子系统和服务项目,每类信息的物理连接方式各不相同,而 SWIM 结构是网络中心结构,其设计可满足并适应未来需求。可扩展性和连通性是 SWIM 固有特点,与目前的结构相比,它可降低增加新服务的成本[14]。

考虑到 SWIM 固有的可扩展性和新兴无人机技术,人们期望无人机能支持 SWIM 应用项目、甚至新的无人机应用项目。以下内容提供的若干例子假定灵活的 SWIM 结构具有与 COP 概念一致的数据综合能力[3]。另外,假定代理机

44

构可管理"抽象"请求（不仅转发传感器提供的原始数据）。

2.2.1　用做天气传感器的无人机

我们可使用一组同温层无人机收集天气估算不确定性高于给定阈值的地区的天气信息[10]。最新的光电技术发展提高了此类无人机的自主性，目标是实现无限自主性[15]。

如果希望通行于天气不确定性较高的地区，则天气服务器可计算将要通行的航路点列表以便收集天气数据。服务器将根据未来的通行请求将信息发送给相应的代理机构。因此，可根据期望的地区路线确定航路点的优先性。

航路点列表可发送给同温层无人机队，无人机队使用尝试优化某些标准（如将总任务时间或成本降到最低）的分布算法将航路点自动分配给各个无人机。

图 7 显示了无人机作为天气数据源如何适应所述的 SWIM 结构。在该图中，不同类别的信息流连接线路确定了四个阶段。第一个阶段由两个子阶段构成，无人机在该阶段（通过 ATM 代理机构）接收具有"goto"命令形式的请求。然后执行该请求，飞到规定的地点并使用机载传感器收集天气信息。在第二个阶段，无人机向最近的 SWIM 天气代理机构报告天气数据，然后将信息发送给天气数据存储器。

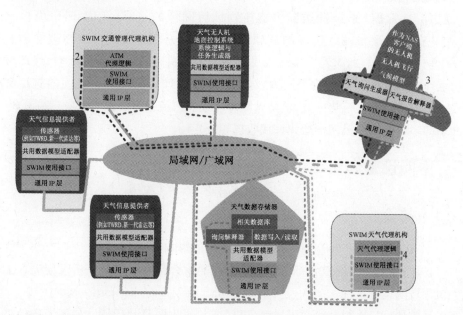

图 7　无人机用做天气传感器（可将这项服务添加到 NAS 而无需改变 SWIM 设计）

2.2.2 特定地点监测和应急响应

目前,无人机主要用于监测任务,在特定地区进行空中成像。这些任务以军用为主[9],但也可执行某些民用任务[16, 17]。将来,SWIM 可整合监测功能,提供灾区自主监测等服务,或帮助识别出现在监测系统中、未做出无线电响应的飞机。

有若干公司可在特定期限内提供特定地区的卫星图像。低轨道卫星可在受到轨道速度限制的某个时间段内提供一系列图像。这些公司可使用无人机以较低的成本提供更加灵活的服务。这些公司的客户甚至可通过与 SWIM 相连的计算机网页浏览器实时获得这些图像。来自文献[18]的引文:"实际上,将 SWIM 原理积极应用于 AIM(航空信息管理),可使 AIM 发展成为完全以 SWIM 为基础的 IM 或信息管理,这是最终目标。"

与 SWIM 完全相容的系统可很容易连接到其他网络中心平台,增加提供的服务项目。另外,新服务项目的应用成本会随着共享信息及资源数量的增加而下降。

为了说明可以利用 SWIM 与其他现有网络互联这一优势的应用情况,以下情况可视为将无人机用于火灾监控的推广[19]。马德里消防站收到了位于某个建筑物的传感器发送的火灾报警信息。随后启动自动视觉确认流程,向 GIM(通用信息管理)系统发送提供建筑物区域图像的请求。GIM 属于由包括 SWIM 在内的很多网络构成的全球网络的一部分,因此,请求最终被发送到 SWIM 代理机构。此时若干架载人飞机和无人飞机正飞行在城市上空,代理机构选择配备机载摄像机的一架适当飞机,建立摄像机与消防站之间的直接链接。摄像机对准建筑物区域,消防站随即接收视频流,确认/放弃火灾(文献[3]介绍的第三方代理机构模型允许接收视频流)。

3 中间设备和网络中心特性

3.1 简介

本节研究无人机整合对 SWIM 中间设备的影响。SWIM 设计成具有非常好的可扩展性和通用性,其目标是简化新元件的整合,因此,以下分析可视为在无人机领域的设计指标。

目前的 SWIM 规范说明了导航飞机(或其他数据源/数据库)如何发布信息并向被授权的数据通道提供信息。本节分析这些规程是否允许以透明的方式整合无人机,为其他 SWIM 用户提供服务。为此,本节将修改 SWIM 结构的主要概念,检查这些概念是否普遍适合无缝整合并将说明在分析过程中已明确提出的针对无人机整合必需进行的更改或添加。

3.2　SWIM 主要概念与无人机

3.2.1　网络中心特性

SWIM 的其中一个主要概念是连接所有系统,以统一的方式将 ATM 与定义好的共用接口结合,其连接的网络可使信息从信息源流向共享通用发送通道的信息接收器。要求提供信息的任何中间子系统能处理信息。这个概念体现了民用航空目前的实际变革,ATM 主要由多个独立子系统构成,这些子系统通过专用通道以非常刚性的方式连接在一起(图 8)。因此,任何变化(如安装新的子系统)都会产生具有重要关联的成本。

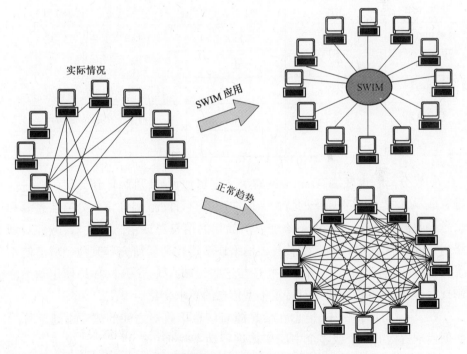

图 8　SWIM 网络中心法与"点到点"专用数据链接

此外,最新的多无人机系统研究领域采用的结构通常以网络为导向,这是一种自然的解决方案,它可使多个系统以灵活且具有成本效益的方式相互连接。对于物理通信层,可以找到适当的解决方案,使不同类型的信息使用不同的通道,即大带宽图像传输模拟通道[20]或专用遥控操纵通道[21]。但目前的主要趋势是,不同类型的信息共享一个唯一数字通道(如果要求容错,也可共享多个)。电信技术的发展使这个方法变得可行。

因此,最新的多无人机系统开发遵循类似于 SWIM 结构的网络中心法,从这个观点来看,SWIM 可以引入无人机,这可被视为一种自然的解决方案。

3.2.2 发布/订阅范例

当使用网络中心法时,与网络相连的元件可以根据不同的模型交换信息。从文献[3]提取的表 1 列出了某些元件,该表对比了将数据提供者与数据使用者分离的程度。

表 1 对比不同数据分布模型将信息提供者与信息使用者分离的程度

摘　要	是否进行空间分离?	是否进行时间分离?	是否进行同步分离?
信息通过	否	否	对发布者进行同步分离
RPC/RMI	否	否	对发布者进行同步分离
异步 RPC/RMI	否	否	是
通知	否	否	是
共享空间	是	是	对发布者进行同步分离
信息队列	是	是	对发布者进行同步分离
发布订阅	是	是	是

如果分离程度较高,则相应的解决方案更加可靠,可降低新元件的改进或融合成本,这是 SWIM 要求的特性。通常,发布/订阅范例可完全分离信息源和信息接收器。另外,可以动态添加或消除新的信息源或信息接收器,减轻对网络运行的影响。实际上,无线传感器网络或多遥控装置研究等其他领域已使用了发布/订阅范例[17, 22, 23],上述特性与这些领域有关。另外,如果使用动态复制技术,则网络性能取决于对特定类型信息的需求变化。

在发布/订阅范例中,信息在信息源与信息接收器之间的流动由通常称为数据代理机构的一个或多个中间实体进行动态管理(图 9)。中间设备由中间实体及其通信协议构成。因此,信息源与信息接收器之间不能进行直接通信,如果网络需要添加新的子系统,只需开发与数据代理机构的接口。这种做法无需进行该子系统与网络其他现有子系统之间的兼容性测试,可降低整合成本,缩短整合时间。在开始设计 SWIM 时采用了发布/订阅结构,可使 NAS 很容易整合新的子系统,例如无人机本身。

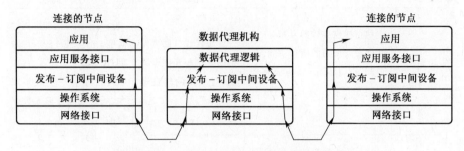

图 9　纯粹的发布/订阅模型,客户端之间不能进行直接交互

3.2.3　代理机构的结构

　　数据代理机构可以有若干种结构,这取决于整个通信系统要求的服务和性能。从结构观点来看,最简单的结构可以类似于文献[17]采用的解决方案,该方案没有管理信息交换的独立要素。客户端的中间设备接口以图 10 所示的分布方式提供这种功能。该结构不遵循纯粹的发布/订阅范例,但可缩短等待时间,当要求进行实时操作时,这是一个很好的解决方案。

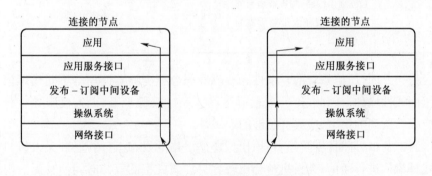

图 10　发布/订阅范例的分布版本

　　此外,最复杂的结构可以使用不同的协议提供纯粹的服务发布/订购功能,只需较小的带宽和视频流数据服务直接连接协议。

　　文献[3]所述的 SWIM 有三种不同的代理结构,与 SWIM 中间设备设计有关的所有信息符合本文进行的分析。从文献[3]的执行摘要提取的表 2 显示了所述的 SWIM 代理结构之间的主要差异。应指出的是,由于 SWIM 的网络中心特性,多个模型可同时在相同的网络上运行,这取决于通信涉及的应用项目和数据类型。

表 2　SWIM 代理机构的三种不同结构

代理机构模型	说　明	优　点	缺　点
发布/订阅代理机构	执行提供纯粹的发布/订阅中间设备所需的所有功能,在时间、空间和同步等方面完全分离发布者和订阅者的所有操作	发布者或订阅者发生的变化相互完全透明;对交换的信息进行统一管理	当数据流经代理机构时可能会产生额外的等待时间;这一事实意味着,代理机构可能会产生瓶颈现象,从而限制处理大数据流的能力
小型代理机构	执行提供纯粹的发布/订阅中间设备所需的一部分功能,使用传统的通信机制执行其余功能,这种组合意味着,并非发布者和订阅者的所有操作都被完全分离	支持发布/订阅方案若干变体的应用	发布者和订阅者未被完全分离,需要建立预定的数据通道
VC 代理机构	VC 代理机构是由纯粹的发布/订阅模型提供的功能超集。它可在终端点之间提供完全分离的通信,但也能提供建立虚拟线路、实现较适当的等待时间或较大带宽所需的原始数据	根据数据类型定制代理方法,可根据不同的数据类型提供不同的 QoS	监控等信息管理功能非常复杂,当通过虚拟线路连接时,发布者和订阅者未被完全分离

另一方面,通信系统的复杂性和故障概率会至少随着使用的不同代理模型数量而线性增加。因此,这一数量应尽可能保持较低水平,无人机服务整合应适应表 2 所列的模型,应具有足够的通用性。

• "发布/订阅代理"模型:该模型遵循严格的发布/订阅范例,无人机只能与代理机构进行通信,无人机整合比较容易。该模型的等待时间使其无法与目前最常用的某些无人机应用项目(如遥控操纵)相容。另外,无人机提供的监测视频流等服务会产生大量信息,使用的数据代理机构可能会出现瓶颈现象,增加等待时间,降低服务质量。

• "小型代理机构"模型:该模型旨在使用比较经典的方法简化 SWIM 的采用,这些方法允许重新使用目前使用的某些接口。不过,无人机整合要求将这些接口视为不遵循代理机构使用的发布/订阅政策的特殊情况。这种选择方案可在短期内产生成本效益,但其通用性或优势不如其他两个模型。

• "VC 代理机构"模型:该解决方案的代理机构根据数据类型提供不同类

型的服务。当满足服务要求时,它可作为第一个模型。但当要求较短的等待时间或较大的带宽时,该代理机构可在数据提供者和数据使用者之间提供虚拟连接,防止因代理机构集中而有可能产生瓶颈现象。从无人机整合的观点来看,该模型通常可满足所有要求。对于大多数服务,无人机可像其他 SWIM 客户端那样使用纯粹的发布/订阅模型。但对于对等待时间敏感的应用项目(如遥控操纵[24])或大带宽要求(如实时监测视频传输),该代理机构可在无人机与客户端应用项目之间建立动态虚拟线路。

3.2.4　SWIM 客户端的访问解决方案

图 11 显示了与 SWIM 相连的三个不同模型。第一个模型提供 SWIM 接口软件,它可在机载硬件上运行,可与代理机构进行交互。该模型是无人机整合的首选模型,它在可以提供的服务方面是最灵活的解决方案,不需要增加有效载荷。该解决方案的缺点是,它不能像其他选择方案那样使接口与无人机特定软件和硬件分离,可能需要进行专门测试以检查 SWIM 接口的使用情况和性能,避免产生安全问题。

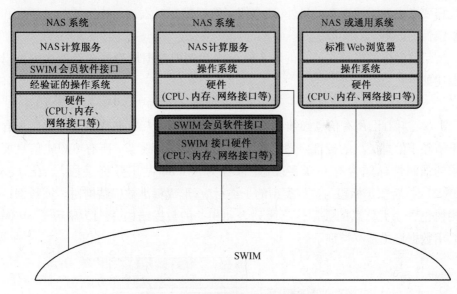

图 11　SWIM 网络连接的不同模型

第二个模型以特定硬件为基础,它支持目前的 NAS 集成子系统与 SWIM 的连接。这些子系统的特定接口要求进行硬件改进[3]。如果无人机的机载硬件具有相当高的适应性和可更新性,则该模型对于无人机而言并非是必要的。实际上,新一代无人机可设计成与 SWIM 硬件相容。总之,与其他模型相比,该模型可以更好地解决安全问题,因为 SWIM 接口以特定硬件为基础,该硬件可根据"受信任的计算"原理进行设计。

最后,第三个模型以标准 Web 浏览器为基础,未来可使用新的 Web 2.0 技术"升级"其服务。近年来,Web 浏览器已用于遥控装置的遥控操纵应用,甚至用于某些无人机控制中心。因此,SWIM 客户端可以建立在 Web 浏览器的基础上,可通过 Web 浏览器使用无人机服务;另外,无人机也可使用信息服务器,例如通过 Web 界面使用地图服务器。在任何情况下,应考虑因该模型的等待时间和相关成本而造成的限制,以便选择用于每种提供或要求的服务的接口。第三个模型的优点是,该模型容易开发,可针对安全问题测试和设计 Web 浏览器/服务器协议。

第一个模型与第三个模型的组合(对于不重要的数据查询而言)可以作为最佳选择。

3.2.5 无人机数据及服务使用接口

文献[3]的附录 G 说明了 SWIM 数据模型,详细研究了 SWIM 数据结构规范需要考虑的不同因素。另外,还介绍了数据模型对添加新子系统的灵活性和复杂性的影响。

目前做出的以及在过去的参考文献中找到的数据模型主要设计决策可以概述如下:

- 所有信息应具有统一的格式,这种格式称为"SWIM 共用数据模型"(图 12)。因此,所有信息必须存入标准的数据容器中,数据容器的标题应包含不依赖于信息类型的标准字段,例如信息源、数据时戳等。所有 SWIM 信息要求的强制性标题含有一套字段,通常称为"SWIM 共用数据字段"。在开发 SWIM 时,希望子标题与数据类型的子类对应,形成标准数据结构树。该数据结构树包含每类信息的强制性字段列表和相关的数据结构,图 13 显示了 SWIM 共用数据格式基本类别示例。

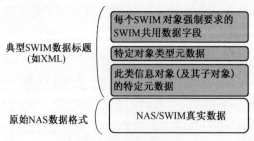

典型SWIM数据标题
(如XML)

| 每个SWIM对象强制要求的SWIM共用数据字段 |
| 特定对象类型元数据 |
| 此类信息对象(及其子对象)的特定元数据 |

原始NAS数据格式

| NAS/SWIM真实数据 |

图 12　共用数据模型图

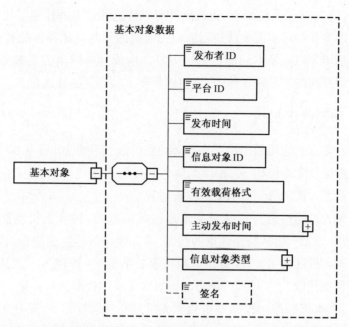

图 13　SWIM 共用数据格式基本类别示例(该图显示了可能的共用数据字段示例)

- 信息本身应包含信息结构,使客户端在处理信息时无需预先了解信息的内部数据结构。这个特点可通过 XML(可扩展标记语言)等元语言或标记语言予以实现,它提供灵活的信息生成。例如,如果某个字段不适用于某个特定信息,则该字段不会被包含。标记语言的另一个优点是,信息被错误解释的概率很低。接收新信息时,只处理含有已知标识符的字段,忽略其他字段。这一特性可使旧类信息更容易转变为新类信息。在进行转变时会同时发送新旧字段,以便提供相同的服务。

- 在初始阶段,新的 SWIM 信息应包含具有当前格式的 NAS 信息,从而更容易移植现有的子系统。实际上,从新的信息中提取原始 NAS 信息之后,其余过程是相同的。随后,旧的数据结构可被完全替换为 XML 信息。

几乎所有上述决策都能使 SWIM 很容易将无人机整合为任何其他类型的新 NAS 客户端,因为无人机是按照预定的灵活性准则采用的。如果只注重降低移植成本,则这一说法不适用于最后一点。

3.3　需要改进的方面

3.2 节提到,与目前使用的 NAS 结构相比,SWIM 的灵活网络中心设计可以很容易整合无人机。不过,由于无人机的具体特性,某些方面可能需要进一步考虑。应指出的是,以下所述的需要进行的改进不属于无人机的自主性。实际上,对于其他 NAS 子系统而言,机载软件可以使这种自主特性变得几乎透明。

以下内容介绍可能需要改进以适应无人机的某些具体特性的若干方面,说明可能的基于 SWIM 基本功能的解决方案。构成这些解决方案基础的要素还可被添加到目前的 SWIM 规范中,以便提供要求较高灵活性的服务。

3.3.1　动态代理机构

目前的无人机应用通常涉及在临时地点的起飞和着陆,根据 SWIM 代理机构的分层连接及分布结构[3],相应的概念是使每个机场至少有一个代理机构,用于管理新无人机加入到 SWIM 的整合过程。

如果无人机的整合过程涉及从常规机场的起飞,则无人机功能会显著降低。因此,针对无人机从特定地点的起飞,需要制定信号发送规程,该规程要求发送表明无人机已起飞、需要提供 SWIM 服务的信号(即使无人机从很远的机场起飞),例如接收"准许起飞"信息。该规程要求与代理机构连接。

目前,无人机的地面控制站可与无人机进行持续联络,在某些方面可作为无人机的机场指挥塔台(ATCT)。因此,使地面控制站配备能将无人机与其他 NAS 元件链接的代理机构,这种做法是一个自然的解决方案,该解决方案需要使用动态代理机构,从不同的地点持续向 SWIM 订阅服务或取消订阅。

3.3.2　根据需要提供的大带宽通道

无人机遥控操纵或某些特定无人机服务(如监测服务)可能需要在某些时间段内进行大带宽实时数据传输。因此,需要制定相关协议,根据要求建立专用通信通道。

3.3.3　无人机侦察协作系统

在侦察方面,由于无人机具有较小的尺寸和隐密性,所有无人机应配备 GPS 系统,应以特定频率持续播送其位置信息。位置信息可通过相关的数据代理机构与其他侦查信息(由一次雷达和二次雷达提供的信息)合并。GPS 基础设施在最近几年得到了改善,其目标成为适合 FAA 的更加可靠和有用的手段,这个目标容易实现。

设计用于提高 GPS 系统适合 ATM 应用的新要素是:
- 广域增强系统(WAAS)[24]:由美国联邦航空管理局(FAA)创建,可使用额外信号增强美国航空用户使用的 GPS 系统的可靠性、完整性、准确性和可用性。
- 局域增强系统(LAAS):创建该系统的目的是使 GPS 用于飞机着陆。

LAAS安装在各个机场,它只在短距离内起作用,该系统可帮助无人机在常规机场上进行自主着陆和起飞。

3.3.4 专用通信技术

当卫星链接用于SWIM全球覆盖(卫星增强型CNS)时,某些类型无人机的机载通信设备的有效载荷和预算限制可能会成为障碍。在这种情况下,无人机地面控制站可负责提供无人机通信链接。这不是最佳解决方案,而是最普通和最简单的解决方案,因为无人机地面控制站只提供无人机与其他SWIM部件之间的链接。该解决方案符合3.3.1节所示的动态数据代理机构图。

4 结论

从目前使用的刚性配置ATM法转变为基于SWIM的ATM结构,这种转变体现了ATM概念和方法的重大变化。这种转变有助于将无人机引入无需分化的空域,关于无人机引入到无需分化空域的问题已视为无人机商业应用的一个主要障碍。

本文从全球概念(如网络中心特性、发布/订阅范例)出发,根据实施SWIM所需的特定接口、代理机构和数据模型,研究了无人机在不同ATM结构层的整合。

另外,无人机整合还有助于改善基本的ATM服务(如天气信息服务),提供新服务(如根据要求提供的监测服务)。

可以看出,本文所述的基于SWIM的ATM结构至少可以满足将无人机纳入无需分化空域空中交通管制体系的扩展要求。

参考文献

1. Boeing Technology: Phantom works. Advanced Air Technology Management. http://www.boeing.com/phantom/ast/61605_08swim.pdf. Accessed 24 October 2007

2. SWIM Program Overview: http://www.swim.gov (redirects to www.faa.gov). Accessed 9 May 2008

3. System-Wide Information Management (SWIM) Architecture and Requirements. CNS-ATM Task 17 Final Report, ITT Industries, Advanced Engineering and Sciences Division, 26 March 2004

4. Jin, J., Gilbert, T., Henriksen, S., Hung, J.: ATO-P (ASD 100)/ITT SWIM Architecture Development. CNS-ATM, 29 April 2004

5. Koeners, G.J.M., De Vries, M.F.L., Goossens, A.A.H.E., Tadema, J., Theunissen, E.: Exploring network enabled airspace integration functions for a UAV mission management station. 25th Digital Avionics Systems Conference, 2006 IEEE/AIAA, Oct. 2006, pp. 1–11

6. Carbone, C., Ciniglio, U., Corraro, F., Luongo, S.: A novel 3D geometric algorithm for aircraft autonomous collision avoidance. In: 45th IEEE Conference on Decision and Control (CDC'06), pp. 1580–1585. San Die-

go, California, December 2006

7. UAV safety issues for civil operations (USICO), FP5 Programme Reference: G4RD–CT–2002–00635

8. Le Tallec, C., Joulia, A.: IFATS an innovative future air transport system concept. In: 4th Eurocontrol Innovative Research Workshop, December 2005

9. UAV Roadmap 2005–2030 – Office of the Secretary of Defense, August 2005

10. Everaerts, J., Lewyckyj, N., Fransaer, D.: Pegasus: design of a stratospheric long enduranceUAV system for remote sensing. In: Proceedings of the XXth ISPRS Congress, July 2004

11. Weather Information Interface: http://aviationweather.gov/. Accessed 9 April 2007

12. metaf2xml: convert METAR and TAF messages to XML. Project web site: http://metaf2xml.sourceforge. net/. Accessed 25 May 2006

13. FlightGear Flight Simulator Project Homepage: http://www.flightgear.org/. Accessed 5 May 2008

14. Meserole, C.: Global communications, navigation, & surveillance systems program – progress and plans. In: 5th Integrated CNS Technologies Conference & Workshop, May 2005

15. Romeo, G., Frulla, G.: HELIPLAT: high altitude very–long endurance solar powered UAV for telecommunication and earth observation applications. Aeronaut. J. **108**(1084), 277–293 (2004)

16. Merino, L., Caballero, F., Martínez–de Dios, J.R., Ollero, A.: Cooperative fire detection using unmanned aerial vehicles. In: Proceedings of the 2005 IEEE, IEEE International Conference on Robotics and Automation, Barcelona (Spain), April 2005

17. Ollero, A., Maza, I.: Multiple Heterogeneous Unmanned Aerial Vehicles. Springer Tracts on Advanced Robotics. Springer, Berlin (2007)

18. Aeronautical Information Management Strategy, V4.0. EUROCONTROL, Brussels, Belgium March 2006

19. Merino, L., Caballero, F., Martínez–de Dios, J.R., Ferruz, J., Ollero, A.: Acooperative perception system for multiple UAVs: application to automatic detection of forest fires. J. Field Robot **23**(3), 165–184 (2006)

20. Beard, R.W., Kingston, D., Quigley, M., Snyder, D., Christiansen, R., Johnson, W., McLain, T., Goodrich, M.: Autonomous vehicle technologies for small fixed – wing UAVs. J. Aerosp. Comput. Inform. Commun. **2**(1), 92–108 (2005)

21. Alcázar, J., Cuesta, F., Ollero, A., Nogales, C., López–Pichaco, F.: Teleoperación de helicópteros para monitorización aérea en COMETS (in Spanish). XXIV Jornadas de Automática (JA 2003), León (Spain), 10–12 Septiembre 2003

22. Sørensen, C.F., Wu, M., Sivaharan, T., et al.: Acontext–aware middleware for applications in mobile Ad-Hoc Environments. In: Proceedings of the 2nd Workshop on Middleware for Pervasive and Ad–hoc Computing Table of Contents. Toronto (2004)

23. Soetens, H., Koninckx, P.: The real–time motion control core of the Orocos project Bruyninckx, Robotics and Automation. In: Proceedings. ICRA '03. (2003)

24. Lam, T.M., Mulder, M., van Paassen, M.M.: Collision avoidance in UAV tele–operation with time delay, conference on systems, man and cybernetics. ISIC. IEEE International. Montreal, October 2007

25. Loh, R., Wullschleger, V., Elrod, B., Lage, M., Haas, F.: The U.S. wide–area augmentation system (WAAS). Journal Navigation **42**(3), 435–465 (1995)

第 **4** 篇

无人飞行器系统指挥、控制和
通信(C^3)技术的研究

Richard S.Stansbury,Manan A.Vyas,Timothy A.Wilson
(理查德·S·斯坦斯伯里,马楠·A·维亚斯,蒂莫西·A·威尔逊)

摘　要:无人飞行器系统(UAS)与国家空间系统(NAS)的一体化进程存在诸多的挑战,如适航证明等问题。由于修改联邦航空条例(FAR)的进程旷日持久,所以将现有的适航条例应用于 UAS,由此可能形成指导性的材料。本文的研究有助于研发此种指导性材料,给出了 UAS 指挥、控制和通信技术研究的结果,检验了支持视距环境和超视距环境下的 UAS 运行的技术,考虑了数据链技术、飞行控制与空中交通管制(ATC)之间的协调性,讨论了 UAS 及飞行器通信技术现有的协议和标准,最后对指导性材料未来的研发工作进行了论述。
关键词:指挥、控制和通信(C^3);无人飞行器系统(UAS);证书

R. S. Stansbury (✉) · T. A. Wilson
Department of Computer and Software Engineering,
Embry Riddle Aeronautical University,
Daytona Beach, FL 32114, USA
E-mail: stansbur@ erau.edu

T. A. Wilson
E-mail: wilsonti@ erau.edu

M. A. Vyas
Department of Aerospace Engineering,
Embry Riddle Aeronautical University,
Daytona Beach, FL 32114, USA
E-mail: vyas85a@ erau.edu

K. P. Valavanis et al. (eds.), *Unmanned Aircraft Systems* DOI:10.1007/978-1-4020-9137-7_5

缩写词：

ATC	空中交通管制	NAS	国家空间系统
BAMS	海上广域监视[24]	NATO	北大西洋公约组织
BLOS	超视距射频	STANAG	标准化协议
C^2	指挥控制	SUAV	小型无人机
C^3	指挥、控制和通信	TFR	临时空管区
CoA	授权证书	TUAV	战术无人机
CFR	联邦条例法典	UA	无人驾驶飞机
DSA	侦查、探测和规避	UAV	无人驾驶飞行器
FAA	联邦航空管理局	UAS	无人飞行器系统
FAR	联邦航空条例	UCS	无人机控制系统[22]
HF	高频	UHF	超高频
ICAO	国际民用航空组织[13]	VHF	甚高频
IFR	仪表飞行规则	VSM	飞行器专用模块[22]
LOS	视距内射频		

1 引言

对于联邦航空管理局、制造商和客户来说，UAS 与美国国家空间系统（NAS）一体化是一项即令人畏缩又非常重要的任务。根据联邦法规（CFR）第 14 章[1]要修改现有的联邦航空条例（FAR）以证明 UAS 的适航合格，这需要巨大的努力，其花费的时间比相关当事人希望的还要长，解决这一问题可以通过研发指导性材料来解释应用于 UAS 的有人驾驶飞行器系统的现有适航标准。

本文进行的研究有助于这种新方法的实施。要解释 UAS 系统现有的标准，必须要对现有的 UAS 技术进行调查研究，然后研发系统模型，最后进行监管真空的分析。本文是对现有 UAS 的指挥、控制和通信（C^3）系统进行的技术研究。

1.1 问题与动机

保证无人飞行器系统（UAS）在国家空域内进行常规操作之前，必须采用适航标准。这些标准可以通过两种可能的途径获得。第一个途径要求采用一个新部分纳入 CFR 第 14 章（也被认为是联邦航空条例或者 FAR）。进行这样的修改所需的时间与 FAA、美国军方、UAS 制造商以及 UAS 用户所期望的时间要更长。

第二个途径是提供与无人飞行器系统零件相关符合 FAR 要求的指导性材

料。这一途径将有可能被采纳。本研究有意要支持这一途径。正在进行的一项研究由两部分组成,分析与 UAS 指挥、控制和通信相关的技术,从技术调查问题的确定到必须要处理的监管真空面面俱到。

问题研究对于支持监管真空分析是必不可少的。从对技术的理解来看,调查 FAR 找到现有规则与实际情况不相符的事实是可能的。这些事实就是监管真空,所得资料会作为这个项目的第二阶段的证明文件。

1.2 步骤与方法

为了辅助技术研究,研发 C^3 的系统模型见图 1。该系统模型的目的是要将研究分解成几个逻辑范畴。UAS 的运行可能在射频视距内或者超射频视距。与指挥、控制和通信相关的技术和工作程序被列为这两个逻辑范畴中的一个。

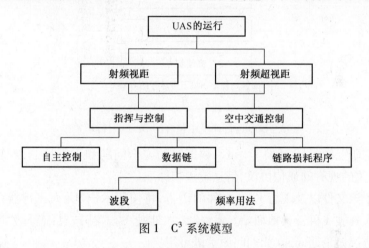

图 1 C^3 系统模型

在每个射频 LOS 和 BLOS 的逻辑范畴环境下,UAS 的技术问题可以分成两类:指挥和控制(C^2)与空中交通控制(ATC)。对于 C^2 的研究将探究需要安全支撑 UAS 从遥控飞行员和/或点式控制的飞行操作的技术和问题。对于 ATC 研究的技术和问题与飞行器或指挥员与空中交通管制员之间在空域系统中运行时的相互作用相关。

在 C^2 和 ATC 模式下,检查各数据链,包括其各自的频率和数据率。列举电流链路损耗程序。最后,仅对 C^2 的自主性、遥控驾驶员—自动驾驶仪的问题对各种飞行器进行调查。

目前,与通信相关的检测、传感和规避(DSA)功能不在此次研究的范围内。这样的系统可能会损耗额外的指挥和控制波段,或者要求它们自己独立的数据链。

1.3 设计与布局

在射频视距和射频超视距环境下运行时,我们的系统模型将 C^3 技术和问题的研究进行了划分。该研究将讨论 UAS 在这些环境下的运行情况,与指挥、控制和通信相关的技术问题以及与 ATC 之间的相互作用。

重要的是 BLOS 环境下的 UAS 包含一些 LOS 技术。图 2 列举了这些运行条件和能在这些区域里运行的 UAS 分类之间的重叠情况。视距部分应当包括所有被研究飞行器的讨论,而超视距部分仅讨论中高续航力的 UAS 在射频超视距环境下的驾驶员指挥运行情况。

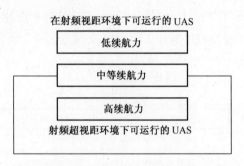

图 2 LOS 运行环境中包含的 BLOS 运行子集

讨论研究的 UAS 还要考虑 C^3 数据链的安全问题和飞行控制以及与 UAS 的 C^3 相关的现有的通信协议、信息装置和标准。

对于该文件以及现行 FAA 文件的语言,将使用术语"无人飞行器系统"来描述无人驾驶飞机及其地面站。术语"无人驾驶飞行器"或其缩写词"UAV"将仅用于协议讨论期间,在此期间原术语可用。

2 射频视距环境下的 C^3 技术与运行

在三类无人驾驶飞机中将视距环境下运行的无人驾驶飞行器划分为低续航力、中等续航力和高续航力。第一类几乎完全是在视距内运行。研究的低续航力的飞行器包括艾德万斯陶瓷研究所的"MantaB"[3]、该研究所的"银狐"[3]、"子午线"[10]、航空环境公司的渡鸦[4]和航空环境公司的"龙眼"[4]。第二和第三类的运行是即可在视距环境下运行,也可在超视距环境下进行的。研究的中等续航力的 UA 包括澳大利亚 Insitu 公司的"扫描鹰"[15]、该公司的"Georanger"[15] 和 AAI 公司的"影子"[2],而高续航力的 UA 包括美国通用原子能公司"捕食者"[7]、该公司的"水手"[7]、诺格公司的"全球鹰"[24]、该公司的BAMS[24] 和航空环境公司的"全球观察者"[4]。表 1 列出了 LOS 环境下 C^3 技术的一些实例。

表 1 抽样研究的无人驾驶飞机的视距通信

飞行器	制造商	LOS 通信	特　点
"捕食者"	美国通用原子能公司航空系统	C 波段	翼展:20.1m 长:10.9m 有效载荷:385.5kg 最大高度:15240m 最大续航力:30h
"全球鹰"	诺格公司的综合系统	CDL（137Mb/s, 274Mb/s）；UHFSAT-COM	翼展:39.9m 长:14.6m 有效载荷:1360.7kg 最大高度:18288m 最大续航力:36h
"扫描鹰"	Insitu 集团公司	900MHz 的扩展频谱跳频；UHF 指挥/遥测	翼展:3.1m 长:1.2m 有效载荷:6.0kg 最大高度:4998m 最大续航力:20h
"子午线"	堪萨斯大学	72MHz 的 Futaba 无线电接收装置 16km；2.4GHz 微频波段无线电接收装置	翼展:8m 长:5.1m 有效载荷:54.4kg 最大高度:4572m 最大续航力:9h
"沙漠鹰"	洛克希德马丁	军用 15km 数据链	翼展:1.4m 长:0.9m 有效载荷:3.1kg 最大高度:152m 最大续航力:1h
"龙眼"	航空环境公司	军用 10km 数据链 @ 9600 波特	翼展:1.2m 长:0.9m 有效载荷:2.3kg 最大高度:152m 最大续航力:1h
"Manta B"	艾德万斯陶瓷研究所	军用波段/ISM 波段无线调制解调器；24~32km 无线电接收装置	翼展:2.7m 长:1.9m 有效载荷:6.8kg 最大高度:4876m 最大续航力:6h

2.1 数据链接

对文献的研究披露了 LOS 指挥和控制数据链通常使用甚高频(35MHz)、C 波段(6GHz)[23]等各种频率。从技术研究可以看出目前的 UAS 最普遍应用的 LOS 数据链是 C 波段。该波段的下行链路使用的是吉赫兹低频,上行链路[28]使用的是 3.7~4.2GHz 和 5.9~6.4GHz。从战略上来讲,为 LOS C² 选择 C 波段是因为吉赫兹低频受到极端恶劣气候的影响较小。例如,"水手""捕食者""牵牛星"[5]等民品变型机,为 LOS C² 使用的就是 C 波段。

一些小型的 UA 像"扫描鹰""Georanger"[15]、"子午线"[10]、"影子"[2]、"龙"[4]和"渡鸦"[4]的 LOS 指挥和控制系统使用超高频。对于这些飞行器,利用 72MHz 手持式遥控与业余爱好者使用的那些相近或相同并不是一件稀罕事。

另一项研究是探究通用数据链(CDL)或战术 CDL。CDL 是一种抗干扰扩展频谱数字微波链,只做军用[8]。CDL 主要用于 BLOS 运行。然而,CDL 能够应用于 LOS 运行一直确保在敌方领域部署时安全和连贯的通信。在本文的后面部分将对 CDL 进行讨论。

2.2 飞行控制技术与运行

飞行器可显著自主性变化等同于无人驾驶飞机。在一种极端情况下,飞行器完全是在遥控环境下运行。如果飞行员翻圈飞行,飞行器将会失事。在另一种极端情况下,飞行器从起飞到降落可能由自动驾驶仪控制。主驾驶员位于 C² 回路外,但在紧急情况下他可能干预超驰自动驾驶仪。

几乎所有现代的 UAS 都装备了手动遥控和自动驾驶仪技术。因为它能够满足广大消费者,而且两种方式可灵活转换,使得 UAS 的销路更好。在我们的研究中,对控制技术进行了总结概括,这种应用于 UAS 运行的控制技术对于任务特点和飞行器能力有极特殊的要求可在 RF 超视距环境下运行。

低续航力的 UAS 在 LOS 环境下运行时,如果不是一直飞行,则通常会部分应用遥控装置。在起落时,遥控飞行员将控制飞行器。飞行过程中,飞行员可能会决定或者手动驾驶飞行器完成全部的飞行路径或者使用自动驾驶仪沿着飞行路径进行简单的航路点导航。采用这种方式运行的 UAS 有"Manta B""子午线""渡鸦 A""渡鸦 B""龙眼""银狐""影子"。

相反高续航力的 UAS 通常会使用自动驾驶仪进行全部的 LOS 环境下的飞行。在地面控制站通过用户界面将全部的飞行计划程序编入自动驾驶仪。一旦任务开始,飞行器将会自主起飞并沿预定路径飞行。飞行员保持在 C² 回路外,但是监测到在不正常情况下的飞行情况时,如果有必要的话可中断自动驾驶进行人工遥控 C^2。"捕食者""水手""扫描鹰""Georanger""全球鹰""BAMS"都是典型的应用自动驾驶仪技术的 UAS。

2.3 链路损耗程序

由于链路损耗程序导致数据链的损耗。重要的是要始终在可预定方式下让飞行器运行。研究显示最普遍的链路损耗程序是让飞行器飞到预定区域。一旦到达预定区域后,UAS 既可以盘旋且自主飞行直到数据保存完成,也可以通过二次数据链[21,25,27,30]遥控飞行。本部分讨论了具体的实例。

"蝙蝠 III"UA 的链路损耗程序有一种简单的返回基地功能,这一功能可以使 UA 返回地面控制站最后一个已知地点并直接飞向该地点[27]。备用遥控无线电接收装置在 72MHz 时可机载使用。一旦到达距离基地足够范围内,遥控驾驶员会控制飞行器进行降落。

NASA 与波音 X-36 魔鬼工厂在返回基地和盘旋[30]方面采用了相同的方法。飞行器沿预定返回路径飞行而不是简单的直接返回基地。为了导引 UA 进入路径要有转向点。当 X-36 选择最近的转向点时,转向点有时可能会落后于飞行器出现,这证实了问题的棘手性。

与 X-36 返回程序相近,NASA Dryden 的研究人员一直致力于返回基地和链路损耗演算的路径规划算法这项工作,路径规划算法确保 UA 停留在授权其飞行的区域内[21]。出发前,规定返回飞行路径供发生控制数据链路损耗时使用。机上自主性装置会探测到链路损耗然后使飞行器向返回飞行路径机动。

Fort Carson 的官员为《无人驾驶飞行器条例》已起草了一份文件。按照 FAA[29]的授权证书(CoA)或者临时空管区(TFR)的要求,军用基地包括两种潜在的飞行区域,一种是空中禁区,另一种是非空中禁区。他们已将无人驾驶飞机的种类分为在可见视线外或 1000ft(1ft = 3.048×10^{-1} m)以上运行的战术 UAV(TUAV)和飞行在 1000ft 以下或可见视线内的小型 UAV(SUAV)。如果一架 TUAV 在空中禁区失去链路,它会返回到预定网格位置并在 8000ft 高空处盘旋。如果 SUAV 在空中禁区内失去链路,它返回到空中禁区的质心并降落。在这两种情况下,必须联系军事当局。当飞行器在 CoA 或 TFR 要求下运行时,由 FAA 或其他民政当局修改的程序将会报告给它。不论在哪一种情况下,如果飞行器像是要离开其空中禁区的话,此时将会通过某种秘密的方式令飞行终止。

最后,正如 NTSB 关于美国"边界巡逻捕食者 B"坠毁的报道所揭露的那样,"捕食者 B"将沿某一预定航向飞回至基地上空盘旋直至通信恢复。如同其他飞行器的情况一样,由于除数据链[25]的实际损耗外有时还有其他原因引起的链路损耗,在这种情况下,操作者尝试使用链路损耗程序将飞行器恢复到已知工作状态。

2.4 空中交通控制(ATC)的通信与协调

ATC 通信是 NAS 中允许安全飞行操作的关键因素之一。最重要的是 UAS 在完成整个任务过程中,即使远离地面站也能保持与 ATC 的联系。文献研究显示大多数 ATC 通信要经由一台 VHF 无线电收发机,某些情况下还要启动一些专用电话号码,如果出现数据链损耗能提供与 ATC 的直接联系。

在 LOS 环境下运行的低续航力的 UAS,在地面控制站的驾驶员通过 VHF 链路直接与 ATC 联系。冗余系统因此而启用,也可选用陆基电话线。

我们的研究仅显示了几项与具体飞行器操作相关的详细资料。目前除非是在军事空中禁区飞行,否则必须要求具有特种适航证书或授权证书(CoA)。为获得这些许可,与 ATC 交互的程序必须在飞行前进行调整。本文中后面论述新的暂定条例对未来 UAS 更具体的要求进行详细说明。

2.4.1 ATC 链路损耗程序

ATC 通信链路损耗程序的处理与 C^2 链路损耗程序完全不同。如果 ATC 链路损耗,首要目标是在地面控制站和 ATC 设备之间重新建立话音通信。因此在 LOS 环境下运行如果出现直接链路损耗,陆基电话线是目前唯一的可选方案。一些无人驾驶飞行器也装备了多重 VHF 无线电收发机,这些接收机能够用来建立地面控制飞行器到 ATC 话音通信之间的链路。多数的链路损耗是由于天气原因出现的,有可能陆基电话线不可用,同一地区所有的 VHF 语音通信会受到影响。

3 射频超视距的 C^3 技术与运行

超视距 UAS 的研究主要包括高续航力的 UAS,但是也有一些中等续航力的 UAS 能运行在超视距环境下。第一范畴中调查"捕食者"[7]、"水手"[7]、"全球鹰"[24]和"BAMS"[24]。第二范畴中研究"子午线"[10]、"扫描鹰"[15]和"Georanger"[15]。表 2 列出 UAS 机载 BLOS 的 C^3 技术的一些例子。

3.1 数据链接

BLOS 的 C^2 数据链范围从超高频(300MHz)到 Ku 波段(15GHz)[23]。Ku 波

表 2　抽样调查无人驾驶飞机的超视距通信

飞行器	制造商	BLOS 通信	特　点
"捕食者"	美国通用原子能公司航空系统	Ku 波段 SATCOM	翼展:20.1m 长:10.9m 有效载荷:385.5kg 最大高度:15240m 最大续航力:30h
"全球鹰"	诺格公司的综合系统	Ku 波段 SATCOM;国际海事卫星组织	翼展:39.9m 长:14.6m 有效载荷:1360.7kg 最大高度:18288m 最大续航力:36h
"扫描鹰"	Insitu 集团公司	Iridium	翼展:3.1m 长:1.2m 有效载荷:6.0kg 最大高度:4998m 最大续航力:20h
"子午线"	堪萨斯大学	Iridium A3LA－D 调制解调器 2.4Kb/s 1616~1626.5MHz	翼展:8m 长:5.1m 有效载荷:54.4kg 最大高度:4572m 最大续航力:9h
"沙漠鹰"	洛克希德马丁	显示没有在 BLOS 环境下运行	翼展:1.4m 长:0.9m 有效载荷:3.1kg 最大高度:152m 最大续航力:1h
"龙眼"	航空环境公司	显示没有在 BLOS 环境下运行	翼展:1.2m 长:0.9m 有效载荷:2.3kg 最大高度:152m 最大续航力:1h
"Manta B"	艾德万斯陶瓷研究所	显示没有在 BLOS 环境下运行	翼展:2.7m 长:1.9m 有效载荷:6.8kg 最大高度:4876m 最大续航力:6h

段 SATCOM 数据链广泛应用在 BLOS 的 C^2 系统。它的频率从下行线 11.7~12.7GHz 和上行线 14~14.5GHz[28]。像"全球鹰""BAMS""水手""捕食者"及其变型机等一批高续航力的 UAS 均使用 Ku 波段。像"BAMS""水手""全球鹰"等一些高续航力的 UAS 也使用 INMARSAT SATCOM 数据链,它的频率从上行线 1626.5~1660.5MHz 和下行线 1525~1559MHz[14]。而一些小型中、低续航力研究中的 UAS 则使用 L 波段 Iridium SATCOM 数据链。它的频率从 390MHz~1.55GHz[17]。"Georanger"是一种中等续航力的无人驾驶飞行器,"子午线"是一款研究中的无人驾驶飞行器,它们使用 Iridium 调制解调器作为航空电子设备通信包的一部分。

在对卫星通信供应商进行的调查中我们发现近地轨道(LEO)卫星和同步轨道(GEO)卫星表现出两个极端。LEO 卫星在 1500km 高空运行,而 GEO 卫星在 35000km 高空运行。在文献[26]中介绍了一组由 80 个 LEO 卫星组成的群与一组由 6 个 GEO 卫星组成的群,两者在均使用 Ka 波段、等效覆盖面积的情况下进行比较。LEO 群与 GEO 群相比表现更优越,其具有等待时间短、路径损耗较小且发射成本低等特点。但一组 LEO 群确实也有更高的运行成本。当卫星运行超出总开销时,服务可能会暂时中断,通信会自动地转向下一个卫星。LEO 群广泛应用于"Iridium"[17]和"全球星"[9]。

在进行 BLOS 通信的研究中,一个可用的数据链就是现行军事公用数据链[8]。不知道这样一个系统是否可以作为民用,但 CDL 链路似乎已被军方应用在"捕食者-B""全球鹰"等诸多较大型的 UAS 上。然而这一说法并没有得到证实,飞行器以前引用的数据单显示是同样的技术条件,但没有明确说明那就是 CDL 链路。另外,也有战术 CDL,它也具有辅助的安全措施。

CDL 链路具有两项技术,第一项技术使用 I 波段卫星通信链路,第二项技术的数据链使用 Ku 波段的 14.5~15.38GHz 范围以便增加可用带宽[8]。

3.2 飞行控制技术与运行

最后一部分讨论的是基于卫星的通信,它是在超视距环境下指挥和控制与无人驾驶飞行器通信的主要手段。等待时间是 SATCOM 数据链遇到的关键问题。在等待时间内,遥控驾驶的可行性不大。因此,就要求使用自动驾驶仪来控制在 RF 超视距环境下运行的大多数 UAS。

高续航力的 UAS 使用自动驾驶仪进行所有的飞行操作。全部飞行计划由自动驾驶仪的 GUI 进行编程。驾驶员在不进入 C^2 回路的情况下监控飞行操作中出现的不正常状况。"牵牛星"UAS 正是这样一个最好的例子,在西方国家应用其进行林野火灾成像完成有限的飞行计划。"牵牛星"是 NASA 拥有的一款 UA,它作为研究使用,根据 NASA[5] 提交的飞行计划经 FAA 认可后为每次飞行提供 CoA。不过用于大多数高续航力的 UAS 自动驾驶仪的设计和运行的具体细节并没有披露。

中等续航力的 UAS 在其飞行过程中有机会使用 LOS 技术或 BLOS 技术。堪萨斯州大学进行的"子午线"无人驾驶飞行器的研究针对 LOS 和 BLOS 之间如何转换给出了关键性的解释。"子午线"与自动驾驶仪指挥与控制[10]技术相结合,既可以使用遥控驾驶也可以进行航路点导航。目前使用的是 WePilot[31] 自动驾驶仪,它是 2008 年堪萨斯州大学个人通信研究所 W. Burns 研制的。当极接近时,可能使用 2.4GHz 的 LOS 调制解调器,驾驶员将接收实时遥测,这样他可以了解飞行器的动向并控制飞行器根据仪表导航进场着陆。一旦飞行器超出 2.4 GHz 无线电范围,它会转向其 Iridum 数据链。由于等待时间和带宽的原因使用 Iridium 时,运行被限制在高优先级飞行器遥测和航路点导航(2008 年,堪萨斯州大学个人通信,W. Burns)[10]。

3.3 连接失败程序

研究中发现无论是中等续航力的无人驾驶飞行器还是高续航力的无人驾驶飞行器在 BLOS 环境下运行的链路损耗程序与在 LOS 环境下运行的几乎一致。当航空电子设备探测到数据链的损耗后,执行预先规划的控制程序。飞行器既可返回基地或紧急集合点,进入预定飞行路径,也可在预定空域盘旋。

"牵牛星"[5]获得 FAA 认证的 CoA 在 NAS 中飞行完成西方国家火灾成像任务。在其中一个任务期间,"牵牛星"调制解调器发生故障导致 BLOS Ku 波段的 C^2 链路损耗。因此,飞行器将波段切换到 C 波段并向预定空域飞去直到调制解调器恢复正常功能且 Ku 波段链路重新建立[5]。

3.4 ATC 通信与协调

由于高续航力的 UAS 可能会在多个 ATC 区域之间运行,目前,ATC 通信的范例是利用 UAS 作为通信中继。该中继允许地面操作员一直保持与 UAS 当前空域的 ATC 联系。作为 UAS 授权证书的一部分,它也是沿 UAS 途经路径[5]与所有 ATC 站点保持一致的标准程序。

正如之前所讨论的那样,如果出现 ATC 链路损耗,主要目标是要在地面控制站和 ATC 设备之间重新建立通信数据链。在 BLOS 环境下运行唯一可行的是装载多重 VHF 无线电接收机和机载冗余话音通信系统。这样是有必要的,因为当飞行器飞过多个不同的 ATC 区域时,它与当地 ATC 设备联系,通过作为中继的飞行器地面控制站连接到 ATC 上。

针对"牵牛星"链路损耗,详细的飞行路径提供给了 FAA 和 ATC,确保 ATC 知道飞行器的位置。此外,要与 ATC 相协调精心规划任务,这样所有可能的 ATC 设备都被通告到。没有对这种通告模式作明确说明[5]。

使用无人驾驶飞行器作为地面控制站与 ATC 监视设备之间的中继并不是没有任何问题的。飞行器上设备之间的移交就是问题之一。当有人驾驶飞行器从一个 ATC 单元转换到另一个单元时,机上驾驶员按照指示通过移交程序将 VHF 无线电接收装置调节到与 ATC 合适的信道。对于几个现有的 CoA 和飞行器,飞行器快速进入无控制空域并在整个飞行过程中维持该飞行高度。因此,沿路径飞行时涉及多个 ATC 设备的交互并不普遍,解决可在空中禁区中运行的合适程序还没有正式形成。对于运行在 NAS 超视距环境下的 ATC 空中禁区中的 UAS,关于移交的处理必须更进一步地达成协议,调整飞行器地面到 ATC 中继的新频率。

使用 UAS 作为中继的另一个潜在问题是频谱的可用性问题,它可以用来处理需要支持每架无人驾驶飞行器(2008 年,Insitu 公司,个人通信,S. Heppe)的额外 25kHz 音频信道。一项提议的方案是为正在运行的 UA 提供一个地基电话网络用来连接地面站和 ATC 设备。这些问题必须要得到进一步的研究。

4 UAS 的 C³ 技术与运行的安全问题

对于 UAS 的 C^2 和 ATC 通信技术主要的安全问题是数据链电子欺骗、敲诈勒索和干扰。UAS 与传统飞行器的区别是飞行器的"直接控制"点不同。驾驶员处于"直接控制"意味着处于敌对环境下,在碰撞的危险时刻驾驶员可以立即就近弃机逃生。如果是 UAS 的话,在地面控制站的驾驶员与 UAS 之间有介质,与传统飞行器不同,那么作为数据链的介质对先前提及的威胁非常敏感。电脑黑客能够制造假的 UAS 信号,干扰数据链甚至截获数据链控制 UA。为未来的 UAS C^2 和 ATC 通信挑选合适的数据链时必须要考虑到这个问题,因为数据链对 UAS 的安全和无缝功能是至关重要的。

为了确保 C^2 与 ATC 通信的安全性,必须为系统建立安全特性。例如,让飞行器确认或重复所有它接收到的指令就是一种方法。这样确保指挥员发送的所有指令被接收并确认(2008 年,Insitu 公司,个人通信,S. Heppe)。这种方法也通知了指挥员飞行器是否接收到来自于未被授权实体的指令。军用安全数据链 CDL 和 Link16[20]具有内置确认功能。没有永恒不变的解决方法用于民用市场,必须要探索新的领域。

5 现有相关的协议、标准和条例

5.1 标准化协议 4586

NATO 标准化协议(STANAG)4586[22]是经北大西洋公约组织(NATO)国家认可的,作为无人驾驶飞行器系统的通用性标准。现在它的第 2 版已于 2004 年 4 月 20 日开始使用。STANAG4586 的目标之一是要在 NATO 成员国中达到无人驾驶飞行器通用的最高规定级别。该文件中定义了通用的几个级别,指出了这些通用级别的关系。必须指出的是该标准包括了 UAS 指挥控制(C^2)和有效载荷通信。

STANAG 4586 分为两个附件。附件 1 为附件 2 提供了一个术语表。附件 2 对通信结构进行了综述,该综述包括三个附录。附录 B1 论述数据链接口,附录 B2 论述指挥控制接口。更具体地说,B2 概述军用通信结构,该结构将地面控制站与军事指挥层连接起来。附录 B3 论述人机接口(HCI)。本次研究中附件 B 的概述部分与附录 B1 是相关的。

图 3 是 STANAG 4586 的参考结构图。UA 是 UAV 的航天部件。我们主要

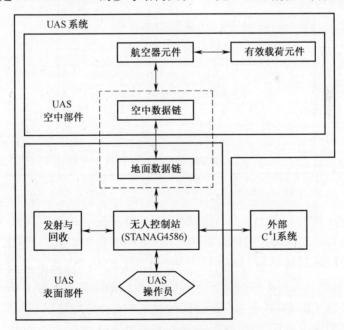

图 3 STANAG 4586 系统结构[22]

69

研究航空器元件(AVE),对有效载荷的研究不作为本次技术研究的一部分。通过一些数据链 AVE 与 UAV 表面部件(或地面站)进行通信。表面部件与任何一个外部 C⁴I 基础结构、任何一个正在控制飞行器的地面操作员和发射回收系统相互作用,这些部件之间已定义好的接口见图4。每个接口都内置于一个系统模块中,该模块作为包装机运行支持先前不兼容的技术。

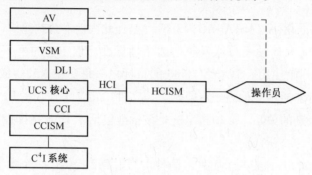

图 4　STANAG 4586 部件和接口[22]

本次研究中飞行器专用模块(VSM)定义了控制站和飞行器之间的接口。由于它定义了信息组来指挥控制飞行器并从飞行器上进行遥测,因此对它的数据链接口(DLI)做进一步的研究。图5是经由 STANAG 4586 接口,飞行器与地面站之间的相互作用情况。

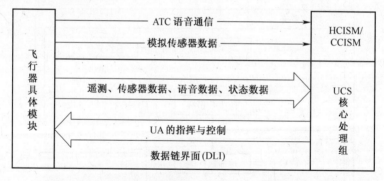

图 5　经由 STANAG 4586 的地面站与飞行器相互作用[22]

STANAG 4586 作为国家空管系统中 UAS 指挥控制的标准具有很大潜力。它已经为 NATO 成员国采用作为目前军用 UAS 的通用标准。接下来讨论的是无人驾驶系统的对接结构(JAUS)[19],它涵盖了所有无人驾驶系统(地面、空中、水上和水下),与其不同的是 STANAG 4586 明确成文来支持 UAS 并在 UAS 业内已经获得了比 JAUS 更加广泛的认可。

从认证的观点来看,采用通用性标准能够显著地简化认证过程。STANAG

70

4586 对 UAS 系统的自然划分具有独立认证这些部件的能力。由于 VSM 的执行必须支持数据链接口，因此可以证明无人驾驶飞行器不依赖于任何地面站。同样，对地面站的认证可通过无人驾驶飞行器和操作员控制接口评估它的通用性来进行。但不幸的是，FAA 还没有采用这种模块化认证。

当然 STANAG 4586 也有一些缺点。首先，该标准包括的信息是明确成文的支持与 UA 有效载荷的通信。但是由于有效载荷还没有并入认证过程，因此这些信息没有删除也没有修改。幸运的是控制与有效载荷混在一起的信息还很少。

5.2　无人驾驶系统的对接结构

无人驾驶系统的对接结构(JAUS)[19]为无人驾驶飞行器提供了一个备选的通用标准。与 STANAG 4586 不同的是 JAUS 详细说明了所有无人驾驶系统的通用性而不仅仅是无人驾驶飞行器。最初研发 JAUS 是作为国防部的一项成就，但是现在由 SAE 通过 AS-4 技术委员会[16]将其与新的标准相结合。

JAUS 是为本次研发和无人驾驶系统的收集而定义的一个结构。文件分为三卷：领域模型、基准结构和公文控制规划[19]。JAUS 工作组在这些卷里规定了表示无人驾驶系统的结构、元件之间的通信协议以及报文组。

JAUS 技术的局限性是平台独立、任务隔离、计算机软件独立和技术独立[18]。"系统"一词用于定义分系统的逻辑组。分系统是一个或多个无人驾驶系统功能在系统框架内作为单一固定的实体。节点具有独特的处理能力可在分系统内部控制信息业务流量。无人驾驶系统的部件具有独特的功能性。图 6 是系统拓扑图，应用了这些术语。

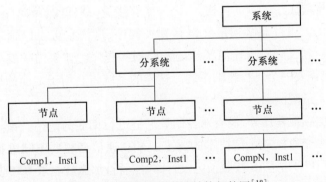

图 6　无人驾驶系统对接结构拓扑图[18]

在给出了系统和分系统的抽象定义以及无人驾驶飞行器系统和其他的飞行器的适用性之后，JAUS 似乎没有十分严格地满足调整器的要求来定义无人驾驶系统的指挥控制协议,这个协议已被证明可适用于无人系统。对于 AS-4 定义的新标准来说,该结构变化很大,因此减少这方面考虑,今后再考虑许可证问题。

5.3 国际民用航空组织(ICAO)附件 10

国际民用化航空组织是联合国的派出机构,负责选定航空标准,为国际航空安全引入并研究新的准则。ICAO 附件 10 航空导航通信 I 卷[12] 和Ⅲ卷对这一技术研究的目的进行了研究。这些标准应用于所有飞行器,不仅仅是 UAS。Ⅲ卷:通信系统论述了不同的通信系统的系统级别要求,即航空导航通信网络、可移动卫星业务、VHF 空—地数字数据链、HF 数据链等,并向研究人员定义了基本的功能性、要求与建议以及信息协议。

5.4 FAA 过渡期的工作指导思想

2008 年 3 月,FAA 的航空安全无人驾驶飞行器项目办公室(AIR-160)与 FAA 其他多个项目办公室共同对在 NAS[6] 中运行的 UAS 提出了过渡时期的指导方针。这一文件的提出弥补了一些指导方针的不足,这些方针可能是 FAA、UAS 制造商与 UAS 用户之间共享的,直到使得一些永久的指导方针得以完善。使用这些指导是为了协助向政府机构等公用 NAS 用户分配授权证书,向民用 NAS 用户分配特种适航证书。这些条例是灵活的、可定期进行修改。

这些条例定义了一些与指挥、控制和通信相关的 UAS 的运行要求。由于目前现有的 UAS 探测、传感和规避(DSA)技术的安全性不能保证,因此,在 UAS 运行期间需要有跟踪飞行器或地面观测器。事实上,只要人在回路或者系统在运行中具有即时人工干预的机构,人们是能够接受一些可能存在自主性的无人驾驶飞行器的。飞行器必须定义链路损失程序,这样它可以以预定的方式运行。指导性材料没有提出任何特殊的链路损耗程序。如果维护安全运行的冗余不足,可能需要一个飞行终端系统。这样的系统将会用于地面的指挥员或者跟踪飞行器上的观测器。

除了链路损耗程序外,没有对控制数据链进行彻底的论述。指导性材料详细给出了空中交通控制通信技术的要求。ATC 通信必须要不断维护。如果仪表飞行规则(IFR)中 UAS 按照预定飞行路径运行,那么就要求 UAS 具有机载通信中继保证将其指挥员(在地面上或者跟踪机上)与飞行器的当地 ATC 的联系。最后,根据 IFR,UAS 必须最少具有一个 C 型转发器(有一个 S 型转发器当然更好)。

6 结论与未来展望

本文主要对无人驾驶系统的指挥、控制和通信技术进行了初步的研究。研究中对视距内和超视距环境下的系统进行了比较，分别对其在通信技术、指挥和控制、数据损耗程序和 ATC 通信方面的问题进行了研究。该研究有助于收集与指挥、控制和通信技术和问题相关的知识。

该项目第二阶段的研究是进行监管真空的分析。通过对目前 C^3 技术的全面了解，可能列举出一些与 FAA 条例相关的问题，包括但不限于 14CFR 第 21、23 和 91 部分[1]。通过这些列举的问题对监管真空进行分析。监管真空确定现有条例的区域，这些区域难以满足目前的技术发展水平。最后，FAA 将分享该分析，希望有助于确定指导性材料，这些材料与适航认证要求相关，UAS 的使用者和制造商们希望他们的飞行器能够运行在国家空管系统中。

致谢

该项目由联邦航空航天局通过卓越专用航空运输中心发起，由指定的多位成员共同完成。卓越专用航空研究中心由安柏瑞德航空航天大学、弗洛李达农工大学、阿拉斯加大学、北达科代州大学和维奇托州立大学等大学组成。然而，相关机构既不认可也没有拒绝此次研究的成果。这一信息表明调动技术社区评论此次研究的结果和结论是有意义的。

尤其要感谢联邦航空局研究和技术发展部—机场和飞机安全团队的李晓龚和付彤，感谢他们的支持。

参考文献

1. 14 CFR: United States Code of federal regulations title 14 aeronautics and space. Online at: http://ecfr.gpoaccess.gov/cgi/t/text/text-idx? c=ecfr&tpl=/ecfrbrowse/Title14/14tab_02.tpl (2008)

2. AAI Corp.: Unmanned aircraft systems. Online at http://www.aaicorp.com/New/UAS/index.htm (2008)

3. Advance Ceramic Research: Unmanned vehicle systems. Online at http://www.acrtucson.com/UAV/index.htm (2008)

4. AeroVironment: Unmanned aircraft systems. AeroVironment Inc. Online at http://www.avinc.com/UAS_products.asp (2008)

5. Ambrosia, V.G., Cobleigh, B., Jennison, C., Wegener, S.: Recent experiences with operating UAS in the NAS. In: AIAA Infotech Aerospace 2007 Conference and Exhibit. Rohnert Park, California (2007)

6. FAA: Interim operational approval guidance 08-01: unmanned aircraft systems operations in the national arspace system. Technical report, Federal Aviation Administration. Aviation Safety Unmanned Aircraft Program

Office AIR-160 (2008)

7. General Atomics: Aircraft platforms. General Atomics Aeronautical Systems Inc. Online at http://www.ga-asi.com/products/index.php (2008)

8. Global Security: Common data link. Online at http://www.globalsecurity.org/intell/systems/cdl.htm (2008)

9. Globalstar: Globalstar, Inc. — Worldwide satellite voice and data products and services for customers around the globe'. Online at http://www.globalstar.com (2008)

10. Hale, R.D., Donovan, W.R., Ewin, M., Siegele, K., Jager, R., Leong, E., Liu, W.B.: The meridian UAS: detailed design review. Technical Report TR-124, Center for Remote Sensing of Ice Sheets. The University of Kansas, Lawrence, Kansas (2007)

11. ICAO (ed.): Annex 10 communication systems, vol. 3, 1st edn. International Civil Aviation Organization (1995)

12. ICAO (ed.): Annex 10 radio navigation aides, vol. 1, 6th edn. International Civil Aviation Organization (2006)

13. ICAO: Fourth meeting of the AFI CNS/ATM implementation co-ordination sub-group. International Civil Aviation Organization. Online at http://www.icao.int/icao/en/ro/wacaf/apirg/afi_cnsatm_4/WP08_eng.pdf (2008)

14. INMARSAT: Aeronautical services. Online at http://www.inmarsat.com/Services/Aeronautical/default.aspx? language=EN&textonly=False (2008)

15. Insitu: Insitu unmanned aircraft systems. Online at http://www.insitu.com/uas (2008)

16. International, S.: Fact sheet SAE technical committee as-4 unmanned systems. Online at:http://www.sae.org/servlets/works/committeeResources.do? resourceID=47220 (2008)

17. Iridium: Aviation equipment. Online at http://www.iridium.com/products/product.htm (2008)

18. JAUS: Joint architecture for unmanned systems: reference architecture version 3-3. Technical Report, JAUS Working Group. Online at: http://www.jauswg.org/baseline/refarch.html (2007)

19. JAUS: Joint architecture for unmanned systems. JAUS Working Group. Online at: http://www.jauswg.org/ (2008)

20. Martin, L.: Tactical data links—MIDS/JTIDS link 16, and variable message format-VMF.Lockheed Martin UK-Integrated Systems & Solutions. Online at: http://www.lm-isgs.co.uk/defence/datalinks/link_16.htm (2008)

21. McMinn, J.D., Jackson, E.B.: Autoreturn function for a remotely piloted vehicle. In: AIAA Guidance, Navigation, and Control Conference and Exhibit. Monterey, California (2002)

22. NATO: NATO standarization agreement 4586: standard interfaces of UAV control system(UCS) for NATO UAV interoperability. North Atlantic Treaty Organization (2007)

23. Neale, M., Schultz, M.J.: Current and future unmanned aircraft system control & communications datalinks. In: AIAA Infotech Aerospace Conference and Exhibit. Rohnert Park, California(2007)

24. Northrop Grumman: Unmanned systems. Northrop Grumman Integrated Systems. Online at http://www.is.northropgrumman.com/systems/systems_ums.html (2008)

25. NTSB: NTSB incident CHI06MA121-full narrative. National Transportation Safety Board.Online at http://www.ntsb.gov/ntsb/brief2.asp? ev_id=20060509X00531&ntsbno=CHI06MA121&akey=1 (2008)

74

26. Peters, R.A., Farrell, M.: Comparison of LEO and GEO satellite systems to provide broadband services. In: 21st International Communications Satellite Systems Conference and Exhibit (2003)

27. Ro, K., Oh, J.-S., Dong, L.: Lessons learned: application of small UAV for urban highway traffic montoring. In: 45th AIAA Aerospace Sciences Meeting and Exhibit. Reno, Nevada (2007)

28. Tech-FAQ: What is C band?. Online at http://www.tech-faq.com/c-band.shtml (2008)

29. US Army: Unmanned aerial vehicle—flight regulations 95-23. Technical Report AR 95-23, The Army Headquarters. Fort Carson, Colorado (2005)

30. Walker, L.A.: Flight testing the X-36—the test pilot's perspective. Technical Report NASA Contractor Report no. 198058, NASA—Dryden Flight Research Center, Edwards, California(1997)

31. WeControl: WePilot 2000 technical brief. Online at: http://www.wecontrol.ch/pdf/wePilot2000Brief.pdf (2008)

第 5 篇

美国空军学院的无人机飞行和研究工作

Dean E・Bushey

(迪恩 E・布歇)

摘　要:美国空军学院积极参与了跨越许多部门的无人机研究工作,这些部门关系到许多计划、飞机、政府机构和试验项目。不应低估这些研究计划对该空军学院、其下属学院、军校学员、空军和国防部的重要性。联邦航空局最近关注无人飞行器系统飞行能力的增长和扩散,为了主动地加以配合,空军已经实施了几种新的准则和规定。要遵循这些准则、命令和规程,对众多研究者和美国空军学院所进行的各项活动都是挑战。找到有效地加入这些新准则的方法,这对研究工作以及参与联合计划和演习都是至关重要的。本文分析了美国空军学院目前因受各种规程所限而进行的研究工作的性质、当前的进程、短期方案以及在该学院对无人飞行器系统进行研究的长期远景。

关键词:无人飞行器;无人飞行器系统;无人机;研究;教育;空军;飞行;空间

1　引言

　　美国空军学院(USAFA)积极参与了有关无人飞行器系统(UAS)的几个不同

D. E. Bushey (✉)

Department of Computer Science, UAV Operations, US Air Force Academy,

Colorado Springs, CO 80840, USA

E-mail: dean.bushey@ usafa.edu

K. P. Valavanis et al. (eds.), *Unmanned Aircraft Systems*.DOI:10.1007/978-1-4020-9137-7_6

领域的研究工作,跨越支持许多不同计划、机构和演习的许多部门。该学院已有几种不同的无人驾驶飞机在飞行,有些已有商业采购,并且为了研究进行了改进,还有一些是试验性的单机。最近对规程有了一些改变;联邦航空局和军方必须在空军学院对 UAS 飞行的操作程序进行评审。这种变化已经并将继续对为这些新技术的研究、教育、开发产生重大影响。由于美国军方和其他政府机构对不同大小的机载 UAS 和遥控飞机的数量和类型、UAS 的安全飞行日益关注,所以当前要设立批准这些飞行的过程。这些规程旨在进行更大规模的操作飞行,正在为适用于 UAS,甚至是适用于几个研究计划中采用的微型可控 UAS 系统而进行修改。

在本文中,我们分析了美国空军学院研究计划的性质、目标、影响 UAS 操作的规程以及所涉及机构。另外,我们对解决这些障碍的短期和长期方案进行了探讨。

美国空军学院的负责人 Gen Regni 最近在给该学院人员的演讲中强调了在该学院进行 UAS 研究的重要性。预计在可预见的未来,近年在研究、资助、范围和关注程度方面形成的爆炸式的增长趋势还将持续下去。除了美国空军学院的研究工作,还有一个主要任务是培养未来的空军军官,他们了解目前技术的性质、使用、限制、挑战和可能的增长和发展途径。

2 背景

美国空军学院是一所旨在教育、培训和发展军校学员成为未来的空军军官的工程大学。其主要中心任务是发展有个性和领导力的军校学员。在美国空军学院中没有指定的毕业研究项目。但是,它的目标之一是通过发展和推动前沿性研究工作进入到美国空军和国防部感兴趣的关键领域而鼓励军校学员和专科研究。受到鼓励的军校学员将探索 UAS 操作的许多方面,包括飞行特性、驾驶舱设计、人机相互作用、数据传输、UAS 的战术使用、UAS 持久性能、实时视频传递、自动化可视和特征识别等。附录 1 给出了目前各项项目的一览表。

该学院还支持和鼓励其下属学院研究和出版发行。一些研究人员与其他不同大学、机构和政府部门一起致力于研究和开发 UAS 和 UAS 相关的技术。部分这类研究有助于支持国防部、国土安全部、情报机构、移民局和其他几个联邦机构和国家机构内许多不同的组织。

2.1 限制在美国空军学院的飞行操作

2007 年 5 月,所有在该学院的 UAV/UAS 飞行都暂停了,以响应国防部和联邦航空局的准则,他们要求所有 UAS 都具有许可证(COA)并符合在国家空域系统中飞行的特定准则。2007 年 9 月 24 日,国防部副部长与联邦航空局签订了一项协议备忘录(MOA),只要飞行遵守某些限制条件,就允许国防部在没有 COA 的情况下进行 UAS 飞行。目前标准的联邦空军局规程是有关 UAS 飞行的两层含意,一层是针对民用,另一层是针对政府使用。政府使用广义上是指操作使用公有飞机以支持政府行动,需要有 COA 才能飞行非禁空域。该 COA 概述了空域、高度和其他操作限制,通常按每架飞机授予,授予情况如下:

——经验表明,花费了大约 6 个月接受 COA,但是联邦航空局已同意用 60 天向国防部申请(于 2007 年 9 月 24 日开始)。

—— COA 要求详细列出飞机性能、操作限制条件和程序、操作位置和授权根据 COA 操作 UAS 的人员。

■ 美国空军学院已向联邦航空局提交了书面材料申请通用的 COA,将授权所有 UAS 在空军学院空域内飞行。在评审时,空军特种作战指挥部(AFSOC)是领导机构,负责 UAS 操作。

■ 利用有效的 COA 进行 UAS 操作要求驾驶员和观察员持有有效的Ⅲ级健康证明书,而驾驶员要持有由联邦航空局发放的有效驾驶执照(私人驾驶执照等)。

——于 2007 年 9 月 24 日签订的 FAA/DoD 协议备忘录允许 UAS 在没有 COA 的情况下在军事保护区上空飞行,然而

○ 特定的国防部准则适用于所有在军事保护区上空进行的飞行,而在这一空域外的飞行仍然需要 COA。

○ 协议备忘录在微型 UAS(小于 9.08kg)和其他 UAS 之间进行了描述。

■ 微型 UAS 可以在军事基地地平线上空 365.76m 高度以内的 G 级别空域中运行,条件是运行要满足以下要求:

• UAS 处于驾驶员清晰的目视距离内,或者有一名持有合格证的观察员随时准备与驾驶员联系;

• UAS 保持距离任何民用机场 8.045km 以外;

• 国防部必须在不晚于飞行前 24h 向飞行员公布飞行通告(如果已证明是合理的,可以采用通用的飞行通告);

• 驾驶员/观察员由适当的军事部门(AFSOC)给予资格。

○ AFSOC 已被指定为制定小型 UAS 准则的牵头指挥部,该准则适用于美国空军所有 UAS 的资格证明和操作。

■ 由 AFSOC 发布的草拟准则(AFSOC 11-2)是与记录系统上驾驶员的操作

资格证明相配套的,旨在在战斗态势下与有人驾驶飞机密切配合使用。这些需求都在进行修改以满足美国空军学院研究人员的独特需求,从而适应由时间、人力和金钱造成的各种限制条件。

■ 美国空军研究实验室已开始制定适用于研发 UAS 的独立的准则,然而,AFSOC 被指定为牵头者,必须在实施前通过美国空军研究实验室制定的任何准则。

■ 目前的 AFSOC 准则要求所有 UAS 都要通过特种作战应用请求(SOAR)过程获得证明书。本过程最初并不是为证明微型 UAS 而设计,现在正调整以适应在 USAFA 设计和使用的试验性研究 UAS。

2.2 AFSOC 准则

AFSOC 已公布了准则,UAS 操作员可以遵循该准则以寻求在国家空域运行的获准。已公布的清单声称,“2007 年 9 月 24 日,联邦航空局和国防部各方代表签订了一项协议备忘录,涉及国防部无人飞机系统(UAS)在国家空域系统中的运行。在批准这种运行之前,还必须满足某些要求。下面的清单概括了在 G 级空域国防部 UAS 运行的必要要求。为了使请求通过,对下面的各项声明需要回答‘是’”(针对 UAS 操作的 AFSOC 清单)。

(1)这是一种国防部 UAS 或者与国防部有协议的 UAS,由一个军事部门证明飞行性能良好,可以按照可适用的国防部和军事部门的标准操作。

(2)UAS 驾驶员、操作员和观察员都由适当的军事部门进行了培训、具备证书和医学证明,能在级别 G 空域内飞行。

(3)无人机(UA)质量为 9.08kg 或更轻。

(4)UA 运行将包含在级别 G 空域内,在地平线上空 365.76m 高度以内。

(5)级别 G 空域定位在受采购、租借或其他限制条件保护的军事基地、保护区或陆地的上空。

(6)UA 将保持在驾驶员或者准备与驾驶员联系的有资格证明的观察员的清晰目视距离范围内,以确保与其他飞机相区分。

(7)UA 操作将保持与任何民用机场或直升机相距 8.045km 以上。

(8)申请人证明这种操作已进行了充分协调并在单位内部与政府官员一起批准,而且被委派的申请人为单位负责人。

2.3 强加的限制条件

这些规程和军方协议备忘录的最后结果是在该学院进行的 UAS 研究活动

必须加以修改以满足新的与安全相关的准则。目前为几种 UAS 取得特种作战适航解禁证书(SOAR)的申请正在评审中。对 AFSOC 准则的理解已达到某种程度,但是仍然有障碍。

2.3.1 适航过程

SOAR 的过程就像 2007 年 8 月 24 日在适航性公告中所定义的那样,明确指出了用于证明 UAS 适航的判据。对该过程的准则来源于下面的几项规程,包括:

空军政策指令(AFPD)62-6,美国空军飞机适航性证明书;

空军细则 90-901,操作风险管理;

空军手册 90-902,操作风险管理(ORM)准则和工具;

空军细则 11-202V1,机组人员培训;

空军细则 11-202V3,飞行通则;

适航性证明书公告 No.4,证明基础;

适航性证明书公告 No.5,风险评估和验收;

MIL-HDBK-514,航空企业的操作安全性、适用性和有效性(OSS&E);

MIL-HDBK-516,适航性证明判据;

MIL-STD-882,系统安全性的标准实践。

——SOAR 的过程通过位于赖特—帕特森空军基地的航空系统中心(ASC)进行,证明:

○ SOAR 的过程正在快速发展以满足这些新类型的 UAS,然而,对于这种评审来说,有些研究项目的时间表可能太固定不变了。

■ 美国空军学院牵头进行的飞行安全性评审,也许通过航空部门,可能会更快地进行,更加灵活并且仍能符合联邦航空局和 AFSOC 所要求的精神和意向。

——驾驶员资格证明:

○ 被评级的驾驶员,无论是具备军方的还是联邦航空局证明资格的,都可以作为飞行的 POC。

○ 只要联邦航空局地面学校的各种需求得以满足,美国空军学院就可以设计实习驾驶员的标识。

——在其他空域中的 UAS 飞行:

○ Ft Carson 提供了一个可以使用的受限空域。这将不用进行 COA 和 SOAR 过程评审。这是一种临时的方案,因为这对于安排航行时间来说是不可

行的,在已经教学负荷很满的一天里,军校学员一次航程往返该区域需
要 1.5h。

- 美国空军学院自己的 D 级别——最初考虑的是扩展学院的 D 级别空域,
包括军校学员区域和已提议的 UAS 飞行空域。根据与联邦航空局的商
讨,这可能很难实现,但是这仍是一个非常重要的问题。

3   向前发展的道路

最重要的是要提出一种可行的方案,以满足联邦航空局和国防部的需求,
维护安全性需求并遵守各项规程,而同时还要允许在美国空军学院进行必要的
研究和研制工作。可能的方案包括:

——小型 UAS 的学院证明——让美国空军学院的一个机构,可能是航空航
天工程学部,出具这些小型 UAS 的飞行安全性证明和 COA。

——D 级别空域延伸——如上所述,这是允许美国空军学院机场管理人员
通过优先协调允许 UAS 飞行的一种可能性。正在改进现有空域各项标志,但是
如果要完全批准,这个过程会花费时间。

3.1   短期方案

在目前过程的框架内工作,可以采取几个短期步骤精简在美国空军学院进
行 UAS 研究的批准过程:

——如果可能,精简并加快目前的批准过程。

——对军校学员顶点计划飞行准备评审过程在美国空军学院当地批准的
授权。

——口头批准/自动弃权,在评审申请期间停置该权利。

3.2   长期方案

已经提出了许多长期方案,以确保这种有价值的研究得以进行下去:

——建立将与所有参与机构密切合作的美国空军学院 UAS 研究中心。

——建立一个军校学员 UAS 飞行中心,将为所有军校学员在二年级或三年
级时提供体验 UAS 飞行的机会。

4   结论

在美国空军学院进行的 UAV/UAS 研究已日益成为军校学员教育的一个必
要组成部分。新出现的、更严格的限制条件以及安全性考虑要求重审操作程序

并且暂时终止了某些研究性飞行。一些人员、机构和部门正在致力于解决这些问题；对本议题已经给予了高度重视；而目前的过程正在加以调整，为研究需求提供便利。附录 1 为美国空军学院教员和学员进行的 UAS 研究项目。

附录 1　美国空军学院教员和学员进行的
UAS 研究项目(2008 年 4 月 5 日修订)

课　题	部　门	院系联系人
飞眼(Fly Eye)	DFB 与怀俄明州大学	Mike Wilcox 博士
大气研究(应美国空军气象部门的要求)	DFP	Matthew Mcharg 博士
蟒蛇飞机(供试验性研究的通用综合平台)	DFAN	Carl Hawkins 中校
KC-135 重新设计——设计、制造和飞行的成比例模型	DFAN	Steve Brandt 博士
战斗机按大小排列的目标研究(设计、制造和飞行的成比例模型)	DFAN	Jeremy Agte 少校
SCARF(利用软件无线电接收装置收集射频数据)	DFCS	James Lotspeich 上尉
态势认知工具	DFCS	Steve Hadfield 博士
夏季空间项目	DFCS	James Lotspeich 上尉
牢固的/可靠的 UAV 平台	DFAN/DFCS	Steve Brandt 博士/James Lotspeich 上尉
黑枪演习支持	DFCS 和 DFEM	Bushey 中校
黑枪"红色小组"UAS 项目	DFAN/系统工程	James Greer 中校
改进的 UAV 电池	DFC	John Wilkes 博士
执行持久性 ISR 任务的多个 UAV	DFEC	Daniel Pack 博士
执行持久性战术 ISR 任务的智能传感器	DFEC	Daniel Pack 博士
可有效搜索和探测 IED/EFP 相关活动的多种主动传感器网络	DFEC	Daniel Pack 博士
SECAF UAV 项目——评估/改进	DFBL、DFCS	David Bell 中校
"捕食者"操作员控制站	DFEC、系统工程	—
微型空中飞行器	DFEM	Dan Jensen 博士

参考文献

1. DOD-FAA Memorandum, 20070924 OSD 14887-07—DoD-FAA MoA UAS Operations in the NAS, 24 Sep (2007)

2. Air Force Special Operations Command Interim Guidance 11-2, UAV Operations, 1 Oct (2007)

3. Lt Gen Regni：Speech to USAFA personnel, 7 Mar (2008)

第 6 篇

民用无人飞行器系统研讨会
与会人员的实时反馈

Brian Argrow,Elizabeth,Weatherhead・Eric W.Frew
（布莱恩・阿尔格鲁,伊丽莎白・韦瑟海德,埃里克・W・弗鲁）

摘　要: 本次民用无人飞行器系统研讨会于 2007 年 10 月 1—3 日在科罗拉多州博尔德市举行。这次会议旨在利用政府机构、学术界和工业界中利益相关各方的输入数据,制定未来无人飞行器系统的综合愿景。本文讨论研讨会的动机、其组织、重点介绍内容和讨论的结果,以及与会人员在会议期间实时收集的问题和论点的调查数据。这些数据的一些样本都以图表形式介绍并进行讨论。一套完整的调查数据都包含在附录中。

关键词: 无人飞行器系统;UAS;民用

B. Argrow ・ E. W. Frew (✉)

Aerospace Engineering Sciences Department,

University of Colorado, Boulder, CO 80309, USA

E—mail: eric.frew@ colorado.edu

B. Argrow

E—mail: brian.argrow@ colorado.edu

E. Weatherhead

Cooperative Institute for Research in Environmental Sciences,

University of Colorado, Boulder, CO 80309, USA

E—mail: betsy.weatherhead@ cires.colorado.edu

K. P. Valavanis et al. (eds.), *Unmanned Aircraft Systems*. DOI: 10.1007/978 1-4020-9137-7_7

1 引言

美国投入无人驾驶飞机功能开发的资金已超过 200 亿美元,这使其目前具备成功将无人驾驶飞机推向民用领域的空前技术能力并在该领域处于领先地位[11]。无人飞行器系统(UAS)基于几十年现代飞机的发展实现了高度发展。这个阶段已有各种飞机,从经常装有摄像机或远程传感器的小型和轻型飞机到翼展超过 130ft 且可装配先进科学设备的大型飞机[11]。而所有类型的飞机都存在一个对于民用十分有价值的共性,即它们可以飞往有人驾驶飞机飞行可能很危险的任何地方,并且一般能提供超出有人驾驶飞机能力的持续性。

无人驾驶飞机(UA)证明,最初对民用的尝试是有价值的。无人驾驶飞机已经飞越了遥远的北冰洋,低空飞行足以对北极冰进行详细测量,这是有人驾驶飞机无法进行的[8]。无人飞行器系统已成功地用于支持国土安全、协助边境巡逻任务[6],使我们的代理商能安全有效地履行其职责。最近飞入飓风的任务,带回了其他任何方式都无法收集到的重要测量数据[1,3,4]。无人驾驶飞机已涉足的其他民用领域包括执法[12]、野外火灾管理[13]以及污染物研究[7]。在民用领域使用无人驾驶飞机的这些尝试,在保持空中和地面安全的同时,取得了巨大的成就。

科罗拉多大学的大气科学家和工程师召集了对无人飞行器系统民用感兴趣的团体的聚会[2]。这次会议题为无人飞行器系统民用(CAUAS)研讨会,于2007 年 10 月 1—3 日在科罗拉多州博尔德市召开(图 1)。来自工业界、政府机

图 1   民用无人飞行器系统(CAUAS)研讨会于 2007 年 10 月 1—3 日

在科罗拉多州博尔德市召开

构和学术界的领导人在这里聚会三天,讨论了成功的实践、未来的需求和共同的目标。来自35个行业、12所大学和5个机构[美国航空航天局(NASA),美国国家气象局(NOAA),美国国土安全部(DHS),美国能源部(DOE)和美国联邦航空局(FAA)]的代表齐聚一堂,跨学科地讨论了未来十年的研究重点。本次无人飞行器系统民用研讨会的指导委员会决定,未来十年对技术、法规和民用具有重要意义,这将推动未来无人飞行器系统的设计和开发。未来这些工作的成功基础是技术和基础设施的研发,确保安全地推向民用领域。这些能力的发展将使美国保持其技术领先地位,同时成功地解决重要的社会需求,保卫国土安全,提高我们对环境的了解和应对突发的灾难的能力。

2 研讨会的结构

组织本次研讨会回答了以下几个问题:①目前美国的民用能力如何;②未来十年间民用无人飞行器系统团体的发展去向是哪里;③我们如何实现愿景?在三天的研讨会中,每天安排解决以下一个主要问题:

第1天 当前美国的民用能力:成功与失败。

(1) 背景;

(2) 公务和商务应用;

(3) 科学应用;

(4) 工业界、美国联邦航空局(FAA)、机构愿景。

第2天 公务十年:未来十年我们期望的发展方向如何?

(1) 科学应用;

(2) 公务和商务应用;

(3) 无人飞行器系统的能力融入科学和公务目标的愿景;

(4) 工业界、美国联邦航空局(FAA)、机构愿景。

第3天 我们如何实现愿景? 公务应用十年的步骤。

(1) 现有范例和替代方案;

(2) 以应用为导向的工程挑战;

(3) 社会与政策;

(4) 工业界、美国联邦航空局(FAA)、机构愿景。

第1天,第一次会议的重点是无人飞行器系统技术是如何达到当前的先进水平的。会议开始介绍了军事应用的概况和国防部目前一直是、并将继续是以未来将是如何作为主要推动者开发和部署无人飞行器系统的。此后是无人飞行器系统战时和商务应用的对比,国际无人飞行器系统的功能概述,美国联邦航空局对当前状态的看法。第二次会议侧重于近期的公务和商务应用,包括成功的和失败的应用,包括最近联合机构(美国航空航天局、美国国家气象局、美国林务局、美国联邦航空局)支持美国西部消防工作的任务,以及国土安全部(海关和边境保护局)沿美国—墨西哥边境执行的飞行任务。第三次会议着眼于当前的科学应用,应用范围从北极海冰的调查任务到各种地表—大气通量测量,再到基于卫星的遥感与无人飞行器系统从观察平台观察的结合。每天最后是第四次会议,提供一次专题讨论会,各机构、学术界和工业界的代表对他们在前三次会议期间讨论的话题进行评价。

第2天的重点是公务的十年,其中公务一词按照联邦航空局的定义,是飞机和飞机飞行分类为民用或公务[9]。民用是指商用飞机和飞行。公务飞机和飞行是由联邦或州政府,包括各机构和大学资助的。在第一次会议上,科学家和各机构代表介绍了他们在2018年通过无人飞行器系统技术为科学应用带来的愿景。第二次会议介绍的重点在于公务和商务应用的愿景,如搜索和救援、边境巡逻和通信网络。第三次会议的重点是为2018年应用部署的集成传感系统的愿景,如现场飓风观测和火灾监控。当天以第四次会议的专题讨论会结束。

会议前两天讨论的是近期的发展和愿景,第3天的讨论主题是"我们如何实现愿景:在公务十年期间前进的步骤是什么?"的问题。这一天计划将重点放在技术工程挑战以及社会认知和法规挑战上。第一次会议专注于载人飞行可以使用无人飞行器系统的替代方案的介绍和规章约束的制定,这从商业的角度看是很有意义的,并进行了无人驾驶飞机开放式设计范式的讨论。第二次会议的介绍讨论的是以应用为导向的工程挑战,包括传感器开发,有效载荷的集成与指挥、控制、通信和计算的挑战。第三次会议的介绍侧重于社会和规章方面的挑战,其中包括的问题有,公众看法和隐私、公众教育以及全球无人驾驶飞机的发展和运行对美国领先地位的挑战。第四次会议按过去几天相同的方式进行,并由研讨会主持人致辞结束。

3 与会人员实时反馈的结果

研讨会采用了一种独特的方法了解各行业专家的思想和衡量与会人员的集体意见。几乎每天参加会议的都有150多人,听取各个专题个人发言是不可行的。与会人员利用 i - clicker 选择器(美国麦克米伦公司, http://www.iclicker.com/)对各个主题进行选答。所有问题和回答都包含在附录中,以下对列表数据中选定的图表进行讨论。最常遇到的情况是,介绍"无人飞行器系统提供不可替代的环境监测资源"等的论点,听众可以从五个选项中选择一个进行回答:非常同意(SA)、同意(A)、中立(N)、不同意(D)和非常不同意(SD)。对于小类别的问题,要求听众就具体问题用 A、B、C、D 和 F 对团体进行评分,并在某些情况下,五种回答都对应于具体的答案。对问题的广泛回答,反映出的是聚集在科罗拉多州博尔德市的各种无人飞行器系统的民用团体。编写的结果大致分为:①参与者的统计状况;②安全性、法规和公众认知;③应用、任务和技术;④经济性。

图 2 显示了研讨会的参与者统计和无人飞行器系统民用指导委员会对目标混合参与者的粗略估计,其中政府机构占 36%、学术界占 26%、工业界 21%。参与者约一半(45%)有 5 年以上使用无人飞行器系统的经验。

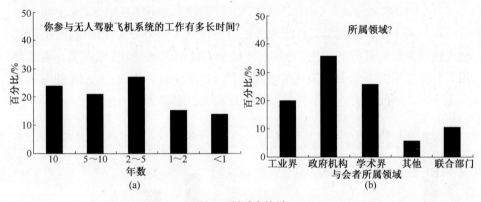

图 2　研讨会统计
(a)与会人员人数统计;(b)使用无人飞行器系统的工作年数。

安全、规章问题以及公众看法已证明是讨论的主要重点。目前仍然存在对美国联邦航空局无人飞行器系统在美国国家空域体系(NAS)中飞行的政策的普遍误解(注意,2008 年 3 月,美国联邦航空局公布了最新无人飞行器系统政策的修订版[10])。这个话题一经提出并对现行政策进行了讨论,显然许多人还将继续违反这些政策和法规进行研究和商业运行。这种现实揭露使相关讨论白日化,促使无人飞行器系统民用团体与美国联邦航空局更紧密地合作,遵守法规和联邦航空局代表介绍的美国国家空域体系运营的法律要求。对无人飞行器系统研究人员的具体建议是,寻求官方限制空域的位置,以美国联邦航空局规章的最低约束条件进行合法的飞行。

图 3 显示的是对具体 i-clicker 问题的一些回复。图 3(a)中的回答表示与会人员的最佳答案,即 60%以上的与会人员同意和完全同意无人飞行器系统在美国国家空域体系中的飞行,将成为未来十年例行活动的预测。然而,这是与规章政策可以跟上技术的发展,可能有助于无人飞行器系统融入美国国家空域

体系的看法相悖的,因为超过 80% 的与会人员预期规章政策不能保持同步。

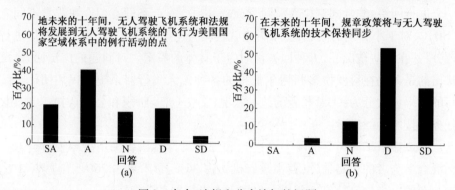

图 3　安全、法规和公众认知的问题

(a)在美国国家空域体系内飞行将成为例行活动;(b)美国国家空域体系将与技术的发展同步。

　　在未来十年追求的最有可能和将证明是最重要的公务应用的讨论中,回答救灾被选为最有可能的应用。图 4(a)显示了该小组的共识:无人飞行器系统用于公务应用的一个引人关注的情况。图 4(b)显示了共识:无人驾驶飞机将成为未来十年间救灾应对小组的一个重要和关键要素。

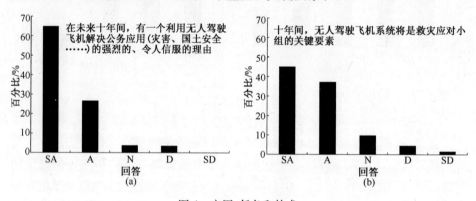

图 4　应用、任务和技术

(a)无人飞行器系统公务应用有一个令人信服的理由;

(b)无人飞行器系统将成为救灾应对的关键要素。

　　图 5(a)显示的是广大听众的不确定性,科学应用将为无人飞行器系统营造重要的发展市场,而图 5(b)则明确表明了一致的看法,即如果将继续开发无人飞行器系统并用于民用,则市场机遇将成为一个主要的推动力。一位与会人员指出,目前的限制是缺少经过无人飞行器系统操作培训的民用劳动力。他认为,这将在曾参与伊拉克和阿富汗冲突战区作战的美国男女士兵撤回时开始发生变化。在未来十年间,向这种劳动力提供就业可能也有积极的政治因素,可以进一步提高无人飞行器系统及其民用的经济前景。

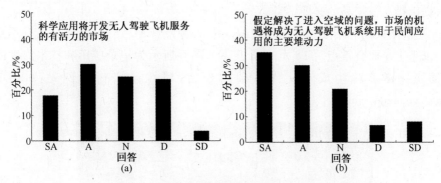

图5 应用、任务和技术

(a)无人飞行器系统公务应用有一个令人信服的理由;(b)无人飞行器系统将成为救灾应对的关键要素。

4 结果:公务应用十年中的无人飞行器系统

无人飞行器系统民用指导委员会将演讲和随后的讨论提炼归纳为预计在2008—2018年公务应用的十年间具有重大意义的三项民用。这三大应用是:①救灾应对;②国家安全;③气候变化。选择这些应用,既是因为在与会人员的反馈中可以看出它们的重要性,也是因为这些对最有可能获得财政支持和规章允许的机构都是重要的。

对于救灾应对,无人飞行器系统已经在西部六个州的火灾监测中表现出它们效能。这些初步飞行有助于灭火工作、直接节省成本、救助生命和安排行动重点。无人飞行器系统也可以用来调查灾区情况,提供救助生命和财产的即时信息。在卡特里娜飓风后,利用无人飞行器系统加快了被洪水所困人员的定位和救援工作,并在救灾应对中提供了极大的帮助。

无人飞行器系统在以保卫国土安全、协助海关和边境保护局(GBP)简化例行程序以及沿国界应对突发事件的行动为重点的国家安全应用中变得越来越重要。截至2007年10月,海关和边境保护局的无人飞行器系统协助截获1000多名跨越墨西哥边境的犯罪分子。基于这些成功的应用,美国国土安全部已明显增加了其对无人飞行器系统的投资。

无人飞行器系统可以填补气候变化观察应用的现有系统尚未涵盖的重要空白。这些观察结果将彻底改变对天气和气候的监测和科学理解。航空探测器(Aerosonde)是由航空电子设备协会(AAI)公司制造和使用的小型无人飞行器系统,它完成了低空深入热带气旋奥菲莉亚(2005年)和1类飓风诺埃尔(2007年)两次灾害的任务,提供了热力学数据和危险风暴的实时观测,未来可能用于风暴预报和风暴路线预报[1,3,4]。无人飞行器系统还可以帮助测量碳排放,提供排污权交易的必要信息。

　　这次会议的总结成果经压缩后编入一个题为"CAUAS,民用无人飞行器系统:未来十年研究重点"的8页小册子[5]。图6所示为记录应用和技术广度的封面页。要了解构成本文件基础的介绍,请登录研讨会网站:http://cauas. colorado. edu。

图6　无人飞行器系统民用小册子的封面

　　为了帮助评估会议对与会人员的影响,星期一,研讨会的第一天要求提供以下i-clicker选题论点,并在星期三研讨会结束时再次提出:"致力于民用领域的无人飞行器系统团体对未来十年如何使用无人飞行器系统有清晰的愿景"。图7表明,尽管会议的重点是讨论未来十年间无人飞行器系统技术的发展和应用愿景,但与会人员表示,他们对未来的愿景,却不如参加会议前清晰。至少有两种方法来解释这个结果。首先,这可能意味着无人飞行器系统未来各种愿景的介绍提出了可能的思想广度。第二种解释可能是基于应用愿景与成文的规章要求之间存在的冲突引起的疑虑。在这两种情况下,可得出结论:民间团体相信在制定无人飞行器系统民用前途的综合愿景中,仍然存在很多不确定性。

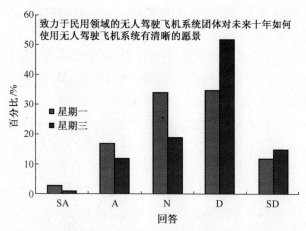

图7 与会人员对以下论点的回答:"致力于民用领域的无人飞行器系统团体对未来十年
如何使用无人飞行器系统有清晰的愿景"。这一论点是在会议开始时(星期一)提出的,
并在会议结束时(星期三)再次重申

5 结论

　　无人飞行器系统民用研讨会,第一次将民用无人飞行器系统融入国家空域
体系的主要利益相关者,即政府机构、工业界和学术界相关人士齐聚同一会场。
会议开始时,首先听取了无人飞行器系统的历史介绍以及军用无人飞行器系统
的发展与成熟推动了目前该技术领域实现领先的原因介绍。其他的介绍侧重
于非军用的、民用和军用无人飞行器系统转为民用或转为完全民用无人飞行器
系统研发的需要。虽然技术已经在军用和民用之间进行了转换,但听众的看法
是,必须存在独立的以利润为导向的市场,支持无人飞行器系统行业推向民用
领域。即使这些应用的数量不断增加,但目前还没有实质性的产业存在,除非
无人飞行器系统的技术能够满足联邦航空局为有人驾驶飞机制定的现行规定。
对于较大型的无人飞行器系统,如果其无人驾驶飞机可以装配设备,模拟机上
飞行员并以大型有人驾驶飞机的速度和性能飞行,这可能很快就能成为现实。另
一种可能性是专门为较大的无人飞行器系统融入国家空域体系制定无人飞行器
系统的新政策或规定。这些规章思路的任何一种都将继续提出挑战或阻碍性能
要求与有人驾驶飞机操作不同的较小型无人飞行器系统进行广泛的融合。

　　组织无人飞行器系统民用研讨会的重点是 2008—2018 年公务应用十年间
无人飞行器系统的应用问题;其中"公务"强调的是联邦航空局对民用与公务飞
机的区别。无人飞行器系统民用指导委员会将其选定为合理的时间框架,政府
各部门可能在这个时间框架内进行合作,率先与工业界和学术界共同制订技

术、标准和法规,使无人飞行器系统能融入国家空域体系用于民用。如能实现,这将扩大机遇,拓宽无人驾驶飞机产业的重要市场。在提出并进行讨论的应用中,有三项已上升到组织机构方案:救灾应对、国家安全和气候变化。这些应用在无人驾驶飞机民用研讨会的总结文件中进行了综述[2]。这一文件的目的是制定出可以用做民用并提供实现变更"政策相关"数据。

研讨会最终达成了基本共识,聚集在一起的团体刚刚开始触及到有关无人飞行器系统融入国家空域体系的问题和障碍的表面。有人建议,以后再次召开无人飞行器系统民用研讨会时,应将重点具体放在民间和商业应用及商务事例上,而不是将重点具体放在公务应用上。编写本文时,研讨会的组织方正在考虑在第一次后大约两年召开第二次研讨会会议。

致谢

作者感谢无人驾驶飞机民用研讨会指导委员会所做的贡献:苏珊·艾利(Susan Avery)、V·拉马纳坦(V. Ramanathan)、罗宾·墨菲(Robin Murphy)、沃尔特·奥切尔(Walt Oechel)、朱迪·库里(Judy Curry)、道格·马歇尔(Doug Marshall)、桑迪·麦克唐纳(Sandy Macdonald)、史蒂夫·西普斯金(Steve Hipskind)、沃伦·威斯康布(Warren Wiscombe)、迈克·科斯特尼克(Mike Kostelnik)、迈克·弗朗西斯(Mike Francis)、雷蒙德·克里巴巴(Raymond Kolibaba)、鲍勃·科廷(Bob Curtin)、道格·戴维斯(Doug Davis)、约翰·斯库尔·沃克(John Scull Walker)、史蒂夫·霍特曼(Steve Hottman)、马克·安吉尔(Mark Angier)和瑞奇·费根(Rich Fagan)。我们还感谢 CAUAS 情况介绍人员所付出的努力,他们的这些演示内容可通过浏览研讨会网站 http://cauas.colorado.edu 获取。

附录

表1~表4如下。

表 1　CAUAS 调查回答:数据统计

	SA	A	N	D	SD
与会部门:A)工业界;B)政府机构; C)学术界;D)其他;E)联合部门	20	36	26	6	11
您从事无人飞行器系统多少年? A)10年 B)5~10年;C)2~5年; D)1~2年;E)一年以下	24	21	27	15	14

表 2　CAUAS 调查回答：安全、规章问题和公众认知

	SA	A	N	D	SD
在未来十年间，无人飞行器系统和规定将发展到无人飞行器系统的操作成为国家空域体系例行活动的点	21	40	17	19	4
国防部—联邦航空局谅解备忘录应扩大到包括其他机构	37	32	19	5	6
在未来十年间，规章政策将与无人飞行器系统的技术保持同步	0	4	13	53	31
无人飞行器系统的民用应与联邦航空局的规章制度保持一致并满足其要求	52	30	10	6	2
适用于无人飞行器系统的安全标准目前比有人驾驶飞机更严格	20	31	16	24	9
无人飞行器系统仍然被视为对无人飞行器系统团体的一种威胁	20	32	23	16	9
无人飞行器系统规定的分类已经对我们的计划产生了不利的影响	31	20	34	9	7
无人飞行器系统规定的分类已经对我们的计划产生了不利的影响	27	28	27	11	8
你的部门或机构将提供载人飞行的实际成本数据，包括直接的和间接的，协助无人飞行器系统行业对其成本计算进行核算	12	32	33	12	10
一般的航空团体关注的是更多的规定和设备要求，将因国家空域体系中的无人飞行器系统而向其征税	22	34	29	15	1
无人飞行器系统可以视为对公众安全的一种威胁	13	22	31	22	11
无人飞行器系统的民用：无人飞行器系统事故的安全性	22	22	42	11	2
无人飞行器系统的民用：对国家安全的威胁	15	24	35	18	9
无人飞行器系统的民用：领先地位	1	3	17	47	31
无人飞行器系统的民用：协调	0	1	24	43	32
无人飞行器系统的民用：合作	0	5	31	42	23
无人飞行器系统的民用：冗余信息	8	18	38	33	5
无人飞行器系统的民用：教育	1	6	29	40	20
所有无人飞行器系统都是飞机，联邦航空局根据第 49 条（法律）制定了在美国指定空域内设置安全标准的要求	43	40	6	8	4
存在对无人飞行器系统安全性不切实际的恐惧，忽略了无人飞行器系统的良好安全性记录（包括在伊拉克）	9	31	22	32	6
无人飞行器系统在美国导致平民生命重大损失的第一次事故，将是整个民用无人飞行器系统团体的重大挫折	61	28	4	6	1
致力于民用无人飞行器系统的团体，对未来十年间如何使用无人飞行器系统有一个清晰的愿景（星期一）	3	17	34	35	12
致力于民用无人飞行器系统的团体，对未来十年间如何使用无人飞行器系统有一个清晰的愿景（星期三）	1	12	19	52	15

表 3　CAUAS 调查回答:应用、任务和技术

	SA	A	N	D	SD
无人飞行器系统显示出国土安全和环境威胁的临界值	49	38	9	3	1
民用无人飞行器系统的 1 号障碍:A)技术;B)安全;C)商务案例;D)频谱;E)空域用户平等	5	62	15	6	12
对用于公民利益的可能应用和可能平台数量还没有进行全面的探讨	62	32	5	0	1
开发无人飞行器系统民用功能的努力,目前分散在各机构、大学和公司,但它们之间的协调很少,例如,可以从重点为无人飞行器系统的专门设施或中央设施获得	32	35	21	6	5
在未来十年间,无人飞行器系统在解决重要的环境科学问题中有一个强烈的令人信服的理由	69	23	6	3	0
在十年中,将需要优先发展的优选科学能力:A)传感器;B)平台;C)基础设施;D)进入空域;上述全部	5	1	3	49	41
填补功能空白的能力,将是政府公务无人驾驶飞机成功(卫星、有人驾驶飞机和远程传感器不能执行的任务)的主要推动力	43	33	8	13	3
在十年中,无人驾驶飞机将成为救灾应对小组的关键要素	45	37	10	5	2
美国国家气象局的环境收集任务只能用小型无人飞行器系统完成,这将推动小型无人飞行器系统的例行活动,在 A)2009 年前;B)2012 年前;C)2017 年前;D)2022 年前;E)不可预见	22	41	24	7	6
高空环境任务只能通过 HALE 无人飞行器系统的航程、持久性和续航力才能完成 这一要求将推动美国国家气象局对 HALE 系统的研发、融合和例行活动,在 A)2010 年前;B)2012 年前;C)2017 年前;D)2022 年前;E)不可预见	22	36	25	13	4
在未来十年间,利用无人飞行器系统处理公务应用(救灾、国土安全)问题有强烈的、令人信服的理由	65	27	4	4	0
假如开发合适的传感器和平台,在未来十年间,用其他方法不能有效解决的科学问题便可以得到解决	45	37	12	5	1
无人飞行器系统团体将是未来十年空中交通管理的主要推动力	1	22	16	40	21
在未来的十年间,无人驾驶飞机团体必须与有人驾驶飞机团体联合,例如,飞机业主与飞行员协会(AOPA)就是无人飞行器系统与国家空域体系联合达成一致的合作伙伴	51	33	10	7	0
加快无人飞行器系统融入国家空域体系的替代路线。未来十年间最有效的很可能是:A)使用工业电源;B)推进技术发展(利用数据);C)向美国联邦航空局提供政策和指导草案;D)向美国国家航空局施压对系统进行商用认证;E)政府机构支持美国联邦航空局	13	35	24	7	21

94

	SA	A	N	D	SD
推进无人驾驶飞机发展最可能的应用是什么？A)农业;B)水资源;C)气候和天气;D)执法;E)突发事件及灾难	5	1	29	20	44
在未来十年间,对环境科学的经济投资将提高到与正在解决的问题相称的水平	60	21	14	4	1
科学应用将开拓无人飞行器系统服务的有活力的市场	18	30	25	24	4
在十年中,成本效益将是无人飞行器系统成功商业民用的主要推动力(利润)	42	35	14	7	2
在十年中,续航性/持久性将是无人驾驶飞行器获得商业价值的最有吸引力的属性(枯燥、肮脏、危险)	15	34	24	24	3
假如进入空域的问题得到解决,市场机遇将成为无人驾驶飞机全面用于民用的主要推动力	35	30	21	7	8
在未来十年间,在无人飞行器系统的公务应用(救灾、国土安全)中的经济投资应上升到与正在解决的问题相称的水平	42	33	14	8	2

参考文献

1. UAS: Final report: First-ever successful UAS mission into a tropical storm Ophelia—2005.http://uas.noaa.gov/projects/demos/aerosonde/Ophelia_final.html（2005）

2. CAUAS: Civilian applications of unmanned aircraft systems（CAUAS）homepage.http://cauas.colorado.edu/（2007）

3. NASA: NASA and NOAA fly unmanned aircraft into Hurricane Noel. http://www.nasa.gov/centers/wallops/news/story105.html（2007）

4. NOAA: Pilotless aircraft flies toward eye of hurricane for first time. http://www.noaanews.noaa.gov/stories2007/20071105_pilotlessaircraft.html（2007）

5. Argrow, B., Weatherhead, E., Avery, S.: Civilian applications of unammned aircraft systems: priorities for the coming decade. Meeting Summary. http://cauas.colorado.edu/（2007）

6. Axtman, K.: U.S. border patrol's newest tool: a drone. http://www.usatoday.com/tech/news/techinnovations/2005-12-06-uav-border-patrol_x.htm（2005）

7. Corrigan, C.E., Roberts, G., Ramana, M., Kim, D., Ramanathan, V.: Capturing vertical profiles of aerosols and black carbon over the indian ocean using autonomous unmanned aerial vehicles.Atmos. Chem. Phys. Discuss **7**, 11,429–11,463（2007）

8. Curry, J.A., Maslanik, J., Holland, G., Pinto, J.: Applications of aerosondes in the arctic. Bull.Am. Meteorol. Soc. **85**(12), 1855–1861（2004）

9. Federal Aviation Administration: Government Aircraft Operations. Federal Aviation Administration,Washington, DC（1995）

10. Federal Aviation Administration: Interim Approval Guidance 08-01: Unmanned Aircraft Systems Operations in the U. S. National Airspace System. Federal Aviation Administration,Washington, DC（2008）

11. Office of the Secretary of Defense. Unmanned Aircraft Systems Roadmap: 2005-2030. Office of the Secretary of Defense, Washington, DC (2005)

12. Sofge, E.: Houston cops test drone now in Iraq, operator says. http://www.popular mechanics.com/science/air_space/4234272.html (2008)

13. Zajkowski, T., Dunagan, S., Eilers, J.: Small UAS communications mission. In: Eleventh Biennial USDA Forest Service Remote Sensing Applications Conference, Salt Lake City, 24-28 April 2006

第 7 篇

民用 UAV 机载计算机可视技术

Pascual Campoy,Juan F.Correa,Ivan Mondragón,Carol Martínez,
Miguel Olivares,Luis Mejías,Jorge Artieda
（帕斯夸尔·康普瓦,胡安 F·科雷亚,伊万·蒙德拉贡,卡罗尔·
马丁内斯,米格尔·奥利瓦雷斯,路易斯·梅希亚斯,豪尔赫·阿铁达）

摘 要:计算机可视技术并不仅仅是一种从 UAV 上感应和获取环境信息的技术。根据 UAV 的功能,它可以获得大量信息、具有可行的用途和应用、与手动操作的任务自然相关(考虑到视觉是我们了解世界的主要接口)等方面,因此它可以发挥非常重要的作用。我们当前的研究聚焦于研发允许 UAV 将可视信息作为其主要输入源在空间机动的技术。这项任务包括在 GPS 信号不可靠或者不够用时,如果发生信号漏失(当飞越陆上市区峡谷或者当依靠行星体进行操作时,这种情况经常会在市区发生),或者当跟踪或观察可视目标(包括移动目标)时不知道这些目标确切的 UMT 坐标等技术,这些技术允许 UAV 朝着关注点机动飞行。本文还研究了可视伺服控制技术,这种技术利用速度和合适成像点的位置来计算飞行控制的基准点。本

P. Campoy (✉) · J. F. Correa · I. Mondragón · C. Martínez · M. Olivares · J. Artieda

Computer Vision Group, Universidad Politécnica Madrid,

Jose Gutierrez Abascal 2, 28006 Madrid, Spain

E-mail: pascual.campoy@ upm.es

L. Mejías

Australian Research Centre for Aerospace Automation (ARCAA),

School of Engineering Systems, Queensland University of Technology,

GPO Box 2434, Brisbane 4000, Australia

K. P. Valavanis et al. (eds.),*Unmanned Aircraft Systems*.DOI:10.1007/978-1-4020-9137-7 8

文全面介绍了与 UAV 上具有计算机可视技术的研究领域相关的各个主要方面,分为 4 个主要的积极研究线路:可视伺服和控制,基于立体的可视导航,供探测和跟踪利用的成像处理算法,可视 SLAM。最后,阐述并探讨了这些技术在几个方面的应用成果:这项研究将包含电力线检测、机动目标跟踪、立体距离估算、测绘和定位。

关键词:UAV;可视伺服;成像处理;要点探测;跟踪;SLAM

1 引言

巨大的基础结构检测工业通常都雇用直升机驾驶员和摄像人员冒着生命危险去完成某些任务,同时考虑到完成这些任务所采用的方法都会浪费大量的资源,所以为这类任务研发一种无人机(UAV)的想法就很自然地成为共识并且现在已经开始进行了。此外,基础结构如输油管道、电力线或者道路等通常都由直升机驾驶员拍摄成像,从而监控其性能或者从其他事情中发现故障。与这些方法相比,UAV 似乎是该领域中一种廉价且适用的可选方案,因为它们具有飞行能力,并可以安装可视系统,使它们可以执行人工操作的任务或者进行自主导引和成像。

目前,已经研发出一些应用成果,其中有 Valavanis 对交通监控的研究[1]、多架 UAV 使用的路径规划[2]以及火灾探测[3]。另外,Ollero[4]也对微型 UAV 进行了一些研究。还有由 Oh[5]或者由 Serres[6]从事的对微型 UAV 和可视避障的研究工作。另外,Piegle 和 Valanavis[7]概述了上述飞行器的当前状况以及未来发展前景。在未来 UAV 可以通过从其他事物中挑选和放置物体或者探测土壤来控制环境,这样的应用也是可以想像和实现的。事实上,已有一些利用旋翼飞机探测的计划,如探测火星[8,9]。

再者,未来空中自动装置工程学可能是一个重要的研究领域,使用小型和中型 UAV 是实现检测功能的一种廉价方法,结果有可能彻底改变这一工业领域的经济状况。这项研究的目的是要为 UAV 提供必需的技术,可以由获得的可视信息进行可视导引。在本文中,应用了可视伺服技术,以便利用成像飞机上对各要点的定位来控制 UAV 的位置。另一项正在探索的可选方案是在移动目标(基本上是飞机)的三维空间内在线再现弹道,以控制 UAV 的位置[10]。

以视觉为基础的控制已越发引起关注,因为自动装置观测可以直接发现与目标相关的跟踪误差,而不是通过定位于大地的坐标系进行指示。为了实现上述的探测能力,采用了 GPS 引导 UAV 到达结构的附近地区并用线把它标示出来。然后,就跟踪成像飞机中已选或已获取的要点,一旦发现并跟踪了一些要点,系统就利用这些要点的成像定位生成基于成像的相对于飞行控制的速度基准点。

第 2 部分简述了一架准备飞行的 UAV 以及为不同应用领域对其进行试验所必需的各个不同部件。第 3 部分详细说明了获取确切有用信息的不同方法,根据各个要点和外部特征在成像飞机中实现可视伺服,还指出了三维移动再现技术中的一些改进措施。第 4 部分描述了进行可视伺服所采用的可视控制方案,以及执行闭合控制回路任务的控制系统特殊构型。第 5 部分论及立体构型和理论基于景像的二维视野对运动和高度进行估算。第 6 部分提出了以可视信息为基础的同时定位和测绘的问题,重点强调了由 UAV 拍摄成像的问题。第 7 部分展现了各种不同应用方面的试验结果。最后,第 8 部分论述了各种结论和未来研究工作。

2　系统概述

装备可视系统以控制 UAV 的操作平台需要几个部件才可构成。它是一项多学科研究工作,包括了系统建模和控制、数据通信、弹道规划、成像处理、硬件体系结构、软件工程以及其他一些学科。所有这些知识都派生为各功能块的互联体系结构。UPM 的计算机视觉小组配置有 3 个完全可操作的平台,而其中两个平台是气动式工业 Twim52c. c 直升机,可产生大约 8hp,它们装有 AFCS 直升机飞行控制器、制导系统、MiniItx 公司的机载可视计算机和机载 150W 发电机。这些直升机可以室外应用,如图 1 所示,其中一个气动平台进行试验性自主飞行。第 3 个平台是 Rotomotion 公司的 SR20 UAV,它带有 1300W、8A 的电动机。它还具有 Nano Itx 公司的机载可视计算机和 WiFi 以太网,可传输遥测数据。它可以室内应用,也可以室外应用。在本节中,描述了各个主模块、其结构和一些基本的功能性。概括地说,整个系统可以划分为两个部分。

图 1　空中平台 COLIBRI 正在进行对外部可视基准点的试验性探测和跟踪

99

（1）机载分系统,组成如下:

——具有成像处理算法和相关成像处理程序的可视计算机。

——具有飞行控制软件的飞行计算机。

——摄像机。

——具有与飞行控制和地面分系统的通信界面。

（2）地面分系统:

——具有与机载分系统相互作用并可进行数据分析的地面计算机。

——通信界面。

——数据储存。

这些计算机的各个组成部分可以重新整理为各个分系统,下面分别予以描述。

2.1 飞行控制分系统

大多数复杂的物理系统的动态特征都是非线性的。因此,了解在哪些环境下线性建模和控制设计足以应对控制方面的各种挑战就很重要了。为了获得线性动态模型,可以将悬停状态作为一个研究点,用运动线性方程来模拟直升机的动态。利用这种近似法,围绕这种状态的线性化就具有很宽范围的线性度,这对于控制来说非常有益。

控制系统以单输入单输出(SISO)比例—积分—导数(PID)反馈回路为基础。这种系统已经过试验,具有足够强的基本性能,可在悬停飞行附近实现位置和速度跟踪[11-13]。这种简单的反馈结构的优点是没有飞行器的动态模型(即运动)就可以具有这种结构,而且所有反馈增量在试验上都可以在飞行中集中。当需要进行快速和极端机动行动时,这类控制的性能可以达到极限程度。有关控制结构的完整描述,见参考文献[14-17]。

控制系统需要与外部各个程序进行通信(图2),以便获得闭合外部回路(如可视模块、用于状态估计的卡尔曼滤波器和弹道规划)的基准点。通信通过一个高级层面来完成,将信息传送给特定程序。下一节详细介绍通信界面。

2.2 通信界面

以TCP/UDP信息为基础构建了一种客户—服务器体系结构,允许嵌入式应用程序在自主直升机上的计算机上运行,以便在这些应用程序和地面站上运行的程序之间进行数据交换。数据交换是通过一个高级别层面来完成的,将信息传送给特定程序。转换信息和传送信息取决于所接收信息的种类。例如,高

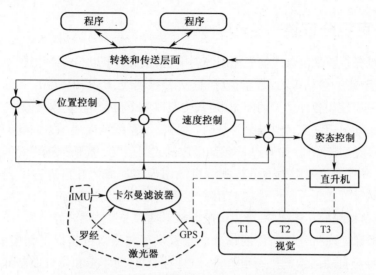

图 2　与外部程序相互作用的控制系统。利用传送给每个程序
的特定信息,通信通过一个高级层面来完成

级别层面可以根据从外部程序接收的信息在位置和速度控制之间进行转换。这一作用的机理包括确定数据结构,其中包含一个领域,它可独特地识别信息类型和信息的终端。有些是为飞行控制而确定的信息,例如,速度控制、位置控制、航向、姿态和直升机状态。

图 3 显示的情况是两个程序通过转换层面进行通信。一个程序正在向飞行控制(指示线 1)发送指令,而另一个程序(指示线 2)正在与另一个程序通信。

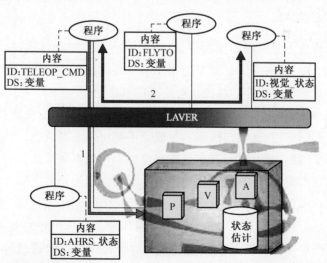

图 3　转换层面。TCP/UDP 信息用于在飞行控制器和其他程序之间进行
数据交换。交换由一个高级别层面驱动,将数据传送给特定程序

101

2.3 可视分系统

可视分系统是由盘式伺服控制倾斜平台、机载计算机和各种摄像机及可视传感器组成的,包括模拟/数字摄像机(火警探测线、USB、IP-LAN 和其他数字连接),具有使用各种构型的能力,这些构型以单个摄像机、立体摄像机、同步多传感器头阵列和许多其他方案为基础。另外,该系统可以使用万向支架平台和其他各种类型传感器,如 IF/UV 频谱摄像机或测距仪。通信以远程无线界面为基础,这种界面可用于地面可视观测机载图像传送成像并可进行可视算法检测。为执行可视任务而设计的应用和方法包括光学流、Hough 变换、摄像机校准、对角落探测的立体视觉、可视伺服控制工具和卡尔曼滤波等。

从成像处理和分析获得的场景信息提供了与摄像机坐标系相关的数据。这种信息对自动摄像机控制很有益,但是对 UAV 的姿态和位置控制却没有帮助。这个问题可以通过固定摄像机的帧基准并与飞行器机体帧对准的方法来解决。下一节列举了对由控制功能获得的可视信息的一些基本算法。

3 可视跟踪

UPM 的计算机视觉小组的主要意图在于将可视系统与 UAV 相结合,以便增强其导航能力。这一项研究的大部分工作都是以 UAV 中所采用的成像处理算法和跟踪技术为基础的,下面加以描述。

3.1 成像处理

成像处理可用于发现影像特征,以便识别所关注的物体或点。从成像(称为要点)中获取的这种相关信息其范围从简单结构如点或边等到更复杂的结构如物体等。这些要点将作为可视飞行控制的基准点。

大多数作为基准点的各个要点都是兴趣点,是成像中有确定位置的点,可以稳健地探测到它们,通常在任何一类成像中都可以发现它们。这些点中有些是交叉的两个边形成的角,而有些是在成像中由于像素密集而具有丰富信息量的点。鹞角落探测器[18]具有该项功能。它根据自相关矩阵的固有值幅度快速提取出大量角落。然而,使用这种方法还不足以确保角落的鲁棒性,因为要点获取的作用是根据成像顺序跟踪它们。这意味着必须选出好的要点,以便确保跟踪过程的稳定性。用鹞探测器获取的角落的鲁棒性可以通过改变探测窗口的大小来加以测定,在试验所获取角落的位置的稳定性时就可扩大窗口。然后根据最大变化判据计算这种变化的大小。除此之外,固有值幅度可用于只保持

102

各要点具有高于最小值的固有值。这些判据相结合就可以选择好的要点进行跟踪。

　　另一个广泛使用的算法是对关注点的 SIFT(比例不变,要点变换)探测器[19],在 SIFT 构架中这些关注点被称为关键点。研发这种探测器是为了用它来进行物体识别。因此,它利用不同比例的成像的高斯差异获取不随比例和转动而变化的关键点,以确保不随比例而变化。为了实现该目的,给每个关键点指定了一个或多个基于当地成像梯度的方向。所以这一过程的结果是得到了与关键点相关的描述符,它提供了一种描绘关注点的有效工具,可以很容易地与关键点数据库相对比。对这些要点的计算需要巨大的计算成本,这么大的成本是可以设想到的,因为当对比这些要点时要获取关键点的鲁棒性以及精度。然而,对这些要点的使用取决于任务的性质:任务是需要快速完成还是需要精确完成。

　　使用其他类型的要点如边缘等是另一种技术,可以应用于半配置环境中。由于人类的建筑和物体是以基本几何图形为基础的,所以 Hough 变换[20]就成为可以在成像中发现它们的强有力的技术。该算法最简单的形式是在成像中寻找直线,然后用方程式 $y=mx+b$ 进行描述。Hough 变换的主要思想是不把直线的特性看做为成像点 x 或 y,而是用其参数 m 和 b 表示。要根据角度和距离使一个空间重新参数化,这个过程有很多步骤,但是重要的是如果一组点构成了一条直线,则它们将形成正弦波,与这条直线的各个参数相交。因此,探测共线点的问题就转变为发现并行曲线的问题。为了只将这一概念应用于可能在一条线上的各点,采用了一些预处理算法以发现边缘特点,如 Canny 边缘探测器[21]或者对由成像强度和幕片(Sobel[22],Prewitt)获得的成像进行微商的探测器。使用这些方法是为了在检测中发现电源线和隔离器[23]。

3.2　要点跟踪

　　要点跟踪的问题可以用不同方法来解决。跟踪诸如连续图像中角落要点或关注点等的特征最通用的算法是 Lukas-Kanade 算法[24]。它有两个工作前提:首先,每个像素附近的强度持久性作为一个要点;第二,两个连续帧之间的各要点的位置变化必须最小,从而使各要点彼此足够靠近。满足这些条件可以确保算法的准确性,并用以下形式来表示:如果我们已知在一个成像 I_k 中一个要点位置 $p_i=(x,y)$,则跟踪者的目标是发现成像 I_{k+1} 中相同要点的位置,符合表达式 $p_i'=(x,y)+t$,其中 $t=(t_x,t_y)$。已知矢量 t 为光学流,它被定义为可视速度,使剩余函数 $e(t)$ 最小化,$e(t)$ 定义如下:

$$e(t) = \sum_{k}^{W} (I_k(p_i) - I_{k+1}(p_i + t))^2 w(x) \tag{1}$$

式中:$w(x)$为比较窗口 W 确定不同质量的函数。

利用该方程式对每一个跟踪要点进行解析,预计实物上的所有要点都是有关联地移动,所以可以对所有要点进行求和。再对问题进行重新阐述,以便有可能相对于以最小二乘法问题形式描述的所有要点来解决这个问题,得到封闭形式解。3.3 节中给出了详细内容。每当从成像中的一个帧到另一个帧跟踪要点时,位置的测定就受到噪声的影响。因此,可以使用卡尔曼滤波器来减少噪声,并在估计各要点位置时使出现的变化更加平稳。这种方法也是合乎要求的,因为它可以估计像素的速度,也可作为 UAV 控制飞行速度的基准。

另一个跟踪要点的方法是以 SIFT 描述符给出的丰富信息为基础。根据对比模型模板的成像顺序(各要点的数据库就是由这样的成像形成的)和当前成像的 SIFT 描述符对物体进行对比,使用了最近邻方法。已知关键点的维数很高(128),所以用 Kd-树搜索算法(具有由 Lowe[25] 提议的最佳二元第一次搜索改进措施)可以提高其匹配性能。该方法的优点是使用描述符所具有的匹配鲁棒性,而事实上这种匹配并不取决于模板和当前成像的相对位置,一旦进行对比匹配,就利用相匹配的关键点计算立体转变,把原始模板与当前成像相比较。然后,应用 RANSAC 算法[26]获得最佳可能的转变,同时考虑到不良的对应。这一转变包括对关注物体的移位、转动和换算,由式(2)、式(3)确定。

$$X_k = HX_0 \tag{2}$$

$$\begin{pmatrix} x_k \\ y_k \\ \lambda \end{pmatrix} = \begin{pmatrix} a & b & c \\ d & e & f \\ g & h & 1 \end{pmatrix} \begin{pmatrix} x_0 \\ y_0 \\ 1 \end{pmatrix} \tag{3}$$

式中:$(x_k, y_k, \lambda)^T$是匹配的关键点相对于模板成像中要点的$(x_0, y_0, 1)^T$位置的均匀位置。

考虑到每对匹配的关键点具有两个方程式,为了解析该系统我们就需要四对正确匹配的关键点。注意到并不是每个匹配都是正确的,要摒弃那些不正确的(可以使用 RANSAC 算法),从而正确地估计变换 H。RANSAC 可以通过迭代选择原始数据点的随机子集来达到其目标,测试这个随机子集以获得模型,然后评估模型一致性,这个子集是最佳符合模型的原始数据点的所有数目。然后以固定次数重复这一程序,每次或是产生一个由于在认可范围内的点太少而被摒弃的模型或是产生一个较好地说明了变换情况的模型。如果进行了所有的试验,那么就可以得到一个好的解决方案。这种情况保持从一帧到另一帧的各

104

点之间的一致性。一旦得到了一次变换,利用单对应性中的信息可以恢复跟踪飞机的姿态。图4显示了这种方法的实施情况。

(a)　　　　　　　　　　　(b)

(c)　　　　　　　　　　　(d)

图4　为了恢复使用 SIFT 跟踪的物体的全部姿态对平面物体进行的试验。在图(a)中从初始帧中选出了一个模板。在图(b)中利用选取的关键点形成一个 SIFT 数据库。在图(c)中利用最初推测的以前位置对在下一个图像中两倍于模板的区域进行了搜索。图(d)显示了由跟踪算法得到的匹配性

3.3　基于外观的跟踪

基于外观的跟踪不使用各要点。此外,它采用对应于希望跟踪物体的补片像素。跟踪像素补片的方法是相同的 L-K 算法。这种补片与下一个帧的关系是挠曲函数,可以是光学流或另一个运动模型。该问题可以按下面的方法用公式表示:定义 X 为构成模板成像 $T(\boldsymbol{x})$ 的一组点,其中 $\boldsymbol{x}=(x,y)^{\mathrm{T}}$ 是一个列矢量,坐标在已知像素的成像平面内。该算法的目的是使模板 $T(\boldsymbol{x})$ 与输入成像 $I(\boldsymbol{x})$ 列成一行。因为 $T(\boldsymbol{x})$ 是 $I(\boldsymbol{x})$ 的一个小图像,该算法将为运动模型函数 $W(\boldsymbol{x};\mu)$ 找出一组参数 $\mu=(\mu_1,\mu_2,\cdots,\mu_n)$,也称为挠曲函数。为了使模板和实际成像列成一行而被最小化的该算法的目标函数为

$$\sum_{\forall \boldsymbol{x} \in X}(I(W(\boldsymbol{x};\mu))-T(\boldsymbol{x}))^2 \tag{4}$$

105

由于必须根据 μ 完成最小化过程,而且在像素位置和其强度值之间没有线性关系,所以 Lukas-Kanade 算法为参数 μ 假设了一个已知的初始值,并找出参数 $\delta\mu$ 的增量。因此,将被最小化的表达式为

$$\sum_{\forall \boldsymbol{x} \in X} \left(I(W(\boldsymbol{x};\mu + \delta\mu) - T(\boldsymbol{x}))\right)^2 \tag{5}$$

而且每次迭代中的参数实现性为 $\mu = \mu + \delta\mu$。为了有效解析方程式(5),利用泰勒级数展开只使用一阶项式使目标函数线性化。将被最小化的参数是 $\delta\mu$。之后,将被最小化的函数好像是式(6),而利用式(7)可以像解决"最小二乘法问题"那样解析方程式(6)。

$$\sum_{\forall \boldsymbol{x} \in X} \left(I\left(W(\boldsymbol{x};\mu) + \nabla I \frac{\partial W}{\partial \mu}\delta\mu - T(\boldsymbol{x})\right)^2 \tag{6}$$

$$\delta\mu = \boldsymbol{H}^{-1} \sum_{\forall \boldsymbol{x} \in X} \left(\nabla I \frac{\partial W}{\partial \mu}\right)^{\mathrm{T}} (T(\boldsymbol{x}) - I(W(\boldsymbol{x};\mu))) \tag{7}$$

式中:$\boldsymbol{H}$ 是赫赛行列式矩阵近似值,有

$$H = \sum_{\forall \boldsymbol{x} \in X} \left(\nabla I \frac{\partial W}{\partial \mu}\right)^{\mathrm{T}} \left(\nabla I \frac{\partial W}{\partial \mu}\right) \tag{8}$$

参考文献[10,27]对这一列方程式进行了叙述,其中介绍了一些改进措施,以便使最小化过程更加有效,这些改进是转换模板的作用,并将参数更新规则从附加形式改变为组合函数。在参考文献[27]中首次提到所谓的 ICA(逆组合算法)。这里介绍的这些改进措施旨在避开计算成像梯度、每一步中挠曲函数的雅可比行列式和赫赛行列式矩阵的费用,假定计算它们是该算法最高的计算费用。

除了对该算法进行性能改进之外,开发出可行的运动模型也是很重要的,该模型可用于将被跟踪像素的路径挠曲入 $T(\boldsymbol{x})$ 空间,确定跟踪的自由度,并约束正确跟踪关注区域的或然性。表1总结了一些所采用的挠曲函数及自由度。较低的自由度可使最小化过程更加稳定和精确,但是只能从物体运动中获取较少的信息。如果将立体转变作为挠曲函数,而且如果所选的路径对应于世界上的某架飞机,那么就可以根据所获参数再现飞机的三维姿态。图5显示了使用平移+比例的运动模型所进行的一些试验。

表1 挠曲函数总结

名　称	规　则	自由度
光学流	$(x,y) + (t_x, t_y)$	2
比例+平移	$(1+s)((x,y) + (t_x, t_y))$	3
比例+转动+平移	$(1+s)(R_{2\times 2}(x,y)^{\mathrm{T}} + (t_x, t_y)^{\mathrm{T}})$	4

名　　称	规　　则	自由度
拟似的	$\begin{pmatrix} 1+\mu_1 & \mu_3 & \mu_5 \\ \mu_2 & 1+\mu_4 & \mu_6 \end{pmatrix}$	6
立体的	$\begin{pmatrix} \mu_1 & \mu_2 & \mu_3 \\ \mu_2 & \mu_5 & \mu_6 \\ \mu_7 & \mu_8 & 1 \end{pmatrix}$	8

（a）　　　　　　　　　　　　（b）

图 5　利用基于外观的跟踪所进行的试验跟踪了场景中的一个模板
（a）是成像序列中的初始帧。成像区域是手动选择的，并使用比例+平移模型（表 1）沿成像序列对
其进行跟踪；（b）显示了成像（a）50 个帧之后所跟踪的模板。每张图底部的小图表示了所选的
初始模板以及转变为模板坐标系的挠曲路径。

4　可视飞行控制

4.1　控制方案

　　飞行控制系统由 3 个控制回路组成，它们以级联形式排列，根据任务的工作空间不同可以执行不同层面的任务。第一个控制回路负责直升机的姿态。它直接作用于伺服电动机，这些电动机确定了 4 个基本变量：主转子的周期/总桨距、尾转子的周期/总桨距、纵向周期桨距和横向周期桨距。直升机的运动模型和动态模型与这些变量有关，而这种类型的直升机在笛卡儿空间内具有六自由度。如 2.1 节所述，悬停状态可作为一个研究点，用线性运动方程式近似估计直升机的动态。利用这种近似法，围绕这种状态的线性化就具有很宽范围的线性度，这对于控制来说非常有益。为此，对上述每种控制变量都可以用去耦 PID 控制器实现这种控制。

　　第二个控制器是以速度为基础的控制器，它负责生成姿态控制的基准点。

利用 PI 构型来实现控制。该控制器从状态估值器上读取直升机的状态,为下一个层面提供基准点,但是只进行横向和纵向位移。第三个控制器(以位置为基础的控制)处于系统的较高层面,它可以接收 GPS 坐标。其控制方案允许有不同的操作模式,其中一个操作模式是将直升机带到期望的位置(位置控制)。一旦 UAV 悬停,基于速度的控制就能够接收各个基准点,使 UAV 保持对准所选的目标,并使飞机的稳定性保持到负责姿态的最内层回路中。图 6 详细地展示了飞行控制系统的结构以及 2.2 节中所描述的通信界面,这是将可视基准点整合为外部回路的关键所在。下一节将描述如何获取这种整合。

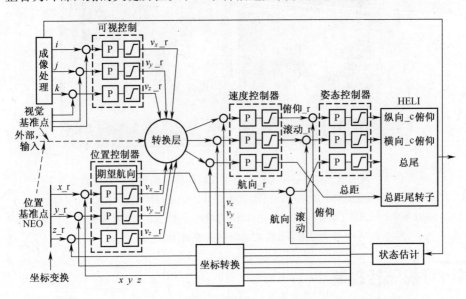

图 6　飞行控制系统示意图。内速度控制回路是由 3 个级联去耦 PID 控制器组成的。外位置控制回路可以在基于视觉的控制器和基于 GPS 的位置控制器之间进行外部转换。其构成可以基于直接要点可视控制或者另外基于由视觉估计进行定位

4.2　可视基准点整合

在成像坐标系中设计控制任务的第一步是要确定摄像机的模式以及图像中要点的动态,以便建立一种可以适当表示任务性质的控制规则。图 7 显示了摄像机基本的针孔模式,其中 $P^c(x, y, z)$ 是摄像机坐标系中的一个点,而 $P^c(i, j)^\mathrm{T}$ 表示那个点在成像平面 π 中的投影。摄像机的速度可以用矢量 $V = (v_x^c, v_y^c, v_z^c)^\mathrm{T}$ 来表示,其中矢量 $\boldsymbol{\omega} = (\omega_x^c, \omega_y^c, \omega_z^c)^\mathrm{T}$ 描绘了角速度。考虑到影像中的物体并不移动,相对于摄像机镜头中心的世界上一个点的相对速度可以用下式表示:

$$\dot{P}^c = -(V + \boldsymbol{\omega} \times P^c) \tag{9}$$

使用众所周知的基于摄像机校准矩阵(表示了摄像机坐标系中一个点及其在成像平面内的投影之间的关系)的方程式(10),根据时间来推导方程式(10),并取代方程式(9),就有可能获得一个新的方程式(11),它描述了一个点在成像中的投影的速度与摄像机的速度矢量($\boldsymbol{V}$ 和 $\boldsymbol{\omega}$)之间的微分关系。

$$p^c = KP^c \tag{10}$$

$$\dot{p}^c = -K(V + \boldsymbol{\omega} \times P^c) \tag{11}$$

由于可视伺服任务只可以进行横向和纵向位移,而摄像机固定不变地看着前方,所以有可能假设角速度是没有价值的,因为俯仰角的移动距离短,而且对系统构成速度约束。因此,方程式(11)简化为下面的表达式:

$$\dot{p}^c = \begin{bmatrix} \dfrac{\mathrm{d}i}{\mathrm{d}t} \\[2mm] \dfrac{\mathrm{d}j}{\mathrm{d}t} \end{bmatrix} = - \begin{bmatrix} \dfrac{f}{x^c} & 0 \\[2mm] 0 & \dfrac{f}{x^c} \end{bmatrix} \begin{bmatrix} v_x^c \\[2mm] v_z^c \end{bmatrix} \tag{12}$$

这个表达式允许引用在第 3 部分中所描述的基准点作为一个唯一的度量,允许使用要点的质心或者用成像处理算法所跟踪的补片,并且允许使用本节上面所描述的飞行控制系统的速度控制模块。

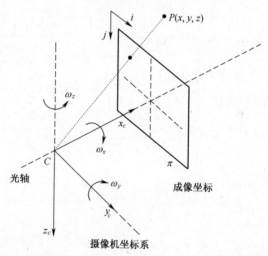

图 7 针孔摄像机模式,描述了动态模型,其中 $P(x, y, z)$ 是摄像机坐标系中的一个点,$P(i, j)^{\mathrm{T}}$ 表示那个点在成像平面 π 中的投影,而矢量 $\boldsymbol{\omega} = (\omega_x, \omega_y, \omega_z)^{\mathrm{T}}$ 是角速度

5 立体视觉

本节展示了一种可以利用立体可视系统估计一架空中飞行器的高度和运

动情况的系统。该系统首先探测并跟踪场景中的关注点。对照左右成像之间的各要点，然后利用差异原理对包含了各要点的飞机高度进行了计算。一个帧一个帧地跟踪像素可以还原运动情况，找出其可视移动，并用最小二乘法[28]解析出摄像机转动和平移。

5.1　高度估计

高度估计是由一个立体系统进行的，第一步用第3部分中任何一种技术探测环境中的各要点。这个步骤在每个立体成像中进行。

第二步，应用了一种关联步骤，以便发现左右成像中两组要点之间的对应性。进行了双检查，对照左成像检查右成像，然后把左成像与右成像比较。这个关联级以 ZNNC（零平均值归一化互相关）为基础，它对光变化和环境变化有很好的鲁棒性[29]。

对应性问题解决后，要考虑误差容限且对应性也不完美，事实上所有像素都属于同一飞机，利用立体差异原理就可以获取飞机（包含各要点）的距离。差异与场景纵深（由焦距(f)和基线(b)相乘）成反比。利用图8中显示的 Z 的表达式可以计算出纵深。

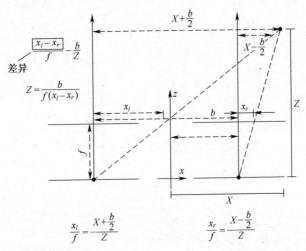

图8　排列成行的摄像机与同一飞机中所有像素的立体差异。
立体差异原理可用于找出飞机（包含各要点）的距离

图9显示了用于估计从立体系统到飞机的距离的算法。在直升机上，立体系统用于两个位置。第一个位置，立体系统向下看，与地面垂直，所以估计的距离对应于 UAV 高度。第二个位置，立体系统向前看，这样估计的距离就对应于 UAV 和一个物体或一个要点之间的距离。

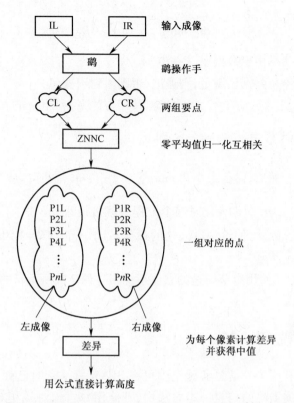

图9 利用鹂角落探测器和 ZNNC 进行高度估计。利用立体差异原理获得高度

5.2 运动估计

运动估计首先是使用与左右角落之间的要点对应所用的相同技术进行:零平均值归一化互相关(ZNNC)。关联是在一定像素距离内保持各点彼此相关系数高于 0.85 时进行的。进行运动问题估计时将两组已知对应性的点列成一行,并找出转动矩阵和平移矢量,即三维变换矩阵 T,它使均方值的目标函数最小化 $\min_{R,t} \sum_N \| TP_{k-1} - P_k \|^2$。利用迭代靠近点(ICP)读数和用 SVD 所做的运动参数估计可以解决问题。假设有两组点,它们称为数据和模型:$P = \{p_i\}_1^{N_p}$ 和 $M = \{m_i\}_1^{N_m}$ 其中 $N_p \neq N_m$,其对应性是已知的。问题是如何计算转动(R)和平移(t),通过使它们与方程式 $M = RP + t$ 相关联可以形成最佳的 P 和 M 的可能排列。确定模型中最靠近数据点 p 的点,如 $cp(p) = \arg\min_{m \in M} m - p \|$。然后,ICP步骤如下进行:

(1)计算最靠近点的子集(CP),$y = \{m \in M | p \in P : m = cp(p)\}$。

(2)将 P 代入 y 计算运动的最小二乘方估计:

111

$$(R, t) = \arg \min_{R,t} \sum_{i=1}^{N_p} \| y_i - R_{Pi} - t \|^2$$

(3)将运动应用于数据点,$P \leftarrow RP + t$。

(4)如果停止判据已满足,则退出;否则回到步骤(1)。

利用 SVD 计算转动和平移可以概括如下:首先,利用这组点的矩心计算转动矩阵。矩心计算为 $y_{ci} = y_i - \bar{y}$ 和 $p_{ci} = p_i - \bar{p}$,其中 $\bar{y} = \dfrac{1}{N_p} \sum_{N_p} cp(p_i)$ 和 $\bar{p} = \dfrac{1}{N_p} \sum_{N_p} p_i$。然后,进行最小化 $\min_R \sum_{N_p} \| y_{ci} - Rp_{c_i} \|^2$ 可以求出转动。当轨迹随着 $K = \sum_{N_p} y_{c_i} \boldsymbol{p}_{c_i}^{\mathrm{T}}$ 而最大化时这个方程式就被最小化。矩阵 $\boldsymbol{K}$ 利用 SVD 计算为 $\boldsymbol{K} = \boldsymbol{VDU}^{\mathrm{T}}$。因此,使轨迹最大化的最佳转动矩阵是 $\boldsymbol{R} = \boldsymbol{VU}^{\mathrm{T}}$。对准矩心的最佳平移是 $t = \bar{y} - \overline{Pp}$。

7.3 节展示了使用本节所述的立体系统和各种算法所进行的试验以及各项应用的开展情况。

6 机载可视 SLAM

本节阐述利用单一信息实施空中可视 SLAM 算法。对已列出的公式不需要事先获取有关场景的信息。本方法中,不使用非常绝对或相对的信息,而使用 GPS 或测距法。SLAM 算法基于各要点或角落的匹配过程(使用 SURF 要点[30]或在鹞角落探测器上[18])。首先,描述问题的公式。其次,说明卡尔曼滤波器的细节,最后描述该方法的特殊性。

6.1 问题的公式

问题是用状态变量来形成公式的,可以对系统进行描述和建模。系统的状态用矢量描述:

$$\boldsymbol{X} = [\boldsymbol{x}, \boldsymbol{s}_1, \boldsymbol{s}_2, \boldsymbol{s}_3, \cdots] \tag{13}$$

式中:$\boldsymbol{x}$ 表示摄像机的状态;$\boldsymbol{s}_i$ 表示每个要点的状态。

摄像机状态具有 12 个变量。前 6 个变量表示飞行器在迭代 k 和在以前迭代中的位置。后 6 个变量矢量 $[p, q, r]$ 表示在迭代 k 和 $k-1$ 中的转动。转动用 Rodrigues 的标志法表示,该标志法可表示围绕一个矢量的转动,方向为 $\boldsymbol{\omega} = [p, q, r]$,角度为 $\theta = \sqrt{p^2 + q^2 + r^2}$。利用下式从此表达式可以计算转动矩阵

$$e^{\tilde{\boldsymbol{\omega}}\theta} = \boldsymbol{I} + \tilde{\boldsymbol{\omega}}\sin\theta + \tilde{\boldsymbol{\omega}}^2(1 - \cos\theta) \tag{14}$$

112

式中:I 是 3×3 纯量矩阵;$\tilde{\boldsymbol{\omega}}$ 为具有列表的反对称矩阵,且

$$\tilde{\boldsymbol{\omega}} = \begin{bmatrix} 0 & -r & q \\ r & 0 & -p \\ -q & p & 0 \end{bmatrix} \qquad (15)$$

因此,在不包括各要点的情况下,摄像机的状态由下列 12 个变量组成。

$$\boldsymbol{x} = [x_k, x_{k-1}, y_k, y_{k-1}, z_k, z_{k-1}, p_k, p_{k-1}, q_k, q_{k-1}, r_k, r_{k-1}] \qquad (16)$$

另一种实施单一 SLAM 的方法是采用四元数表示转动[31]。使用 Rodrigues 的标志法而不使用四元数可以减少问题的维数,可以只用 3 个变量表示转动。

利用由参考文献[31]中的 Javier Civera 提出的逆纵深参数化,每个要点都可表示为一个维数量为 6 的矢量 s_i。这种参数化用 6 个参数来确定一个要点在三维空间中的位置。每个要点用一个点的位置(x_0, y_0, z_0)来确定,其中摄像机首先看到要点、基于那个点的一条线的方向以及沿着这条线从那个点到要点的距离倒数。这个基准系统可以初始化各个要点,不用事先对场景有任何认知。这对于外景场面非常重要,在外景场面中具有非常不同纵深的各要点可以共同存在。

$$s_i = [x_0, y_0, z_0, \theta, \phi, \rho] \qquad (17)$$

6.2 预测阶段和修正阶段

扩展卡尔曼滤波器(EKF)可用于实现主算法回路,它有预测和修正两个阶段。在预测阶段,利用运动模型可以扩展不确定性。修正阶段采用真正的和预测的量度来计算针对预测阶段的修正量。这两个阶段都需要对系统的各种随机变量进行精准说明。

这种方法主要有两种可使用的滤波器:扩展卡尔曼滤波器和质点滤波器(FastSLAM)。这两种滤波器都使用相同的问题公式,但是却采用不同方法获取解决方案。卡尔曼滤波器的优点是可以直接估计协方差矩阵,而事实上这是一种闭式数学方案。

其缺点是由于要点数目的增加而使计算要求增多了,如要求模型线性化并假设高斯噪声。此外,质子滤波器可以处理非线性、非高斯模型,但是其提供的方案取决于初始随机质子组,这样的一组质子在每个执行过程中都会不同。预测阶段利用线性方程式进行说明:

$$\hat{X}_{k+1} = \boldsymbol{A} \cdot X_k + \boldsymbol{B} \cdot U_k$$
$$\hat{P}_{k+1} = \boldsymbol{A} \cdot P_k + \boldsymbol{A}^{\mathrm{T}} + Q \qquad (18)$$

式中:$\boldsymbol{A}$ 是转换矩阵;$\boldsymbol{B}$ 是控制矩阵;Q 是模型的协方差。

利用恒速模型可以对摄像机移动进行建模。在随机噪声部分中包括了加速度。对于一个变量 n，它表示任何一个位置部分 (x, y, z) 或者转动部分 (p, q, r)，我们可以得到下式

$$n_{k+1} = n_k + v_k \cdot \Delta t \tag{19}$$

式中：v_k 是 n 的导数。可以估计 v_k 为位置中的差异，即

$$n_{k+1} = n_k + \left(\frac{n_k - n_{k-1}}{\Delta t} \right) \Delta t = 2n_k - x_{n-1} \tag{20}$$

要点移动可认为是恒定的，所以可以用纯量矩阵进行建模。现在，可以创建全状态模型

$$
\begin{bmatrix}
x_{k+1} \\
x_k \\
y_{k+1} \\
y_k \\
z_{k+1} \\
z_k \\
r_{k+1} \\
r_k \\
p_{k+1} \\
p_k \\
q_{k+1} \\
q_k \\
s_{1,k+1} \\
\vdots
\end{bmatrix}
=
\begin{bmatrix}
2 & -1 \\
1 & 0 \\
& & 2 & -1 \\
& & 1 & 0 \\
& & & & 2 & -1 \\
& & & & 1 & 0 \\
& & & & & & 2 & -1 \\
& & & & & & 1 & 0 \\
& & & & & & & & 2 & -1 \\
& & & & & & & & 1 & 0 \\
& & & & & & & & & & 2 & -1 \\
& & & & & & & & & & 1 & 0 \\
& & & & & & & & & & & & I \\
& & & & & & & & & & & & & \ddots
\end{bmatrix}
\begin{bmatrix}
x_k \\
x_{k-1} \\
y_k \\
y_{k-1} \\
z_k \\
z_{k-1} \\
r_k \\
r_{k-1} \\
p_k \\
p_{k-1} \\
q_k \\
q_{k-1} \\
s_{1,k} \\
\vdots
\end{bmatrix}
\tag{21}
$$

修正阶段使用非线性量度模型。该模型是针孔摄像机模型。在此情况下扩展卡尔曼滤波器的公式如下

$$
\begin{cases}
K_k = \hat{P}_k \cdot J^{\mathrm{T}} (J \cdot P \cdot J^{\mathrm{T}} + R)^{-1} \\
X_k = \hat{X}_k + K_k \cdot (Z_k - H(\hat{X}_k)) \\
P_k = \hat{P}_k - K_k \cdot J \cdot \hat{P}_k
\end{cases}
\tag{22}
$$

式中：Z_k 是量度矢量；$H(X)$ 是非线性摄像机模型；J 是摄像机模型的雅可比行列式；K_k 是卡尔曼。

系统的移动被建模为恒定运动的实体。加速度被认为是对运动的扰动。针孔摄像机模型可作为一个量度模型。

114

$$\begin{bmatrix} \lambda u \\ \lambda v \\ \lambda \end{bmatrix} = \begin{bmatrix} f & 0 & 0 \\ 0 & f & 0 \\ 0 & 0 & 1 \end{bmatrix} \cdot [\boldsymbol{R} \mid \boldsymbol{T}] \cdot \begin{bmatrix} x_w \\ y_w \\ z_w \\ 1 \end{bmatrix} \qquad (23)$$

式中：u 和 v 都是预测要点的中心坐标；λ 是一个比例因数。

利用一个四参数模型(k_1,k_2,k_3,k_4)考虑了变形情况

$$\begin{cases} r^2 = u^2 + v^2 \\ C_{\text{dist}} = 1 + k_0 r^2 + k_1 r^4 \\ x_d = u \cdot C_{\text{dist}} + k_2(2u \cdot v) + k_3(r^2 + 2u^2) \\ y_d = v \cdot C_{\text{dist}} + k_2(r^2 + 2v^2) + k_3(2u \cdot v) \end{cases} \qquad (24)$$

状态误差协方差矩阵是由一个两部分组成的过程进行初始化。首先，与摄像机 $\boldsymbol{x}$ 的位置和定向相关的各元素被初始化为零或者一个具有极小值的对角矩阵。这表示位置是已知的，在第一瞬间，不确定性极低。对第一次看到的每个要点都必须对与各要点 $\boldsymbol{s}_i$ 相关的值进行初始化。利用从参考文献[31]得到的结果可以进行初始化：

$$\boldsymbol{P}_{k|k}^{\text{new}} = \boldsymbol{J} \begin{bmatrix} \boldsymbol{P}_{k|k} & & \\ & \boldsymbol{R}_i & \\ & & \sigma_\rho^2 \end{bmatrix} \boldsymbol{J}^{\text{T}} \qquad (25)$$

式中

$$\boldsymbol{J} = \begin{bmatrix} \boldsymbol{I} & 0 & 0 \\ \dfrac{\partial s}{\partial xyz} & \dfrac{\partial s}{\partial pqr} & 0 & 0 & \cdots & \dfrac{\partial s}{\partial x_d, y_d} & \dfrac{\partial s}{\partial \rho_0} \end{bmatrix} \qquad (26)$$

$$\frac{\partial s}{\partial xyz} = \begin{bmatrix} 1 & 0 & 0 \\ 0 & 1 & 0 \\ 0 & 0 & 1 \\ 0 & 0 & 0 \\ 0 & 0 & 0 \\ 0 & 0 & 0 \end{bmatrix} ; \frac{\partial s}{\partial pqr} = \begin{bmatrix} 0 & 0 & 0 \\ 0 & 0 & 0 \\ 0 & 0 & 0 \\ \dfrac{\partial \theta}{\partial p} & \dfrac{\partial \theta}{\partial q} & \dfrac{\partial \theta}{\partial r} \\ \dfrac{\partial \phi}{\partial p} & \dfrac{\partial \phi}{\partial q} & \dfrac{\partial \phi}{\partial r} \\ 0 & 0 & 0 \end{bmatrix} ; \frac{\partial s}{\partial x_d, y_d} = \begin{bmatrix} 0 & 0 \\ 0 & 0 \\ 0 & 0 \\ \dfrac{\partial \theta}{\partial x_d} & \dfrac{\partial \theta}{\partial y_d} \\ \dfrac{\partial \phi}{\partial x_d} & \dfrac{\partial \phi}{\partial y_d} \\ 0 & 0 \end{bmatrix} ; \frac{\partial s}{\partial \rho_0} = \begin{bmatrix} 0 \\ 0 \\ 0 \\ 0 \\ 0 \\ 1 \end{bmatrix}$$

$$(27)$$

考虑到系统的关键要素是要有鲁棒性要点跟踪和探测方法，所以进行了马

哈拉诺比斯试验,以便提高要点匹配的鲁棒性。可以利用预测的要点量度和真实量度之间的马哈拉诺比斯距离来确定滤波器。马哈拉诺比斯距离将欧几里得距离与协方差矩阵对比。这个距离被输入一次 x^2 试验中,这次试验拒绝误码匹配。

$$(Z - J \cdot X)^{\mathrm{T}} \cdot C^{-1}(Z - J \cdot X) > X_n^2 \tag{28}$$

式中

$$C = H \cdot P \cdot H^{\mathrm{T}} + R \tag{29}$$

最后,应该注意到再现比例是一种不可观测的系统状态。这个问题可以用逆纵深参数化[32]来处理,从而避免使用已知三维位置的初始化要点。这样就可以使用任何视频序列中的算法。没有这些初始化要点,问题就成为无量纲的问题。根据两个点之间的距离或者摄像机和一个点之间的位置可以还原系统的比例。计算费用取决于场景中要点的数量,所以场景复杂性增强就会以消极方式影响处理时间。鲁棒性要点的选择和匹配对于滤波器和正确测绘的稳定性非常重要。对从 UAV 获取的序列成功地进行了脱机试验。

7　试验应用和试验

7.1　可视跟踪试验

跟踪算法是闭合可视控制回路的主要部分,从而使 UAV 具有跟踪物体的能力。因此,重要的是要确保跟踪器的可靠性。有些试验是针对在试验飞行中获取的图像而进行的。这些试验中的关注点是用鹞算法获取的并用 Lukas-Kanade 算法进行跟踪,已证明可以足够快地以 17Hz 闭合控制回路。然而,如果选择了太多的要点来表示一个物体,则算法的速度就慢下来,因为要计算成像导数。

SIFT 要点非常稳定,而且具有如下优势:匹配过程不依靠两个连续帧互相接近。然而,获取要点的计算费用是昂贵的。为此,只有在闭合回路时为了避免不稳定性而使直升机被迫非常缓慢运动时,它们才适用于可视伺服。

基于外观的跟踪已证明可以高于 25 帧/s 的帧速非常快且非常可靠地跟踪已获取的序列。只要运动模型的参数数目大于 3,这个过程就会对被跟踪补片位置中的突然变化非常敏感。通过堆积跟踪器可以解决这个问题,其中每个跟踪器必须具有不同的挠曲函数,为下一层提供对参数的估算情况。简单的挠曲函数就可以对较复杂的参数进行估算。对于一个简单的跟踪器,只有平移的挠曲函数是最稳定的。图 10(a)显示了在 1000 个成像序列中参数的演变,而

图 10(b) 显示了模板图像和每个图像的挠曲补片之间的 SSD 误差。

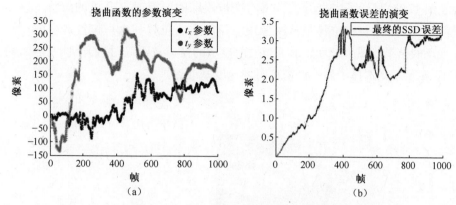

图 10　(a)在根据 1000 个帧跟踪一个补片的过程中平移参数的演变，
(b)显示了就模板而言挠曲补片的 SSD 误差

7.2　可视伺服试验

　　可视伺服的基本思想是根据图像中的一个误差或者从图像中获取的一个特点的误差来控制直升机的位置。如果控制误差存在于成像平面中，则对误差的量度是一个矢量(在像素中)，它表示从成像的中心到要点位置的距离。图 11 显示了误差和二维可视伺服的基本思想。在这样的场景中，有两种方法可以在不同背景中利用这种误差。一种方法是跟踪在场景中静止的要点。在这种情况下，控制措施试图移动 UAV，通过在空间内移动直升机使要点的位置对准成像的中心。

图 11　在二维可视伺服中的误差量度包括估算从基准点到成像中心的距离

　　基于视觉的基准点根据被跟踪的要点转换为直升机位移。速度基准点可用于控制 UAV，所以当跟踪的要点改变了，例如像发生的那样，当选择了一座建筑的另一个窗口,速度基准点就会改变,以便使 UAV 对准窗口。

图 12(a)显示了当直升机试图对准被跟踪的要点时直升机的位移。直升机的垂直位移和横向位移是从图像中窗口的垂直位置和水平位置产生的可视基准点的结果。图 12(b)显示了当上面显示的窗口被跟踪时直升机的位移,而图 13 显示了当选择了另一个窗口时的速度基准点。

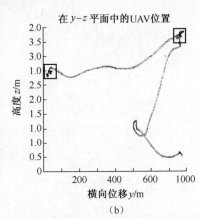

在 y–z 平面中的UAV位置

高度 z/m

横向位移 y/m

(a)　　　　　　　　　　　(b)

图 12　（a）在可视伺服任务中跟踪的窗口,其中 UAV 的垂直位移和横向位移由可视控制
回路控制,以便将窗口固定在成像的中心,而接近窗口的移动由 GPS 位置控制器控制。
（b）显示了在可视受控飞行中 UAV 的垂直位置和横向位置。起飞之后,UAV 飞向两个
位置(用红色长方形标注),以便连续跟踪两个外部可视基准点(包括了两个不同的窗口)

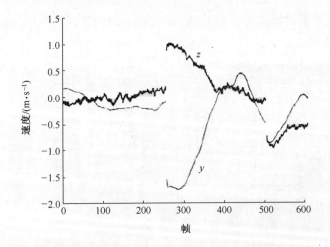

速度/(m·s⁻¹)

帧

图 13　当选择了一个新的要点时速度基准点就变化,在这种情况下,
选择了如图 12 所示的另一个窗口,可视控制将要点移到成像的中心

另一个可能的场景是使 UAV 保持悬停并跟踪场景内的移动物体。已经

成功地进行了试验,以便证明方法的变化会有很好的结果。用二维成像伺服控制摄像机的盘式—倾斜平台,以便使移动物体保持在成像的中心。在这种情况下,使用了位置基准点取代速度,以便控制摄像机的随动拍摄位置和倾斜位置。图 14 显示了一辆携带一张广告画、被移动的摄像机平台跟踪的汽车。

图 14　跟踪移动的物体。正在对盘式-倾斜平台进行伺服。注意因为 UAV 是
悬停的,因此在笛卡儿坐标中的速度是 0.0(每个部分都打印在图像中)。
根据 3.2 节中所述的角落要点进行了跟踪

7.3　使用立体系统进行高度和运动估计

使用 UAV 上的 Fireware 立体系统摄像机可以进行立体试验。在这些试验中,当机上立体可视算法运行时,直升机按指令沿着给定的弹道自主飞行。试验找出了立体可视估计和由机上成套传感器给出的直升机上状态之间的相关性。图 15 显示了飞行试验的结果,其中估计了纵向位移(X)、横向位移(Y)、高度(H)和相对方向。因为直升机机体框架作为基准系统,因此高度计算出现负值。每个估算值都与从直升机获取的类似值有关,直升机采用了一个 EKF 来融合机上传感器。表 2 显示了根据可视估算和直升机的状态的均方误差所进行的误差分析。使用了均方误差的 4 个量度:误差观测—GPS 北向(MSE_N^V),误差观测—GPS 东向(MSE_E^V),误差观测—航向(MSE_ψ^V)和误差观测—高度(MSE_H^V)。

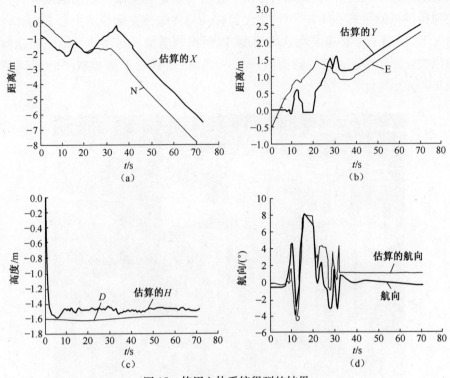

图 15　使用立体系统得到的结果

(a)可视估算的 X 和北向(N);(b)可视估算的 Y 和东向(E);

(c)可视估算的 H 和直升机高度;(d)可视估算的航向和直升机航向。

为此试验估算了 4 个参数:纵向位移(X)(a),

横向位移(Y)(b),高度(H)(c)和相对方向(航向)(d)

表 2　直升机的试验进行的误差分析

实　　验	测　量　结　果
MSE_N^V/m	1.0901
MSE_E^V/m	0.4712
$MSE_\psi^V/(°)$	1.7363
MSE_H^V/m	0.1729

7.4　电力线检测

　　除了可视伺服和成像跟踪应用之外,还进行了其他试验,以便在完成检测任务时识别物体。主要贡献和成功的试验是在电力线检测时获得的。计算机可视小组研发的应用成果的目标是识别电力线和电隔离器。所使用的方法是以 Hough 变换和角落探测器为基础的,在成像中发现与由悬挂电线形成的悬链线相关的线。关注点可用于定位隔离器。一旦在成像中探测到这两部分,就可以启动跟踪,为进行专家检测和发现故障所必需的适当分辨率进行特写拍摄。图 16 显示了 UAV 接近电力线的成像,而小图是机上摄像机显示的对电力线和隔离器的探测。

图 16　使用 UAV 可视系统探测动力线和隔离器

立体系统还用于估算 UAV 相对于电力线的距离和高度。在这些试验中,使用 Hough 变换探测电力线。如果摄像机的角度、立体系统校准和差异都已知,那么就有可能确定直升机相对于电力线的位置。有些试验使用直升机上的立体系统,以获取从直升机到电力线的距离。在两种成像中都使用 Hough 变换来探测电力线。在此试验中,最初,直升机在电力线下面 2m 处。后来,直升机上升处于电缆的相同高度,然后直升机返回其初始位置。图 17 显示了试验中估算的 UAV 到电力线的距离和高度。另外一些试验可以从 Colibri Porject 网页上找到[33]。

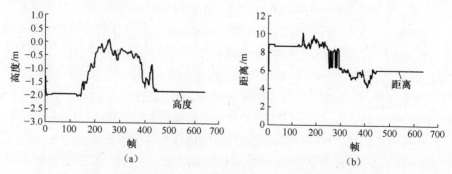

图 17　使用 UAV 上立体系统估算与电力线的距离和高度

7.5 使用可视 SLAM 进行测绘和定位

在一系列围绕三维场景弹道的成像序列中使用了第 6 节中所述的 SLAM 算法,是在根据航路点和期望的航向值以自主模式导航飞行下进行的。场景由许多物体组成,包括一个大看台、一辆篷车和许多其他成分,还有一系列标志,可以用来探测要点和角落。对于每次飞行试验,获得一个场景的 30 帧/s 成像序列,以及与其相关的 UAV 姿态信息。那些信息包括 GPS 位置、IMU 数据(航向、机体框架角度和位移速度)和直升机的位置,由以起飞点为基准的当地平面上的卡尔曼滤波器进行估算。图 18 再现了围绕一次场景试验的飞行。

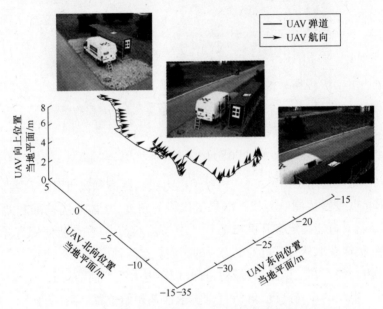

图 18　使用飞行记录装置的数据获得的三维飞行弹道和摄像机位置的再现图

黑线描绘的是平移运动,箭头表示的是摄像机的航向方向(俯仰角和航向角)。

重叠图像显示了在围绕半结构场景的飞行序列中获得的不同透视图。

图 19(a)显示了对场景中的各个部分使用跟踪算法所进行的试验结果。再现的各要点用十字线表示。图中,手动增加了一些基准平面,以便可以更容易地进行试验结果分析。图 19(b)显示了从此试验中使用的序列中获得的图像。

结果表明,再现的图像有一个相关结构,而再现比例是初始化值的函数。利用两个点之间的距离或者一个点的位置与摄像机之间的距离可以还原比例。

将摄像机相对于首个成像的移动与真实的飞行弹道相比较。为此,摄像机平面上的 (x, y, z) 轴是转动的,所以它们与 UAV 所用的世界基准平面相一致。在 SLAM 序列的首个图像中的直升机航向角或者偏航角(ψ)和俯仰角(θ)确定

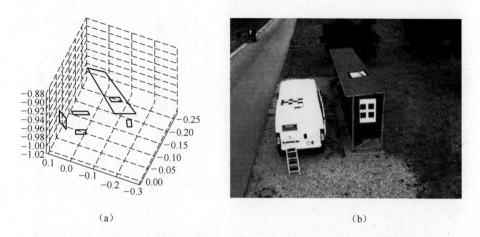

（a） （b）

图 19　场景再现。（a）显示了从图（b）显示的场景中再现的点。手动用线将各个
点连接起来,以便于对图像进行试验结果分析

了转动矩阵,该矩阵可用于将摄像机与 UAV 框架对准。

利用 SLAM 得到的位移值是变换的,然后按比例与真实的 UAV 弹道相比
较。图 20 显示了 UAV 弹道和 SLAM 弹道以及真实飞行和每个轴的 SLAM 位移

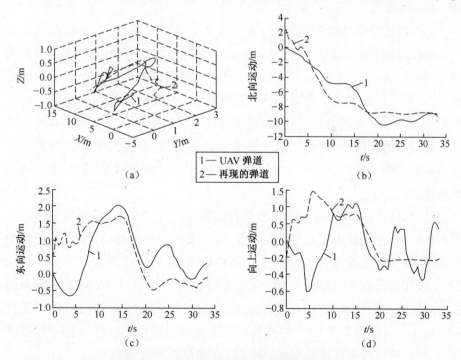

图 20　SLAM 再现的弹道与 UAV 弹道的对比

（a）三维飞行；（b）以米计的北轴；（c）以米计的东轴；（d）以米计的高度。

一旦有更多的图像进行了处理而且各要点的不确定性也随之减少后,再现的弹道就最佳地调整为真实飞行。

之间的中方误差(MSE)。弹道较好地调整为真实飞行,因为各个要点减少了其不确定性,有更多的图像得到处理,更多的量度改善了要点估算。

8 结论

本文论述了各项研究及结果,并探讨了在 UAV 上采用几种计算机可视技术。这些计算机可视技术不仅仅是用于获取环境可视信息,而且随后这些信息经离线处理后可以利用。这就是为什么本文还说明了计算机可视技术如何能在飞行中在线发挥重要作用,以便获取积极跟踪目标(固定的或移动的目标)并导向目标和控制飞行弹道所必需的适当序列。

成像处理算法是非常重要的,而且通常被设计成可以按序列探测和跟踪物体,不管关键点是从算法自身获取的还是从可视目标由外部确定的。成功并广泛用在 UAV 上的算法已面临了试验台的挑战,而这些挑战正是鼓舞斗志的源泉,激励人们不断进行改进并获取其最佳的鲁棒性。有些试验台的挑战是非结构性的,在需要的时候正在改变空载状态、高度振动的且快速和急剧的运动以及一些在线要求。

有些改进措施已经有所阐述,由于具有上述特点,可按要点跟踪和基于外观的跟踪两种类型的成像处理算法进行测试。当使用 SIFT 关键点探测器时,这种算法减少了关键点并将它们分类,以便实现更加鲁棒性且更快速的跟踪,如第 3 部分所述。当跟踪一个整体可视的目标时,就在多比例分级结构中使用基于 ICA 的算法,这种分级结构使它定比例时更加具有鲁棒性。在这两种类型的算法中,都使用了卡尔曼滤波器,以便提高成像平面内的要点和目标移动的一致性,这是一个与快速改变序列尤其相关的成果,如第 3.3 节所述。

已过滤的成像处理算法的输出是外部基准点的可视量度,当与其期望位置相比较时,这些输出量被引入一个去耦的位置控制结构中,生成速度基准点,以便按照那些外部可视基准点控制 UAV 的位置。根据由成像处理算法(即二维平移、转动、三维测量等)获取的信息的类型,对 UAV 位置和方向的控制可以是如下控制的混合:针对有些 UAV 坐标的基于可视的控制以及针对其他一些情况的基于 GPS 的控制。在未来的发展中还能够计算卡尔曼滤波器,从而可以根据可视的信息、GPS 信息和惯性制导信息形成统一的 UAV 估算和控制。

本文还说明了有可能使用可视 SLAM 从微型 UAV 在不明结构的室外场景

中进行三维测绘和定位,并获得鲁棒性和连贯结果。仅使用可视信息不用考虑任何测距信息或 GPS 信息就已实现了 SLAM 算法。尽管如此,后来也使用了测距信息或 GPS 信息,以便比较并评估获得的结果。该算法的状态包含 12 个可变阵列(位置、方向及其速率),其中使用了逆纵深参数化,从而避免对与探测到的可视要点的距离的初始化,当在室外未知环境中使用 SLAM 时对这种距离的初始化会变成一个不利因素。其余的状态阵列是由被跟踪要点组成的,要点的最少允许数目是 10 个。考虑到成像平面中位置—方向坐标和要点移动的恒定速度,在 EKF 中的预测阶段已进行了建模。为了得到更准确的结果,EKF 中的修正阶段采用了非线性摄像机模型,包括针孔变形模型。在已实施的 SLAM 算法范围内,马哈拉诺比斯距离用于排除远距离匹配的成对组合,否则它们会使结果变样。

根据我们研究工作的结果,我们得到的结论是 UAV 场已经达到了重要的成熟阶段,现在在民用领域内应用 UAV 的可能性已经是可以想象的,而且在有些情况下还是可以实现的。我们已经通过试验验证了自主直升机利用可视信息(如导航、弹道规划和可视伺服)可以具备的几种能力。成功实施所有这些算法确认了当需要执行如室外结构检测和物体跟踪等任务时,UAV 具有另外一些功能性就非常有必要。

我们当前的研究工作的目的是要利用不同的可视信息源(如反折射系统和多视野系统以及将它们扩展为三维基于成像的可视伺服)来增强这些能力,其中物体的位置和方向将用于可视地引导直升机。挑战在于要实施实时成像处理算法和跟踪算法以减少量度的不确定性。计算机对 UAV 的视场可以认为是一个有前途的领域,可以进一步研究,使这种类型空中平台具有自主性和可应用性,而可靠性和安全性已成为我们的主要研究问题。

致谢

本文所报道的研究工作是在马德里理工大学计算机视觉组进行的几个研究阶段的研究成果。作者要感谢豪尔赫·莱昂(支持飞行试验)和 I. A. 学院—CSIC(合作进行了飞行推论)。我们还要感谢恩里克·穆尼奥斯·科罗尔和路易斯·玻美拉,他们帮助我们理解并实际使用可跟踪平面目标的算法。根据 CICYT DPI2004-06624、CICYT DPI2000-1561-C02-02 和 MICYT DPI2007-66156 等项目,这项工作得到西班牙科学和技术部的资助,并且根据 SLAM 可视三维项目,还得到了马德里自动化团体的资助。

参考文献

1. Puri, A., Valavanis, K.P., Kontitsis, M.: Statistical profile generation for traffic monitoring using real-time UAV based video data. In: Control and Automation, 2007. MED '07. Mediterranean Conference on, MED, pp. 1-6 (2007)

2. Nikolos, I.K., Tsourveloudis, N.C., Valavanis, K.P.: Evolutionary algorithm based path planning for multiple UAV cooperation. In: Advances in Unmanned Aerial Vehicles, Intelligent Systems, Control and Automation: Science and Engineering, pp. 309-340. Springer, The Netherlands(2007)

3. Nikolos, I.K., Tsourveloudis, N.C., Valavanis, K.P.: A UAV vision system for airborne surveillance.In: Robotics and Automation, 2004. Proceedings. ICRA '04. 2004 IEEE International Conference on, pp. 77-83. New Orleans, LA, USA (2004), May

4. Nikolos, I.K., Tsourveloudis, N.C., Valavanis, K.P.: Multi-UAV experiments: application to forest fires. In: Multiple Heterogeneous Unmanned Aerial Vehicles, Springer Tracts in Advanced Robotics, pp. 207-228. Springer, Berlin (2007)

5. Green, W., Oh, P.Y.: The integration of a multimodal mav and biomimetic sensing for autonomous flights in near-earth environments. In: Advances in Unmanned Aerial Vehicles, Intelligent Systems, Control and Automation: Science and Engineering, pp. 407-430. Springer, The Netherlands (2007)

6. Belloni, G., Feroli, M., Ficola, A., Pagnottelli, S., Valigi, P.: Obstacle and terrain avoidance for miniature aerial vehicles. In: Advances in Unmanned Aerial Vehicles, Intelligent Systems, Control and Automation: Science and Engineering, pp. 213-244. Springer, The Netherlands(2007)

7. Dalamagkidis, K., Valavanis, K.P., Piegl, L.A.: Current status and future perspectives for unmanned aircraft system operations in the US. In: Journal of Intelligent and Robotic Systems, pp. 313-329. Springer, The Netherlands (2007)

8. Long, L.N., Corfeld, K.J., Strawn, R.C.: Computational analysis of a prototype martian rotorcraft experiment. In: 20th AIAA Applied Aerodynamics Conference, number AIAA Paper 2002 - 2815, Saint Louis, MO, USA. Ames Research Center, June-October 22 (2001)

9. Yavrucuk, I., Kanan, S., Kahn, A.D.: Gtmars—flight controls and computer architecture.Technical report, School of Aerospace Engineering, Georgia Institute of Technology, Atlanta(2000)

10. Buenaposada, J.M., Munoz, E., Baumela, L.: Tracking a planar patch by additive image registration.In: Proc. of International Workshop, VLBV 2003, vol. 2849 of LNCS, pp. 50-57 (2003)

11. Miller, R., Mettler, B., Amidi, O.: Carnegie mellon university's 1997 international aerial robotics competition entry. In: International Aerial Robotics Competition (1997)

12. Montgomery, J.F.: The usc autonomous flying vehicle (afv) project: Year 2000 status. Technical Report I-RIS-00-390, Institute for Robotics and Intelligent Systems Technical Report, Los Angeles, CA, 90089-0273 (2000)

13. Saripalli, S., Montgomery, J.F., Sukhatme, G.S.: Visually-guided landing of an unmanned aerial vehicle. IEEE Trans. Robot Autom. **19**(3), 371-381, June (2003)

14. Mejias, L.: Control visual de un vehiculo aereo autonomo usando detección y seguimiento de características

en espacios exteriores. PhD thesis, Escuela Técnica Superior de Ingenieros Industriales. Universidad Politécnica de Madrid, Spain, December (2006)

15. Mejias, L., Saripalli, S., Campoy, P., Sukhatme, G.: Visual servoing approach for tracking features in urban areas using an autonomous helicopter. In: Proceedings of IEEE International Conference on Robotics and Automation, pp. 2503-2508, Orlando, FL, May (2006)

16. Mejias, L., Saripalli, S., Sukhatme, G., Campoy, P.: Detection and tracking of external features in a urban environment using an autonomous helicopter. In: Proceedings of IEEE International Conference on Robotics and Automation, pp. 3983-3988, May (2005)

17. Mejias, L., Saripalli, S., Campoy, P., Sukhatme, G.: Visual servoing of an autonomous helicopter in urban areas using feature tracking. J. Field Robot. **23**(3-4), 185-199, April (2006)

18. Harris, C.G., Stephens, M.: A combined corner and edge detection. In: Proceedings of the 4th Alvey Vision Conference, pp. 147-151 (1988)

19. Lowe, D.G.: Distintive image features from scale-invariant keypoints. Int. J. Computer Vision 60(2), 91-110 (2004)

20. Duda, R.O., Hart, P.E.: Use of the hough transformation to detect lines and curves in pictures. Commun. ACM 15(1), 11-15 (1972)

21. Canny, J.: A computational approach to edge detection. IEEE Trans. Pattern Anal. Machine Intel. 8(6), 679-698, November (1986)

22. Feldman, G., Sobel, I.: A 3 × 3 isotropic gradient operator for image processing. Presented at a talk at the Stanford Artificial Project (1968)

23. Mejías, L., Mondragón, I., Correa, J.F., Campoy, P.: Colibri: Vision-guided helicopter for surveillance and visual inspection. In: Video Proceedings of IEEE International Conference on Robotics and Automation, Rome, Italy, April (2007)

24. Lucas, B.D., Kanade, T.: An iterative image registration technique with an application to stereo vision. In: Proc. of the 7th IJCAI, pp. 674-679, Vancouver, Canada (1981)

25. Beis, J.S., Lowe, D.G.: Shape indexing using approximate nearest-neighbour search in highdimensional spaces. In: CVPR '97: Proceedings of the 1997 Conference on Computer Vision and Pattern Recognition (CVPR '97), p. 1000. IEEE Computer Society, Washington, DC, USA(1997)

26. Fischer, M.A., Bolles, R.C.: Random sample concensus: a paradigm for model fitting with applications to image analysis and automated cartography. Commun. ACM 24(6), 381-395 (1981)

27. Baker, S., Matthews, I.: Lucas-kanade 20 years on: A unifying framework: Part 1. Technical Report CMU-RI-TR-02-16, Robotics Institute, Carnegie Mellon University, Pittsburgh, PA, July(2002)

28. Mejias, L., Campoy, P., Mondragon, I., Doherty, P.: Stereo visual system for autonomous air vehicle navigation. In: 6th IFAC Symposium on Intelligent Autonomous Vehicles (IAV 07), Toulouse, France, September (2007) 134 K. P. Valavanis et al. (eds.), Unmanned Aircraft Systems

29. Martin, J., Crowley, J.: Experimental comparison of correlation techniques. Technical report, IMAG-LIFIA, 46 Av. Félix Viallet 38031 Grenoble, France (1995)

30. Bay, H., Tuytelaars, T., Van Gool, L.: SURF: Speeded Up Robust Features. In: Proceedings of the Ninth European Conference on Computer Vision, May (2006)

31. Montiel, J.M.M., Civera, J., Davison, A.J.: Unified inverse depth parametrization for monocular slam. In: Robotics: Science and Systems (2006)

32. Civera, J., Davison, A.J., Montiel, J.M.M.: Dimensionless monocular slam. In: IbPRIA, pp. 412–419 (2007)

33. COLIBRI. Universidad Politécnica de Madrid. Computer Vision Group. COLIBRI Project.http://www.disam. upm.es/colibri (2005)

第 *8* 篇

面向中高空无人机的可视测距法和 SLAM

F.Caballeio,L.Merino,J.Feriuz,A.Ollero
（F·卡瓦列罗，L·美利奴，J·费吕，A·奥利罗）

摘　要：本文提出了可以利用机载摄像机定位无人机（UAV）的视觉技术。这种技术将只考虑由特征跟踪算法提供的自然陆标，不借助已知位置的可视信标或陆标。首先，描述了一种单眼可视里程计，当 GPS 的精度降低到临界水平的时候，它可以作为一种备用系统。借助机载摄像机收集的图像，可以使用基于对应性的技术计算 UAV 相对平移和相对转动。对问题的分析考虑了估算的随机特性以及实际使用问题。然后，将可视测距法融入一个同步定位与测绘（SLAM）的方案中，以便减少累积误差对于基于测距法的位置估算方法的影响。阐述了对 UAV 中 SLAM 的新型预测法和陆标初始化。本文是在一项扩展性试验研究的支持下完成的，该研究中使

F. Caballero (✉) · J. Ferruz · A. Ollero
University of Seville, Seville, Spain
E-mail：caba@ cartuja.us.es

J. Ferruz
E-mail：ferruz@ cartuja.us.es

A. Ollero
E-mail：aollero@ cartuja.us.es

L. Merino
Pablo de Olavide University, Seville, Spain
E-mail：lmercab@ upo.es

K. P. Valavanis et al. (eds.), *Unmanned Aircraft Systems*.DOI：10.1007/978-1-4020-9137-7_9

用真正的 UAV 对提出的一些算法进行了试验和评估。

关键词:可视测距法;单对应性;无人机;同步定位与测绘;计算机观测

1 引言

在自然环境中应用室外机器人技术有时需要不同于现有地面无人驾驶车辆可提供能力。事实上,尽管在过去的 20 年里无人驾驶地面车辆一直在发展,但是在无固定结构的自然环境中进行导航仍然具有众多挑战。现有地面车辆在许多应用领域中为达到期望的地点还有一些固有限制。地形特点、障碍物、快速响应要求等等都是使用地面移动系统的主要不利因素。因此,在很多情况下,只有使用无人机(UAV)才是到达目标所在地获取信息或使用仪器设备的有效方法。

在过去的 10 年里,UAV 在能量和信息处理两方面都提高了自主性。在自主定位和跟踪方面已获得了巨大成就。这些改进是以现代化卫星定位技术、惯性导航系统、通信和控制技术以及成像处理为基础的。另外,在 UAV 上还具有新型的感应和处理能力。因此,今天我们能够将一些 UAV 看作是集成了感知、学习、实时控制、态势评估、论证、制定决策和规划等多种能力的智能机器人系统,可以实现进化并在复杂的环境中工作。

在大多数情况下,UAV 使用全球定位系统(GPS)确定其位置。如 Volpe 的报告[42]所指出的,这种估算方法的精确性直接取决于用于计算位置的卫星数量和设备接收到的信号的质量;无线电效应如多路径传播可能引起估算性能削弱。另外,无线电频率干扰共存设备,或者干扰会造成无法进行位置估算。

这些问题在机器人技术领域都是众所周知的。因此,测距法经常在地面机器人领域作为一种备用定位系统,或是在传感器数据融合方法中使用。这种本地估算法可以暂时控制 GPS 故障或能力削弱情况。然而,在大多数空中飞行器中都缺乏测距系统,在出现 GPS 误差时会导致灾难性后果;可能会向 UAV 发出不连贯的控制指令,导致其坠毁和重要硬件的丢失。而且,如果考虑在 GPS 支持较弱的环境中实现完全自主性,那么就应该强调同步定位与测绘(SLAM)这一问题。

如果考虑小型 UAV,其低有效载荷的特点对用于测距的各种设备而言是硬性限制。诸如三维或二维激光扫描器等的传感器都太重,而且与 UAV 到地面的距离密切相关。虽然有小型设备可以进行纵深感应,但是它们作用距离通常都小于 15m。立体可视系统已成功地应用于中小型 UAV 中,因为它质量低、易变性小[4,9,18],但是两个摄像机之间的刚性距离限制了解有益的高度范围。

单一视觉就质量、精度和可量测性而言似乎可提供一个好的解决方案。本文提议了单一可视测距法和基于视觉的定位方法,当 GPS 的精度降低至临界水平时它们可作为备用系统。研发计算机可视技术的目的是为了计算相对平移和转动、根据由 UAV 上摄像机收集的成像对飞行器进行定位。对问题的分析考虑了估算的随机特性以及实际使用问题。

本文的构成如下:首先,详述了对 UAV 基于视觉的定位的研究工作。然后,描述了以帧到帧的单对应性为基础的可视测距法,同时描述了一种单对应性计算的鲁棒性方法。接下来,将基于单对应性的测距法包括在 SLAM 方案中,以便克服测距法中的误差累积问题。提议的 SLAM 方法将由测距器提供的信息作为主要预测前提,用于际标的初始化。最后,描述了获得的结论和教训。

1.1 相关研究工作

对应用于 UAV 定位估算的视觉的最初部分的研究工作始于 20 世纪 90 年代,由 Carnegie-Mellon 大学(CMU)进行。在参考文献[1]中,描述了一种基于视觉的测距法,可以将 UAV 锁定到地面目标并借助立体视觉实时感应相对直升机位置和速度。相同的可视跟踪技术结合惯性传感器已应用于自主起飞、沿着预定弹道飞行以及着陆等过程。CMU 自主直升机还验证了只使用机上专用硬件对移动目标的自主跟踪能力。

对机载系统的基于视觉的自主着陆这一主题已进行了积极的研究[30]。在上 20 世纪 90 年代早期,Dickmanns 和 Schell[13] 已得到一些着陆飞机时可以使用视觉技术的结论。参考文献[44,45]阐述了基于人工信标和结构信号灯的系统。在柏克莱进行的 BEAR 项目是可使 UAV 自主着陆的可视系统的一个很好实例。在该项目中,研究了相对于平面着陆目标的基于视觉姿态估计以及将空中飞行器基于视觉地着陆在移动的船甲板上[36,40]。采用了基于多视野几何形状的一种技术来计算一架 UAV 相对于平面着陆目标的真实运动。用人工目标可以建立快速匹配并解决比例问题。

为安全着陆也提议了计算机可视技术。因此,在参考文献[15]中,给出了依靠图像处理来搜索地面得到安全着陆点的战略和算法。在参考文献[34,35]中还给出了可以降落在已知形状的人工直升飞机机场上的基于视觉的技术,其中研究了降落在缓慢移动的直升飞机机场上的情况。在参考文献[37]中,利用蜜蜂的降落战略为 UAV 发明了一种基于光学流的可视系统。

Corke 等人[9]已分析了利用立体视觉在小型直升机中进行高度估算的情况。在佐治亚技术大学,已研究了为 UAV 的视觉辅助导航。因此,在参考文献[43]中,作者阐述了扩展卡尔曼滤波器方法,该方法将 GPS 测量结果与从已知人工目标获得的成像特征相结合,从而估算直升机位置。

在以前的论述[5]中,作者阐述了为空中飞行器研究的使用单一成像序列的可视测距法,但是该算法没有提供误差算法,而且这种方法只限于平面情况。在参考文献[6]中,显示了在空中飞行器中如何使用拼合技术来部分地修正与测距法有关的偏移。在参考文献[7]中用最小化过程将这种技术加以扩展,从而可以改进在线拼合的空间一致性。最近,在参考文献[8]中作者提出了一种可视测距法以弥补 GPS 的不足。提议利用与地理基准的空中图像法进行成像匹配来补偿与测距法相关的偏移。

虽然基于视觉的 SLAM 已广泛应用于地面自动装置中且其始终感知自动装置的环境和位置的可行性也已得到验证,但是在 UAV 上的应用却只有少许。可以对在法国 LAAS 实验室和澳大利亚的自主系统中心所进行的研究工作加以关注。法国 LAAS 实验室研发了可供 KARMA 小型飞船使用的立体视觉系统[18,21],其中重要的点匹配技术和卡尔曼滤波技术被用于进行同步定位与测绘,并得到非常好的结果。然而,这种方法不适合于直升机,因为可以携带的立体设备的基线很小,所以限制了 UAV 飞行的高度。在参考文献[19]中还给出了利用三角形固定翼平台的视觉所进行的 UAV 同时定位和制图。已知人工陆标的大小就可以将摄像机作为无源的距离/方位/高度传感器。在参考文献[23]中描述了对 UAV 中使用基于视觉的只有方位的 SLAM 的初步研究。在参考文献[22]中,利用未察觉的卡尔曼滤波器将视觉和 IMU 结合起来进行 UAV SLAM。特征的预置初始状态采取了一种平坦地形模型,与目前的方法类似。在文中显示了模拟结果。在参考文献[25]中,研究了供 UAV 使用的多飞行器 SLAM 的体系结构。本文解决了数据相关和通信等问题,而且还给出了一些模拟结果。

同时提出可视伺服方法,以便直接控制 UAV。在参考文献[17]中描述了用于直升机控制的全向摄像机。这种摄像机可将直升机保持在一组人工目标的矩心。处理的图像可直接用于控制直升机。文中显示了这种程序的可行性,但是没有对实际控制进行测试。参考文献[12]中也利用全向视觉来估算 UAV 的姿态。这种方法通过成像处理来探测地平线,并根据其表面运动来计算姿态。在参考文献[27]所述的工作中,利用视觉来跟踪建筑物的各特征。将成像各特征和 GPS 测量结果结合起来以使 UAV 对准所选的各特征。在参考文献[26]中描述了对用于空中自动装置的基于成像的控制器的控制设计和稳定性分析。在参考文献[32]中描述了最近对固定翼飞机基于视觉控制的研究情况。

2 对 UAV 的基于单对应性的可视测距法

通过利用单一成像序列,成像的单对应性将是估算 UAV 运动的一种基本工具。单对应性可以定义为将线应用于投影空间 P^2 中。单对应性的某些基本特性如下:

——任何单对应性都可以表示为在齐次坐标中线性的和逆向的转换:

$$\begin{bmatrix} \tilde{u} \\ \tilde{v} \\ k \end{bmatrix} = \underbrace{\begin{bmatrix} h_{11} & h_{12} & h_{13} \\ h_{21} & h_{22} & h_{23} \\ h_{31} & h_{32} & h_{33} \end{bmatrix}}_{H} \begin{bmatrix} u \\ v \\ 1 \end{bmatrix} \tag{1}$$

反过来,这种现象的任何转换都可以认为是一种单对应性。

——已知单对应性 H 具有均质性,它可以用任意常数 $k \neq 0$ 相乘,并相当于同样的转换。这意味着矩阵 H 受到 8 个独立参数和一个换算系数的限定。

给定一个场景的两个视图,如果两个视图由一个纯旋转而相互关联,则单对应性模型可表示出成像平面上像素的确切转换。当一架 UAV 在相对较高的高空飞行时,通常都将这种场景建模为假平面。本文将提议一种将单对应性模型的适用性扩展到非平面场景中的方法(计算与场景上主要平面相关的单对应性),以便能够在中空甚至低空对 UAV 高度进行运动估算。

2.1 稳健的单对应性估算

单对应性计算的算法以一个点特征匹配算法为基础,并且已用数千张图像(由在 15~150m 不同高度上飞行的不同 UAV 捕获)进行了测试和验证。该算法(包括特征匹配方法)在参考文献[29]中有简要描述。它基本包括一个点特征跟踪器(获取图像间的匹配)以及平方最小中值和 M-估计值的组合,以便根据这些匹配进行越轨值剔除和精确的单对应性估算。

然而,有两种因素可能会降低这种技术的适用性,主要是当 UAV 在与地面上其他单体(建筑物、树等)相同高度级别上飞行时会出现这两种因素:

——由于帧速和飞行器的移动,序列中图像间的重叠有时会减少。这样就会沿着图像形成非均匀的特征分布。

——在三维场景中,视差效应将增强,而平面假设就不能维持。结果就是越轨值急剧增大,甚至 M-估计值也剧烈发散。

当计算单对应性时它们会产生不同的问题。如果各种匹配没有均匀地分

133

布在图像上,那么对于单对应性计算来说就将形成一种不良的方程系,而且可能会有多种解法。此外,如果视差效应很大,那么可能会有多个平面(其转换应该用多个单对应性来描述);单对应性计算算法应该试图过滤掉所有特征,但只留下那些场景的主要平面(地面平面)上的特征。

在所提议的解法中,第一个问题通过单对应性模型的分级结构来解决(见图1),其中当方程系没有强制限定时需要适应的那种复杂性也会降低,而第二个问题则通过越轨值的剔除技术来处理。

因此,根据可用数据的质量,计算单对应性所采用的各种约束条件是不同的:这样,精度也有变化。通过所计算参数的协方差矩阵将可以估计这种精度。

一个完整的单对应性具有 8 个自由度(因为它被定义为一种比例系数)。通过固定 3×3 矩阵的某些参数,可以减少自由度。哈特莱在参考文献[16]中将所使用的模型定义为:欧几里得模型、仿射模型和完整单对应性模型,它们分别具有 4 个、6 个和 8 个自由度(图1)。由点跟踪器获得的成功匹配的百分比可用于估算分级结构的层次,其中应该开始进行单对应性计算。从经验上这些百分比阈值是通过处理数百张空中图像而获得的。每个层次包括以下不同的步骤:

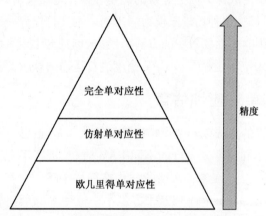

图 1 在提议的分级单对应性计算中的层次。精度随着模型复杂性而提高

——完整单对应性。平方最小中值(LMedS)用于越轨值的剔除,而 M-估计值用于计算最后的结果。如果高于 65% 的匹配被成功跟踪,那么就使用这种模型。

——仿射单对应性。如果跟踪步骤中的成功百分比为 40%~65%,那么就不使用 LMedS,因为匹配数量减少。采用放宽的 M-估计值(软性不利)来计算该模型。

——欧几里得单对应性。如果百分比低于 40%,数据组就太受干扰了,也太小了不能应用非线性最小值。该模型使用最小平方来计算。

另外,必需的一项规则是要知道什么时候当前的层次处于不良状态,以及什么时候必须降低模型复杂性。完整计算和仿射计算中所使用的 M-估计值正是为此目的。如果 M-估计值达到最大迭代数目,就认为 M-估计值发散,因此,分级结构中的层次就必须变到下一个层次。

2.2 同一平面的二视图轮廓

测距法将根据图像移动(由估计的两个连续视图之间的单对应性建模)得到摄像机的移动情况。如果在世界坐标框架内考虑两个摄像机的位置和定向,如图 2 所示,那么可以看到属于一个平面 Π 的一个固定点 $P \in \mathbf{R}^3$ 的两个投影 $m_1 \in \mathbf{R}^2$ 和 $m_2 \in \mathbf{R}^2$ 有如下的关系:

$$\widetilde{m}_2 = \underbrace{A_2 R_{12}\left(I - \frac{t_2 n_1^{\mathrm{T}}}{d_1}\right) A_1^{-1}\widetilde{m}_1}_{H_{12}} \tag{2}$$

式中: R_{12} 是旋转矩阵,它将在摄像机 1 坐标框架内表示的一个矢量转换为摄像机 2 的坐标框架中; t_2 是摄像机 2 相对于在摄像机 1 坐标框架内表示的摄像机 1 的平移; d_1 为从摄像机 1 到平面 Π 的欧几里得距离; n_1 为单一的三维矢量平面 Π(在第一个摄像机坐标框架内)的标准(图 2)。

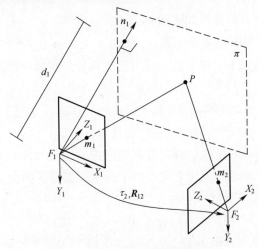

图 2 同一平面的两个视图轮廓

对于这种特殊情况,特征 m_1 和 m_2 之间的转换是一次平面对平面的单对应性,所以 $\widetilde{m}_2 = H_{12}\widetilde{m}_1$。这种单对应性完全由校准矩阵 A_1 和 A_2、摄像机的相对位置和场景的结构(平面的标准和距离)确定。问题可以重新描述为单个摄像机的情况,其位置和定向随时间而变化。在这种情况下,对两个视图而言,校准矩阵都是一样的,所以 $A_1 = A_2$。

那么,对于校准的情况而言,如果已知关系到同一平面两个视图的单对应性,就可以得到两个摄像机之间的相对位置(旋转和平移)以及平面法向,例如通过获取图像间的一组匹配(如前面章节所描述的)。另外,还将表明如何获取对所有这些参数的协方差矩阵的估算。

2.3 根据单对应性进行运动估算

将使用以单对应性的奇值分解(SVD)为基础的一种解法。考虑随时间移动的单个摄像机,单对应性 H_{12} 关系到同一平面场景的第一个视图和第二个视图以及摄像机的校准矩阵 A_1。根据方程式(2),校准单对应性定义如下:

$$H_{12}^c = A_1^{-1} H_{12} A_1 = R_{12}\left(I - \frac{t_2 n_1^T}{d_1}\right) \tag{3}$$

各单元可以从单对应性 $H_{12}^c = UDV^T$ 的奇值分解(SVD)中获得,其中,$D = \mathrm{diag}(\lambda_1, \lambda_2, \lambda_3)$ 储存奇值。一旦 U、V 和 D 已很便利地排序,如 $\lambda_1 > \lambda_2 > \lambda_3$,奇值就可以用于区分摄像机三种类型的运动[39]:

—— H_{12}^c 的3个奇值是相等的,所以 $\lambda_1 = \lambda_2 = \lambda_3$。当运动中包括围绕一个只通过原点的轴旋转时,即 $t_2 = 0$,就发生这种情况。旋转矩阵是独特的,但是还没有足够的信息可以估算平面法向 n_1。

—— H_{12}^c 的奇值的重复性为两次,例如 $\lambda_1 = \lambda_2 \neq \lambda_3$。那么,运动和几何参数的解法是唯一达到了平移参数的通用比例系数。在这种情况下,摄像机平移与标准平面平行。

—— H_{12}^c 的奇值是不同的,即 $\lambda_1 = \lambda_2 \neq \lambda_3$。在这种情况下,对于转动、平移和平面法向来说存在两种可能的答案,而且可以计算。

在特征跟踪和单对应性估算时存在的杂波总会导致不同的 H_{12}^c 奇值,而且前面情况中的第3种情况成为真实条件下的主要部分。因此,相对于平面的转动、平移和法向可由下式[39]表达:

$$\begin{cases} R_2 = U \begin{bmatrix} \alpha & 0 & \beta \\ 0 & 1 & 0 \\ -s\beta & 0 & s\alpha \end{bmatrix} V^T \\ t_2 = \frac{1}{w}\left(-\beta u_1 + \left(\frac{\lambda_3}{\lambda_2} - s\alpha\right) u_3\right) \\ n_1 = w(\delta v_1 + v_3) \end{cases} \tag{4}$$

136

式中

$$\delta = \pm \sqrt{\frac{\lambda_1^2 - \lambda_2^2}{\lambda_2^2 - \lambda_3^2}}$$

$$\alpha = \frac{\lambda_1 + s\lambda_3\delta^2}{\lambda_2(1 + \delta^2)}$$

$$\beta = \pm \sqrt{1 - \alpha^2}$$

$$s = \det(U)\det(V)$$

而 ω 是比例系数。我们设置比例系数以使 $\| n_1 \| = 1$。每种解法必须实现 $\mathrm{sgn}(\beta) = -\mathrm{sgn}(\delta)$。对于这种情况,Triggs 算法[38]允许一次系统且稳健的估算。这种方法已在本文所描述的试验中有所实现并进行了测试,获得了非常好的结果。

从式(3)可以看到,(正如 $\| n_1 \| = 1$)只有结果 $\dfrac{\| t_2 \|}{d_1}$ 可以获得。如果摄像机 1 到基准平面的距离是已知的,则可以解算比例。如果基准平面是地面平面(正如试验中的情况),可以使用气压传感器或高度传感器来估算这一初始距离。而且,也可以使用距离传感器。本文中,我们将认为这个高度是用其中一个方法为第一个框架而估算的。

2.4 正确解的意义

除了比例系数之外,还将得到两种解 $\{R_2^1, t_2^1, n_1^1\}$ 和 $\{R_2^2, t_2^2, n_1^2\}$。已知第一框架 H_{13} 的第三个视图及其单对应性,就有可能获得一个独特的解,因为在第一个摄像机坐标框架 n_1 内的基准平面的估算法向应该相同。

提议了一种发现正确解的方法。如果使用了一系列图像,就可以用下式表示一组可能的法向:

$$S_n = \{ n_{12}^1, n_{12}^2, n_{13}^1, n_{13}^2, n_{14}^1, n_{14}^2, \cdots \} \tag{5}$$

式中:上标表示两种可能的法向解;下标 $1j$ 表示利用序列中图像 j 估算的法向 n_1。

如果 n_{12}^1 和 n_{12}^2 是正确的,那么就会有两组解 S_{n^1} 和 S_{n^2}。法向的独特性会导致如下限制条件:

$$\| n_{12}^1 - n_{1j}^i \| \leqslant \in_1 \forall n_{1j}^i \in S_{n^1} \tag{6}$$

$$\| n_{12}^2 - n_{1j}^i \| \leqslant \in_2 \forall n_j^i \in S_{n^2} \tag{7}$$

式中:$\in_1$ 和 $\in_2$ 分别是保证方程式(6)和方程式(7)有独特解的最小值。

成对的 $\{S_{n^1}, \in_1\}$ 和 $\{S_{n^2}, \in_2\}$ 分别用以下迭代算法计算出:

(1) $\boldsymbol{n}_{12}^i$ 和余下的 S_n 法向之间的距离被计算出。

(2) $\in_i$ 设定到一个初始值。

(3) 对于当前的 $\in_i$ 值,检查是否存在一个独特解。

(4) 如果没有发现解,增加 $\in_i$ 值并再试一次步骤(3)。如果发现多个解,减小 $\in_i$ 值并再试一次步骤(3)。如果发现一个独特的解,就可以结束了。

这种算法适用于 $i = 1$ 和 $i = 2$ 的情况,然后在两个可选方案间选择正确的解作为获得最小 $\in$ 值的解。

2.5 对不确定性的一种估算

测距法测量的一个重要问题是要对相关偏移有一个正确的估算。理想情况是从与单对应性相关的协方差矩阵估算出已估算的转动、平移和平面法向的不确定性,从点匹配的估算误差可以计算出。

用所提议的方法计算了完整过程的雅可比行列式,以便获得转动、平移和平面法向误差协方差矩阵的第一位近似值。一旦已校准的单对应性分解为其各个奇值,对摄像机移动的计算就可以直截了当地进行,所以本章节将聚焦于对与奇值分解过程有关的雅可比行列式的计算。

因此,已经已知了已校准的单对应性 $\boldsymbol{H}_{12}^c$ 的 SVD 分解:

$$\boldsymbol{H}_{12}^c = \begin{bmatrix} h_{11} & h_{12} & h_{13} \\ h_{21} & h_{22} & h_{23} \\ h_{31} & h_{32} & h_{33} \end{bmatrix} = \boldsymbol{UDV}^{\mathrm{T}} = \sum_{i=1}^{3} (\lambda_i \boldsymbol{u}_i \boldsymbol{v}_i^{\mathrm{T}}) \tag{8}$$

目的是要为所有 $\boldsymbol{H}_{12}^c$ 中的 h_{ij} 计算 $\dfrac{\partial \boldsymbol{U}}{\partial h_{ij}}$、$\dfrac{\partial \boldsymbol{V}}{\partial h_{ij}}$ 和 $\dfrac{\partial \boldsymbol{D}}{\partial h_{ij}}$。通过 Papadopoulo 和 Lourakis 在参考文献[31]中所提议的鲁棒性方法可以很容易地计算出雅可比行列式。

针对 h_{ij} 利用方程式(8)的导数,可以得到以下表达式:

$$\frac{\partial \boldsymbol{H}_{12}^c}{\partial h_{ij}} = \frac{\partial \boldsymbol{U}}{\partial h_{ij}} \boldsymbol{DV}^{\mathrm{T}} + \boldsymbol{U} \frac{\partial \boldsymbol{D}}{\partial h_{ij}} \boldsymbol{V}^{\mathrm{T}} + \boldsymbol{UD} \frac{\partial \boldsymbol{V}^{\mathrm{T}}}{\partial h_{ij}} \tag{9}$$

显然,当 $\dfrac{\partial h_{ij}}{\partial h_{ij}} = 1$ 时, $\forall (k,l) \neq (i,j)$, $\dfrac{\partial h_{kl}}{\partial h_{ij}} = 0$。由于 $\boldsymbol{U}$ 是一个正交矩阵:

$$\boldsymbol{U}^{\mathrm{T}}\boldsymbol{U} = \boldsymbol{I} \Rightarrow \frac{\partial \boldsymbol{U}^{\mathrm{T}}}{\partial h_{ij}} \boldsymbol{U} + \boldsymbol{U}^{\mathrm{T}} \frac{\partial \boldsymbol{U}}{\partial h_{ij}} = \boldsymbol{\Omega}_U^{ij\mathrm{T}} + \boldsymbol{\Omega}_U^{ij} = 0 \tag{10}$$

式中: $\boldsymbol{\Omega}_U^{ij}$ 的定义如下

$$\boldsymbol{\Omega}_U^{ij} = \boldsymbol{U}^{\mathrm{T}} \frac{\partial \boldsymbol{U}}{\partial h_{ij}} \tag{11}$$

显然 $\boldsymbol{\Omega}_U^{ij}$ 是一个反对称矩阵。同样,对于 $\boldsymbol{V}$ 来说,反对称矩阵 $\boldsymbol{\Omega}_V^{ij}$ 可以定义如下:

$$\boldsymbol{\Omega}_V^{ij} = \frac{\partial \boldsymbol{V}^{\mathrm{T}}}{\partial h_{ij}} \boldsymbol{V} \tag{12}$$

分别在方程式(9)的左边和右边乘以 $\boldsymbol{U}^{\mathrm{T}}$ 和 $\boldsymbol{V}$,并借助方程式(11)和方程式(12),就可以得到如下关系式:

$$\boldsymbol{U}^{\mathrm{T}} \frac{\partial \boldsymbol{H}_{12}^u}{\partial h_{ij}} \boldsymbol{V} = \boldsymbol{\Omega}_U^{ij} \boldsymbol{D} + \frac{\partial \boldsymbol{D}}{\partial h_{ij}} + \boldsymbol{D} \boldsymbol{\Omega}_V^{ij} \tag{13}$$

由于 $\boldsymbol{\Omega}_U^{ij}$ 和 $\boldsymbol{\Omega}_V^{ij}$ 是反对称矩阵,所以它们所有的对角元都等于 0。记起 $\boldsymbol{D}$ 是一个对角矩阵,就很容易看到 $\boldsymbol{\Omega}_U^{ij} \boldsymbol{D}$ 和 $\boldsymbol{D} \boldsymbol{\Omega}_V^{ij}$ 也等于 0,因此

$$\frac{\partial \lambda_k}{\partial h_{ij}} = u_{ik} v_{jk} \tag{14}$$

考虑到反对称特性,可以通过解算一组 2×2 线性体系来计算矩阵 $\boldsymbol{\Omega}_U^{ij}$ 和 $\boldsymbol{\Omega}_V^{ij}$,2×2 线性系统是从方程式(13)中的各个矩阵的非对角元派生而来:

$$\begin{cases} d_l \boldsymbol{\Omega}_{Ukl}^{ij} + d_k \boldsymbol{\Omega}_{Vkl}^{ij} = u_{ik} v_{jl} \\ d_k \boldsymbol{\Omega}_{Ukl}^{ij} + d_l \boldsymbol{\Omega}_{Vkl}^{ij} = - u_{il} v_{jk} \end{cases} \tag{15}$$

其中,系数范围为 $k = 1, \cdots, 3$ 和 $l = i+1, \cdots, 2$。注意到,由于 d_k 是正数,只要 $d_k \neq d_l$,该体系就有一个独特解。假设情况是 $\forall (k, l)$,$d_k \neq d_l$,通过解算 3 个相应的 2×2 线性体系可以很容易地获得确定 $\boldsymbol{\Omega}_U^{ij}$ 和 $\boldsymbol{\Omega}_V^{ij}$ 的非零元的 3 个参数。

一旦计算出 $\boldsymbol{\Omega}_U^{ij}$ 和 $\boldsymbol{\Omega}_V^{ij}$,就可以获得如下偏导数:

$$\frac{\partial \boldsymbol{U}}{\partial h_{ij}} = \boldsymbol{U} \boldsymbol{\Omega}_U^{ij} \tag{16}$$

$$\frac{\partial \boldsymbol{V}}{\partial h_{ij}} = - \boldsymbol{V} \boldsymbol{\Omega}_V^{ij} \tag{17}$$

考虑到对应于单对应性的式(14)、式(16)和式(17)以及协方差矩阵,有可能计算与 $\boldsymbol{U}$、$\boldsymbol{V}$ 和 $\boldsymbol{D}$ 相关的协方差矩阵。更多详情和验证说明可以在参考文献[31]中找到。最后,用于求出转动、平移和法向(由式(4)给出)的各个方程式的雅可比行列式可以很容易地计算并与这些协方差相组合,从而估算最后的运动协方差。

2.6 试验结果

本节显示了一些试验结果,其中基于单对应性的可视测距法适用于由真实UAV收集的单一成像序列。

第一次试验是用 HERO 直升机(图3)进行的。HERO 是一种空中自动装置平台,可用于研究 UAV 控制、导航和觉察。在 CROMAT 项目期间,它已由塞维利亚大学的"自动装置、视觉和控制研究小组"研发出,得到西班牙政府的资助。HERO 装备了精确的传感器(测定位置和方向)、摄像机和 PC-104(可以进行机上处理)。DSP 作为数据获取系统和低空控制器(位置和方向);PC-104操纵余下的任务,如觉察、通过或导航。所有 DSP 收集的数据都通过一条串行线输出到 PC-104 并发布给余下的各个过程。

图 3　HERO 直升机

所有传感器数据都与图像一起进行了记录,以避免在不同传感器数据之间出现不一致性。位置是用一个 Novatel DGPS 估算出的,精度为 2cm,以 5Hz 的频率进行更新,而一个惯性测量部件(IMU)以 50Hz 的频率提供方向信息,精度为 0.5°。在试验中,摄像机与直升机水平面成 45°。

该可视测距器算法(特性跟踪、稳健的单对应性计算和单对应性分解)已经用 C++代码编程并以 10Hz 的频率运行,提供 320×240 图像。试验图像序列由650 个样品组成,或者大约是 65s 飞行。在样品 400 附近进行了剧烈运动。

DGPS 测量值可用于鉴定各种结果。在飞行过程中,总是可以利用好的GPS 有效覆盖服务。重要的是要注意到该测距法是考虑了估算的平移和转动而计算的,所以累积了平移和转动的误差。利用可视测距法估算的位置在图4

中给出。图 4 显示了 DGPS 位置估算和与测距法相关的误差。可以看到误差是如何随着图像样品指数而增加的。对应于每个估算值的误差加到先前的误差中,使得位置估算值通过时间发散。另外,可以看到标准偏差的估算值如何与误差的形成相干(对于以后各步骤是非常重要的)。

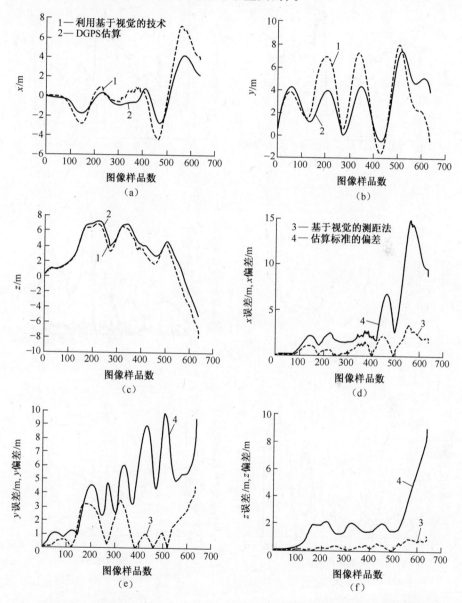

图 4　图(a)~(c)是利用基于视觉的技术(曲线 1)和 DGPS 估算(曲线 2)的位置估算。
　　图(c)~(f)是基于视觉的测距法(曲线 3)和估算标准的偏差(曲线 4)的误差

图 5 显示了利用测距器和机上 IMU 估算的方向。方向用传统的滚动/俯仰/航向惯例(欧拉 XYZ)表示。可以看到,除了俯仰角之外,在估算的方向中的误差都很小。标准偏差通常总体上是一致的。

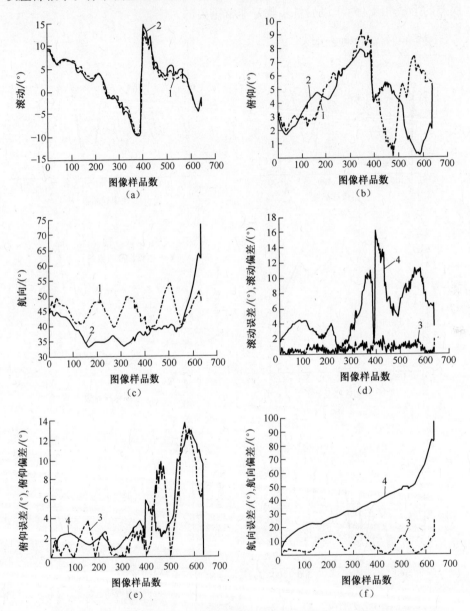

图 5　图(a)~(c)是利用基于视觉的技术(曲线 2)和 IMU 估算法(曲线 1)估算的方向。方向以滚动/俯仰/航向表示。图(d)~(f)是基于视觉的估算值(曲线 3)中的误差和估算标准的偏差(曲线 4)

在由柏林技术大学研发的马林自主直升机进行的一次自主着陆过程中,已获得了各种结果并收集到了数据[33]。图6显示了3个着陆序列框架,并获得了各种匹配过程。应该指出在匹配过程中没有人为的陆标,而且,在这次试验中,具体的着陆平台缺乏组织,为匹配过程造成了许多困难。另外,随着降落,平板和倾斜装置在移动摄像机。图6显示了与DGPS相比较的估算平移以及估算的误差。尽管这种技术趋于过高估计不确定性,结果都非常精确。

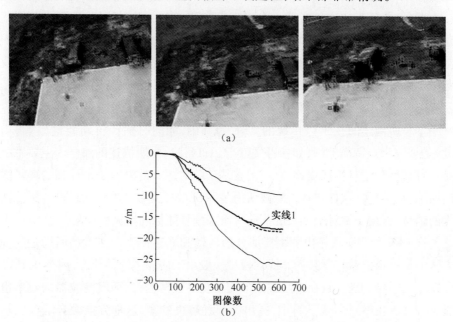

图6 着陆序列中的3张图像以及利用基于视觉的测距法(实线1)和
DGPS(虚线)计算出的估算高度,平均帧速为7Hz

因此,试验结果表明可视测距器可用于估算 UAV 的运动情况;另外,所估算的误差都是一致相符的。重要的是要着重强调,所有试验都是利用由特征跟踪算法自动选出的自然陆标进行的,没有借助于可视信标。

3 将基于单对应性的测距法应用于 SLAM 问题

提出一种基于 SLAM 的技术以弥补测距法中固有累积误差的不足之处,从而解决定位问题。使用单一成像的 SLAM 是 SLAM 问题的一种特殊情况,称为只有方位的 SLAM 或者 boSLAM,其中采用了只有方位的传感器,这种情况下的一种摄像机。boSLAM 是一个可部分观察的问题[41],因为不能直接估计陆标的能见度极限,这必然引起一个困难的陆标预置问题,用两种基本方法可以解决这一问题:延时预置和非延时预置。在延时预置的情况下,在首次观察时陆标并没有包含在 SLAM 系统中,但是当不同观察之间的角度基线足够大,足以确保进行一次很好的三角测量时,陆标就包含在 SLAM 系统中了。这种方法具有使用情况良好陆标的优势,但是 SLAM 系统在其定位情况不好时不能利用陆标。在该领域中已有几种方法,例如文献[10]使用粒子滤波器来预置陆标的能见度极限,或者文献[11]在一组观察中使用非线性波束调整以预置陆标。

此外,非延时方法包括第一次观察中在 SLAM 中引用陆标,但是必须考虑某些方面,因为事实上通常就能见度极限来说陆标的情况都不好,因而在 SLAM 滤波器中可能出现发散问题。大多数现有方法都是基于多种假设,如参考文献[20]所描述的那样,其中使用了高斯混合体在卡尔曼滤波器中进行陆标预置。最近的研究[28]提出了在单假设方法中的逆能见度极限参数化,进行陆标预置。

本节所阐述的技术以传统的 EKF 为基础,能同时估计自动装置(六自由度)的姿态和点特征地图,如参考文献[2,3,14,24]中所描述的那样。主要贡献是一种新型非延时特征预置,它利用在基于单对应性的测距法中计算的场景法向面估值。确实,这种技术不能被认为是 boSLAM,因为使用了从距离传感器获得的信息,再结合相对于平面的法向矢量来预置陆标的能见度极限。

在 EKF 预测阶段将由测距器估算的转动和平移作为主要运动假设是这种方法的又一个贡献。复杂的非线性模型一般用于估算飞行器动态,因为在 UAV 中缺乏测距器。这导致在精度方面形成不良的预测假设,而且滤波器的效率也显著降低。在参考文献[19]中,提出了一种解决方案,这种方案融合了模型基估算和从当地传感器(IMU)获得的惯性测量值,从而使精度提高。在这里也考虑了将 IMU 综合进来,以便改善位置估值。下一段落描述了这种滤波器的结构和实施过程。

3.1 状态矢量

自动装置姿态 p_t 由世界框架(见 3.4 节)中飞行器在时间 t 时的位置和方向构成,所以

$$p_t = [t_t, q_t]^T = [x, y, z, q_x, q_y, q_z, q_w]^T \tag{18}$$

式中:t_t 是在世界坐标框架中 UAV 在时间 t 时的位置;q_t 是在时间 t 时将自动装置对准世界基准框架的单位四元数。

利用四元数增加了就欧拉角而言的方向参数的数目,但却简化了代数,因而也减少了误差扩散。然而,在预测阶段和修正阶段之后必须考虑四元数规范化。

144

陆标将由其在世界框架 y_n 中的三维笛卡儿坐标位置表示。因此,状态矢量 x_t 由自动装置姿态 p_t 和当前陆标组 $\{y_1,\cdots,y_n\}$ 构成,所以

$$x_t = [p_t^T, y_l^T, \cdots, y_n^T]^T \tag{19}$$

3.2　预测阶段

已知在时间 $t-1$ 时的姿态,测距器根据前面的位置(在 $t-1$ 框架中表示)提供平移信息以及将前面的方向转变为新的方向(在 t 框架中表示)的转动信息。考虑到四元数代数,在时间 t 时的状态矢量可以如下计算:

$$t_t = t_{t-1} + q_{t-1} \otimes t_u \otimes q_{t-1}^{-1} \tag{20}$$

$$q_t = q_u^{-1} \otimes q_{t-1} \tag{21}$$

式中:t_u 和 q_u 表示从测距器估算的平移和转动;$\otimes$ 表示四元数倍增。

提醒注意,预测并不影响陆标位置,因为假设它们都是不动的。

计算测距法需要在连续成像之间进行成像处理(在第 2 部分中有详述):特征跟踪,单对应性估计,最后是测距法。估算的平移和转动协方差矩阵用于计算过程干扰的协方差矩阵。

3.3　修正阶段

根据由预测阶段所使用的特征跟踪算法提供的整套特征,选择了一个小子集作为陆标。与这些陆标相关特征被分离开,不用于单对应性估算,以便消除预测和修正中的各种关联。因此,陆标的数目必须是 EKF 性能和单对应性估算(从而测距器估算)性能之间的折中方案。另外,必须考虑完全 SLAM 方法的计算需求。

试验结果允许作者适当调整该方法中采用的陆标和特征数目。从一个成像到另一个成像跟踪了一组 100 个特征,而 10~15 个完好分布且稳定的特征的子集被用做陆标。因此,对于每一个新成像,这个特征子集的新位置将由特征跟踪算法给出;这一信息将作为时间 t、z_t 时的测量值。

如果预测阶段是正确的,每个陆标在摄像机中的投影将与由跟踪算法给出的估算特征位置相符合。如果陆标 y_n 对应于成像特征 $m_n = [u, v]$,则遵循摄像机投影模型(图 7):

$$\widetilde{m}_n = A(q_t^{-1} \otimes (y_n - t_t) \otimes q_t) \tag{22}$$

式中:A 是摄像机校准矩阵,而 $\widetilde{m}_n = [\tilde{u}, \tilde{v}, h]$,所以特征位置计算为 $m_n = [\tilde{u}/h, \tilde{v}/h]$。

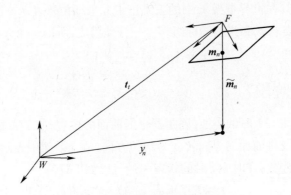

图 7　陆标在摄像机内的投影

陆标由一个黑点表示,摄像机焦距(F)在世界框架(W)

中的平移为t_t,特征m_n的背投影为$\widetilde{m}_n$,而陆标在世界框架中的位置为y_n。

这个测量方程式应用于从前面图像到当前图像的所有正确跟踪的特征。数据相关问题用特征匹配算法解决。

为了限制 SLAM 方法所需的计算费用,陆标并没有无限期地储存在 EKF 滤波器中。相反,陆标只是短时间地在保留在滤波器中,以避免瞬时堵塞,随后它们被自动排斥出滤波器,而由跟踪器提供的一个新特征被预置。如果相应陆标的情况都良好,那么计算方程式就限制 UAV 的当前位置和方向。

3.4　滤波器和陆标预置

滤波器状态矢量将预定为给定的位置和方向。这种信息可以由外部设备如 GPS 和 IMU 提供,而过程协方差矩阵预定为相应的误差信息。位置也可以预定为 0,所以第一个位置假定为原点,而相应的协方差也为 0。这种初始位置确定了世界基准框架,其中表示出陆标和 UAV 姿态。

下面提出了一种陆标预置的更加高级的方法。当选出一个新的成像特征作为滤波器中的一个陆标时,就要计算其在世界框架中的真正位置。由于摄像机只有方位特征,所以用由摄像机焦距和陆标成像确定的射线给出了特征的背投影。这里提出的技术所具有的优势是,已知场景平面的法向以及在给定时间 UAV 到地面的距离。根据这种信息,平面和陆标位置作为背投影射线与这个平面的交叉点,由此可以近似确定当地地面,如图 8 所示。

$$r:A^{-1}\widetilde{m}_n \tag{23}$$

式中:A 是摄像机校准矩阵;$\widetilde{m}_n=[hm_n,h]$。

图 8 陆标预置表示

另外,测距器提供了时间 t 时场景平面的法向估算,用 $\boldsymbol{n}_t$ 表示。已知到平面 d_t 的距离,平面 Π 定义为

$$\Pi : \ d_t - \boldsymbol{n}_t^{\mathrm{T}} \begin{bmatrix} x \\ y \\ z \end{bmatrix} \tag{24}$$

然后,将计算陆标位置,作为背投影射线 $\boldsymbol{r}$ 与平面 Π 的交叉点。如果方程式(23)和方程式(24)合并,就可以很容易地计算出 λ 值:

$$h = (\boldsymbol{n}_t^{\mathrm{T}} \boldsymbol{A}^{-1} \widetilde{\boldsymbol{m}}_n)^{-1} d_t \tag{25}$$

而陆标可能计算为

$$\boldsymbol{y}_n = (\boldsymbol{n}_t^{\mathrm{T}} \boldsymbol{A}^{-1} \widetilde{\boldsymbol{m}}_n)^{-1} d_t \boldsymbol{A}^{-1} \widetilde{\boldsymbol{m}}_n \tag{26}$$

但是这个陆标是在摄像机坐标框架中表示出的。最后 UAV 的当前位置 d_t 和方向 $\boldsymbol{q}_t$ 被用于表示在这个世界框架中的陆标:

$$\boldsymbol{y}_n = \boldsymbol{t}_t + \boldsymbol{q}_t \otimes ((\boldsymbol{n}_t^{\mathrm{T}} \boldsymbol{A}^{-1} \widetilde{\boldsymbol{m}}_n)^{-1} d_t \boldsymbol{A}^{-1} \widetilde{\boldsymbol{m}}_n) \otimes \boldsymbol{q}_t^{-1} \tag{27}$$

这种方法特别依赖于场景的平面性。场景越是平面的,平面的近似值就越好,在平面法向估算中的干扰也就越小,因而预置初始化就越佳。

尽管如此,背投影程序仍然是非线性的,因此,必须小心考虑误差的高斯近似值。如果与特征相关的射线 $\boldsymbol{r}$ 的相对方向就平面而言近似平行,估算的误差就会很高,而高斯分布不会适合误差形状。然后,在初始化过程中只考虑那些射线和平面的相对方向高于 $30°$ 的陆标。

3.5 对基于单对应性的 SLAM 的试验结果

为了测试所提议的方法,用 HERO 直升机进行了试验。成像序列是在相对于地面 15m 高空收集的,摄像机与直升机水平面成 $45°$。

重要的是要注意到,在试验过程中没有实行闭环,尽管在 UAV 弹道内有一些环路,这个主题超出了本项研究工作的范围。因此,如果用一种可靠的数据相关算法来发现滤波器中的陆标并使它们相联系,那么结果就会改善。完整弹道的大小为 90m 长。

　　IMU 信息用于表示同一框架中的结果,而不是用 DGPS 测量值表示。试验结果在图 9 中显示,其中描绘出了每个轴中的估算值以及误差(相对于 DGPS

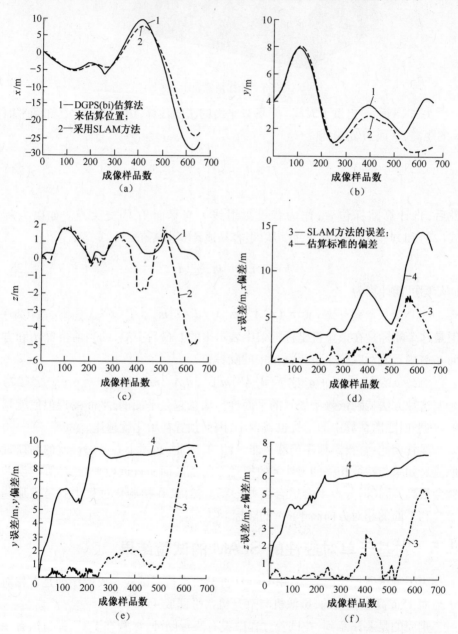

图 9　图(a)~(c)采用 SLAM 方法(曲线 1)和 DGPS(曲线 2)估算法来估算位置。图(d)~
　　　(f)是 SLAM 方法的误差(曲线 3)和估算标准的偏差(曲线 4)

输出)。可以看到不确定性的估算如何与测量的误差相干。然而,位置随着时间缓慢发散,因为没有大环路的闭合。没有描绘出瞬时方向,因为将它固有地考虑进位置计算中。更多的详情在图10中显示,其中 XY DGPS 弹道是与 x-y 估算值一起描绘的。

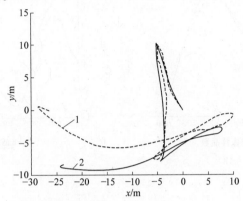

图 10　采用 SLAM 方法(曲线 1)和 DGPS 估算法(曲线 2)的 x-y 位置估算

3.6　包含惯性测量部件的试验结果

图 9 所示的误差部分是由估计 UAV 方向时的漂移形成的。如果惯性测量部件(IMU)的测量值被结合入 SLAM 方法中,则由方向估计时形成的误差可以重新调整,因而初始化也可以改进。

所提议的 SLAM 方法适合于包括 IMU 信息,方法是在 EKF 预测阶段结合其测量值。IMU 提供完整的方向,所以没有误差积累,而且受到设备精度的限制。

已经用相同的数据集对这种方法进行了测试。x-y 估算在图 11 中描绘出。

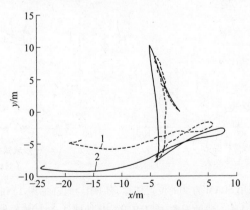

图 11　采用 SLAM 方法的 x-y 位置估算,有 IMU 校正(曲线 1)和 DGPS 估算(曲线 2)

149

图 12 显示了与 DGPS 测量值相比较的估算值。可以看到相对于不考虑 IMU 的方法,z 和 y 中的误差显然小得多,而 x 中的误差只稍微有些小。

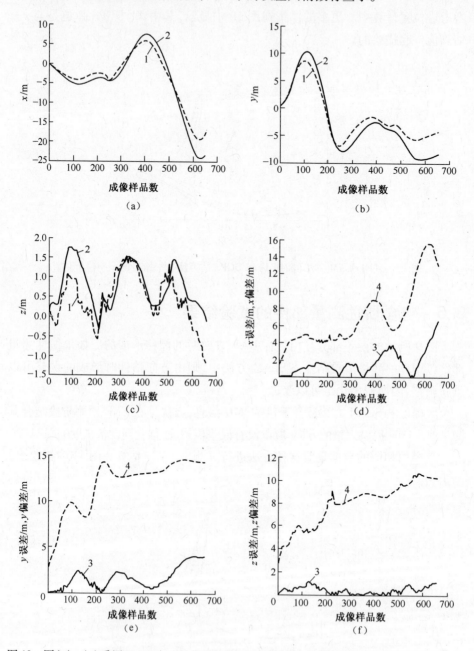

图 12　图(a)~(c)采用 SLAM 方法的位置估算,有 IMU 校正(曲线 1)和 DGPS 估算(曲线 2)。
　　图(d)~(f)是 SLAM 方法的误差,有 IMU 校正(曲线 3)和估算标准的偏差(曲线 4)

4 结论

本文阐述了为空中飞行器进行基于视觉的导航所具有的诸多贡献。根据单一成像为 UAV 提议了一种可视测距法。单对应性模型和单对应性分解可用于求出真正的摄像机运动和相对于场景平面的法向矢量。用一个距离传感器可以获得运动的比例系数。本文通过用真正的 UAV 获得的试验结果说明了这种方法的可行性。

所提议的测距方法有一个重要方面,就是使用自然的陆标而不是使用已知位置的信标或可视参照物。为此使用了一种通用的特征跟踪法。虽然自然陆标增大了所提议技术的适用范围,但是它们也增加了所要解决问题的复杂性。事实上,需要外围闭锁和稳健的单对应性估算。

本文还根据单一视觉提议了一种定位技术。已成功使用以扩展卡尔曼滤波器为基础的 SLAM 来计算位置和标记。借助 UAV 提出了对 SLAM 的两个基本贡献。第一个使用基于视觉的测距法作为卡尔曼滤波器预测阶段的主要运动假设,第二个是新的陆标预置技术,利用了估算相对于场景平面的法向的各种益处。这两种技术都用真正的 UAV 加以实施和鉴定。

虽然在试验中没有大环是闭合的,但是估算位置和协方差是相干的,因此,如果用一种可靠的数据相关算法来发现滤波器中的陆标并使它们相联系,那么结果就会改善。

未来的研究工作将利用更好的不变性特征来研究不同的特征,以便闭合各个环路。应该指出的是,这种方法可以应用于分段平面场景,如在市区场景中。

致谢

作者要感谢柏林技术大学,他们提供了图像来验证单对应性为基础的测距法。此外,作者还要感谢维克多·维加、弗兰·瑞尔和伊万·马萨在用 HERO 直升机进行试验期间所给予的支持。

参考文献

1. Amidi, O., Kanade, T., Fujita, K.: A visual odometer for autonomous helicopter fight. In: Proceedings of the Fifth International Conference on Intelligent Autonomous Systems (IAS-5), June 1998

2. Betge Diezctz, S., Hobert, P., Chatila, R., Devy, M.: Uncertain map making in natural environments. In:

Proceedings of the IEEE International Conference on Robotics and Automation, vol. 2, pp. 1048–1053, April 1996

3. Betke, M., Gurvits, L.: Mobile robot localization using landmarks. IEEE Trans. Robot. Autom.**13**, 251–263 (1997) K. P. Valavanis et al. (eds.), Unmanned Aircraft Systems 159

4. Byrne, J., Cosgrove, M., Mehra, R.: Stereo based obstacle detection for an unmanned air vehicle. In: Proceedings 2006 IEEE International Conference on Robotics and Automation, pp. 2830–2835, May 2006

5. Caballero, F., Merino, L., Ferruz, J., Ollero, A.: A visual odometer without 3D reconstruction for aerial vehicles. applications to building inspection. In: Proceedings of the International Conference on Robotics and Automation, pp. 4684–4689. IEEE, April 2005

6. Caballero, F., Merino, L., Ferruz, J., Ollero, A.: Improving vision–based planar motion estimation for unmanned aerial vehicles through online mosaicing. In: Proceedings of the International Conference on Robotics and Automation, pp. 2860–2865. IEEE, May 2006

7. Caballero, F., Merino, L., Ferruz, J., Ollero, A.: Homography based Kalman filter for mosaic building. applications to UAV position estimation. In: IEEE International Conference on Robotics and Automation, pp. 2004–2009, April 2007

8. Conte, G., Doherty, P.: An integrated UAV navigation system based on aerial image matching. In: Proceedings of the IEEE Aerospace Conference, pp. 1–10 (2008)

9. Corke, P.I., Sikka, P., Roberts, J.M.: Height estimation for an autonomous helicopter. In: Proceedings of ISER, pp. 101–110 (2000)

10. Davison, A.: Real–time simultaneous localisation and mapping with a single camera. In: IEEE International Conference on Computer Vision, pp. 1403–1410, October 2003

11. Deans, M., Hebert, M.: Experimental comparison of techniques for localization and mapping using a bearings only sensor. In: Proceedings of the Seventh International Symposium on Experimental Robotics, December 2000

12. Demonceaux, C., Vasseur, P., Pegard, C.: Omnidirectional vision on UAV for attitude computation. In: Proceedings 2006 IEEE International Conference on Robotics and Automation, pp. 2842–2847, May 2006

13. Dickmanns, E.D., Schell, F.R.: Autonomous landing of airplanes using dynamic machine vision. In: Proc. of the IEEE Workshop Applications of Computer Vision, pp. 172–179, December 1992

14. Feder, H.J.S., Leonard, J.J., Smith, C.M.: Adaptive mobile robot navigation and mapping. Int. J. Rob. Res. **18**(7), 650–668 (1999) July

15. Garcia-Pardo, P.J., Sukhatme, G.S., Montgomery, J.F.: Towards vision–based safe landing for an autonomous helicopter. Robot. Auton. Syst. 38(1), 19–29 (2001)

16. Hartley, R.I., Zisserman, A.: Multiple View Geometry in Computer Vision, 2nd edn. Cambridge University Press (2004)

17. Hrabar, S., Sukhatme, G.S.: Omnidirectional vision for an autonomous helicopter. In: Proceedings of the International Conference on Robotics and Automation, vol. 1, pp. 558–563 (2003)

18. Hygounenc, E., Jung, I.-K., Soueres, P., Lacroix, S.: The autonomous blimp project of LAASCNRS: achievements in flight control and terrain mapping. Int. J. Rob. Res. 23(4–5), 473–511(2004)

19. Kim, J., Sukkarieh, S.: Autonomous airborne navigation in unknown terrain environments. IEEE Trans.

Aerosp. Electron. Syst. **40**(3), 1031–1045 (2004) July

20. Kwok, N.M., Dissanayake, G.: An efficient multiple hypothesis filter for bearing—only SLAM. In: Proceedings of the 2004 IEEE/RSJ International Conference on Intelligent Robots and Systems, vol. 1, pp. 736–741, October 2004

21. Lacroix, S., Jung, I.K., Soueres, P., Hygounenc, E., Berry, J.P.: The autonomous blimp project of LAAS/CNRS – current status and research challenges. In: Proceeding of the International Conference on Intelligent Robots and Systems, IROS, Workshop WS6 Aerial Robotics, pp. 35–42. IEEE/RSJ (2002)

22. Langedaan, J., Rock, S.: Passive GPS—free navigation of small UAVs. In: Proceedings of the IEEE Aerospace Conference, pp. 1–9 (2005)

23. Lemaire, T., Lacroix, S., Solà, J.: A practical 3D bearing only SLAM algorithm. In: Proceedings of the IEEE/RSJ International Conference on Intelligent Robots and Systems, pp. 2449–2454(2005)

24. Leonard, J.J., Durrant—Whyte, H.F.: Simultaneous map building and localization for an autonomous mobile robot. In: Proceedings of the IEEE/RSJ International Workshop on Intelligent Robots and Systems, pp. 1442–1447, November 1991

25. Ling, L., Ridley, M., Kim, J.-H., Nettleton, E., Sukkarieh, S.: Six DoF decentralised SLAM. In: Proceedings of the Australasian Conference on Robotics and Automation (2003)

26. Mahony, R., Hamel, T.: Image—based visual servo control of aerial robotic systems using linear image features. IEEE Trans. Robot. **21**(2), 227–239 (2005)

27. Mejías, L., Saripalli, S., Campoy, P., Sukhatme, G.S.: Visual servoing of an autonomous helicopter in urban areas using feature tracking. J. Field. Robot. **23**(3–4), 185–199 (2006)

28. Montiel, J., Civera J, Davison, A.: Unified inverse depth parametrization for monocular SLAM. In: Robotics: Science and Systems, August 2006

29. Ollero, A., Ferruz, J., Caballero, F., Hurtado, S., Merino, L.: Motion compensation and object detection for autonomous helicopter visual navigation in the COMETS system. In: Proceedings of the International Conference on Robotics and Automation, ICRA, pp. 19–24. IEEE (2004)

30. Ollero, A., Merino, L.: Control and perception techniques for aerial robotics. Annu. Rev. Control, Elsevier (Francia), **28**, 167–178 (2004)

31. Papadopoulo, T., Lourakis, M.I.A.: Estimating the jacobian of the singular value decomposition: theory and applications. In: Proceedings of the 2000 European Conference on Computer Vision, vol. 1, pp. 554–570 (2000)

32. Proctor, A.A., Johnson, E.N., Apker, T.B.: Vision—only control and guidance for aircraft. J. Field. Robot. **23**(10), 863–890 (2006)

33. Remuss, V., Musial, M., Hommel, G.: Marvin – an autonomous flying robot—bases on mass market. In: International Conference on Intelligent Robots and Systems, IROS. Proceedings of the Workshop WS6 Aerial Robotics, pp. 23–28. IEEE/RSJ (2002)

34. Saripalli, S., Montgomery, J.F., Sukhatme, G.S.: Visually guided landing of an unmanned aerial vehicle. IEEE Trans. Robot. Autom. **19**(3), 371–380 (2003) June

35. Saripalli, S., Sukhatme, G.S.: Landing on a mobile target using an autonomous helicopter. In: Proceedings of the International Conference on Field and Service Robotics, FSR, July 2003

36. Shakernia, O., Vidal, R., Sharp, C., Ma, Y., Sastry, S.: Multiple view motion estimation and control for landing an aerial vehicle. In: Proceedings of the International Conference on Robotics and Automation, ICRA, vol. 3, pp. 2793-2798. IEEE, May 2002

37. Srinivasan, M.V., Zhang, S.W., Garrant, M.A.: Landing strategies in honeybees, and applications to UA-Vs. In: Springer Tracts in Advanced Robotics, pp. 373-384. Springer-Verlag, Berlin (2003)

38. Triggs, B.: Autocalibration from planar scenes. In: Proceedings of the 5th European Conference on Computer Vision, ECCV, vol. 1, pp. 89-105. Springer-Verlag, London, UK (1998)

39. Tsai, R.Y., Huang, T.S., Zhu, W.-L.: Estimating three-dimensional motion parameters of a rigid planar patch, ii: singular value decomposition. IEEE Trans. Acoust. Speech Signal Process. **30**(4), 525-534 (1982) August

40. Vidal, R., Sastry, S., Kim, J., Shakernia, O., Shim, D.: The Berkeley aerial robot project (BEAR). In: Proceeding of the International Conference on Intelligent Robots and Systems, IROS, pp. 1-10. IEEE/RSJ (2002)

41. Vidal-Calleja, T., Bryson, M., Sukkarieh, S., Sanfeliu, A., Andrade-Cetto, J.: On the observability of bearing-only SLAM. In: Proceedings of the 2007 IEEE International Conference on Robotics and Automation, pp. 1050-4729, April 2007

42. Volpe, J.A.: Vulnerability assessment of the transportation infrastructure relying on the global positioning system. Technical report, Office of the Assistant Secretary for Transportation Policy, August (2001)

43. Wu, A.D., Johnson, E.N., Proctor, A.A.: Vision-aided inertial navigation for flight control. In: Proc. of AIAA Guidance, Navigation, and Control Conference and Exhibit (2005)

44. Yakimenko, O.A., Kaminer, I.I., Lentz, W.J., Ghyzel, P.A.: Unmanned aircraft navigation for shipboard landing using infrared vision. IEEE Trans. Aerosp. Electron. Syst. **38**(4), 1181-1200(2002) October

45. Zhang, Z., Hintz, K.J.: Evolving neural networks for video attitude and hight sensor. In: Proc. of the SPIE International Symposium on Aerospace/Defense Sensing and Control, vol. 2484, pp. 383-393 (1995) April

第 *9* 篇

通过半实物仿真实时实施无人机新型分级航路规划方案并进行验证

Dongnon Jung,Jayant Ratti,Panagiotis Tsiotras
（董万钧,贾扬·拉蒂,帕纳格提斯·特西尔特拉斯）

摘　要:为了验证小型固定翼无人机(UAV)的新型分级航路规划和控制算法,我们提出实时的半实物仿真环境。全部的控制算法在小型自动驾驶仪上(该驾驶仪具备有限计算资源)以机载实时的实现方式验证,我们提出两种独特的实时软件框架,以实施综合的控制体系,包括航路编制,航路平滑,航路跟随。我们特别强调,使用实时内核是一种在重要场景下完成小型无人机实时运行的有效和稳健的方法。通过使用实时内核对整个控制分级体系进行无缝集成,我们证实了该方法的可靠性。装备了小型自动驾驶仪的无人机,尽管其计算资源有限,也能设法完成飞向目标的复杂自主航行,同时自动避开障碍。

关键词:航路规划和控制;半实物仿真(HILS);无人机

D. Jung (✉) · J. Ratti · P. Tsiotras
Georgia Institute of Technology, Atlanta, GA 30332-0150, USA
E-mail: dongwon.jung@ gatech.edu

J. Ratti
E-mail: jayantratti@ gatech.edu

P. Tsiotras
E-mail: tsiotras@ gatech.edu

K. P. Valavanis et al. (eds.), *Unmanned Aircraft Systems*.DOI:10;1007/978-1-4020-9137-7_10

1 引言

陆海空自动无人驾驶飞行器在民用和军事部门日益成为不可或缺的手段。特别是在当前的军事行动中,这些军事行动凭借多种无人(主要是航空)交通工具来提供持续不断的监控、监视和通信,在某些情况下,还可以进行武器投放。由于军事行动的策划人员正不断提出新的使用范例,这种趋势将持续下去,无人驾驶飞行器也广泛使用在诸如法律执行、人道主义任务、进行自然灾害救援等民用方面。

特别是在过去的 10 年间,与小型无人机控制有关的研究呈爆发式增长。由于这些平台为从事设计和测试复杂导航和制导算法[17]的学生提供了极佳的方法,所以这项工作主要在学院[3-5,10,13-15,23-25]里进行。

小型无人机的操作具有大型无人机操作所不具备的挑战。举例来说,小型无人机的自动操作要求全自动完成航迹设计(规划)和航迹跟踪(控制)任务。假设这些飞行器反应时间较短,那么使用现存的航路优化程序是极具挑战性的任务。对小型无人机来说,机载实时航路规划尤其具有挑战性,因为小型无人机没有机载计算能力(CPU 和存储器)来实施文献中提出的一些复杂航路规划算法。实际上,实时嵌入式系统控制设计的计算资源有限产生的影响,最近才在文献[1,29]中给予了一些关注。当使用低成本的微控制器作为嵌入式控制计算机时,这个问题就更加严重了。

小型无人机自动航路规划和控制在控制算法开发方面提出了严格的限制条件,这是基于机载硬件和对实时实施的要求所产生的局限性。为了克服这些局限性,开发计算上有效的算法势在必行,这些算法可以智能地使用机载计算资源。

由于小型无人机作战要求和与硬件限制十分严格,出台一个完整的全自动和无人监管的无人机航路规划与控制解决方案,仍是一个困难的任务。在许多情况下通过成功地应用分级结构,以解决这个复杂的问题。在这种分级结构中,将整个控制问题细分为一组较小的子控制任务(图 1),这考虑到为每个模块的控制任务更直接地设计控制算法,这也导致了将该算法简单有效地应用在实践中[2,27,28]。

本文参考文献[16,21,30]的作者,最近开发出一个针对分级航路规划和控制算法的一个完整的解决方案,该方案在小型无人机驾驶仪上进行了试验性验证。控制分级包括航路规划,航路平滑,航路跟随任务。每个阶段为下一个控制阶段提供了必要的指令,以完成最高级指定的任务目标。整个控制算法的执

156

行经由类似真实情况的半实物(HIL)仿真环境的演示。所有的控制算法在运行实时内核的微控制器上编码,该内核通过充分地利用所提供的内核服务为每个任务有效地确定时间。我们在描述与所提出的控制算法实施有关的实际问题的同时,也考虑到事实上的硬件限制。

我们强调实时内核的使用,以实施总体控制体系。实时运行的系统在编制复杂的实时应用软件[11]方面为用户提供了极大的灵活性,这归功于编程易操作、无误差编码以及执行稳健。我们还注意到现存许多由无人机的实时运行所使用的实时内核,这些内核在内核大小、存储需求、内核服务等方面有所不同。这样的实时内核中的一些能够为小型的微控制器/处理器[6,12]所采用。在为无人机所进行的飞行测试中,使用了开源的实时 Linux 程序[8]。在本文中我们使用了 MicroC/OS-II[26],这对我们自动驾驶仪的小型微控制器是十分理想的。

2　分级航路规划和控制算法

在这部分中,我们简要描述了最近笔者开发的分级航路规划和控制算法,该算法的开发者考虑了机载自动驾驶仪的有限的计算资源。

图 1 展示了总体的控制分级。这包含了航路规划,航路平滑,航路跟随,以

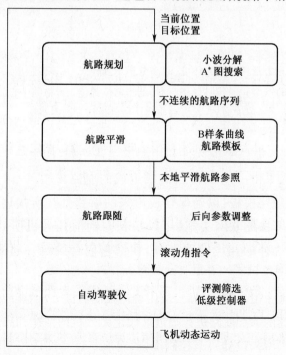

图 1　总体控制分级

及低级别的自动驾驶仪的功能。在控制分级结构的顶级,使用基于子波、多解的航路规划算法来计算从当前无人机的位置到目标的最优航路[21,30]。航路规划算法采用了环境的多解分解,距离任务机远的时候使用近似解,在距离任务机近时使用精确解,结果得出复杂环境的一个拓扑图形。算法随后使用最高精度在飞行器当前位置计算一条最需要的航路。图2说明了这种观点。将直接来源于子波系数的邻接关系进行契合[21],通过调用表 A* 图搜索算法[7,9],来产生至目标单元格的不连续的单元格序列(即通路)。

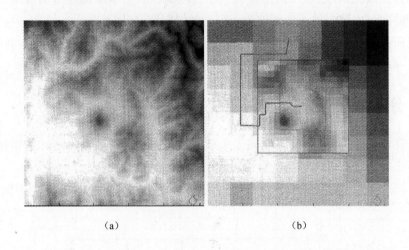

(a)   (b)

图2　使用方形单元格的环境(a)多分辨率分解演示(该方形单元格由哈尔子波(b)产生)。行动机(飞行器)的当前位置位于方格的中心(高分辨率区域)。在高分辨率区域中包括了动态变化

随后,联网的航路平滑软件利用离散航路序列,产生一个平滑的参照路径,该路径加入了由一组 B 样条曲线组成的航路模板[22]。从离线的最优化步骤中获得航路模板,以确保合成出来的航路处在所描述的单元通路之内。航路平滑算法的联网实施,可以找到与当前任务机所处的位置相关,在有限的规划之外的相应航路部分,在把它们合成在一起的同时,保持合成曲线的平滑性。

在获得本地平滑参照航路后,应用遵循控制算法[20]的非线性航路,对由航路平滑步骤构建的参照航路进行逼近。假定无人机的空速和高度是恒定的,利用运动学上的模型来设计一个控制准则,对航行速率加以控制。随后,与想要的航向速率一致,考虑到不准确的系统时间常数,经计算得出一个滚动角指令。

最后,配备有机载传感器的自动驾驶仪,其传感器为姿态角、空速和高度提供反馈控制。自动驾驶仪在实现所要的横摇角操控后,实施指令低级内部循环。同时,保持高度和空速恒定不变。

如图1所示,在分级结构的每个阶段,如果指定了最初的环境信息(例如一张二维的正视图),就从先前的阶段输出中获得相应的控制指令。使用用户指定的目标位置,本分级控制算法允许无人机避开障碍,完成抵达目标的任务。

3 试验台

3.1 硬件描述

已研发了基于现成的 R/C 型飞机机身的无人机平台,来执行上述的分级航路规划和控制算法。硬件和软件的开发完全在内部完成。机载的自动驾驶仪装备有能执行全部的自动驾驶功能的微控制器、传感器、舵以及通信装置。机载的传感器包括三轴角速度传感器、三轴加速度计、三轴磁罗盘、一个 GPS 传感器、绝对压力和差动压力传感器。一个 8 位的微控制器("兔子"程序 RCM-3400,主频率为 30MHz,512KB 的 RAM,以及 512KB 的 Flash ROM)是自动驾驶仪的核心。与通用的高性能 32 位微处理器相比,"兔子"程序 RCM-3400 是一种低端的微控制器,计算处理能力有限(对于浮点乘法低至 7μs,计算平方根为 20μs)。这种微处理器提供数据捕获、数据处理、管理与地面站间的通信。它也为飞行姿态和绝对位置运行评估算法,并为飞行姿态角、空速以及高度控制运行顶级控制回路。关于无人机平台和自动驾驶仪的详细描述,请见参考文献[17,18]。

3.2 半实物仿真环境

开发似实物的半实物仿真(HILS)环境,利用 Matlab® 和 Simulink® 来验证无人机自动驾驶仪软硬件的运行。使用完整的 6-DOF(自由度)的非线性飞机模型,与空气动力和其力矩的线性逼近,以及地球重力(WGS-84)和磁场模型相结合,还加入了传感器和舵机的详细模型。如图3所示,在 HILS 中使用了四台独立机,与半实物仿真相关的还有自动驾驶仪的微控制器以及地面站计算机控制台。关于半实物仿真安装的更详细内容,请见参考文献[19]。

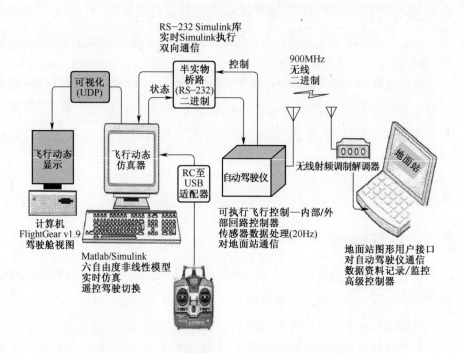

图3 进行航路规划和控制算法快速测试的高精度半实物仿真环境

4 实时软件环境

机载自动驾驶仪的软件体系如图4所示。它由许多叫做"任务"的模块组成,这些模块分配到诸如应用层、低层控制、数据处理层以及硬件层的不同的功能层。在硬件层面或硬件服务的任务与实际硬件设备相互影响,用以从传感器搜集数据;同地面站间通信,向直流伺服电机发布指令。在硬件服务顶层的中间设备任务通过在全局共享数据总线得到处理数据,或从全局共享数据总线提取数据,为相应的硬件服务提供入站和出站数据。在全局共享的数据总线上使用经处理的数据,较低级别的控制层完成诸如飞行姿态角估计、绝对位置估计、内部闭环的比例积分微分(PID)控制器执行的基本控制功能。最后,三个与航路规划、航路完善以及航路跟随相应的应用任务,被加入来执行在第2部分描述的分级控制体系。分级控制结构规定了所有的应用任务,在上层任务(受触发事件)的完成开始了较低层面的任务(处理后事件)执行的意义上来。通过图4虚线箭头所示,每个代表一个时间信号。在图4中,除了通过全局共享总线交换数据外,还通过全局管理总线管理每项任务,该管理总线用于触发任务的执行,初始化或更改系统参数等。

160

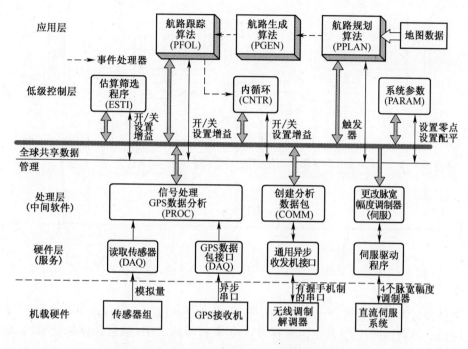

图4 固定翼无人机的机载自动驾驶仪软件体系

任务管理,也称做任务调度,是实时系统最重要的成分。它在这个实时软件应用中,无缝集成了多项任务。然而,实际上,一个处理器仅能每次执行一条指令,这样,为了嵌入式控制系统的实现,许多任务需要加以执行,多重任务处理调度是必要的,使用超过一项任务的多重任务处理,如控制算法的实施、硬件设备连接等能够被并行执行。然而,在软件流程结构中,任务需要基于重要性来区分优先顺序,以便多重任务处理内核正确地为它们的运行次序安排时间,而对任何死锁或优先权倒置加以限制。

4.1 相互协作的调度方法:初始设计

与大部分实时控制问题类似,我们开发一个接近实时的控制软件环境,该环境主要基于相互协作的调度观点。相互协作的调度通过一个大型的主循环(其中包含小段代码(任务))进行更好地解释。每个任务被配置成等待时自动放弃对 CPU 的占用,允许其他任务执行的方式。采用这种方式,一个大的闭环程序能够并行执行许多任务,而没有单一任务忙于等待。

与大部分实时控制问题相类似,当等待计时器产生的一个触发信号时,正如在图 5 中粗箭头所示,我们让主要循环程序开始,根据图 4 的软件体系,我们

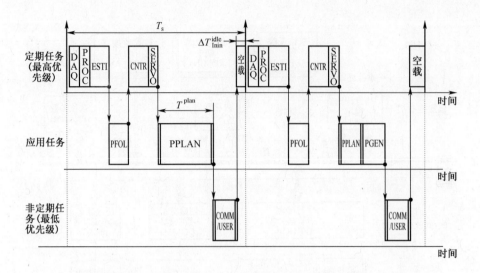

图 5　实时调度方法(与能相互协同的且未试验过的优先多任务处理相结合)

把任务分解成 3 类:例行任务、应用任务、非周期性任务。例行任务是无人机进行最小自动控制所要求的重要任务。在我们的例子中,这包括读取仿真/GPS传感器(DAQ)、信号处理(PROC)、估算(ESTI)、内部的闭环控制(CNTR)以及伺服驱动(SERVO)。选取取样周期 T_s,以确保例行任务的完成并允许最小取样周期,来捕捉系统最快的动态运动。为了达到包括例行任务的所有任务的实时调度,采用的取样周期 $T_s = 50\text{ms}$,或取样率 $=20\text{Hz}$。此外,一些应用任务要求大量的计算时间和资源,由于这些任务处理使用更复杂、更高层的计算算法例如航路规划(PPLAN)、航路完善(PGEN)以及航路跟随(PFOL)。特别是,在参考文献[21]中的航路规划算法获得了大于所选的取样周期的总计算时间。作为这样的结果,而且为了满足实时的约束条件,我们分解计算强度大的任务——航路规划的执行过程,将航路规划的执行过程分解成许多代码执行段,每段使用有限的执行时间 T^{plan}。通过考虑常规任务的 T_s 和(预计的)总执行时间,选择有限的执行时间。目的是使 CPU 的使用率最大化,在能满足实时运行的标准同时,尽快完成 PPLAN 任务。最后,只要 CPU 可用,以确保持续时间 $\Delta T_{\text{min}}^{\text{idle}}$ 的空载时间最小化来等候其他的触发信号,就执行诸如通信(COMM)及用户应用(USRER)等非周期任务。

图 6 显示了一个互用的调度方案的伪代码执行过程。在每个 SLICE 语句中执行未试验过的调度方案,该调度方案位于 CPU 有限的执行窗口 T^{plan} 之前的同时,每个 COSTATE 语句执行互用的调度方案。

162

```
main( ){
    while(1){
        costate{
            Wait_ for_ timer( $T_s$ ) ;
            Task DAQ;
            Task PROC;
            Task ESTI;
            if(EVENT(PFOL))Task CNTR;
            Task SERVO;
        }
        costate{
            if(EVENT(PGEN))Task PFOL;
        }
        costate{
            if(EVENT(PPLAN))Task PGEN;
        }
        costate{
            Task COMM;
            Task PARAM;
            Task USER;
        }
        if( $\Delta T^{idle} > \Delta T^{plan}$ ){
                slice( $\Delta T^{plan}$ , Task PPLAN);
        }
    }
}
```

图6 对分级航路规划和控制算法来说,合作/抢先组合调度方案的伪代码执行

4.2 优先的调度方法:终结设计

如果对一个所要求执行的任务有先验的理解,对总执行时间大致的理解,在前述部分中 costate 语句块的使用就能显示出有效执行一个相互协作的调度。然而,对一个编程者来说,在应用程序中,小心翼翼地同步运作和调度所有的任务,这通常是一个辛苦的工作,这样的应用程序许多具备不可预知的执行时间。换句话说,以类似与 4.1 节的方式使用保守的定时估计来设计互助的调度程序是可能的。然而,这样一种利用整个完成时间的方法将产生较差性能。使用对常规任务的执行时间进行保守的估计,不管是否 CPU 在取样周期的空余时间里保持空闲,计算上代价高昂的任务执行部分保持固定。这意味着 CPU 未能充分发挥作用,这样就明显地延误了总任务的执行时间。通过使用"优先的多任务调度程序"[26],可以提高需要高强度计算任务的处理量。由于内核充分地利用 CPU 的计时,只要较高层的任务一放弃对 CPU 资源的控制,它就能将 CPU 资源分配给较低层的任务。这有效地使 CPU 的空闲时间最小化,并减少了任务完成时间。在下一部分我们提供了另一个可供选择的框架结构,利用一个优先实时内核来执行在第 2 部分中所显示的分级航路规划和控制算法,即

163

MicroC/OS-Ⅱ框架结构。

MicroC/OS-Ⅱ是众所周知的为小型微处理器所用的高便携性、较低内存、可升级的、优先的实时操作系统[26]，MicroC/OS-Ⅱ操作系统除了具备优先任务调度的功能外(该功能能管理多达64项任务)，也提供了通用的如信号指示之类的核心服务，包括互斥信号指示、事件信号指示、短消息邮箱等。这些服务尤其有助于编程人员建立一个复杂的实时软件系统并对任务进行无缝集成。利用它的状态流概念也使软件结构得到了简化。MicroC/OS-Ⅱ允许小的涉及芯片的实时内核代码量。实时内核的代码量不超过5~10Kb[26]，对我们的应用程序来说，只增加相对小的系统操作(约 5.26%)到当前总代码量(190Kb)中。

4.2.1 实时软件体系

实时软件编程开始于创建一个任务清单。在这项工作中，我们强调利用HILS 的航路规划和控制算法的实时执行。这要求新任务以处理额外的 HILS 通信。仿真器通过串口通信，将被用于仿真的传感器数据传递到微处理器上。因此，传感器/GPS 的读任务(DAQ)，被传感器的数据读任务(HILS_Rx)所替代，该任务为引入的通信包连续检查串口缓冲器。类似地，伺服推进任务(SEVERO)被指令的写任务所代替(HILS Tx)，该任务将 PWM 伺服指令发送回仿真器。此外，通信任务 COMM 根据它们各自的功能，可以分解成三项不同的任务：即数据日志的向下链接任务(COMM_Rx)，用户指令向上链接任务，以及用户指令分析任务(COMM_Proc)。此外，我们创建了一个航路管理(PMAN)任务，该任务对航路规划及控制算法的执行进行协调，这样可以直接与 PPLAN、PGEN 以及 PFOL 分别进行通信。最后，创建一个运行时间统计检查任务(STAT)，以获得诸如每项任务 CPU 使用和执行时间之类的程序运行时间统计。对实时内核的性能进行标准检查可以用到这些。表1列出了在实时内核中创建的所有任务项。

表1 由实时内核创建的任务表

识别号	同义名	描　　述	优先级
1	HILSTx	将伺服信号发回仿真器	11
2	HILS_Rx	对来自仿真器的传感器/GPS 信息包 进行"读"操作	12
3	COMMRx	对来自地面站的用户指令进行向上链接操作	13
4	COMMProc	分解用户指令	14
5	ESTI_Atti	飞行姿态测定任务	15

识别号	同义名	描　　述	优先级
6	ESTI_Nav	绝对位置测定任务	16
7	CNTR	内循环控制任务	17
8	PFOL	非线性航路跟随控制任务	18
9	COMM_Tx	向下链接至地面站	19
10	PGEN	使用B样条模板进行航路规划任务	20
11	PMAN	控制协调任务	21
12	STAT	获得运行时间统计	22
13	PPLAN	多解的航路规划任务	23

　　MicroC/OS-Ⅱ管理多达64项不同的任务。这些任务优先级必须具备唯一的分配方式。从零开始,逐渐增加的数字将较低的优先级分配给相应的任务。特别指出,因为优先级列表的顶端和底端被保留用于内核使用,要求应用软件的任务具备不同于这两个所保护范围内的优先级。按照优先级分配的一个经验主义的惯例,我们为关键性的任务分配高优先级,因为它们通常涉及直接的硬件界面操作。为了使系统总性能降级最小化,与硬件相关的任务可能需要与硬件保持严格意义上的同步,因此要求即时的注意信号。随后无人机要求其执行最低自动控制的常规任务,例如 ESTI_Atti、ESTI_Nav 以及 CNTR 之类的,被给予较低的优先级。最后,给予诸如 PFOL、PGEN 以及 PPLAN 等具体应用任务更低的优先级。这意味着当最高优先级任务放弃对 CPU 的占用时,才能激活这些低优先级任务。表1显示了为每个任务分配的优先级。注意 COMM_Tx 任务被分配了一个较低的优先级,这是因为此项任务对无人机的自动操作不太关键。

　　创建了要求的任务,我们通过使用可利用的内核服务在任务间建立相互关系,继续设计实时软件体系结构。使用信号指示来控制对一个全局共享目标的访问,以防止其被一些不同任务不加选择地共享。当一项任务需要同多重事件或多项相关任务的出现同步进行时,使用事件标记。对于交互式任务通信,使用邮箱进行短消息交换,以在任务间传递信息。

　　图7说明自动驾驶仪整个实时软件体系。在图中,与无线调制解调器和一个参照航路曲线相对应,分别为两个不同的目标使用两个二进制的信号指示。任何要求访问这些目标的任务都需要被闭锁(通过信号指示暂停服务)。直至信号指示要么是0,要么被计入(通过信号指示计入)。结果是,在每个时间点

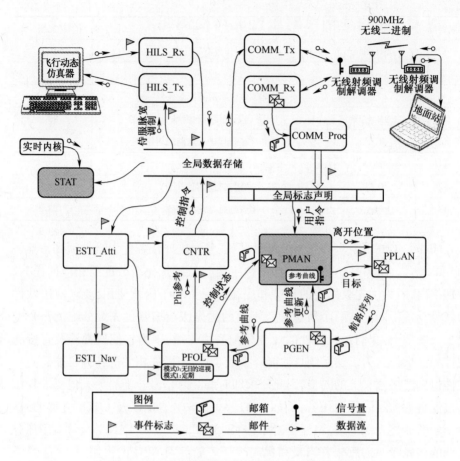

图7 对于无人机航路规划和控制,全实时软件体系

仅有唯一的一项任务可以访问目标,在此时可以允许在不同任务间的数据兼容。通过启动任务来计入事件标记,通过暂停任务来消除事件标记,允许两项连续任务的同步进行。注意为了处理原始传感器数据(ESTI_Atti, ESTI_Nav)和控制执行(CNTR),一个来自 HILS_Rx 的事件触发了一连串的常规任务。使用一个全局数据存储器来保存所有重要的变量,这些变量能被任何任务所引用。同时,全局的标记声明程序块包含了许多的时间标记组,用于任务的同步。每个邮箱能保留 1B 长度的短消息,通过一个发送器任务,使用与数据流程箭头符号相连的指示信息,将该短消息发送出去。每个接受短消息的任务将清空邮箱,等待另一条被发送的短消息。使用这些邮箱将一个任务的结果传递给另一个任务。注意当 PMAN 任务触发了 PPLAN 任务时,通过邮箱以下述顺序传递后续任务结果:(PPLAN->PGEN PMAN PFOL)。

4.2.2　使用实时内核的好处

1. 稳健性

实时内核在死锁状态过程中提供了许多错误处理能力。我们使用信号指示暂停或标记暂停操作,能够解决所有可能的死锁。内核向信号指示和标记调用的中止链接信号提供了适当的生成错误。在调度安排运行中,这些信号用于处理未预料的等待时间或死锁。

2. 维护的灵活便捷

设计好自动驾驶仪软件的整个体系,对应用软件工程师来说还要记住以目标为导向的要求。实时内核提供了一个容易且自然的方法来达到这个目标。设计这个体系来保持代码的具备足够灵活性,以允许增加较高层的任务,如要求处理和执行多解子波航路规划算法的一些任务。能够完成这些任务而不必为一个微控制器/微处理器的处理和编程那样在系统层面的复杂工作花费大量时间。这个体系的灵活性也使它在低层、中层或高层任务中调试故障变得极其有效,而不必重新编码或影响其他任务。

5　半实物仿真结果

在本节中,我们利用在实时半实物仿真环境下的一个小微控制器提出了分级航路规划算法。在后面将讨论实施细节。

5.1　仿真概要

环境为一个方形区域,包括美国实际高度数据,128×128 的单位像素对应 $9.6km \times 9.6km$。考虑到微控制器的可用内存,我们选择高分辨率和低分辨率层面的区域和颗粒度。在高分辨率单元,对应的尺度为 $150m \times 150m$,该值大于无人机的最小转向半径。使飞行器以恒速 $V_t = 20m/s$ 飞行,有限滚转角 $|\phi| \leqslant 30°$,产生的最小转向半径的结果 $R_{min} \approx 70m$。

无人机的目标是从起始位置开始,直至最终位置,产生并跟踪一条航路,同时绕开在特定高度上的所有障碍。图 8 说明了所提议的航路规划和控制算法的详细实施过程。最初,无人机在最初位置 P_0 附近不定向巡航,直至计算出从 P_0 到 P_a 的局部航路部分(步骤 A,B)。随后,航路跟随控制器被用于跟踪航路(步骤 C,D)。在步骤 D 中,无人机重新编排规划,以计算一条新航路,该航路从中间位置 P_a 到目标,生成从 P_a 到 P_b 的第二段局部航路。通过临时的 B 样条航路,将第一航路段和第二航路段衔接到一起,以确保每个相交点(通过黑色方形

167

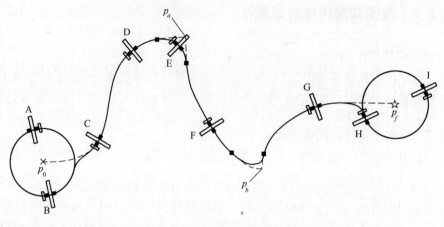

步骤	任 务 描 述
A	最初,无人机在起始位置附近,半径为 R_l 的圆圈范围内无定向巡航
B	计算从 p_0 到 p_a 的最初航路部分
C	离开无定向巡航圈,开始跟踪最初航路部分
D	计算从 p_a 到 p_b 的第二段航路以及临时航路
E	无人机位于临时航路上
F	计算第三段航路以及临时航路
G	无人机接近目标位置,未计算航路
H	抵达目标,航路控制结束,继续无定向巡航
I	无人机在目标位置 p_f 附近进行无定向巡航

图 8　所提出的分级航路规划及控制算法实时实施的图解

标出)的连续条件得到满足。重复此过程直至到达最终位置 P_f 为止(步骤 H),此时无人机在目标位置附近无定向巡航。

5.2　仿真结果

分级航路规划和控制实施的仿真结果如图 9 所示。特别指出的是,右图为仿真局部放大图。通过实折线描绘出路线。该图也绘出了无人机跟踪的实际路径。无人机平滑地跟踪参照航路,同时避开这些航线外的所有可能的障碍物。最后,如图 9(d)所示,无人机以无碰撞方式抵达最终目的地。

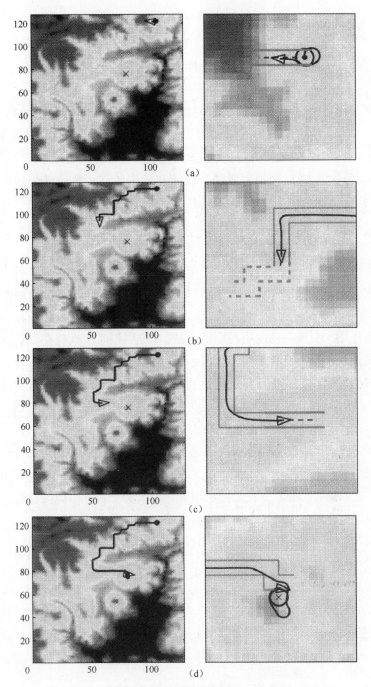

图 9　分级航路规划和控制实施的半实物仿真结果

（本图为仿真的局部放大图。在每一瞬间,用折线描绘出的平滑航路段必须保持的路线,
该平滑航路段来自于相应的航路模板。在参照航路的顶部描绘出无人机跟踪的实际航路。

(a) $t=64.5s$;(b) $t=333.0s$;(c) $t=429.0s$;(d) $t=591.5s$。

5.3 实时内核超时统计

为了评估实时软件框架结构的性能,我们在实时内核内部使用了几个不同的度量。

内核和任务执行使用 CPU 的时间量能够从 CPU 使用度量中找到,该值为 CPU 的占空比,每隔 1s 由实时内核提供。当激活高级别的 CPU 命令任务(比如 PPLAN 和 PGEN),较高百分比的 CPU 利用率意味着这些任务完成较快。因此,较高百分比的 CPU 利用率意味着性能和效率较高。在仿真过程中这种度量如图 10(a)所示。注意,对大部分时间而言,CPU 的利用率大约 40%,然而,当需要计算新的航路段时(图 8 中步骤 D 和 F),它上升到将近 100%,直至 PP-LAN 和 PGEN 任务完成和提供新的参考曲线。

当实时调度程序需要从当前任务切换到另一个不同任务时,进行上下文切换。每次上下文切换由存储当前 CPU 的调度程序组成,将忙于排列的新任务的 CPU 调度程序恢复至原来状态,重新开始新任务代码的执行。随后,本操作将内务操作增加到现有的应用程序里去,这些应用程序应维持在最低水平。由实时内核提供每秒上下文切换的数目,并帮助保持对内务操作的跟踪。虽然实时内核的性能不应该按本数目来判断,但这种度量可以被当成实时软件健康状况的一种指示。换句话说,由于此等待时间,增加的内务操作可能造成调度程序延迟转换并从事由固有的定时来激活的任务。如果这个事件发生了,因为上下文切换的数目代表了系统辅助操作,因此它揭示了系统的健康状况。图 10(b)显示了在我们的试验期间每秒上下文切换的数目。假若取样周期为 T_s = 50ms,我们注意到每次取样周期的上下文切换平均数目为大约 7 次。考虑同在每次取样周期期间内应该完成的常规任务数,这显示内务操作的数目相对较少。

当执行上下文切换时,通过参照异常分支功能 OSTaskSwHook(),在运行时间内测量个别任务执行时间。此功能计算优先任务所占用的 CPU 时间并用此信息更新具体任务数据结构。随后,当实时内核调用一个统计用的异常分支时,一起加入每个任务的执行时间 $\mathrm{TET}_i(k)$,以得到所有任务的总执行时间。另一方面,不同任务 CPU 的使用率,即每个任务的实际消耗比例,计算如下:

$$\pi_i(k) = \frac{\mathrm{TET}_i(k)}{\sum\limits_{i=1}^{N} \mathrm{TET}_i(k)} \times 100[\%] \tag{1}$$

式中:$n_i(k)$ 为在第 k 次第 i 次任务消费的时间百分比。

图 11(a)显示了超时的 CPU 使用率。使用不同的颜色以区分不同的任务,

170

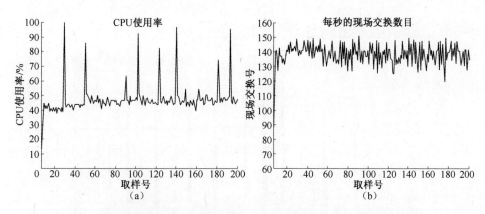

图10　实时内核超时统计:CPU的使用(a)以及每秒上下文切换的数目(b)

正如每张图右侧的色带所描述的那样。

超过给定的取样周期 $T_s = 50ms$ 的每次任务的执行时间计算如下:

$$\overline{TET_i}(k) = \frac{TET_i(k)}{(t_k - t_{k-1})/T_s} \quad (ms) \quad\quad (2)$$

式中:t_k 为第 k 次统计取样的实际时间。

方程(2)主要计算超过一次取样周期的第 i 次任务的执行时间平均值。在每次统计取样中更新该度量。如图11(b)所示,本度量帮助我们检验不同任务的执行时间之和是否超过了给定的取样周期 T_s。

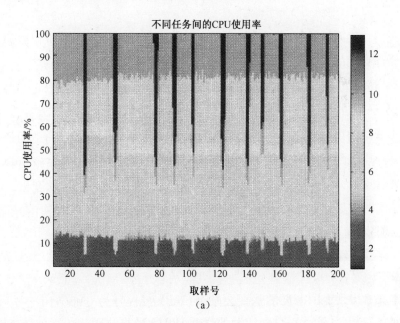

(a)

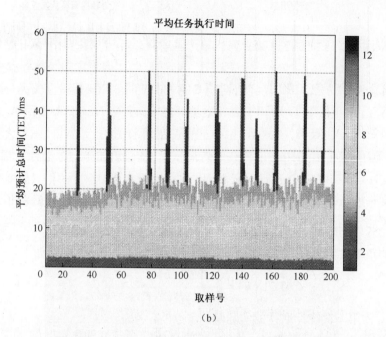

图 11　实时内核超时统计:不同任务间的 CPU 使用率(a)与平均任务执行时间(b)对比

6　结论

我们在实际硬件平台上实施一个小型无人机分级航路规划和控制算法。使用高逼真度的半实物仿真环境,被提议的分级航路规划和控制算法通过在小型自动驾驶仪上的在线,实时实施来加以验证。通过结合在两个实时/近似实时过程下的执行航路规划,航路平滑,以及航路跟随的算法,证明装备有具备有限计算资源的小型自动驾驶仪无人机能够设法完成到达目标目的地的任务,同时避开障碍。强调实时内核的使用,我们讨论使用内核服务的实施问题,这允许任务管理的灵活性,代码执行的鲁棒性等。如果提供了定量的度量,我们可以展示实时内核如何成功地完成小型无人机在一个有价值的现实的航路规划中的实时操作。

致谢

本文章得到了国家科学基金会基金(NSF,授权号为 CMS0510259)和国家航空航天局基金(NASA,授权号为 NNX08AB94A)的支持。

172

参考文献

1. 1. Balluchi, A., Berardi, L., Di Benedetto, M., Ferrari, A., Girasole, G., Sangiovanni-Vincentelli, A.L.: Integrated control-implementation design. In: Proceedings of the 41st IEEE Conference on Decision and Control, pp. 1337-1342. IEEE, Las Vegas, December 2002

2. Beard, R.W., McLain, T.W., Goodrich, M., Anderson, E.P.: Coordinated target assignment and intercept for unmanned air vehicles. IEEE Trans. Robot. Autom. **18**, 911-922 (2002)

3. Bellingham, J., Richards, A., How, J.: Receding horizon control of autonomous aerial vehicles. In: Proceedings of the American Control Conference, pp. 3741-3745, Anchorage, May 2002

4. Bortoff, S.A.: Path planning for UAVs. In: Proceedings of the American Control Conference, pp. 364-368, Chicago, June 2000

5. Chandler, P., Pachter, M.: Research issues in autonomous control of tactical UAVs. In: Proceedings of the American Control Conference, Philadelphia, June 1998

6. Christophersen, H.B., Pickell, R.W., Neidhoefer, J.C., Koller, A.A., Kannan, S.K., Johnson, E.N.: A compact guidance, navigation, and control system for unmanned aerial vehicles. J. Aerosp. Comput. Inf. Commun. **3**(5), 187-213 (2006)

7. Gelperin, D.: On the optimality of A *. Artif. Intell. **8**(1), 69-76 (1977)

8. Hall, C.: On board flight computers for flight testing small uninhabited aerial vehicles. In: The 2002 45th Midwest Symposium on Circuits and Systems, vol. 2, pp. II-139-II-143. IEEE, August 2002

9. Hart, P., Nilsson, N., Rafael, B.: A formal basis for the heuristic determination of minimum cost paths. IEEE Trans. Sys. Sci. Cybern. **4**, 100-107 (1968)

10. Jang, J., Tomlin, C.: Autopilot design for the Stanford DragonFly UAV: validation through hardware-in-the-loop simulation. In: AIAA Guidance, Navigation, and Control Conference, AIAA 2001 - 4179, Montreal, August 2001

11. Jang, J., Tomlin, C.: Design and implementation of a low cost, hierarchical and modular avionics architecture for the DranfonFly UAVs. In: AIAA Guidance, Navigation, and Control Conference and Exhibit, AIAA 2002-4465, Monterey, August 2002

12. Jang, J.S., Liccardo, D.: Small UAV automation using MEMS. IEEE Aerosp. Electron. Syst. Mag. **22**(5), 30-34 (2007)

13. Jang, J.S., Tomlin, C.: Longitudinal stability augmentation system design for the DragonFly UAV using a single GPS receiver. In: AIAA Guidance, Navigation, and Control Conference, AIAA 2003-5592, Austin, August 2003

14. Jang, J.S., Tomlin, C.J.: Design and implementation of a low cost, hierarchical and modular avionics architecture for the dragonfly UAVs. In: AIAA Guidance, Navigation, and Control Conference and Exhibit, Monterey, August 2002

15. Johnson, E.N., Proctor, A.A., Ha, J., Tannenbaum, A.R.: Development and test of highly autonomous unmanned aerial vehicles. J. Aerosp. Comput. Inf. Commun. **1**, 486-500 (2004)

16. Jung, D.: Hierarchical path planning and control of a small fixed-wing UAV: theory and experimental validation. Ph.D. thesis, Georgia Institute of Technology, Atlanta, GA (2007)

17. Jung, D., Levy, E.J., Zhou, D., Fink, R., Moshe, J., Earl, A., Tsiotras, P.: Design and development of a low-cost test-bed for undergraduate education in uavs. In: Proceedings of the 44th IEEE Conference on Decision and Control, pp. 2739-2744. IEEE, Seville, December 2005

18. Jung, D., Tsiotras, P.: Inertial attitude and position reference system development for a small uav. In: AIAA Infotech at Aerospace, AIAA 07-2768, Rohnert Park, May 2007

19. Jung, D., Tsiotras, P.: Modelling and hardware-in-the-loop simulation for a small unmanned aerial vehicle. In: AIAA Infotech at Aerospace, AIAA 07-2763, Rohnert Park, May 2007

20. Jung, D., Tsiotras, P.: Bank-to-turn control for a small UAV using backstepping and parameter adaptation. In: International Federation of Automatic Control (IFAC) World Congress, Seoul, July 2008

21. Jung, D., Tsiotras, P.: Multiresolution on-line path planning for small unmanned aerial vehicles. In: American Control Conference, Seattle, June 2008

22. Jung, D., Tsiotras, P.: On-line path generation for small unmanned aerial vehicles using B-spline path templates. In: AIAA Guidance, Navigation and Control Conference, AIAA 2008 - 7135, Honolulu, August 2008

23. Kaminer, I., Yakimenko, O., Dobrokhodov, V., Lim, B.A.: Development and flight testing of GNC algorithms using a rapid flight test prototyping system. In: AIAA Guidance, Navigation, and Control Conference and Exhibit, Monterey, August 2002

24. Kingston, D., Beard, R.W., McLain, T., Larsen, M., Ren, W.: Autonomous vehicle technologies for small fixed wing UAVs. In: 2nd AIAA Unmanned Unlimited Conference and Workshop and Exhibit, Chicago 2003

25. Kingston, D.B., Beard, R.W.: Real-time attitude and position estimation for small UAVs using low-cost sensors. In: AIAA 3rd Unmanned Unlimited Technical Conference, Workshop and Exhibit, Chicago, September 2004

26. Labrosse, J.J.: MicroC/OS-II-TheReal-TimeKernel, 2nd edn. CMPBooks, San Francisco (2002)

27. McLain, T., Chandler, P., Pachter, M.: A decomposition strategy for optimal coordination of unmanned air vehicles. In: Proceedings of the American Control Conference, pp. 369-373, Chicago, June 2000

28. McLain, T.W., Beard, R.W.: Coordination variables, coordination functions, and cooperative timing missions. J. Guid. Control Dyn. **28**(1), 150-161 (2005)

29. Palopoli, L., Pinello, C., Sangiovanni-Vincentelli, A.L., Elghaoui, L., Bicchi, A.: Synthesis of robust control systems under resource constraints. In: HSCC '02: Proceedings of the 5th International Workshop on Hybrid Systems: Computation and Control, pp. 337-350. Stanford, March 2002

30. Tsiotras, P., Bakolas, E.: A hierarchical on-line path planning scheme using wavelets. In: Proceedings of the European Control Conference, pp. 2806-2812, Kos, July 2007

———— 第 **10** 篇 ————

基于自适应控制的 RBF 和 SHL
神经网络比较

Ryan T. Andeison, Girish Chowdhary Eric N. Johnson
（瑞安 T·安德森, 吉里什·乔杜里, 埃克里 N·约翰逊）

摘　要: 现代化无人机 (UAV) 在日益不确定的环境中操作时需要进行复杂的机动飞行。为了满足这些需求并以高精确度对系统动态特性进行建模, 使用了一种称为神经网络基模型基准自适应控制 (MRAC) 的控制系统设计。目前工业界和学术界使用两种神经网络构造作为 MARC 的自适应元素; 径向基础函数和单个隐蔽层神经网络。虽然数学推导可以发现这两种神经网络之间的不同, 但是还没有为飞行控制器针对性能特性进行比较性分析, 从而合理地从两者之间选择一种神经网络。虽然这两种神经网络的构造有相似性, 但是还有几个主要差异, 对控制系统的总体性能有显著影响。本文中, 在与 UAV 高度相关的应用中, 对两种神经网络基于自适应控制方法的性能特性进行了详细比较。得出结论将为工程师提供了选择更好的神经网络自适应元素的证据, 以便选择性能特性更好的控制器。

关键词: 神经网络; SHL; RBF; MRAC; 自适应控制; 比较

R. T. Anderson (⊠) · G. Chowdhary · E. N. Johnson
Department of Aerospace Engineering, Georgia Institute of Technology,
270 Ferst Drive, Atlanta GA 30332-0150, USA
E-mail: RAnderson@ gatech.edu
G. Chowdhary
E-mail: Girish.Chowdhary@ gatech.edu
E. N. Johnson
E-mail: Eric.Johnson@ ae.gatech.edu

K. P. Valavanis et al. (eds.), *Unmanned Aircraft Systems* DOI: 10. 1007/978-1-4020-9137-7 _11

1 引言

在过去几十年里对无人机(UAV)技术的研发和需求都有了显著扩展。新型微型空中飞行器、无人驾驶战斗飞行器以及远程监视飞机的出现已扩大了军用飞机的包络,过去这种包络曾受到人工操作员实际性限制的约束。现代化UAV 在不确定性日益增多的环境中操作时需要进行复杂的机动飞行。由于UAV 执行日益复杂的操作,所以它们需要能够以高精确度对系统动态特性进行精确建模的控制系统。

控制系统设计的几种最新方法之一是使用神经网络进行模型基准自适应控制(MRAC)[1,8-10]。这种方法已成为重要研究的聚焦点,而且在最近的大量项目中可以发现这种方法,如研发 F-36 无尾战斗机(RESTORE)[2,3] 和佐治亚技术大学的自主直升机试验台(GTMAX)[4-6,13]。神经网络基 MRAC 的一个主要优点是神经网络能够对任意精确度的小范围内建模任何连续函数[7,8,10]。理论上,神经网络可以建模所有在 UAV 中呈现的有界的且分段的连续非线性动态特性以及设备中的所有不确定性,只要选择了适当控制规律和 NN 结构,而且神经元协调适当。

在工业界和学术界,传统上为自适应控制所选的神经网络一直是径向基础函数(RBF)或者单个隐蔽层(SHL)神经网络;然而,目前还没有证据应该选择哪一种构造。虽然数学理论可以说明这两种神经网络之间的不同,但是还没有在这两种神经网络应用于一个实际控制器时真正一起对它们进行比较。在本文中,在一项与新型 UAV 系统研发工作高度相关的应用中,对这两种自适应控制构造进行了详细比较。

当 SHL 和 RBF 神经构造都用于一种模型基准自适应控制器时,对纵向飞行控制器进行了分析。研究结果说明了当应用于 MRAC 时这两种神经网络之间的一些主要对比,如计算的复杂性、协调参数中的鲁棒性以及当增加进来各种类型的模型不确定性时在跟踪误差过程中的各种变化。由于本文的目的是要在这两种 MRAC 方法之间进行比较,所选的设备动态特性既简单又与实际应用相关。在我们的比较中所使用的设备模型是简化的固定翼平台,其中包含三角非线性。在设备模型中包含一个正弦函数,其作用是模拟平台的长周期振动模式,且不会显著增加设备的复杂性。为了在 RBF 和 SHL 自适应元素特性之间进行一次彻底的比较,对大量系统动态特性进行了分析。本文在系统中增加了一个二级舵,在系统中引入非线性,就像在允许设备动态特性保持不变进行分析时所确定的那样。利用舵机为大量在实际控制系统中共同发现的非线性在这两种神经网络自适应控制器之间进行了比较,其中包括时间延迟、黏性效应、非建模耦合以及三角非线性。

本文描述了在为一种复杂性变化的系统而应用于 MRAC 时 RBF 和 SHL 神经网络之间性能特性的详细比较。我们的研究结果将为工程师们提供在其中选择一种神经网络构造的明确证据。恰当选择神经网络构造将总体提高控制器的性能,从而提升 MRAC 在最新型 UAV 系统中的有效性。

2　自适应控制构造

通过 RBF 和 SHL 神经网络构造在模型基准自适应控制器上的应用,对其特性进行了分析。神经网络将作为自适应元素,负责逼近从飞机的设备模型中的非建模的更高级动态特性中形成的转换误差。MRAC 是一种已经过验证的控制构造,作为 GTMAX 自主直升机[4-6,13]以及较老式的飞机如 F-15[10]的控制系统已成功地用于几次飞行试验中。当自适应元素正确使用时,MRAC 将有效提供对既突然又巨大的指令变化的精密且准确的响应。本文中的 MRAC 结构除了自适应元素外将保持不变,以便在 RBF 和 SHL 神经网络之间进行公平的比较;只有舵机单元中的动态特性将有所修正,以便将不确定性引入系统中。

本文中 MRAC 的控制构造以 Johnson 研制的控制器为基础。关键部件包括基准模型、近似动态特性变换、P–D 补偿器和自适应元素。图 1 说明了控制器构造,它能够建模一种不稳定且非线性的设备,并说明了由舵机动态特性引起的更高级别建模的不确定性。该系统的设备动态特性为

$$\ddot{x} = f(x, \dot{x}, \delta) \tag{1}$$

式中: $x \in \mathbf{R}^2$; $\dot{x} \in \mathbf{R}^2$。

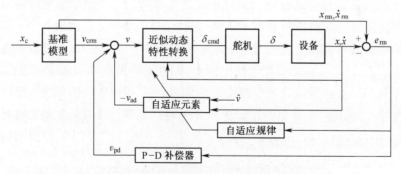

图 1　使用近似模型转换的模型基准自适应控制器

指令输入信号表示为 x_c、$\dot{x}_c$,并馈入基准模型中,其中基准模型输出信号表示为 x_{rm}、$\dot{x}_{rm}$ 和 $\ddot{x}_{rm}$。因此,系统模型动态特性表示为基准模型输出的函数,即

$$\ddot{x}_{\text{rm}} = v_{\text{crm}}(x_{\text{rm}}, \dot{x}_{\text{rm}}, x_{\text{c}}, \dot{x}_{\text{c}}) \tag{2}$$

式中：v_{crm} 还可以表示为

$$v_{\text{crm}} = f_{\text{rm}}(x_{\text{rm}}, \dot{x}_{\text{rm}}, x_{\text{c}}, \dot{x}_{\text{c}}) \tag{3}$$

进入近似动态特性转换的控制信号通常称为伪控制函数，而且它是基准模型输出（v_{crm}）、线性补偿器（v_{pd}）和神经网络自适应元素（v_{ad}）的组合。这样数学上伪控制表示为

$$v = v_{\text{crm}} + v_{\text{pd}} - v_{\text{ad}} \tag{4}$$

理论概念上，伪控制信号将精确等于设备模型的系统动态特性。然而，控制器使用非线性系统，使它可以对真正值公平地进行转换。因此，产生的控制信号 δ_{cmd} 将是 v 的一个近似转换，表示为

$$v = \hat{f}(x, \dot{x}, \delta_{\text{cmd}}) \tag{5}$$

δ_{cmd} 控制信号将用未知的舵机动态特性进行修正，形成修正的控制信号 δ。伪控制和设备动态特性之间的建模误差的结果表示为

$$\ddot{x} = v + \Delta(x, \dot{x}, \delta) \tag{6}$$

其中实际系统模型和近似系统模型之间的差异表示为

$$\Delta(x, \dot{x}, \delta) = f(x, \dot{x}, \delta) - \hat{f}(x, \dot{x}, \delta) \tag{7}$$

而基准模型跟踪模型误差（e）定义为

$$e = \begin{bmatrix} x_{\text{rm}} - x \\ \dot{x}_{\text{rm}} - \dot{x} \end{bmatrix} \tag{8}$$

而模型跟踪误差动态特性是通过求基准模型跟踪模型误差（e）的微分而得到的，结果形成

$$\Delta(x, \dot{x}, \delta) = f(x, \dot{x}, \delta) - \hat{f}(x, \dot{x}, \delta) \tag{9}$$

其中

$$A = \begin{bmatrix} 0 & I \\ -K_{\text{p}} & -K_{\text{d}} \end{bmatrix}, B = \begin{bmatrix} 0 \\ I \end{bmatrix} \tag{10}$$

以 $K_{\text{p}} > 0 \in \mathbf{R}^{2 \times 2}$ 和 $K_{\text{d}} > 0 \in \mathbf{R}^{2 \times 2}$ 为条件。模型误差 $\Delta(x, \dot{x}, \delta)$ 将是近似值，可以用自适应元素 v_{ad} 对消，并可表示为

$$\Delta(x, \dot{x}, \delta) = f(x, \dot{x}, \delta) - \hat{f}(x, \dot{x}, \delta) \tag{11}$$

这样

$$v_{\text{ad}} = \Delta(x, \dot{x}, \delta) \tag{12}$$

该控制器所使用的线性补偿器是比例导数补偿器，表示为

178

$$v_{\mathrm{pd}} = \begin{bmatrix} K_{\mathrm{p}} & K_{\mathrm{d}} \end{bmatrix} e \tag{13}$$

自适应信号 v_{ad} 试图消除模型误差 Δ,方法是利用神经网络基误差参数化来适应模型误差。如果适应是准确的,系统的动态特性就降低为 e 中的线性系统的动态特性。符合莱阿波诺夫方程式的误差跟踪方程式为

$$\boldsymbol{A}^{\mathrm{T}}\boldsymbol{P} + \boldsymbol{P}\boldsymbol{A} + \boldsymbol{Q} = 0 \tag{14}$$

式中: $\boldsymbol{P} \in \boldsymbol{R}^{2n \times 2n}$; $\boldsymbol{A} \in \boldsymbol{R}^{2n \times 2n}$; $\boldsymbol{Q} \in \boldsymbol{R}^{2n \times 2n}$。

这样矩阵 $\boldsymbol{P}$ 和 $\boldsymbol{Q}$ 都是恒正的,因此由自适应元素形成的线性系统 $\dot{x} = \boldsymbol{A}x$ 是全局渐近稳定的。所以,如果利用神经网络可以实现模型误差的完美参数化,就可以保证 MRAC 是稳定的。

3 单个隐蔽层神经网络

SHL 感知器神经网络是一种通用的近似器,因为它能够将平滑的非线性函数近似到任意精确度。SHL 神经网络包含简单的神经网络构造,其中包括输入信号,这个输入信号通过一层神经元,而每个神经元都包含一个独特的 S 形曲线函数(图 2)。

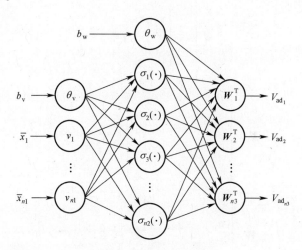

图 2   SHL 神经网络构造

飞行控制器的自适应元素中使用的 SHL NN 输入—输出图表示如下:

$$v_{\mathrm{adk}} = b_{\mathrm{w}}\theta_{\mathrm{w},k} + \sum_{j=1}^{n_2} w_{j,k}\sigma_j\Big(b_v\theta_{v,j} + \sum_{i=1}^{n_1} v_{i,j}\bar{x}_i\Big) \tag{15}$$

式中: $j = 1, \cdots, n_3$; b_{w} 是外层偏差; θ_{w} 是 k^{th} 阈值; b_v 是内层偏差; θ_v 是 j^{th} 阈值。

包含在每个神经元中的 S 形曲线函数 σ_j 表示为

$$\theta_j(z_j) = \left(\frac{1}{1 + e^{-a_j z_j}} \right) \tag{16}$$

式中：$j = 1, \cdots, n_3$；a 是活化电势；z 是内重量乘以输入信号的函数。

　　每个隐蔽层神经元都将有一个活化电势的唯一值，神经元可确保具有适当的功能性。输入—输出图的方程式也能够以矩阵形式表示，因而有

$$v_{\text{adk}}(\boldsymbol{W}, \boldsymbol{V}, \bar{\boldsymbol{x}}) = \boldsymbol{W}^{\mathrm{T}} \boldsymbol{\sigma}(\boldsymbol{V}^{\mathrm{T}} \bar{\boldsymbol{x}}) \in \mathbf{R}^{n_3 \times 1} \tag{17}$$

前提条件是采用以下定义：

$$\bar{\boldsymbol{x}} = \begin{bmatrix} b_v \\ x_{in} \end{bmatrix} = \begin{bmatrix} b_v \\ \bar{x}_1 \\ \bar{x}_2 \\ \vdots \\ \bar{x}_{n_1} \end{bmatrix} \in \mathbf{R}^{(n_1+1) \times 1} \tag{18}$$

$$\boldsymbol{z} = \boldsymbol{V}^{\mathrm{T}} \bar{\boldsymbol{x}} = \begin{bmatrix} b_v \\ \bar{z}_1 \\ \bar{z}_2 \\ \vdots \\ \bar{z}_{n2} \end{bmatrix} \in \mathbf{R}^{n_2 \times 1} \tag{19}$$

$$\boldsymbol{V} = \begin{bmatrix} \theta_{v,1} & \cdots & \theta_{v,n_2} \\ v_{1,1} & \cdots & v_{1,n_2} \\ \vdots & \ddots & \vdots \\ v_{n_1,1} & \cdots & v_{n_1,n_2} \end{bmatrix} \in \mathbf{R}^{(n_1+1) \times n_2} \tag{20}$$

$$\boldsymbol{W} = \begin{bmatrix} \theta_{w,1} & \cdots & \theta_{w,n_2} \\ w_{1,1} & \cdots & w_{1,n_2} \\ \vdots & \ddots & \vdots \\ w_{n_1,1} & \cdots & w_{n_1,n_2} \end{bmatrix} \in \mathbf{R}^{(n_1+1) \times n_2} \tag{21}$$

$$\boldsymbol{\sigma}(z) = \begin{bmatrix} b_w \\ \sigma_{z_1} \\ \sigma_{z_2} \\ \vdots \\ \sigma_{z_4} \end{bmatrix} \in \mathbf{R}^{(n_2+1) \times 1} \tag{22}$$

在每个输入信号上,都将有一组理想的重量 W 和 V,这样可以保证非线性信号和神经网络自适应之间的误差小于 ε。ε 受到 $\bar{\varepsilon}$ 约束,其值表示为

$$\bar{\varepsilon} = \frac{\sup}{\bar{x} \in D} \| W^{\mathrm{T}} \boldsymbol{\sigma}(V^{\mathrm{T}} \bar{x}) - \Delta(\bar{x}) \| \tag{23}$$

式中:$\Delta(\bar{x})$ 是正在近似的误差函数;D 是紧致集,其中包含 $\bar{x}$ 的值。

随着在隐蔽层中使用的神经元的数目的增加,任意值理论上将变小。重量 W 和 V 的以下在线自适应规律是以莱阿波诺夫稳定性方程式为基础的,并且所有输入信号的最终局限性得到保证[1,7]。

$$\dot{W} = -\left[(\boldsymbol{\sigma} - \boldsymbol{\sigma}' V^{\mathrm{T}} \bar{x}) + \kappa \| e \| W\right] \Gamma_W \tag{24}$$

$$\dot{V} = -\Gamma_V \left[\bar{x}(r^{\mathrm{T}} W^{\mathrm{T}} \boldsymbol{\sigma}') + \kappa \| e \| V\right] \tag{25}$$

这样,Γ_W 和 Γ_V 是总重量训练飞行重量,而 $r = e^{\mathrm{T}} PB$。

4　径向基础函数神经网络

RBF 神经网络是另一种类型的通用近似器。RBF 神经网络构造如图 3 所示,其中包含一个输入信号的矢量,由于输入信号通过一层神经元馈入,所以它们有所修正,而每个神经元都包含独特的高斯函数。

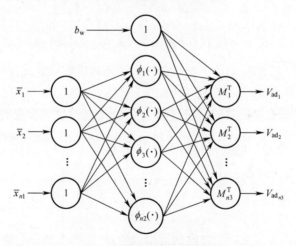

图 3　RBF 神经网络结构

RBF 神经网络的结构几乎与 SHL 神经网络结构相同,但是有几个主要差异。首先,这两种神经网络使用了隐蔽层节点范围内的不同函数;SHL 使用 S 型曲线函数,而 RBF 使用高斯函数。第二,RBF 没有内重量矩阵,而是同等地为每个隐蔽层节点分配输入信号[8,10]。第三,高斯函数在局部限制的区域[10]内运算,必须依靠中心位置和宽度值的非线性参数化,从而保证在一个大区域

内有适当的函数近似。

这可以通过利用基于莱阿波诺夫稳定性分析的自适应规律来实现,因为允许神经网络中每个神经元的宽度值和中心值在每次求导中循环地修正。实施 RBF 神经网络的飞行控制器的自适应元素可以表示为

$$v_{ad} = \hat{\boldsymbol{M}}^{\mathrm{T}} \hat{\boldsymbol{\phi}} \tag{26}$$

式中:$\hat{\boldsymbol{M}}$ 是一个矩阵,包含神经元重量;$\hat{\boldsymbol{\phi}}$ 是一列,包含 RBF 中使用的神经元。

每个 $\hat{\phi}$ 值都是一个独特的高斯函数,表示为

$$\hat{\phi}(\bar{x}, \xi, \eta) = \exp\left(\frac{\| \bar{x} - \xi \|^2}{\eta^2} \right) \tag{27}$$

式中:$\bar{x}$ 是信号输入;ξ 是神经元中心位置;η 是神经元宽度。

在每次增长时,高斯函数、神经元重量、宽度和中心位置的值都有所修正,以便确保神经元保持适当地参数经并继续近似到模型误差。Nardi[8] 表示,以下在 MRAC 构造中的 RBF 神经网络的自适应规律保证了所有信号的最终局限性,只要有某些初始协调的参数:

$$\dot{\hat{\xi}} = G[\, 2(\zeta \hat{\boldsymbol{M}}^{\mathrm{T}} \phi_{\xi})^{\mathrm{T}} - \lambda_{\xi}(\hat{\xi} - \xi_0)\,] \tag{28}$$

$$\dot{\hat{\eta}} = L[\, 2(\zeta \hat{\boldsymbol{M}}^{\mathrm{T}} \phi_{\eta})^{\mathrm{T}} - \lambda_{\eta}(\hat{\eta} - \eta_0)\,] \tag{29}$$

$$\dot{\hat{M}} = F[\, 2(\hat{\phi} - \hat{\phi}_{\xi}\hat{\xi} - \hat{\phi}_{\eta}\hat{\eta})\zeta - \lambda_M(\hat{M} - M_0)\,] \tag{30}$$

式中:$\dot{\hat{\xi}}$ 是神经元中心位置的瞬时时间变化率;$\dot{\hat{\eta}}$ 是神经元宽度的瞬时时间变化率;$\dot{\hat{M}}$ 是神经元重量值的瞬时时间变化率;符号 G、L 和 F 分别是中心协调值、宽度协调值和重量协调值。

函数 ζ 定义为

$$\zeta = \boldsymbol{e}^{\mathrm{T}} \boldsymbol{P} b \tag{31}$$

式中:e 是控制器和基准模型之间的近似误差;P 是第 2 部分中莱阿波诺夫方程式的恒正解。

5 飞行仿真

通过使用简化的纵向设备模型,对两种神经网络自适应元素进行了比较,纵向设备模型只包含正弦非线性。这种简化模型对于我们进行的比较是理想模型,因为它排除了不希望的非线性,而保留了足够的复杂性可以相当好地仿

真实际固定翼 UAV 的纵向设备模型。由于本文的目的是要在所有空中飞行器中常见非线性动态特性范围内比较 RBF 和 SHL 自适应元素，所以为飞机的操纵面增加了一个二级舵。我们为比较分析所选择的近似设备模型定义为

$$\ddot{x} = \frac{M_{\mathrm{d}}\psi\sin y}{I} - \frac{M_{\mathrm{t}}\sin x}{I} + \frac{M_{\mathrm{q}}\dot{x}}{I} \tag{32}$$

式中：M_{d}、M_{t}、M_{q}、I 是飞机常数；y 是操纵面舵机的位置；ϕ 是舵机位置和操纵面位置之间的比例系数。

非建模的舵机动态特性表示为

$$\ddot{y} = \Lambda\omega_{\mathrm{n}}^{2}\delta - 2\beta\omega_{\mathrm{n}}\dot{y} - \omega_{\mathrm{n}}y \tag{33}$$

式中：Λ 是舵机的 DC 增益；ω_{n} 是固有频率；β 是舵机阻尼；δ 是控制信号。

由于神经网络自适应元素的容量能够精确地近似非建模的动态特性，所以设备足够简单，MRAC 可以不必详尽地近似转换模型。因此，将直接根据伪控制改进控制信号，即

$$v = \delta_{\mathrm{cmd}} \tag{34}$$

对近似设备模型所进行的飞行仿真包括一对陡俯仰机动飞行。仿真是从 UAV 在 0°俯仰时进行调整开始的，可以用以下指令输入加以描述：

（1）俯仰 45°并调整 5s；

（2）返回 0°俯仰并仍然调整 5s；

（3）俯仰到 45°并调整 5s；

（4）返回 0°俯仰并调整 5s。

在选择神经网络基自适应元素时有一个重要的因素，就是 NN 对系统动态特性所具的复杂性中存在的各种变化的灵敏度。一个理想的神经网络将呈现跟踪误差中只有有限的变化，因为系统的复杂性改变了。由于额外的正弦非线性和指数非线性增加到设备动态特性中，利用以上飞行仿真，对 RBF 和 SHL 神经网络进行了分析。

6 神经网络自适应元素的分析

6.1 分析尺度

SHL 和 RBF 神经网络自适应元素之间的性能比较以如下的尺度为基础：

（1）模型跟踪误差；

（2）处理时间；

（3）协调鲁棒性。

模型跟踪误差尺度是对神经网络精确建模整个仿真过程中更高级别动态特性能力的一种分析尺度。这种尺度可以通过获取系统模型和第 2 部分中的 MRAC 产生的基准模型信号之间的误差量而得到。这种尺度的数学表达式为

$$跟踪误差 = \left\| \sqrt{\sum | v_{ad} + \Delta_{cmd} - \ddot{x} |^2} \right\| \tag{35}$$

式中：v_{ad} 是自适应元素控制信号；$\ddot{x}$ 是二级设备动态特性。

由于 RBF 和 SHL 神经网络中的协调参数已修正，所以仿真的跟踪误差受到影响。因为 SHL 神经网络有 6 个协调参数、RBF 神经网络有 10 个协调参数，所以重要的是要确定这些参数如何互相影响以及对控制器性能特性产生影响。利用第 5 部分中评论的飞机设备进行多次仿真已很有利于这种分析。每次仿真中神经网络的协调参数都是变化的，所以可以分析所有可行的控制器构型中的一个样品。为了降低仿真的计算复杂性，简化了第 5 部分中的指令机动飞行，只实现 45° 的俯仰机动飞行，为时 5s。然后利用称为 JMP 的统计分析工具对结果进行分析，可以得到协调参数和控制器的性能特性之间的相关性。运行时跟踪误差超过 8 的仿真已被除去，因为这些值在最佳跟踪范围之外。还消除了那些应用于隐蔽层的神经元数目超过 30 的运行。在隐蔽层中有大量神经元会增加处理时间的需求，造成控制器在线应用时操作不顺利。

协调参数和性能特性之间的相关性分析结果在图 4 和图 5 中显示。相关性一栏中的正值表示直接的相关性，负值表示逆相关性，而幅度大小表示相关性的强度。还形成了仿真运行时跟踪误差的图像（图 6~图 10）。在每张图中，跟踪误差用 z 轴表示，应用于隐蔽层的神经元数目用 x 轴表示。图像只显示了如下的仿真运行：跟踪误差保持在 8 以下，y 轴范围选为尽可能宽，不对跟踪误差产生重大影响。在某些跟踪误差对协调参数高度敏感的实例中，协调参数的范围缩减为只包括那些含有合适的跟踪误差的值。

处理时间的尺度是分析整个仿真过程中每一步骤的自适应元素的修正率。这一尺度将制定自适应元素的控制规律所需的时间与修正神经元和计算自适应元素控制信号 ad 所需的时间相加，它是一种定性分析，其中各个值将根据用于进行仿真的计算机的处理功率而改变。利用 RBF 和 SHL 神经网络的飞行仿真是在具有相同的处理器技术指标的计算机上进行的，从而保证仿真条件也相同。为了进一步保证结果的准确性，图 11 中的每个数据点都是多次仿真运行的结果。

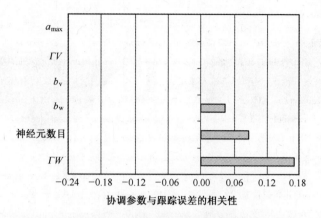

图 4　协调参数与 SHL 神经网络的跟踪误差的相关性

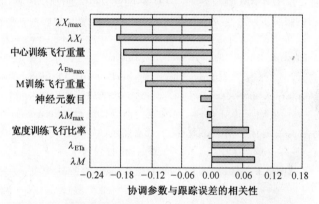

图 5　协调参数与 SHL 神经网络的跟踪误差的相关性

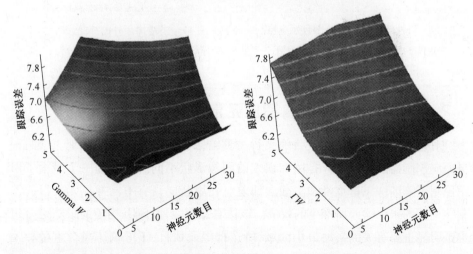

图 6　当神经元数目以及控制矩阵训练飞行重　图 7　当神经元数目以及输入偏差已修正
量已修正时 SHL 自适应元素的跟踪误差图像　　　时 SHL 自适应元素的跟踪误差图像

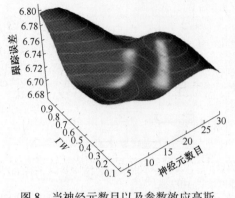

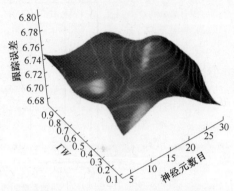

图 8   当神经元数目以及参数效应高斯
函数宽度已修正时 RBF 自适应
元素的跟踪误差图像

图 9   当神经元数目以及参数效应高斯
函数中心位置已修正时 RBF 自适应
元素的跟踪误差图像

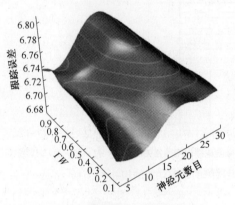

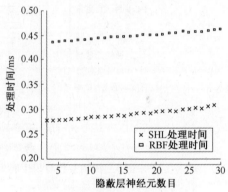

图 10   当神经元数目以及参数效应控制
矩阵训练飞行重量已修正时 RBF
自适应元素的跟踪误差图像

图 11   当增加额外的神经元时为
SHL 和 RBF 自适应元素计算
v_{ad} 所需的处理时间

6.2   对 RBF 和 SHL 自适应元素仿真结果的评估

对包含二级舵的简化设备的飞行仿真结果已得到几个重要发现。这两种自适应控制器的明显差异是跟踪误差的图像形状不同。图 6 和图 7 显示了修正控制矩阵训练飞行重量和隐蔽层偏差对在隐蔽层具有不同神经元数目的控制器构型的跟踪误差所产生的效应。该仿真结果表明,SHL 构型的跟踪误差包含了明显主要有关的当地最小区域、所选神经元数目、TW 训练飞行重量和输入偏差值。形成对比的是 RBF 控制器的跟踪误差图像,它包含几个当地最小区域。图 8～图 10 显示了当根据高斯函数宽度、中心位置和控制矩阵 M 的协调参数而进行修正时 RBF 控制器跟踪误差的变化。由于这 3 个参数互相耦合,所以 RBF 神经网络要比 SHL 神经网络更难以最佳协调。因为 RBF 比 SHL NN 包含更多的跟踪误差的当地最小区域,所以它对过度调整误差和不合理的训练更加敏感。

从三次检验看,RBF 神经网络比 SHL 神经网络包含更多的协调参数,然而这未必表明协调灵敏度的增加。当对控制器仿真进行分析以确定协调变量和跟踪误差之间的相关性时,会对 RBF 和 SHL 控制器的协调灵敏度进行比较。一个理想的控制器将只包含几个具有很强相关性的参数,而一个协调不良的控制器却包含多个具有大致相等的相关性值的参数。图 4 和图 5 显示了每个协调参数对跟踪误差的影响。从这些结果可知,RBF 神经网络要比 SHL 神经网络更难以协调。

从跟踪误差分析得到的另一个重要结果是对于这两种神经网络都有用于隐蔽层的神经元的数目最佳值。一旦达到这个值,只要采用最佳的协调参数,就会对跟踪误差有一个很小的改善,因为增加了额外的神经元。图 12 和图 13 是当所有协调参数(除了神经元数目和输入控制矩阵之外)都保持不变时 RBF 和 SHL 神经网络跟踪误差的图像。两个图中的 y 轴是输入矩阵重量训练飞行重量和隐蔽层中神经元数目的相乘值。这样使图像的形状变扁平,使它们易于

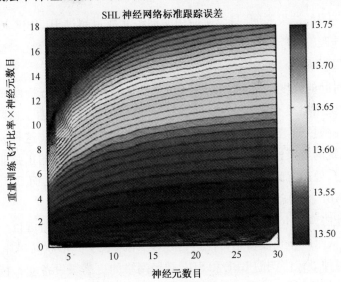

图 12　当重量训练飞行比率和神经元数目变化时具有二级舵动态特性
近似设备模型的标准跟踪误差图像

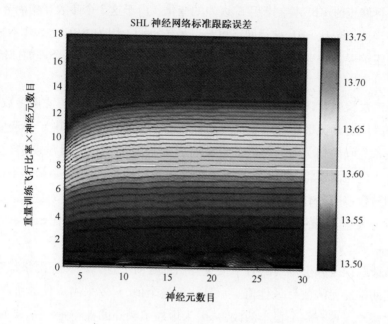

图 13　当重量训练飞行比率和神经元数目变化时具有二级舵动态特性
的近似设备模型的标准跟踪误差图像

截取。这些图的结果表明,只要所使用的神经元数目超过10,RBF和SHL神经网络的最佳跟踪性能就几乎相同。此外,在隐蔽层中增加神经元对减小跟踪误差只有有限影响。

　　处理时间的尺度结果(图11)表明,对于含有二级舵动态特性简化设备来说,SHL神经网络具有比RBF神经网络更加改进的修正率。由于这两种神经网络的神经元数量的增加,所以其处理时间也以线性形式增加。这种关系确实成立,因为系统的复杂性增加了。当对系统动态特性增加额外的正弦非线性和指数非线性时,处理时间继续随着神经元数目以线性形式增加,而SHL控制器仍然具有比RBF控制器更快的修正率。

　　对最佳协调的RBF神经网络和最佳协调的SHL神经网络进行一次可视的能力比较,从而对非线性动态特性进行建模,结果表明其形状几乎相同。图14显示了这两种最佳协调的RBF和SHL神经网络的更高级设备动态特性和自适应元素的近似控制信号的并列覆盖图。图14显示了当采用最佳协调的RBF和SHL神经网络时飞机模型对指令输入的俯仰响应的并列图。总体来说,最佳的SHL NN建模设备模型的跟踪误差的能力比RBF NN稍强(图15)。

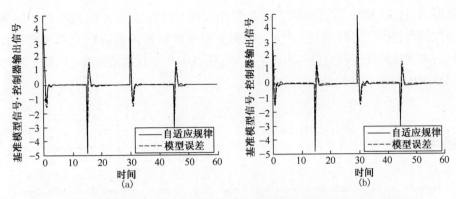

图 14　用最佳的 SHL 自适应元素(a)和最佳的 RBF 自适应元素(b)建模近似
纵向设备的二级动态特性的控制器的比较

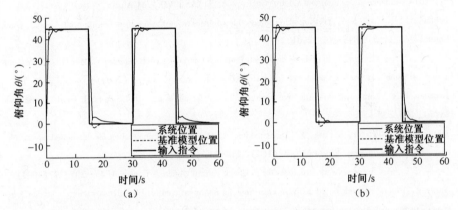

图 15　使用具有最佳的 SHL 自适应元素(a)和最佳的 RBF 自适应元素(b)的控制器
时 UAV 系统对指令输入的响应情况比较

7　结论

　　对 RBF 和 SHL 神经网络性能特性分析的结果很明确也很重要。通过协调的跟踪误差缓和以及处理时间分析,可以做出可定量的判断选择一种神经网络。由于性能特性是通过使用包含非建模二级舵动态特性的简化飞机设备来进行分析的,所以本文所给出的结果将与从实际空中飞行器中发现的结果类似。

　　以下是对比较结果的简要叙述。根据对跟踪误差图像以及参数相关性表的分析结果,RBF 控制器要比 SHL 控制器更难以协调,另外对过度调整误差和不合理的训练更加敏感。而且,用于修正 RBF 神经网络的神经元重量的控制规律会形成比 SHL 神经网络更慢的修正率,如图 13 所示。当 RBF 和 SHL 神经网

189

络得到最佳协调时,其跟踪误差是近似相同的。根据这些结果,SHL 神经网络为控制器提供了更好的性能特性,因而它也是控制器的自适应元素的更好选择。由于这种性能需要进一步增多 UAV,所以本文中的结果有助于确保工程师们使 MRAC 的有效性最大化。

参考文献

1. Johnson, E.N.: Limited authority adaptive flight control. Ph.D. Dissertation, School of Aerospace Engineering, Georgia Institute of Technology, Atlanta, GA (2000)

2. Calise, A.J., Lee, S., Sharma, M.: The development of a reconfigurable flight control law for tailless aircraft. In: AIAA Guidance Navigation and Control Conference, AIAA-2003-5741.Austin, August (2003)

3. Brinker, J.S., Wise, K.A.: Testing of reconfigurable control law on the X-36 tailless aircraft.AIAA J. Guid. Control Dyn. 24(5), 896-902 (2001)

4. Johnson, E.N., Schrage, D.P.: The georgia tech unmanned aerial research vehicle: GTMax. In: AIAA Guidance Navigation and Control Conference, AIAA-2003-5741. Austin, August (2003)

5. Johnson, E.N., Kannan, S.K.: Adaptive trajectory control for autonomous helicopters. J. Guid.Control Dyn. 28(3), 524-538 (2005)

6. Johnson, E.N., Proctor, A., Ha, J., Tannenbaum, A.: Visual search automation for unmanned aerial vehicles. IEEE Trans. Aerosp. Electron. Syst. 41(1), 219-232 (2005)

7. Lewis, F.L.: Nonlinear network structures for feedback control. Asian J. Control 1(4), 205-228(1999)

8. Nardi, F.: Neural network based adaptive algorithms for nonlinear control. Ph.D. Dissertation,School of Aerospace Engineering, Georgia Institute of Technology, Atlanta, GA (2000)

9. Johnson, E.N., Oh, S.M.: Adaptive control using combined online and background learning neural network. In: AIAA Guidance Navigation and Control Conference. Providence, August (2004)

10. Shin, Y.: Neural network based adaptive control for nonlinear dynamic regimes. Ph.D. Dissertation,School of Mechanical Engineering, Georgia Institute of Technology, Atlanta, GA (2005)

11. Hovakimyan, N., Nardi, F., Calise, A., Kim, N.: Adaptive output feedback control of uncertain nonlinear systems using single-hidden-layer neural networks. IEEE Trans. Neural Netw. 13(6),1420-1431 (2002)

12. Chowdhary, G., Johnson, E.: Adaptive neural network flight control using both current and recorded data. In: AIAA Guidance, Navigation, and Control Conference, AIAA-2007-6505.Hilton Head, August (2007)

13. Christophersen, H.B., Pickell, R.W., Neidhoefer, J.C., Koller, A.A., Kannan, S.K., Johnson, E.N.:A compact guidance, navigation, and control system for unmanned aerial vehicles. AIAA J.Aerosp. Comput. Inf. Commun. 3(5), 187-213 (2006)

第 11 篇

基于缩小模型和解耦的小型直升机控制设计

Ivana Palunko,Stjepan Bogdan

(伊凡娜·帕兰科,斯捷潘·波格丹)

摘　要:本文推导出一种小型直升机完整的非线性数学模型。这种模型显示了输入变量和输出变量之间的耦合,本文对其进行了研究。探讨了特殊输入对特殊输出的影响,并说明了这些影响与飞行条件之间的关系。为了验证这种关系,在各个操作点将模型线性化,并确定了线性(直接的和解耦的)控制器。本文最后给出了仿真结果,证实了所提出的控制结构可以成功用于增益调度或转换控制小型直升机,从而利用简单的线性控制器进行特技飞行。

关键词:小型直升机;缩小模型;解耦;多变量控制

1　引言

　　众所周知,直升机是具有独特特性的固有非稳定的、非线性的、解耦的、多输入—多输出(MIMO)系统。另外,小型直升机固有地比全尺寸直升机更快速

I. Palunko · S. Bogdan (✉)

Laboratory for Robotics and Intelligent Control Systems,

Department of Control and Computer Engineering,

Faculty of Electrical Engineering and Computing,

University of Zagreb, Zagreb, Croatia

E-mail : stjepan.bogdan@ fer.hr

URL : http://flrcg.rasip.fer.hr/

K. P. Valavanis et al. (eds.), *Unmanned Aircraft Systems*. DOI:10.1007/978-1-4020-9137-7 _12

而且具有更多的响应动态特性,这使得设计稳定控制器成为一个具有挑战性的问题。可以用基于模型的数学方法或者渐近非线性控制算法来设计稳定控制器。

由于直升机的动态特性很复杂,所以线性控制技术基本上以模型线性化为基础。当面对非进攻性飞行场景时,上下前后悬停飞行时,线性模型为控制器设计、试验和实施提供了一种技术上稳妥的可选方案。在参考文献中给出了基于模型的直升机自主控制的不同方法。在参考文献[1]中,利用传统的 PD 反馈对高度保持控制,至于横向和纵向动态特性,设计则是以连续回路闭合为基础。其他方法采用简单的嵌套 PID 回路[2]或者基于低阶线性二次调节器的控制逻辑,使小尺寸无人驾驶直升机能够完全自动地完成特技飞行动作[3]。在参考文献[4]中,采用多变量态空间控制理论如极定点方法来设计线性状态反馈,从而使控制器构造简单的直升机在悬停时状态稳定。相关之处[1-4]在于控制设计是以模型线性化或者模型缩小为基础的。另外,耦合效应或是忽略掉或是简单地没有包括在模型设计中。这些简化适合于非进攻性飞行条件已经得到验证。

通常会在传统的控制理论和新型控制技术之间进行一些比较。进而将最有效的动作纯系化方法与为相同飞机设计的 PID 模块进行比较[5]。研究发现,动作纯系化技术可以比调节 PID 控制器用更少的时间生产出稳定的控制模块。然而,伴随着动作纯系化也存在着性能和可靠性不足的问题,基本上是由于受操作环境影响的动态特性随时间变化的本性以及驾驶员的行为不适于训练。在参考文献[6]中,对 PID 和模糊逻辑进行了比较。所提议的控制器是针对航向、俯仰、滚动高度变量为悬停和慢速飞行设计的。在两种控制器中,使用 IAE 判据进行参数最优化,而且两种控制器都以最小误差操纵飞行弹道。由于忽略了耦合,所以不能根据伯德图确定系统稳定性,但是可以获得的结果是,由于最初的最优化增益,系统是稳定的。这里得到的结论是对于实现低空直升机自动化[5]以及对于模糊控制器和 PID/PD 控制器来说,调节 PID 模块仍然优于动作纯系化,它们操纵的已知飞行弹道都具有最小误差。

非线性控制器更加通用,而且覆盖更宽的飞行包络,但是需要对系统有精准的认知,并对模型差异敏感。为悬停直升机设计的非线性 H_∞ 控制器可以精确地分解成两种三自由度控制器,一种针对平移运动,另一种针对转动运动,即使悬停时直升机的纵向和横向动态特性是高度非线性的并且严重耦合。在设计全包络、解耦直升机飞行控制系统方面已经取得了巨大进步,而且最初的设计已经用 RAE 贝德福飞行模拟器进行了成功的"飞行"。结果表明,μ-合成控

192

制器设计方法[8]对系统操作点的各种变化具有显著的性能鲁棒性。在参考文献[9]中，提出了一种方法，其中在一次仿真中采用性质上与实际直升机相似的动态模型研究出基于神经网络的控制器。在参考文献[10]中描述了对研究自主直升机飞行的加强法的成功应用。直升机动态特性的随机、非线性模型就合乎标准。然后用这种模型研究悬停到位，并做出 RC 直升机竞赛时的各种机动动作。参考文献[11]中描述的研究工作聚焦在小型直升机设计沿预定弹道的实际跟踪控制器上。对模型直升机动态特性的基本线性运动方程是从一种刚体的牛顿—欧拉方程式推导出的，这种刚体具有六自由度，可以在笛卡儿空间运动。控制系统的文献资料描述了各种具有众所周知的强势和弱势的适用技术。用这些方法可以生产有效的控制器，但是深入了解控制系统以及设计者对飞行器特性的认知通常对能否获取成功结果起到了主要作用。

本文推导出一种小型直升机的完全非线性数学模型。得到的模型被调整为遥控直升机的微型模型。非线性模型被线性化，随后进行解耦。对于控制器设计，使用了一种线性控制理论，因为这种理论具有持久性能、清晰的理论背景以及经许多专业人员证实的有效性。控制算法已确定，而且其有效性以及推导出模型的有效性通过在 Matlab Simulink 中的仿真进行试验。

2 非线性数学模型

在本节中给出了直升机的非线性数学模型的推导方法。6 个运动方程构成了直升机的非线性数学模型。主旋翼 F_{zR} 的空气动力升力由飞机机翼的空气动力升力确定[12]：

$$\| F_{zR} \| = \frac{1}{2} c_{zR} \rho_{\text{air}} S_{zR} \| \omega_R \|^2 \int_0^R \| r \|^2 \mathrm{d}r = \frac{1}{6} c_{zR} \rho_{\text{air}} S_{zR} \| \omega_R \|^2 R^3 \quad (1)$$

$$F_{zR} = \| F_{zR} \| \frac{\omega_R}{\| \omega_R \|} \times \frac{r}{\| r_{\text{f}} \|} \quad (2)$$

升力感生阻力 F_{tR} 用于计算主旋翼的旋转力矩 M_{ok}。升力感生阻力的表达式由参考文献[12]中给出的关系式推导出：

$$\| F_{tR} \| = \frac{1}{2} c_{tR} \rho_{\text{air}} S_{tR} \| \omega_R \|^2 \int_0^R \| r \|^2 \mathrm{d}r = \frac{1}{6} c_{tR} \rho_{\text{air}} S_{tR} \| \omega_R \|^2 R^3 \quad (3)$$

$$F_{tR} = \| F_{tR} \| \frac{\omega_R}{\| \omega_R \|} \times \frac{r}{\| r \|} \quad (4)$$

主旋翼模型是根据 Hiller 系统设计出的。主旋翼平面作用力由偏转角为 α

的叶片生成。升力 F_{uz} 对攻角 α 的依赖关系如下式:

$$F_{uz} = c_{uz}\rho_{\mathrm{air}}\alpha\,v_R^2 \tag{5}$$

力矩 $\tau_{uz\alpha}$ 和 $\tau_{uz\beta}$:

$$\|\boldsymbol{\tau}_{uz\alpha}\| = \sum_i \Delta\|\boldsymbol{\tau}_i\| = \|\boldsymbol{F}_{uz}\|_{\alpha}\int_0^{l_2}\|\boldsymbol{r}\|\,\mathrm{d}r = \frac{1}{4}c_{uz}\rho_{\mathrm{air}}\|\alpha\boldsymbol{\omega}_R\|^2 l_2^4 \tag{6}$$

$$\boldsymbol{\tau}_{uz\alpha} = \|\boldsymbol{\tau}_{uz\alpha}\|\frac{\boldsymbol{\omega}_R}{\|\boldsymbol{\omega}_R\|}\times\frac{\boldsymbol{r}}{\|\boldsymbol{r}\|} \tag{7}$$

$$\|\boldsymbol{\tau}_{uz\beta}\| = \sum_i \Delta\|\boldsymbol{\tau}_i\| = \|\boldsymbol{r}_{uz\beta}\|\int_0^{l_2}\|\boldsymbol{r}\|\,\mathrm{d}r = \frac{1}{4}c_{uz}\rho_{\mathrm{air}}\beta\|\boldsymbol{\omega}_R\|^2 l_2^4 \tag{8}$$

$$\boldsymbol{\tau}_{uz\beta} = \|\boldsymbol{\tau}_{uz\beta}\|\frac{\boldsymbol{\omega}_R}{\|\boldsymbol{\omega}_R\|}\times\frac{\boldsymbol{r}}{\|\boldsymbol{r}\|} \tag{9}$$

形成主旋翼前向和侧向倾斜。这些力矩在本节后面的运动方程中使用。

通过改变旋转平面,主旋翼力矩也改变。为了平衡所有力矩,必须将旋转坐标系转换为非旋转坐标系。沿旋转轴变化方向的主旋翼效应通过角动量表示。作用于具有固定轴的刚体的角动量通用表达式如下:

$$L = \sum \boldsymbol{r}_i \times \boldsymbol{p}_i \tag{10}$$

式中

$$L = \boldsymbol{R}_{z,\psi}\boldsymbol{R}_{y,\theta}\boldsymbol{R}_{x,\varphi}I_R\boldsymbol{\omega}_R \tag{11}$$

力矩定义为

$$\boldsymbol{\tau} = \frac{\mathrm{d}\boldsymbol{L}}{\mathrm{d}t} = \boldsymbol{r}\times\frac{\mathrm{d}\boldsymbol{p}}{\mathrm{d}t} + \frac{\mathrm{d}\boldsymbol{r}}{\mathrm{d}t}\times\boldsymbol{p} = \boldsymbol{r}_i\times\boldsymbol{F}_i \tag{12}$$

由此推导出主旋翼总力矩,考虑了旋转平面的变化。通过主旋翼的运动,研究了围绕 x 轴和 y 轴的两种转动(忽略围绕 z 轴的转动)。由旋转平面的变化而形成的力矩由下式表示:

$$\boldsymbol{\tau} = \frac{\mathrm{d}}{\mathrm{d}t}(\boldsymbol{R}_{y,\theta})\boldsymbol{R}_{x,\varphi}I_R\boldsymbol{\omega}_R + \boldsymbol{R}_{\psi,\theta}\frac{\mathrm{d}}{\mathrm{d}t}(\boldsymbol{R}_{x,\varphi})I_R\boldsymbol{\omega}_R + \boldsymbol{R}_{y,\theta}\boldsymbol{R}_{x,\varphi}I_R\boldsymbol{\omega}_R \tag{13}$$

式中

$$\boldsymbol{R}_{x,\varphi} = \begin{pmatrix} 1 & 0 & 0 \\ 0 & \cos\varphi & -\sin\varphi \\ 0 & \sin\varphi & \cos\varphi \end{pmatrix}, \boldsymbol{R}_{y,\theta} = \begin{pmatrix} \cos\theta & 0 & \sin\theta \\ 0 & 1 & 0 \\ -\sin\theta & 0 & \cos\theta \end{pmatrix}, \boldsymbol{R}_{z,\psi} = \begin{pmatrix} \cos\psi & -\sin\psi & 0 \\ \sin\psi & \cos\psi & 0 \\ 0 & 0 & 1 \end{pmatrix}$$

$$\tag{14}$$

最后,力矩可以用以下形式表示:

194

$$\boldsymbol{\tau}_{Dx} = \boldsymbol{\tau}\begin{bmatrix} 1 \\ 0 \\ 0 \end{bmatrix} = I_R\boldsymbol{\omega}_R\cos\varphi\sin\theta + I_R\boldsymbol{\omega}_R(-\dot{\varphi}\sin\varphi\sin\theta + \dot{\theta}\cos\varphi\cos\theta) \quad (15)$$

$$\boldsymbol{\tau}_{Dy} = \boldsymbol{\tau}\begin{bmatrix} 0 \\ 1 \\ 0 \end{bmatrix} = -I_R\boldsymbol{\omega}_R\sin\varphi - I_R\boldsymbol{\omega}_R\dot{\varphi}\cos\varphi \quad (16)$$

$$\boldsymbol{\tau}_{Dz} = \boldsymbol{\tau}\begin{bmatrix} 0 \\ 0 \\ 1 \end{bmatrix} = I_R\boldsymbol{\omega}_R\cos\varphi\cos\theta - I_R\boldsymbol{\omega}_R(\dot{\varphi}\sin\varphi\cos\theta + \dot{\theta}\cos\varphi\sin\theta) \quad (17)$$

所有应用于主旋翼的物理原理和近似法也都适用于后旋翼。后旋翼的气动力由下式推导出:

$$\parallel \boldsymbol{F}_{zr} \parallel = \frac{1}{2}c_{zr}\rho_{\text{air}}S_{zr} \parallel \boldsymbol{\omega}_r \parallel^2\int_0^r \parallel \boldsymbol{r} \parallel^2 \mathrm{d}r = \frac{1}{6}c_{zr}\rho_{\text{air}}S_{zr} \parallel \boldsymbol{\omega}_r \parallel^2 r^3 \quad (18)$$

$$\boldsymbol{F}_{zr} = \parallel \boldsymbol{F}_{zr} \parallel \frac{\boldsymbol{\omega}_r}{\parallel \boldsymbol{\omega}_r \parallel} \times \frac{\boldsymbol{r}}{\parallel \boldsymbol{r} \parallel} \quad (19)$$

这种力可使主旋翼旋转力矩稳定;因此,后来将它应用于运动方程。后旋翼感生阻力确定如下:

$$\parallel \boldsymbol{F}_{tr} \parallel = \frac{1}{2}c_{tr}\rho_{\text{air}}S_{tr} \parallel \boldsymbol{\omega}_r \parallel^2\int_0^r \parallel \boldsymbol{r} \parallel^2 \mathrm{d}r = \frac{1}{6}c_{zt}\rho_{\text{air}}S_{tr} \parallel \boldsymbol{\omega}_r \parallel^2 r^3 \quad (20)$$

$$\boldsymbol{F}_{tr} = \parallel \boldsymbol{F}_{tr} \parallel \frac{\boldsymbol{\omega}_r}{\parallel \boldsymbol{\omega}_r \parallel} \times \frac{\boldsymbol{r}}{\parallel \boldsymbol{r} \parallel} \quad (21)$$

这种力包括后旋翼旋转力矩,从而在直升机运动时形成横向稳定性。

2.1 直升机运动的动力方程

由于前面分析的各种作用力和力矩,感生出一种直升机运动。主旋翼叶片的旋转运动由下面的方程式描述:

$$I_R\boldsymbol{\omega}_R = \boldsymbol{\tau}_{RR} - \boldsymbol{\tau}_{\mu R} \quad (22)$$

DC 电动机转矩由下式推导[13]:

$$\boldsymbol{\tau}_{RR} = C_{MR}i_R = C_{MR}\frac{U_R - C_{GR}\boldsymbol{\omega}_R}{R_R} \quad (23)$$

而主旋翼空气阻力力矩可以定义为

$$\boldsymbol{\tau}_{\mu R} = C_{\mu R}\boldsymbol{\omega}_R \quad (24)$$

同样的概念也可用来描述后旋翼运动:

$$I_r \boldsymbol{\omega}_R = \boldsymbol{\tau}_{rr} - \boldsymbol{\tau}_{\mu r} \qquad (25)$$

发出力矩用与主旋翼相同的方式确定。相同的原理也用于后旋翼空气阻力：

$$\boldsymbol{\tau}_{rr} = C_{Mr} \frac{U_r - C_{Gr}\boldsymbol{\omega}_r}{R_r} \qquad (26)$$

$$\boldsymbol{\tau}_{\mu r} = C_{\mu r} \boldsymbol{\omega}_r \qquad (27)$$

2.1.1　在 y-z 平面围绕 x 轴的运动

图 1 显示了在 y-z 平面围绕 x 轴的运动。围绕 x 轴的转动是由力矩 $\boldsymbol{\tau}_{uz\beta}$ 形成的,力矩 $\boldsymbol{\tau}_{uz\beta}$ 是稳定性棒形叶片升力形成的。另外对转动有影响的是主旋翼力矩 $\boldsymbol{\tau}_{Dx}$,通过式(11)、式(13)和式(15)与角动量相关。

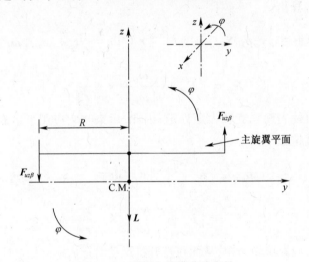

图 1　y-z 平面中的横向稳定性

从图 1 可以推导出一种围绕 x 轴的运动方程：

$$I\ddot{\boldsymbol{\varphi}} = \boldsymbol{\tau}_{uz\beta} - \boldsymbol{\tau}_{\mu x} + \boldsymbol{\tau}_{Dx} \qquad (28)$$

$$\boldsymbol{\tau}_{\mu x} = c_{\mu x}\dot{\boldsymbol{\varphi}} \qquad (29)$$

2.1.2　在 x-z 平面围绕 y 轴的运动

图 2 显示在 x-z 平面的运动。方向舵棒形叶片升力力矩(由主旋翼转动平面的变化而形成)与后旋翼旋转阻力动量相平衡。在标准的直升机构造中,直升机机体是平衡的,所以重心位于主旋翼轴上。重心转移(r_G 是从主旋翼轴移动)包括力矩 $\boldsymbol{\tau}_G$ 。

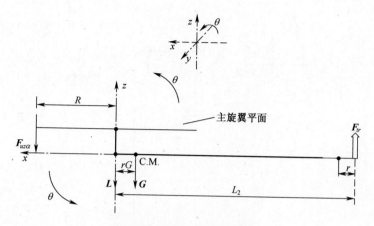

图 2 x-z 平面中的横向稳定性

横向运动由以下方程描述：

$$I\ddot{\theta} = \boldsymbol{\tau}_{uz\alpha} - \boldsymbol{\tau}_{\mu y} - \boldsymbol{\tau}_{tr} + \boldsymbol{\tau}_{Dy} - \boldsymbol{\tau}_G \tag{30}$$

$$\boldsymbol{\tau}_{tr} = \boldsymbol{F}_{tr}\int_0^{L_2} \boldsymbol{r}\mathrm{d}r = \frac{1}{2}L_2^2\boldsymbol{F}_{tr} \tag{31}$$

$$\boldsymbol{\tau}_G = \boldsymbol{G}\int_0^{r_G} \boldsymbol{r}\mathrm{d}r = \frac{1}{2}r_G^2\boldsymbol{G} \tag{32}$$

$$\boldsymbol{\tau}_{\mu y} = c_{\mu y}\dot{\theta} \tag{33}$$

2.1.3 在 x-y 平面围绕 z 轴的运动

小型直升机的航向稳定性可以通过平衡后旋翼的升力力矩和主旋翼的旋转阻力动量来实现(见图3)。

描述定向运动的微分方程具有如下形式：

$$I\ddot{\psi} = -\boldsymbol{\tau}_{tR} - \boldsymbol{\tau}_{\mu z} + \boldsymbol{\tau}_{zr} + \boldsymbol{\tau}_{Dz} \tag{34}$$

其中

$$\boldsymbol{\tau}_{zr} = \boldsymbol{F}_{zr}\int_0^{L_2} \boldsymbol{r}\mathrm{d}r = \frac{1}{2}\boldsymbol{F}_{zr}L_2^2 \tag{35}$$

$$\boldsymbol{\tau}_{tR} = 2\boldsymbol{F}_{tRL}\int_0^{R} \boldsymbol{r}\mathrm{d}r + 2\boldsymbol{F}_{tRI}\int_0^{R} \boldsymbol{r}\mathrm{d}r = \boldsymbol{F}_{tRL}R^2 + \boldsymbol{F}_{tRI}R^2 \tag{36}$$

$$\boldsymbol{\tau}_{\mu z} = c_{\mu z}\dot{\psi} \tag{37}$$

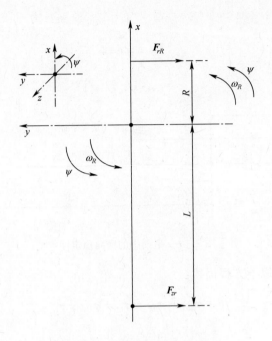

图 3　x–y 平面中的航向稳定性

2.2　运动的运动学方程

总气动力由 3 个分量组成,它们代表直升机垂直作用力、前向运动作用力和横向运动作用力。对于主旋翼力矩来说,需要进行坐标转换。

$$
\boldsymbol{F} = \boldsymbol{R}_{z,\psi}\boldsymbol{R}_{y,\theta}\boldsymbol{R}_{x,\varphi}\begin{bmatrix} 0 \\ 0 \\ F_z \end{bmatrix} = \begin{pmatrix} \cos\varphi\sin\theta\cos\psi + \sin\varphi\sin\psi \\ \cos\varphi\sin\theta\sin\psi - \sin\varphi\cos\psi \\ \cos\varphi\cos\theta \end{pmatrix} \begin{bmatrix} F_{zx} \\ F_{zy} \\ F_{zz} \end{bmatrix} \qquad (38)
$$

式中:φ 和 θ 是主旋翼倾斜角。

运动的各个运动学方程的形式如下:

$$
m\ddot{x} = \boldsymbol{F}_{zx} - \boldsymbol{F}_{\mu x} \qquad (39)
$$

$$
m\ddot{y} = \boldsymbol{F}_{zy} - \boldsymbol{F}_{\mu y} \qquad (40)
$$

$$
m\ddot{z} = \boldsymbol{F}_{zz} - \boldsymbol{F}_{\mu z} - \boldsymbol{G} \qquad (41)
$$

$$
\boldsymbol{F}_{\mu} = c_{\mu}\boldsymbol{\tau} = c_{\mu}\begin{bmatrix} \dot{x} \\ \dot{y} \\ \dot{z} \end{bmatrix} = \begin{bmatrix} F_{\mu x} \\ F_{\mu y} \\ F_{\mu z} \end{bmatrix} \qquad (42)
$$

为了计算空气动力升力的值,由 RC 直升机模型(图 4)通过试验确定了主旋翼感生阻力、主旋翼稳定器棒形叶片升力和后旋翼升力、系数 c_{zR}、c_{tR}、$c_{\mu z}$ 和 c_{zr}（表1）。

图4　RC 直升机模型(Ecco piccolo)

表1　试验确定的系数

c_{zR}	c_{tR}	$c_{\mu z}$	c_{zr}
0.0053	2.3×10^{-5}	0.00048	0.59

主旋翼和后旋翼的 DC 电动机系数由其输入—输出特性确定。空气阻力系数根据参考文献[14]确定。

2.3　由仿真进行模型试验

衍生出的非线性模型通过在 MathWorks Matlab 中的仿真进行试验。为了显示模型的有效性,进行了一组机动动作。输入信号即主旋翼 DC 电动机电压、后旋翼 DC 电动机电压和滑动棒偏转在图5中显示。

预先确定的输入信号促使直升机完成以下一组机动动作:

垂直上升→后向→左侧横向→前向→右侧横向→垂直向下→悬停

图6显示了仿真实现的路径。从显示的结果可以得到结论,从物理意义上讲模型是正确的,所以它能够非常合格地完成各个方向的运动,而且在运动航向有变化时也没有问题。

以下两个图显示了直升机模型位置(图7)和定向(图8)。

从详尽的位置和定向视图可以看到,在运动时 x 轴和 y 轴有一些漂移。这些问题可以用控制算法来解决。

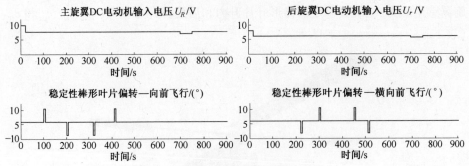

图 5 推导的非线性模型的输入信号

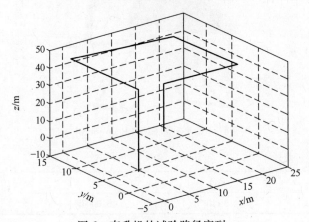

图 6 直升机的试验路径序列

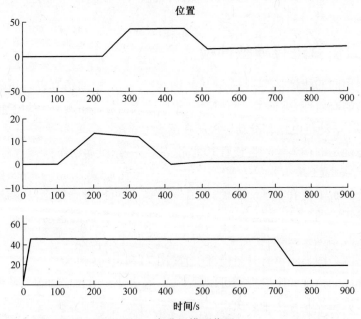

图 7 直升机模型位置

200

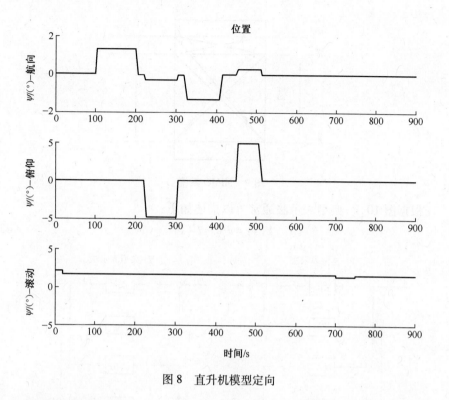

图 8　直升机模型定向

3　控制算法合成

上一部分中推导出的小型直升机的完全非线性模型具有 4 个输入变量和 6 个输出变量,所以它是一种多变量系统。在下文中将描述模型的分解和解耦控制器的设计。

3.1　多输入多输出系统

在一个多输入多输出(MIMO)系统中,有可能一个控制变量要比一个受控制变量产生更多的效应(图 9)。基于这一事实,MIMO 系统大部分都是耦合的和非线性的,因此,很难用常规控制器控制它们。

这些过程的线性化基本上都有实际上的局限性。因此,并没有完全研究出多变量控制器的通用理论。由于复杂技术过程具有各种配置,所以使用数学模型的标准形式就成问题了。然而,高维数系统可以分解为几个 2×2 分系统组。

多变量系统的两种通用的输入—输出模型是 P-典型表示法和 V-典型表示法[15-17]。

201

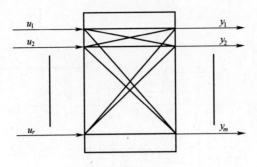

图 9　MIMO 系统

根据图 10,P-典型表示法通常可以描述如下:

$$Y(s) = P(s)U(s) \qquad (43)$$

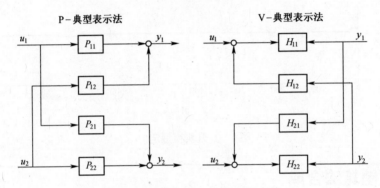

图 10　MIMO 系统的典型表示法

P-典型表示法具有以下特性:

· 每个输入都影响到每个输出,总和点在输出上。

· 在某个动态元件中的变化只能在相应输出中感受。

· 输入和输出的数量可以不同。

V-典型表示法通常可以描述如下:

$$Y(s) = G_H(s)\left[U(s) + G_k(s)Y(s)\right] \qquad (44)$$

由于 V-典型表示法仅仅是为具有相同数量输入和输出的过程而定义的,对于我们所研究的情况并不是这样。进一步的探讨只涉及 P-典型表示法。

多变量控制器设计以过程分解为基础,也就是主要目标是补偿耦合过程各部分对受控系统影响所造成的后果。在 P-典型表示法中用一个 2×2 系统作为实例进行描述(图 11)。

控制器 R_{11} 和 R_{22} 称为主控制器,而 R_{12} 和 R_{21} 称为解耦控制器。控制器 R_{12} 和 R_{21} 由解耦条件确定,即 y_1 仅依赖 u_{10} 而 y_2 仅依赖 u_{20} 等这样的条件。因此,由

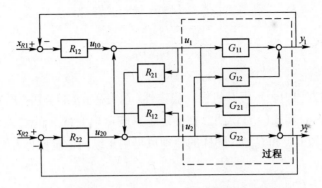

图 11　在 P-典型形式中一种多变量系统的分解

图 11 可以得到：

$$G_{12} + G_{11}R_{12} = 0 \Rightarrow R_{12} = -\frac{G_{12}}{G_{11}} \tag{45}$$

$$G_{21} + G_{22}R_{21} = 0 \Rightarrow R_{21} = -\frac{G_{21}}{G_{22}} \tag{46}$$

　　根据式（45）和式（46）确定的解耦控制器,可能得到对过程耦合效应的一种理想补偿。然而,实现理想的解耦控制会与实际局限性相冲突。一个耦合系统（图 11）被分解为两个相当独立的控制回路,可以认为它们是分离的（图 12）。用单回路控制方法对这两个控制回路进行控制合成。在 $n×n$ 过程中情况类似。

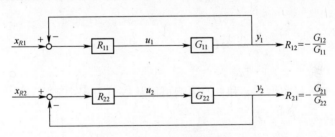

图 12　解耦控制回路

　　在下面内容中,研究了在推导出的直升机非线性模型中控制变量对受控变量的影响。

3.2　数学模型分解

　　根据表示 6 个受控变量的 6 个运动方程,可以确定每个控制变量对某一状态变量的影响。

　　横向稳定性方程：

$$\begin{cases} I\ddot{\varphi} = \boldsymbol{\tau}_{uz\beta} - \boldsymbol{\tau}_{\mu x} + \boldsymbol{\tau}_{Dx} \\ \boldsymbol{\tau}_{uz\beta} \Rightarrow U_R, \beta \\ \boldsymbol{\tau}_{\mu x} \Rightarrow G_{R\varphi}, G_{\beta\varphi} \\ \boldsymbol{\tau}_{Dx} \Rightarrow U_R \end{cases} \tag{47}$$

输入变量对方程中表示直升机横向稳定性(在表达式(47)中给出)的力矩的影响可以用式(8)和式(15)说明。在确定了影响输出变量 φ 的输入变量之后,推导出传递函数 $G_{R\varphi}$ 和 $G_{\beta\varphi}$。同样的原理也可用于纵向稳定性方程和定向稳定性方程。

纵向稳定性方程:

$$\begin{cases} I\ddot{\theta} = \boldsymbol{\tau}_{uz\alpha} - \boldsymbol{\tau}_{\mu y} + \boldsymbol{\tau}_{tr} + \boldsymbol{\tau}_{Dy} - \boldsymbol{\tau}_{G} \\ \boldsymbol{\tau}_{uz\alpha} \Rightarrow U_{R,\alpha} \\ \boldsymbol{\tau}_{\mu y} \\ \boldsymbol{\tau}_{tr} \Rightarrow U_r \qquad\qquad \Rightarrow G_{R\Theta}, G_{r\Theta}, G_{\alpha\Theta} \\ \boldsymbol{\tau}_{Dy} \Rightarrow U_R \\ \boldsymbol{\tau}_{G} \end{cases} \tag{48}$$

定向稳定性方程:

$$\begin{cases} I\ddot{\psi} = - \boldsymbol{\tau}_{tR} - \boldsymbol{\tau}_{\mu z} + \boldsymbol{\tau}_{zr} + \boldsymbol{\tau}_{Dz} \\ \boldsymbol{\tau}_{tR} \Rightarrow U_R \\ \boldsymbol{\tau}_{zr} \Rightarrow U_r \qquad\qquad \Rightarrow G_{R\psi}, G_{r\psi} \\ \boldsymbol{\tau}_{Dz} \Rightarrow U_R \\ \boldsymbol{\tau}_{\mu z} \end{cases} \tag{49}$$

输入 U_R、β 和 α 对输出 x、y 和 z 的影响可以从以下方程中确定:

$$\begin{cases} m\ddot{x} = \boldsymbol{F}_{zx} - \boldsymbol{F}_{\mu x} \\ \boldsymbol{F}_{zx} = (\cos\varphi\cos\theta\cos\psi + \sin\varphi\sin\psi)(\boldsymbol{F}_z) \Rightarrow U_{R,\beta} \Rightarrow G_{Rx}, G_{\beta x} \end{cases} \tag{50}$$

$$\begin{cases} m\ddot{y} = \boldsymbol{F}_{zy} - \boldsymbol{F}_{\mu y} \\ \boldsymbol{F}_{zy} = (\cos\varphi\sin\theta\sin\psi - \sin\varphi\cos\psi)(\boldsymbol{F}_z) \Rightarrow U_{R,\alpha} \Rightarrow G_{Ry}, G_{\alpha x} \end{cases} \tag{51}$$

$$\begin{cases} m\ddot{z} = \boldsymbol{F}_{zz} - \boldsymbol{F}_{\mu z} \\ \boldsymbol{F}_{zz} = \cos\varphi\cos\theta\boldsymbol{F}_z \Rightarrow U_R \Rightarrow G_{Rz} \end{cases} \tag{52}$$

分解为 P-典型表示法的推导出的直升机模型的最后结果在图 13 中显示。

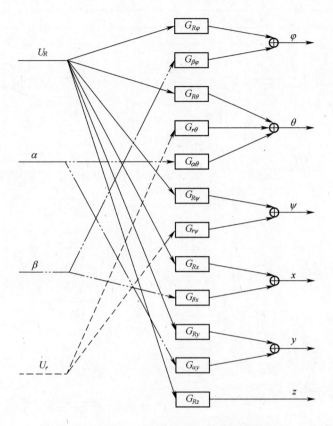

图 13   转换为 P-典型表示法的直升机模型

根据为 P-典型结构 45 和 46 推导出的方程进行模型解耦。图 14 描绘了多变量闭环过程的完整方案。确定了小型直升机完整的分解模型,就很容易研究在各种飞行条件下一个特定输入变量对输出变量的影响。

图 14 中描绘的闭环系统由 6 个解耦控制器和 4 个主控制器组成,它们可确保系统的分解和稳定性。为了确定围绕点(0, 0, 30, 0, 0, 0)——悬停的解耦控制器,对给出的非线性模型进行了线性化。对于这种特殊的飞行条件,得到的结果如下:

φ 控制器

· 主控制器:$K_{\beta\varphi}$

· 解耦控制器:

$$K_{R\varphi} = -\frac{G_{R\varphi}}{G_{\beta\varphi}} \approx 0 \tag{53}$$

通过解耦控制器,主旋翼 DC 电动机输入电压对滚动角的影响可以消除。可根

205

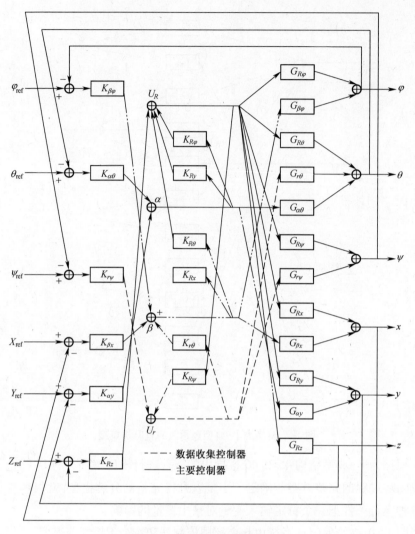

图 14　小型直升机模型的分解

据式(45)设计控制器。因为推导出的控制器的增益可以忽略,所以不考虑解耦控制器传递函数,即解耦控制器传递函数设置为 0。

θ 控制器

·主控制器:$K_{\alpha\theta}$

·解耦控制器:

$$K_{R\theta} = -\frac{G_{R\theta}}{G_{\alpha\theta}} \approx 0 \tag{54}$$

$$K_{r\theta} = -\frac{G_{r\theta}}{G_{\alpha\theta}} = -3.6 \times 10^{-5} \times \frac{s + 150.2}{s + 22.4} \tag{55}$$

206

通过控制器 $K_{r\theta}$，后旋翼 DC 电动机输入的影响从俯仰角 θ 中消除。可根据式(45)推导出控制器式(55)。

ψ 控制器

·主控制器：$K_{r\psi}$

·解耦控制器：

$$K_{R\psi} = -\frac{G_{R\psi}}{G_{r\psi}} = -0.789 \cdot \frac{(s+22.4)(s-60.82)}{(s+18.52)(s+100.4)} \qquad (56)$$

解耦控制器 $K_{R\psi}$ 将主旋翼 DC 电动机输入电压与航向角 ψ 解耦。可根据式(45)设计控制器式(56)，而且表示了这两个变量之间的理想解耦。

x 控制器

·主控制器：$K_{\beta x}$

·解耦控制器：

$$K_{Rx} = -\frac{G_{Rx}}{G_{\beta x}} \approx 0 \qquad (57)$$

y 控制器

·主控制器：$K_{\alpha y}$

·解耦控制器：

$$K_{Ry} = -\frac{G_{Ry}}{G_{\alpha y}} \approx 0 \qquad (58)$$

z 控制器

·主控制器：K_{Rz}

应该注意到，在悬停操作模式中系统分解只需要(6 种中的)两种控制器。

3.3 闭环控制系统试验

前面推导出的控制算法已经在 Matlab 中通过仿真进行了试验。闭环系统包括外位置控制回路(x, y, z)，这些回路为内定向控制回路(φ, θ, ψ)形成一组点。直升机应该通过执行以下预定序列的机动动作来完成三维空间内的路径：

垂直上升→后向→左侧横向→前向→右侧横向→垂直向下→→返回初始点→循环

图 15 显示了完成的路径。

图 16 和图 17 显示了直升机的位置和方向。可以看到，在定位时有一个小尖峰。除此之外，模型以很高的精度执行了序列动作，显示出很高水平的机动性。

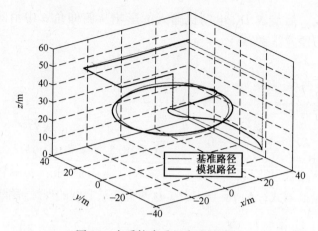

图 15　由受控直升机完成的路径

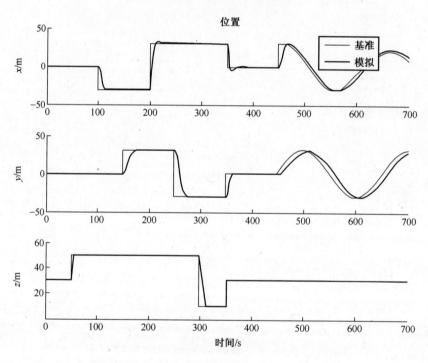

图 16　受控直升机位置

如图 17 所示,由于横向和前向运动,角度产生了变化。

图 18 显示了没有解耦控制器时在三维空间内所完成的相同路径。图 19 显示了在有解耦控制器和没有解耦控制器时直升机的位置。在航向角响应中可以清楚看到耦合效应,如图 20 所示。由于在 $t=300\text{s}$ 和 $t=350\text{s}$ 时高度变化了,航向角出现了倾斜(在图 21 中放大),范围为 $-10°\sim12°$。

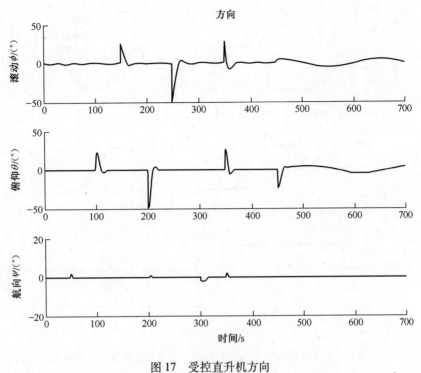

图 17　受控直升机方向

其他耦合器对系统动态特性的影响可以忽略。

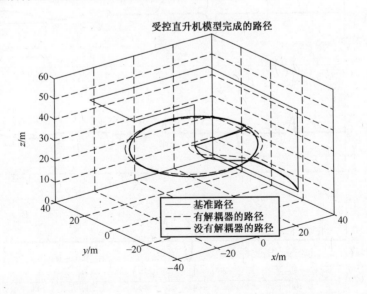

图 18　在有解耦控制器和没有解耦控制器时受控直升机完成的路径

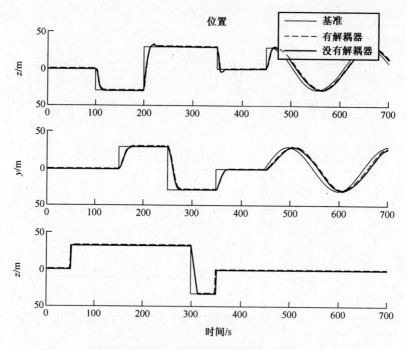

图 19　在有解耦控制器和没有解耦控制器时受控直升机的位置

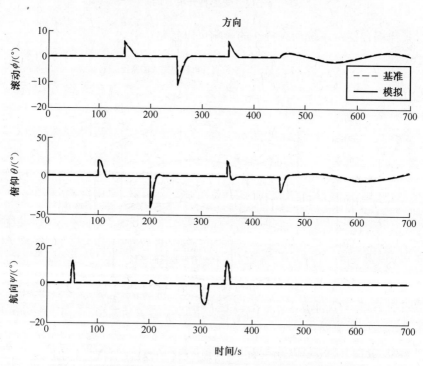

图 20　在有解耦控制器和没有解耦控制器时受控直升机的方向

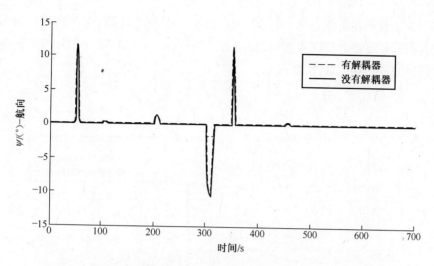

图 21　在有解耦控制器和没有解耦控制器时受控直升机的航向角

下一次试验是在一个新工作点$(0,0,30,0,-50,0)$进行的。利用与前面的情况相同的原理推导出新的控制算法。推导出的解耦控制器由以下方程说明：

φ 解耦控制器：

$$K_{R\varphi} = -\frac{G_{R\varphi}}{G_{\beta\varphi}} \approx 0 \tag{59}$$

θ 解耦控制器：

$$K_{R\theta} = -\frac{G_{R\theta}}{G_{\alpha\theta}} \approx 0 \tag{60}$$

$$K_{r\theta} = -\frac{G_{r\theta}}{G_{\alpha\theta}} = -3.6 \times 10^{-5} \times \frac{s+150.2}{s+22.4} \tag{61}$$

ψ 解耦控制器：

$$K_{R\psi} = -\frac{G_{R\psi}}{G_{r\psi}} = -0.789 \times \frac{(s+22.4)(s-60.82)}{(s+18.52)(s+100.4)} \tag{62}$$

x 解耦控制器：

$$K_{Rx} = -\frac{G_{Rx}}{G_{\beta x}} = -993.876 \times \frac{s+20.18}{s+18.52} \tag{63}$$

y 解耦控制器：

$$K_{Ry} = -\frac{G_{Ry}}{G_{\alpha y}} \approx 0 \tag{64}$$

通过在 Matlab 中的仿真已对为围绕工作点$(0,0,30,0,-50,0)$的直升机模型推导出的控制算法进行了试验。假定直升机在三维空间完成了一个路径，它向前运动（沿前向倾斜 50°），同时执行预定序列的机动动作：

左侧横向→右侧横向→垂直上升→垂直向下

211

为了显示在工作点(0, 0, 30, 0,-50, 0)的耦合效应,在有解耦控制器和没有解耦控制器时进行了仿真,就像为工作点(0, 0, 30, 0, 0, 0)所做的仿真那样。完成的路径如图 22 所示。

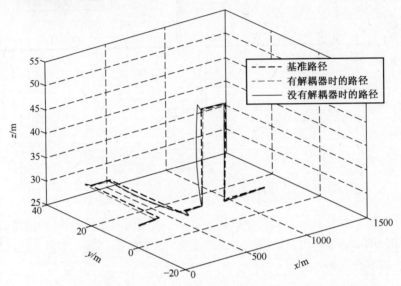

图 22　在有解耦控制器和没有解耦控制器时受控直升机完成的路径

从图 22 和图 23 可以看到,在有解耦控制器和没有解耦控制器进行的仿真

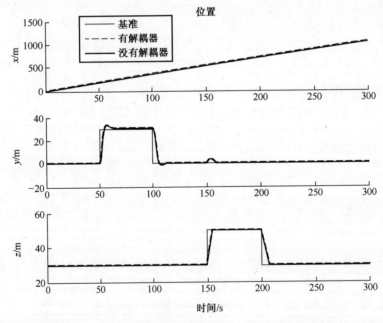

图 23　在有解耦控制器和没有解耦控制器时在(0, 0, 30, 0,-50, 0)受控直升机的位置

212

之间并没有显著的位置偏离。

然而,对滚动角和航向角的耦合效应却像预计的一样(图24)。

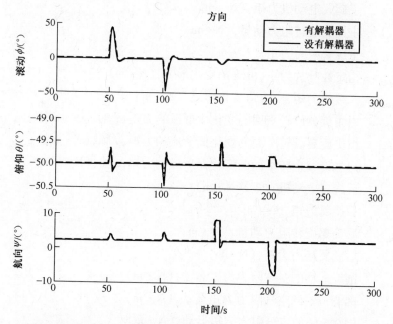

图24 在有解耦控制器和没有解耦控制器时在(0, 0, 30, 0,-50, 0)受控直升机的方向

4 结论

本文中,推导出小型直升机的一种完全非线性数学模型。这种模型显示了输入变量和输出变量之间的耦合效应,本文对此进行了研究。对非线性模型进行了线性化,随后进行了解耦。对于控制器设计,采用了线性控制理论,因为这种理论具有持久性能并经证实是有效的。已经表明特定输入对特定输出的影响高度依赖于飞行条件。本文的最后给出了仿真结果,证实了所提出的控制结构可以成功用于增益调度或转换控制小型直升机,从而利用简单的线性控制器进行特技飞行。

5 符号表

φ 滚动角(°)

θ 俯仰角(°)

ψ 航向角(°)

x 通过 x 轴的位置,(m)

y	通过 y 轴的位置,(m)
z	通过 z 轴的位置,(m)
τ_{RR}	主旋翼电动机力矩,(N·m)
τ_{tR}	主旋翼旋转阻力动量,(N·m)
$\tau_{\mu R}$	主旋翼阻力力矩,(N·m)
$\tau_{\mu z\beta}$	稳定性叶片力矩,由攻角变化形成,(N·m)
$\tau_{\mu z\alpha}$	二级棒力矩,由攻角变化形成,(N·m)
τ_{Dx}	由主旋翼旋转平面的变化而形成的力矩,x 轴,(N·m)
τ_{Dy}	由主旋翼旋转平面的变化而形成的力矩,y 轴,(N·m)
τ_{Dz}	由主旋翼旋转平面的变化而形成的力矩,z 轴,(N·m)
τ_{rr}	后旋翼电动机力矩,(N·m)
τ_{zr}	后旋翼力矩,(N·m)
τ_{tr}	后旋翼旋转阻力动量,(N·m)
$\tau_{\mu r}$	后旋翼阻力力矩,(N·m)
$\tau_{\mu x}$	围绕 x 轴的空气阻力力矩运动,(N·m)
$\tau_{\mu y}$	围绕 y 轴的空气阻力力矩运动,(N·m)
$\tau_{\mu z}$	围绕 z 轴的空气阻力力矩运动,(N·m)
τ_G	由重心移动形成的力矩,(N·m)
F_{zR}	主旋翼的空气动力升力,(N)
F_{tR}	主旋翼的升力感生阻力,(N)
F_{tRL}	主旋翼叶片感生阻力,(N)
F_{tRl}	主旋翼稳定性叶片感生阻力,(N)
$F_{\mu z}$	由机翼攻角变化形成的升力,(N)
F	主旋翼的总气动力,(N)
F_{zx}	形成通过 x 轴运动的牵引力,(N)
F_{zy}	形成通过 y 轴运动的牵引力,(N)
F_{zz}	形成通过 z 轴运动的牵引力,(N)
F_{tr}	后旋翼感生阻力,(N)
F_{zr}	后旋翼气动力,(N)
c_{zR}	主旋翼的空气动力升力系数
$c_{\mu x}$	围绕 x 轴运动的空气阻力系数
$c_{\mu y}$	围绕 y 轴运动的空气阻力系数
$c_{\mu z}$	围绕 z 轴运动的空气阻力系数

ρ_{air} 　空气密度,(kg/m^3)

R 　主旋翼叶片长度,(m)

S_R 　主旋翼圆盘表面面积,(m^2)

I_R 　主旋翼转动惯量,$(\text{kg} \cdot \text{m}^2)$

I_r 　主旋翼转动惯量,$(\text{kg} \cdot \text{m}^2)$

I 　直升机机体转动惯量,$(\text{N} \cdot \text{m})$

L_2 　后旋翼和重心的距离,(m)

U_R 　主旋翼电动机电压,(V)

R_R 　主旋翼电动机电阻,(Ω)

C_{GR} 　主旋翼电动机常数,$(\text{V} \cdot \text{s}/\text{rad})$

C_{MR} 　主旋翼电动机常数,$(\text{N} \cdot \text{m}/\text{A})$

$c_{\mu R}$ 　主旋翼电动机阻力常数,(N/rad)

U_r 　后旋翼电动机电压,(V)

R_r 　后旋翼电动机电阻,(Ω)

C_{Gr} 　后旋翼常数,$(\text{V} \cdot \text{s}/\text{rad})$

C_{Mr} 　后旋翼电动机常数,$(\text{N} \cdot \text{m}/\text{A})$

$c_{\mu r}$ 　主旋翼电动机阻力常数,(N/rad)

参考文献

1. Woodley, B., Jones, H., Frew, E., LeMaster, E., Rock, S.: A contestant in the 1997 international aerial robotics competition. In: AUVSI Proceedings. Aerospace Robotics Laboratory, Stanford University, July (1997)

2. Buskey, G., Roberts, J., Corke, P., Wyeth, G.: Helicopter automation using a low-cost sensing system. In: Proceedings of the Australian Conference on Robotics and Automation (2003)

3. Gavrilets, V., Martinos, I., Mettler, B., Feron, E.: Control logic for automated aerobatic flight of a miniature helicopter. In: Proceedings of the AIAA Guidance, Navigation, and Control Conference, (Monterey, CA). Massachusetts Institute of Technology, Cambridge, MA, August(2002)

4. Ab Wahab, A., Mamat, R., Shamsudin, S.S.: Control system design for an autonomous helicopter model in hovering using pole placement method. In: Proceedings of the 1st Regional Conference on Vehicle Engineering and Technology, 3-5 July. Kuala Lumpur, Malaysia (2006)

5. Buskey, G., Roberts, J., Wyeth, G.: A helicopter named Dolly-behavioural cloning for autonomous helicopter control. In: Proceedings of the Australian Conference on Robotics and Automation (2003)

6. Castillo, C., Alvis, W., Castillo-Effen, M., Valavanis, K., Moreno, W.: Small scale helicopter analysis

and controller design for non-aggressive flights. In: Proceedings of the IEEE SMC Conference (2005)

7. Yang, C.-D., Liu, W.-H.: Nonlinear decoupling hover control of helicopter HOO with parameter uncertainties. In: Proceedings of the American Control Conference (2003)

8. Maclay, D., Williams, S.J.: The use of μ-synthesis in full envelope, helicopter flight control system design. In: Proceedings of the IEEE International Conference on Control (1991)

9. De Nardi, R., Togelius, J., Holland, O.E., Lucas, S.M.: Evolution of neural networks for helicopter control: why modularity matters. In: Proceedings of the IEEE Congress on Evolutionary Computation, July (2006)

10. Ng, A.Y., Jin Kim, H., Jordan, M.I., Sastry, S.: Autonomous helicopter flight via reinforcement learning. In: Proceedings of the NIPS Conference, ICML, Pittsburgh, PA (2006)

11. Budiyono, A., Wibowo, S.S.: Optimal tracking controller design for a small scale helicopter. In: Proceedings of the ITB, March (2005)

12. Piercy, N.A.V.: Elementary Aerodynamics. English University Press, London (1944)

13. Kari, U.: Application of model predictive control to a helicopter model. Master thesis, Norwegian University of Science and Technology, Swiss Federal institute of Technology Zurich (2003)

14. NASA: Shape Effects on Drag. www.grc.nasa.gov

15. Seborg, D.E., Edgar, T.F., Mellichamp, D.A.: Process Dynamics and Control. Wiley, New York (1989)

16. Ogunnaike, B.A., Ray, W.H.: Process Dynamics, Modelling and Control. Oxford University Press, Oxford (1994)

17. Tham, M.T.: Multivariable Control: An Introduction to Decoupling Control. University of Newcastle upon Tyne, Newcastle upon Tyne (1999)

第 *12* 篇

用于设计自主无人机飞行控制与导航任务的基于模糊逻辑的方法

Sefer Kurnaz,Omer Cetin,Okyay Kaynak
(塞弗·库纳兹,欧麦·塞汀,欧凯伊·凯纳克)

摘　要:本文提出了一种用于无人机(UAV)的基于模糊逻辑的自主导航控制器。在主要导航系统下开发出了三种模糊逻辑模块,用于无人机的高度、速度和航向控制,从而实现对无人机全球位置(即经纬度)的控制。采用了标准仪表起飞(SID)和战术空中导航(TACAN)方法,并利用 MATLAB 的标准配置和航空仿真区段组(提供了一整套快速研发工具,用于开发详细的六自由度非线性通用有人/无人飞行器模型),使用时基图表对基于模糊逻辑的控制器进行了性能评估。在仿真中使用了航空探测无人机模型,用于演示控制器的性能和潜力。此外,还使用了 FlightGear

S. Kurnaz (✉) · O. Cetin

Turkish Air Force Academy, ASTIN,

Yesilyurt, Istanbul 34807, Turkey

E-mail: skurnaz@ hho.edu.tr

O. Cetin

E-mail: o.cetin@ hho.edu.tr

O. Kaynak

Department of Electrical and Electronic Engineering,

Bogazici University, Bebek, 80815 Istanbul, Turkey

E-mail: o.kaynak@ ieee.org

K. P. Valavanis et al. (eds.), *Unmanned Aircraft Systems*.DOI: 10.1007/978-1-4020-9137-7_13.

飞行仿真器和GMS飞机仪表以获得直观的输出信息,从而协助设计者对控制器进行评估。尽管设计方法简单,但仿真试验飞行表明,采用上述方法能够实现预期性能。

关键词:基于模糊逻辑的自主飞行计算机设计;无人机的标准仪表起飞(SID);战术空中导航(TACAN)可视化仿真

1 引言

近年来的科研资料表明,对无人机控制与导航的研究兴趣出现了极大增长。这可能是由于无人机正越来越多地应用于军事领域和法律的实施(如侦察、远程递送紧急设备/物资、资源评估、环境监测、战场监测、军火运输等)。这一趋势在未来将会继续,因为无人机将越来越多地在危险任务中代替人在回路模式。无人机也有望应用于民用领域,如农作物喷粉、地质测量、搜救行动等。

在无人机的相关研究中,一个重要的优势就是能够完全自主地完成一项任务,如从起飞到降落之间的飞行都无需人员支持。地面站的控制人员进行任务规划并确定待侦察和监视的目的地。随后,无人机起飞,到达目的地,完成监视任务,并返回基地,自主降落。研究资料中有很多涉及无人机自主控制的不同方法,其中包括模糊逻辑[1]、自适应控制[2, 3]、神经网络[4, 5]、遗传算法[7]和李雅普诺夫(Lyapunov)理论[8]。除了单架无人机的自主控制之外,其他无人机相关领域的研究(如编队飞行[6]和飞行路径生成[9])也同样广泛。

本文中提出的方法是基于模糊逻辑的。文中为自主控制设计了三种模糊逻辑模型,其中一种用于调整滚转角的大小以控制无人机的飞行航向,另外两种用于调整升降舵和节流阀,以获得所需的高度和速度值。

通过模拟多次飞行试验对文中提出的系统进行了性能评估,采用了MATLAB的标准配置和航空仿真区段组[11]。使用了一种名为航空探测无人机[10]的模型作为试验飞行器(图1)。表1中列出了航空探测无人机的基本性

图1 航空探测无人机

能指标。由于航空探测器具有很强的灵活性,同时配备了精密复杂的指挥和控制系统,使之几乎能在任何地点实现部署与指挥。使用了 GMS 飞机仪表以获得直观的输出信息,从而协助设计者对控制器进行评估。

表 1　无人机基本性能指标

质量	12.2～13.6kg
翼展	3m
发动机	24cc,1.2kW
飞行	完全自主模式/基地指挥
速度	18～32m/s
航程	>2896.2km
高度范围	可达 6096m
有效载荷	燃油满载情况下最大为 2.3kg

本文的结构如下:第 2 部分首先论述无人机基本飞行模式的定义,随后分析某个任务规划的实例,包括标准仪表起飞(SID)和战术空中导航(TACAN)过程。第 3 部分对模糊逻辑控制进行了基本介绍,并对用于无人机自主控制的采用模糊逻辑控制器的导航系统设计进行了解释说明。第 4 部分对仿真研究进行了说明,最后给出了一些短评。最后第 5 部分提出了一些未来研究工作的规划。

2　无人机飞行模式定义

无人机完成一次侦察飞行主要包含以下几个阶段:着陆滑跑、起飞升空、初始爬升、低空飞行、爬升、巡航、目标区域上空耐航速度飞行、巡航降高、起始进场和最后逼近以及最终着陆,如图 2 所示。在这些阶段中,无人机的主要机动飞行为爬升、降高、平飞和转弯。

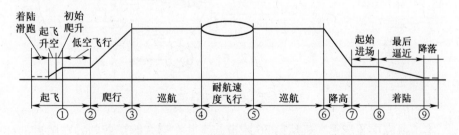

图 2　无人机侦察飞行的主要阶段

在这项研究中,无人机的起飞和降落是手动控制的。在无人机距离地面控制站 2km 并爬升 100m 时开始自主导航。随后无人机按顺序到达航路点并在抵达第九航路点时结束飞行。第九航路点位于机场正中央,无人机将在此着陆。

每个点的定义包括速度、高度和位置(经纬度坐标)值。图2中的虚线表示手动控制;实线表示自主控制。

本项研究中,试验模式包括机场起飞(土耳其伊斯坦布尔阿塔图尔克(Ataturk)机场第36跑道标准仪表起飞)和战术空中导航模式(至亚洛瓦机场第8跑道),旨在说明如果无人机的性能参数满足条件,就能够按照为普通飞机设计的模式自主飞行。在传统的标准仪表起飞和战术空中导航地图中,航路点是通过伏尔台(甚高频全向无线电信标)和航路点之间的径向角度和距离来确定的。在航路点转化为GPS坐标之后,无人机能够利用标准仪表起飞和战术空中导航模式实现任务规划,无需伏尔台接收机(图3)。

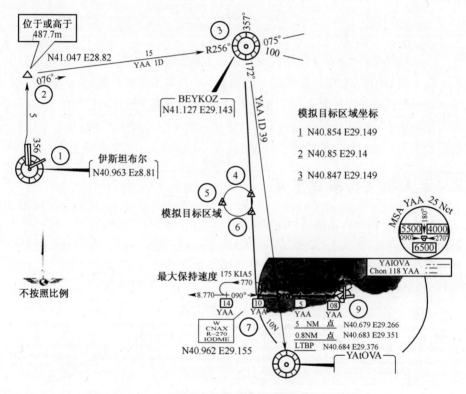

图3　无人机试验飞行模式

本项研究中假定无人机从第36跑道起飞并在第8跑道着陆。在随后的试验模式中,定义了一个模拟目标区域的三个GPS坐标。无人机按顺序访问这三个航路点。在无人机执行飞行规划时,会在模拟目标区域上空录制视频。在模拟目标区域上空完成任务后,它将试着抵达起始进场点(IAF)完成TACAN降高。在飞行规划中的每个航路点,无人机必须服从高度指令,因为存在一些避

220

开地面障碍物的最小下降高度。

在图 3 所示的试验飞行模式中,飞行路径的首个航路点是伊斯坦布尔阿塔图尔克(Ataturk)机场,也是出航机场。起飞后,无人机以 356°航向继续飞行约 9.3km,同时爬升至第二个航路点,此时最小高度为 487.7m。抵达第二点之后,无人机航向转弯 76°并沿 YAA 1D 路线飞行 27.8km。当无人机抵达 BEYKOZ 航路点时向南飞行,到达模拟目标区域的第一个航路点。随后无人机穿过该目标区域的三个航路点,飞行路径几乎为一个半圆。在通过目标区域的三个点之后,无人机转向第七个航路点,即起始进场点(IAF)完成 TACAN 进场,着陆在亚洛瓦(YALOVA)机场,距离机场 18.5km 时,其最低安全高度(MSA)为 1219.2m。在抵达起始进场点之后,无人机航向转弯 90°并降高。第八个航路点距离机场 9.3km,其最低安全高度为 609.6m。最后一个航路点(即第九个航路点)距离机场 1.5km,也是自动驾驶仪导航的最后一个点。在这个点之后,如果无人机操作者已可见飞机,则切换至手动控制模式;否则无人机将在机场上空飞行一圈。

3 导航计算机设计

如图 4 所示,自主无人机中有两台计算机。其中一台为飞行计算机,另一台为综控机(即导航计算机)。无人机的飞行计算机主要通过在确定的飞行包线内操纵伺服控制器,将飞机的控制面调整到所需的位置。飞行包线由无人机

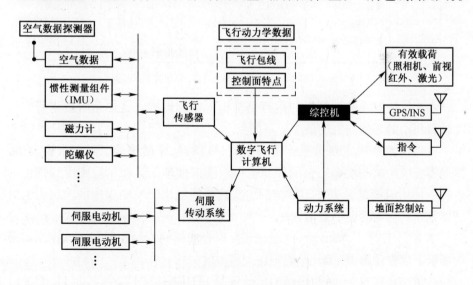

图 4 无人机电子设备结构图

的导航计算机以指令形式提供。飞行计算机读取传感器数据并与综控机通信，并对无人机的其他系统（发动机系统、冷却系统等）进行检查。

实际上，导航计算机是综控机的一部分，因为除导航外还有很多职能，如有效载荷控制、与地面控制站通信等，导航计算机用于使无人机按照飞行前或视距内飞行时设计的飞行模式。飞行计算机和综控机始终保持运行状态，但导航计算机则专门用于自主飞行。当地面控制站对无人机进行控制时，导航计算机处于非工作状态。在自主飞行过程中，导航计算机从传感器（GPS接收机、高度表、内部导航系统等）获得位置数据，随后将这些数据（当前位置）与所需的位置数据（即航路点数据）进行匹配。之后，导航计算机将确定无人机要抵达目标位置所需的机动飞行，并将这些数据发送至飞行计算机以操纵控制面（图5）。

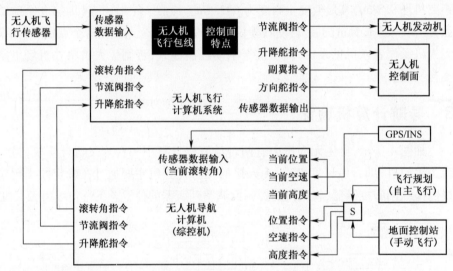

图5　无人机的飞行计算机与导航计算机之间的通信

本文所述的导航计算机的运行是基于模糊逻辑的。这也是所报告研究与文献资料中的其他研究的最主要不同点。

模糊逻辑系统主要由三大部分组成：模糊器、模糊推理工具和去模糊器。模糊器完成向某些模糊集合的简要输入。模糊推理工具在从规则库到理由的过程中使用模糊逻辑 IF-THEN 规则，实现模糊输出。模糊项中的输出由去模糊器重新转化为简明的数值。

本文中，使用了 Mamdani 类模糊规则以合成模糊逻辑控制器。该控制器采用了以下模糊逻辑 IF-THEN 规则：

$$R^l: \text{If}(x_1 \text{ is } X_1^l) \text{ AND} \cdots \text{AND}(x_n \text{ is } X_n^l) \text{ THEN} y_1 \text{ is } Y_1^l, \cdots, y_k \text{ is } Y_k^l \tag{1}$$

式中：R^l 为第 l 项规则；$\boldsymbol{x} = (x_{l_1}, \cdots, x_n)^{\mathrm{T}} \in U$ 和 $\boldsymbol{y} = (y_l, \cdots, y_k)^{\mathrm{T}} \in V$ 分别为控制

器输入和输出状态的语言变量;$U,V \subset \mathbf{R}^n$ 分别为输入和输出变量的论域;$(X_{l_1}, \cdots, X_n)^T \subset U$ 和 $Y = (Y_1, \cdots, Y_k)^T \subset V$ 为输入和输出模糊集合的语言项标识;n 和 k 分别为输入和输出状态的数量。

我们考虑的是多次输入和单次输出(MISO)的模糊逻辑控制器($k = 1$),它配备了单元素模糊器。模糊逻辑控制器的输出使用了三角隶属函数、用于逻辑和运算的代数乘积、乘积—求和推理和重心去模糊化方法,其形式如下:

$$y_j = \frac{\sum\limits_{l=1}^{M} (\prod\limits_{i=1}^{N} \mu x_i^l(x_i)) y_i}{\sum\limits_{l=1}^{M} \prod\limits_{i=1}^{N} \mu x_i^l(x_i)} \tag{2}$$

式中:N 和 M 分别表示输入变量的数量和规则总数;μx_i^l 表示第 l 项输入模糊集合对第 i 项输入变量的隶属函数。

为了对无人机的航向、高度和空速进行控制,为导航计算机设计了三台模糊逻辑控制器。这三台控制器联合工作,实现无人机的导航(图 6)。

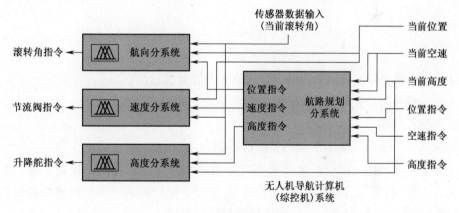

图 6　导航计算机设计

无人机的导航计算机有四个分系统,分别是航向、速度、高度和航路规划分系统。航路规划分系统计算出下一个航路点。航路点的定义包括该点的位置(GPS 格式的经纬度坐标)、速度和高度信息。当无人机进入航路点位置±01°范围内时,就意味着无人机已完成对该目标航路点的检查并将飞向下一个航路点。如果无人机无法进入目标航路点位置±01°范围,它将按模式在飞行航线中飞行一圈,并重新尝试抵达该点。航路规划分系统使用这种检查程序并为其他分系统提供下一个航路点的定义。输入航向分系统的信息是无人机的当前位置(GPS 格式的经纬度坐标)、当前滚转角(该信息由飞行计算机从传感器接收)以及由航路规划系统确定的下一个航路点的位置。航向分系统的职责是使无人机转向目标航路点。速度分系统使无人机的空速保持在期望值。它将当前速度和速度指令(由航路规划系统确定)的值作为输入,输出节流阀指令。在本项研究中,当对速度进行控制时,不使用俯仰角来考察对无人机空速进行节流阀模糊控制的效率并计算响应时间。最后一个分系统是高度分系统,其功能是使无人机的高度保持在期望值。它将当前高度和高度指令的值作为输入,输出升降舵指令。

如果回顾文献资料中模糊控制器的类型,可以发现主要有两类模糊控制器:一种是位置型模糊控制器,可从误差(e)和误差率(Δe)中生成控制输入(u);另一种是速率型模糊逻辑控制器,可从误差和误差率中生成增量控制输入(Δu)。根据这两种控制器所处理信息的特点,前者被称为 PD 模糊逻辑控制器,后者被称为 PI 模糊逻辑控制器。图 7(a)和图 7(b)中给出了这两种控制器的大体结构。

PI 模糊逻辑控制器系统有两次输入,误差 $e(t)$ 和误差变化 $\Delta e(t)$,由以下公式确定:

$$e(t) = y_{\text{ref}} - y \tag{3}$$

$$\Delta e(t) = e(t) - e(t-1) \tag{4}$$

式中:y_{ref} 和 y 分别表示采用的设定值输入和装置的输出。

模糊逻辑控制器的输出是控制信号 $\Delta u(t)$ 中的递增量。那么,通过以下公式得到控制信号:

$$u(t) = u(t-1) + \Delta u(t) \tag{5}$$

如上文所述,在航向、速度和高度分系统中共有三台模糊逻辑控制器。航向分系统配备了滚转角模糊逻辑控制器,速度分系统配备了节流阀模糊逻辑控制器,高度分系统配备了升降舵模糊逻辑控制器。

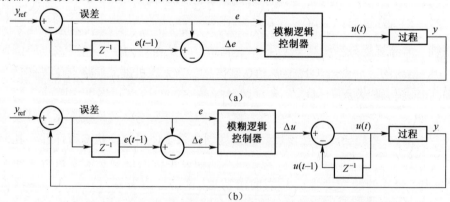

图 7 (a)PD 类型模糊逻辑控制器;(b)PI 类型模糊逻辑控制器

224

节流阀模糊逻辑控制器有两项输入:速度误差(也就是期望速度与实际速度之差)及其变化率。后者表示无人机是否正在接近或偏离期望速度。与节流阀控制器一样,升降舵控制器也有两项输入:高度误差及其导数。该模块的控制输出是升降舵,负责无人机头部的上升或下降。升降舵和节流阀模糊逻辑控制器与图 7 所示的 PI 类型模糊逻辑控制器相似。由于无人机模型的高度非线性特点以及受控参数之间的推理,使人更倾向于获得控制输入中所需的变化而非其精确值。这就是选择 PI 类型模糊逻辑控制器的主要原因。

已知由于内部的积分运算,导致 PI 控制器(也称 PI FLC)在瞬时反应中性能表现不佳,但 PD 控制器(也称 PD FLC)在很多情况下都无法消除稳态误差。因此,当仅使用一台 PD 或 PI 类型的控制器无法达到所需目标时,最好将二者组合并构建一台 PID 类型的模糊逻辑控制器。这种情况适用于滚转角控制(用于航向控制),因此在本项研究中 PID 类型模糊逻辑控制器被用于航向控制。最常用的 PID 模糊逻辑控制器原理图如图 8 所示。关于 PID 模糊逻辑控制器的更详细信息见参考文献[13]。

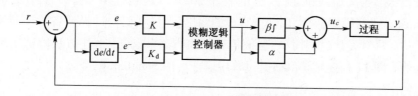

图 8　PID 类型模糊逻辑控制器

在开发模糊逻辑控制器时,三角隶属函数被用于模糊逻辑控制器的每一次输入,同时考虑到专家知识和经验,定义了简单的规则表。图 9(a)、图 9(b)和图 9(c)中所示的控制输出面就是典型的例子。

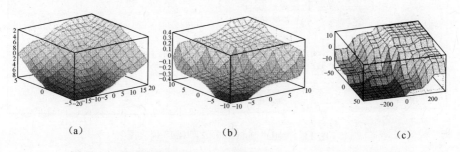

(a)　　　　　　　　　(b)　　　　　　　　　(c)

图 9　(a)高度的规则面;(b)空速的规则面;(c)航向的规则面

作为输出隶属函数的节流阀控制输出由 [-0.02, 0.02](部分)范围内的七个等距的隶属函数表示。不过,用于升降舵控制的隶属函数比较特殊,如图 10 所示。

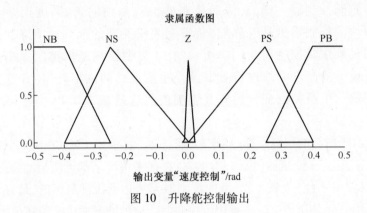

图 10　升降舵控制输出

4　仿真和仿真结果

利用 Matlab 的标准配置和航空仿真模块组,并使用航空探测无人机作为模拟飞机,对本文所提控制方法的性能和潜力进行了评估。此外,使用了 FlightGear 飞行模拟器[12] 以获得直观的输出信息,从而协助设计者对控制器进行评估。尽管设计过程简单,但模拟试验飞行表明,采用上述方法能够实现预期性能。图 11 描述了仿真研究过程中所使用的 Simulink 模型。

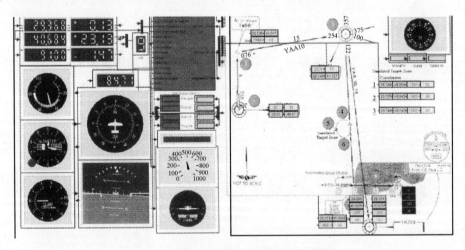

图 11　Matlab Simulink 仿真 GMS 仪表图

图 11 中,含有标准仪表起飞(SID)和战术空中导航(TACAN)过程的试验飞行模式是仿真的输入值。这是航空探测无人机的任务类型之一。该无人机

的任务还包括：从阿塔图尔克机场第36跑道起飞,随后执行标准仪表起飞以到达相关航路点,在模拟目标区域上空摄制视频,然后抵达起始进场点完成TACAN进场并着陆在亚洛瓦机场。航空探测无人机的当前特征能够在GMS飞机仪表上描绘出来。这些仪表与典型的飞机仪表相似。地面站的操控人员能够通过使用这些仪表,手动实现无人机的飞行。

如图12所示,除了飞行计算机和综控机模块之外,仿真研究中还使用了一些额外的模块。其中之一就是操纵杆(Joystick)和手动(Manuel)控制分系统。该分系统用于在手动模式下使用操纵杆控制无人机。如果控制者按下操纵杆的第一个按钮并保持其处于该状态,就意味着无人机处于手动控制模式。当控制者松开该按钮,则无人机处于自主飞行状态。如果操作者在手动控制模式下使无人机处于非预期状态,在切换至自主控制模式后,综控机将首先把无人机带入稳定位置,随后飞往并抵达下一个航路点。稳定位置意味着调整无人机的控制面从而将飞机带入其限定范围内。

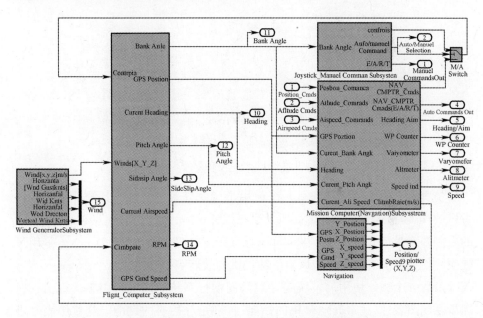

图12　仿真过程中的飞行计算机和导航计算机

图13给出了导航计算机的Simulink图表。导航计算机模块共有四个分系统,分别是航路规划、航向、速度和高度分系统。这些分系统的设计在本文第3部分中进行了描述(图14)。

控制无人机的过程中存在一些限制因素。这些限制因素包括最大爬升率(600m/min)、最大降高率(800m/min)、最大速度(111km/h)、最大爬升角(25°)、

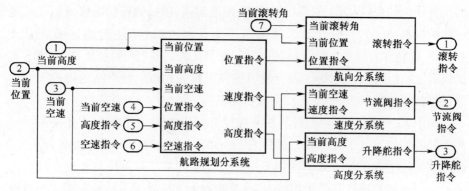

图 13　Simulink 中的导航计算机

最大降高角(25°)、最大滚转角(30°)等。

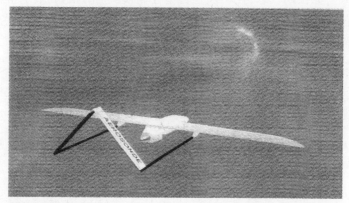

图 14　仿真运行过程中 FlightGear 的航空探测无人机视图

仿真研究中额外使用的另一个模块是风效分系统。该分系统能够生成任意风效,以模拟无人机的环境。风效由三维矢量$[x, y, z]$表示。风效分系统中的限制因素是最大风速 14.8km/h 和所有高度的最大强风±3.7km/h。采用风效模块使我们能观察到模拟风效下综控机的效能。

最后一个额外使用的模块是导航绘图器分系统。该模块用于运行仿真时同步生成图表,以观察其他模块的性能,特别是综控机的性能。这些图表是高度—时间图表(图 15)、航向—时间图表(图 16)、速度—时间图表(图 17)和无人机位置图表(图 18)。通过使用这些图表,能够对模糊逻辑控制器的性能进行评估。

图 15 描述了试验飞行模式中高度随时间变化的情况,同时给出了期望高度。可以看出,无论任意风效如何,无人机都能够在航程范围内抵达期望高度(±50m)。此时,最大攻角为 25°,最小为 20°,这样就避免了飞机失速以及可能

发生超速的条件。因此可以说,在利用升降舵控制以保持飞机期望高度方面,模糊逻辑控制器是成功的。

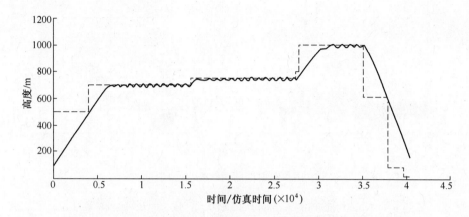

图 15　高度—时间图表(m/仿真时间)

图 16 给出了任意风效下的航向反应以及试验飞行模式所期望的航向指令。由于滚转角和偏航角的必然限制因素,反应时间是受限的。同样地,在控制滚转角以保持飞机的期望航向方面,模糊逻辑控制器是成功的。

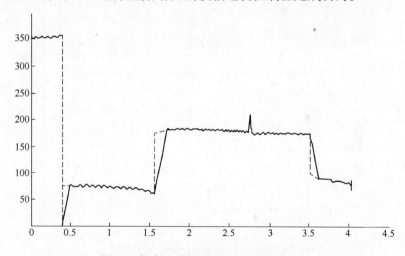

图 16　航向—时间图表((°)/仿真时间)

图 17 给出了任意风效下无人机在试验飞行模式中的速度变化情况,此时,整个飞行持续过程中的期望速度为 30m/s。综控机仅通过节流阀而非攻角来控制无人机的速度。这样做的目的是为了观察节流阀怎样对速度产生影响,以及模糊逻辑控制器怎样控制节流阀。在无人机实施爬升和降高等机动操作时,可以看到存在较大的误差。

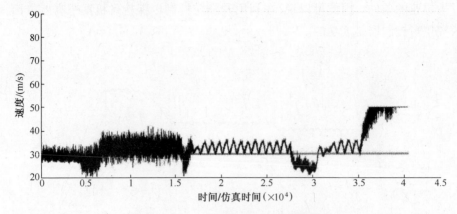

图 17 速度—时间图表(m/s/仿真时间)

在运行仿真时,导航屏幕上生成并标绘出了无人机的航迹。通过这种方法可以在 100km×100km 的地图上或基于 GPS 坐标的地图上(图 18)观察和监测飞机的位置。从图 18 中可以看出,无人机成功地在任意风效下完成了试验飞行模式。也就是说,无人机到达了以试验飞行模式在 01°(GPS 定义的 00′00″010)误差范围内定义的每个航路点。

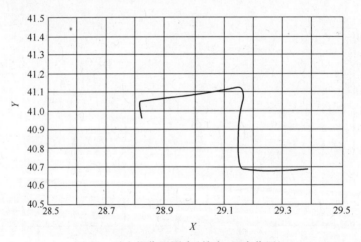

图 18 无人机位置图表(纬度/经度位置)

5 结论

导航计算机的主要目的是使无人机能够自主地完成任务,而无需操作者有任何(或需操作者有极少量的)信息输入。本文中的综控机设计为无人机提供了完成一项典型任务(除起飞与着陆之外)所有阶段的自主性,通过在限定范围内调整飞行参数,同时执行无人机的任务规划,使飞机具备了更加优越的动态稳定性。

尽管存在诸多控制律的体系机构,但标准的 PID 控制方法加上在线增益的调度,为典型的飞机动力学提供了理想的稳健性和性能的结合。稳定性和操纵系统能够转变,通过调节一组自动驾驶仪参数或增益,提供期望的性能和稳健性指标。但这些都是通过线性分析实现的—非线性飞机模型被线性化为具有代表性的一组覆盖飞机运行包线的飞行条件。从稳定性和控制反应(偏转过度、调整时间)方面对闭环系统(飞机+自动驾驶仪)的线性动力学进行了分析。通过使用模糊逻辑控制器,避免了这一艰难的设计过程,但是如本文所述,该方法却能够在稳定控制和快速反应时间方面优于传统自主无人机。制定所需飞行模式动力学规划的能力同样重要,这一点已经通过利用移动中无人机的当前位置和固定的目标位置在本文中得以体现。

实现自主导航有三个关键属性:感知、智能和行动。感知意味着无人机认知环境及其自身的能力。如果无人机起飞后在没有人工支持的情况下完成了任务,这就意味着无人机具备智能属性。最后一个属性是行动,即无人机从 A 点抵达 B 点的能力。无人机实现这些不同功能的能力是评价其自主程度的衡量标准。在本文中,通过使用模糊逻辑控制器成功地实现了智能和行动属性。

本文的研究还表明,如果无人机有着像正式飞机那样的性能,就能够在无人控制的情况下应用标准仪表起飞(SID)和战术空中导航(TACAN)方法。任务开始前可以为机场规划出一系列 SID,且能够自主利用空中交通管制员(ATC)许可的 SID 以及气象状况。此外,如果无人机仪表中适当地配装了伏尔台(甚高频全向无线电信标)和 TACAN 接收机,它也能够应用 TACAN 方法。在没有伏尔台接收机的条件下,能够通过使用 GPS 实现 SID。基于这些特点,模糊逻辑已被视作一种为无人机开发控制器的有效工具,这些控制器将使无人机能够实现自主导航。

在本文中,提出了一种用于无人机的基于模糊逻辑的自主飞行控制器。文中描述的仿真研究证明,尽管这些控制器比较简单,却能够使无人机沿着预先定义的航迹飞行。不过,正如仿真结果所示,当在仿真环境中加入风效时,仍存在一些摆动和误差。未来研究的目标是开发出能够更好地调整隶属函数的算法,该算法使用众所周知的自适应神经模糊推理系统(ANFIS 方法)或可能使用第 2 种类型的模糊集合,也将尝试自主起飞和着陆。

参考文献

1. Doitsidis, L., Valavanis, K.P., Tsourveloudis, N.C., Kontitsis, M.: A framework for fuzzy logic based UAV navigation and control. In: Proceedings of the International Conference on Robotics Automation, vol. 4, pp. 4041–4046 (2004)

2. Schumacher, C.J., Kumar, R.: Adaptive control of UAVs in close-coupled formation flight. In: Proceedings of the American Control Conference, vol. 2, pp. 849–853 (2000)

3. Andrievsky, B., Fradkov, A.: Combined adaptive autopilot for an UAV flight control. In: Proceedings of the 2002 International Conference on Control Applications, vol. 1, pp. 290–291 (2002)

4. Dufrene, W.R., Jr.: Application of artificial intelligence techniques in uninhabited aerial vehicle flight. In: The 22nd Digital Avionics Systems Conference vol. 2, pp. 8.C.3–8.1–6 (2003)

5. Li, Y., Sundararajan, N., Sratchandran, P.: Neuro-controller design for nonlinear fighter aircraft maneuver using fully tuned RBF networks. Automatica **37**, 1293–1301 (2001)

6. Borrelli, F., Keviczky, T., Balas, G.J.: Collision-free UAV formation flight using decentralized optimization and invariant sets. In: 43rd IEEE Conference on Decision and Control vol. 1, pp.1099–1104 (2004)

7. Marin, J.A., Radtke, R., Innis, D., Barr, D.R., Schultz, A.C.: Using a genetic algorithm to develop rules to guide unmanned aerial vehicles. In: Proceedings of the IEEE International Conference on Systems, Man, and Cybernetics, vol. 1, pp. 1055–1060. (1999)

8. Ren, W., Beard, R.W.: CLF-based tracking control for UAV kinematic models with saturation constraints. In: Proceedings of the 42nd IEEE Conference on Decision and Control, vol. 4, pp.3924–3929 (2003)

9. Dathbun, D., Kragelund, S., Pongpunwattana, A., Capozzi, B.: An evolution based path planning algorithm for autonomous motion of a UAV through uncertain environments. In: Proceedings of the 21st Digital Avionics Systems Conference vol. 2, pp. 8D2-1–8D2-12 (2002)

10. Global Robotic Observation System, Definition Of Aerosonde UAV Specifications: http://www.aerosonde.com/aircraft/

11. Unmanned Dynamics, Aerosim Aeronautical Simulation Block Set Version 1.2 User's Guide: http://www.u-dynamics.com/aerosim/default.htm

12. FlightGear Open-source Flight Simulator. www.flightgear.org

13. Qiau, W., Muzimoto, M.: PID type fuzzy controller and parameter adaptive method. Fuzzy Sets Syst. 78, 23–35 (1995)

第13篇

从试验台到研制成首架样机的 muFly 微型直升机

Dario Schafroth,Samir Bouabdallah,
Christian Bermes,Roland Siegwart

（达里奥·夏夫劳斯,萨米尔·布阿代拉赫,
克里斯坦·贝尔们斯,罗兰·西格瓦尔特）

摘　要:欧洲 muFly 项目的目标是制造一种完全自主的微型直升机,这种直升机的大小和质量堪比一只小鸟。对大小和质量的严格限制导致了与能量效率、飞行稳

D. Schafroth (⊠),S·Bouabdallah ·

C. Bermes · R · Siegwart

Autonomous System Lab,

Swiss Federal Institute of Technology Zurich（ETHZ）,

Zurich, Switzerland,

E-mail: dario.schafroth@ mavt.ethz.ch

S · Bouabdallah

E-mail: samir.bouabdallah@ mavt.ethz.ch

C · Bermes

E-mail: christian.bermes@ mavt.ethz.ch

R · Siegwart

E-mail: rsiegwart@ ethz.ch

K. P. Valavanis et al. (eds.), *Unmanned Aircraft Systems*.DOI: 10.1007/978-1-4020-9137-7_14.

定性和总体设计有关的诸多问题。在本项研究中,通过试验研究了空气动力学和飞行动力学,从而为设计直升机的动力组合和转向操控系统收集信息。为开展这些研究工作设计并制造了几种试验台。有一种共轴式旋翼试验台可用于测量不同旋翼叶片设计的推力和阻力扭矩。研究了直升机斜盘和被动式稳定器杆的周期俯仰对利用六轴力传感器测量旋翼上的各作用力和力矩的试验台所产生的影响。利用研究成果设计了首架 muFly 直升机样机。根据项目要求从旋翼构型、结构、传动装置和传感器选择等方面对该样机进行了描述。作为飞行试验的一种安全措施以及为了分析直升机的动力学,采用了一种六自由度飞行器试验台进行直升机系留飞行。

关键词:MAV;试验台;共轴式;空气动力学;稳定性;设计飞行试验

1 引言

无人机的技术水平已经快速地从以 RC 模型为基础、只能利用惯性传感器做基本的悬停或巡航飞行的简单系统,发展到能够利用 GPS 和/或图像传感器进行导航以及执行简单任务的无人机。就固定翼飞机而言,这种技术水平的发展使得 UAV 的大小有像 Sky-sailor 太阳飞机[1]那样长 3m 的,也有像 Procerus MAV[2]或航空环境公司的黑寡妇 MAV[3]那样小型的。旋翼系统也遵循这种技术水平的发展,已有的最大型的 MAV 是在剑桥大学研制的四旋翼 MAV[4]。然而,针对手掌大小直升机的研究工作仍处于飞行器的设计和飞行稳定性的研究阶段。这里,有以下一些实例:muFR 直升机[5]、在 EPF 洛桑研制的 CoaX[6] 和由马里兰大学研制的 MICOR[7]。这些 MAV 都处于最先进之列,但是它们的能力仍然只限于自动悬停或进行有人辅助的导航。欧洲的 muFly 项目是在 2006 年 7 月启动的。其项目财团包括 6 个研究不同领域(如传感器、传动装置和电源)的合伙人机构。该项目的目标是研制完全自主的微型直升机,其大小和质量堪比一只小鸟。从这方面看,会出现许多问题,如旋翼系统的低效率[8]或者低推力重量比。muFly 项目通过研究系统的不同部件来解决这些问题。因此,制造了试验台以获取试验数据。与仿真结果相结合,可以利用这些数据设计实际的直升机。但是,即使还没有解决这些问题,也必须为直升机选择通用方案。

当前有许多不同构型的旋翼飞机,如四旋翼直升机、常规单旋翼直升机、轴向直升机和共轴式直升机(图 1),而每种直升机都既有优点又有缺点。因此,在为 muFly 选择旋翼构型之前就应该对其中的每一种直升机都进行仔细评估。这包括紧密度、质量、动力消耗和有效载荷等重要的判据。这些判据列于表 1 中,对它们进行权衡可对不同构型进行分级。需要注意的是前两个判据是

muFly 特定的。兼容性 1 限定了要选择项目计划书中所确定的系统指标,而兼容性 2 限定了要选择从项目合伙人那里得到的技术。

图 1 不同的直升机构型
(a)四旋翼;(b)轴向;(c)常规;(d)共轴式;(e)纵列式。

所有这 5 种不同的构型都是以与 muFly 相仿的比例虚拟设计出的,而其各自的质量和动力消耗都已计算出。每种判据都按从 1(最坏)到 10(最好)的尺度进行分级,只有质量、动力消耗和评价指标是定量计算的。它们按比例与分级范围相对应。虽然共轴式和轴向方案主要由其紧密度和与 muFly 指标的兼容性得到认可,但是纵列式和四旋翼直升机却可以有很高的有效载荷。常规直升机构型的缺点是缺乏紧密度,而且并不是所有动力都用到了推进作用上(尾旋翼)。评估结果表明,对于 muFly 来说,最佳选择是共轴式构型。

下一个问题是如何操控直升机,所以评估了各种不同的操控方案,如移动

表 1　评估概略

判据	重量	常规	轴向	共轴式	纵列式	四旋翼
兼容性 1	5	7	9	9	5	4
兼容性 2	6	5	8	9	5	6
紧密度	8	5	10	10	4	3
质量(/10)	8	5.96	6.26	6.45	6.45	7.99
动力消耗(/2)	8	5.54	5.75	6.21	6.21	7.95
评价指标(×10)	7	8.81	8.17	7	7	4.28
项目实现的简单性	5	6	8	7	7	10
控制的简单性	5	6	7	8	7	9
有效载荷	4	6	4	6	8	8
机动性	4	9	7	7	6	7
可靠性	6	5	4	7	6	5
总计		214.67	277.11	295.76	191.76	179.44

兼容性 1:与系统指标兼容;兼容性 2:与可用技术兼容

重心[6]或者利用襟翼改变气流下洗[7]的方向。就我们的项目来说,选择了只允许周期俯仰的简化的直升机斜盘机构。这主要是因为它可以对操控输入量快速响应。

本文的焦点是如何从一个草案制造出一种微型直升机,方法是首先设计不同试验台以便了解影响设计的各种问题,然后利用这方面的知识设计直升机。设计一种 MAV 是一个非常具有挑战性的任务。有许多需要关注的重要方面,如要具备一套有效的动力组合以便以低的动力消耗获得高推力和高机动性。对于初步估算和配置不同的部件,计算和仿真是很有用的,但是最后必须用试验数据对各项计算进行鉴定。因此,在这样的技术水平下,当还有许多研究问题时,重要的是要在设计 MAV 之前先制造试验台。

本文的架构如下:第 2 部分利用共轴式旋翼试验台测量推力和扭矩等不同旋翼叶片设计参数,从而研究低旋翼效率问题。第 3 部分研究操控机构获得的各种力以及直升机上用于实现被动稳定性的稳定器杆的影响。研究了空气动力效应之后,在第 4 部分阐述了首架样机的设计情况,而第 5 部分给出了可进行安全飞行试验并可进行直升机动力学分析的试验台。最后,第 6 部分总结了研究工作,并进行了展望。

2 动力

空气动力学是设计 MAV 时要面对的主要挑战之一。事实上,微型直升机所需要的动力都要占到总动力消耗的 90% 以上,而且是飞行续航时间最具限制性的因素。重要的是要了解空气动力效应,以便拥有一种有效的动力组合,进而实现适当控制。

在低雷诺数范围内,muFly 旋翼在($Re \approx 60000$)下工作,黏滞效应开始发挥重要作用。诸如层流分离气泡等现象严重影响了空气动力效应,比全尺寸直升机的低很多。其品质因数(FM,诱导功率与总功率之比)可以达到 0.8,而 MAV 的 FM 达到 0.5[9]。但是在这方面没有多少可以利用的文献和试验数据,只有参考文献[10]。缺乏可信的空气动力数据使得拥有自己的旋翼测量装置就显得非常重要。因此,设计并建造了一种共轴式旋翼试验台,以便测量旋翼叶片上不同参数组合的推力和扭矩。除了试验研究之外,还研制了仿真模型。为了更好地了解问题,采用了 3 种常用方法:

(1) 利用 X-翼型软件的叶片基元动量原理(BEMT)[11];

(2) 自由漩涡尾流法[12];

(3) 计算流体力学(CFD)。

上述方法的复杂性按以上顺序依次递增。BEMT 仿真可作为非常快速的初步设计工具。自由漩涡法可模拟 BEMT 中不包含的旋翼尾流,并可提供有关下洗中速度场的更多信息,这个速度场严重影响了下面的旋翼。然后 CFD 仿真用于模拟所有三维效果。这里,使用了商业 CFD 软件 Ansys CFX。旋翼试验台装置及其各部件在图 2 中显示,而图 3 是其框图。整个系统由一台 PC 通过虚拟公共端(VCP)控制,这些 VCP 与电机控制器和数据获取模块相连接。因此,旋翼能以任何期望的角速度运转,而推力和扭矩可以分别测量。试验台上旋翼头设计成叶片能以任何俯仰角快速并精确地安装。在试验中,俯仰角的范围一般为 $10° \sim 20°$。电机控制器模块可提供有关电机电流的信息,它与电动机负荷扭矩有关。旋翼叶片用 CAD 设计,并且直接用快速样机机器来制造。这样在试验所期望的外形时就可具有灵活性,而且只受到材料强度的限制。然而,由于空气动力和离心力相对较小,所以材料强度通常不是问题。另外,用快速样机机器进行生产可以开展各种不同的空气动力强化试验,如小翼或葛尼襟翼。用 CAD 设计叶片之后进行制造,只需要 1h 的生产时间。

图 4 显示了一些印制叶片。

不同参数如半径、弦长、最大弯度、最大弯度位置以及扭力应变等在整个试

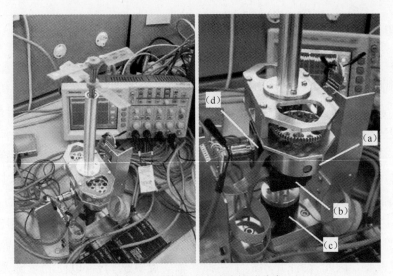

图 2　进行旋翼叶片试验的试验台

(a)2×马克森氏 EC45 平台 30W 电动机;(b)2×光学编码器;(c)RTS5/10 扭矩传感器;
(d)FGP FN3148 力传感器。

图 3　旋翼试验台框图

验中都是变化的。探讨所有空气动力结果已超出了本文的范围,但是图 5 显示
了不同半径的旋翼样例结果。利用两片 NACA0012 叶片(弦长 $c = 0.02m$),已得
到了数据。前两张图显示不同转速时在俯仰角 $\Theta = 16°$ 时的推力和扭矩。如所
预计的那样,转速越高,可形成更高的推力,也可形成更高的扭矩,因为扭矩和
推力与诱导阻力相互关联。由于这种相关性,性能系数 FM[13] 可用于评估旋翼
的空气动力效应。第 3 张图显示不同构型的 FM,显然半径越大,FM 越高。

　　从仿真方面看,BEMT 和 CFD 仿真的前几次结果都已显示了很好的相关
性,对漩涡渐近程序的内部开发工作还在进行中。图 6 中,显示了一些 BEMT

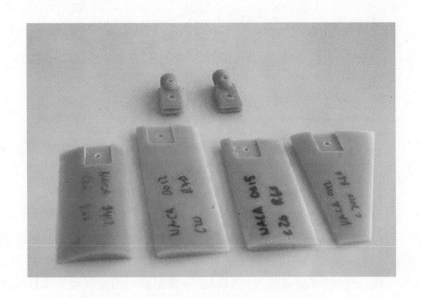

图 4　在试验台上使用的具有不同外形、长度和锥度的各种叶片。
这些叶片是用快速样机机器制造的

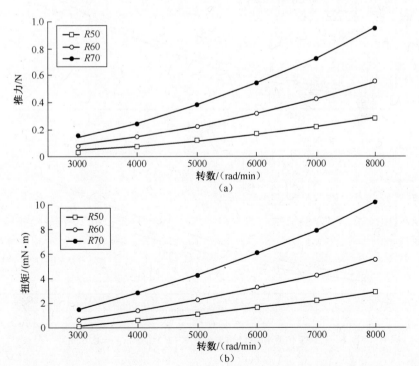

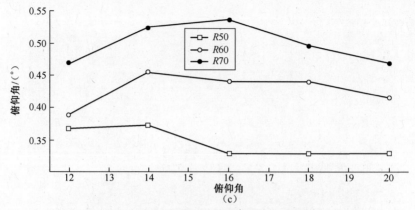

图 5　具有不同半径的旋翼样例试验结果（NACA0012，$c=0.02$m）

仿真结果。这些结果显示了与测量结果相同的特性和数量级，但是与试验数据的差别却达到了 20%。但这仍处于可接受的范围，而且主要是由于 BEMT 模型、未建模的三维效果（翼尖损失）以及从 X-翼型获得的空气动力系数的精确度差而造成的。

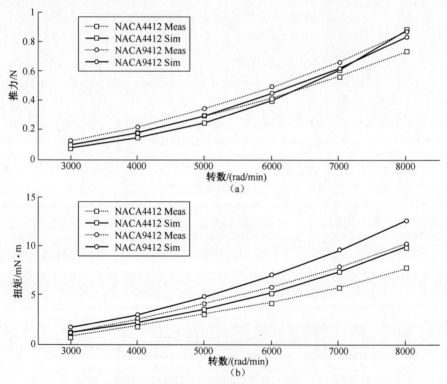

图 6　EBMT 仿真和测量结果的比较（$R=0.06$m，$c=0.02$m）

3　操控和被动稳定性

除了旋翼的效率和推力,对研究在直升机斜盘周期俯仰期间的旋翼特性也有极大的兴趣。由于该项目的目标之一是研制整个推进系统,所以需要对实现操控可利用的力和扭矩进行量化。另外,muFly 直升机采用稳定器杆进行被动稳定,所以知道如何选定这种装置的尺寸很重要。这两方面需要使用六轴传感器设计一种直升机斜盘试验台(STB),以便根据直升机斜盘输入量和直升机运动情况分别测量扭矩和力(图 7)。

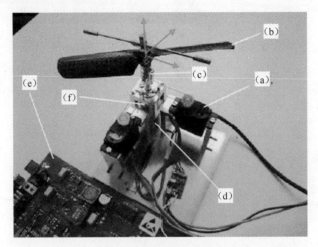

图 7　直升机斜盘试验台

(a)伺服电动机;(b)旋翼;(c)直升机斜盘;(d)六轴传感器;(e)控制板;(f)电动机。

两个伺服电机驱动直升机斜盘。由安装在电机下面的六轴传感器测量力和扭矩。由于侧向力非常小(约为 0.15N),而传感器非常敏感,所以获得有意义的结果并非不重要。尽管如此,在机械上进行一些改变以及仔细校准之后,还是有可能测量周期俯仰下的推力矢量方向和操控旋翼装置的量级。这项工作还在进行之中。

为了研究被动稳定性,STB 安装在电机驱动的转台上(图 8)。将伺服电机和直升机斜盘拆除下来,并在电机上安装带有稳定器杆的旋翼(图 7)。

在试验中,STB 随着平台倾斜,模拟直升机的滚转运动或俯仰运动。运动的结果是,稳定器杆在旋翼上施加一个周期输入量,同样它又导致旋翼桨盘面相对于机身固定坐标系的方向改变。力和力矩由六轴传感器测量。对于相对于叶片顺桨轴的不同稳定器杆惯量和恒相角的研究工作仍在进行中。图 9 显示了这些试验的结果。

图 8　安装在转台上的带有稳定器杆的 STB

(a)平台;(b)驱使平台转动的电动机;(c)稳定器杆;(d)旋翼。

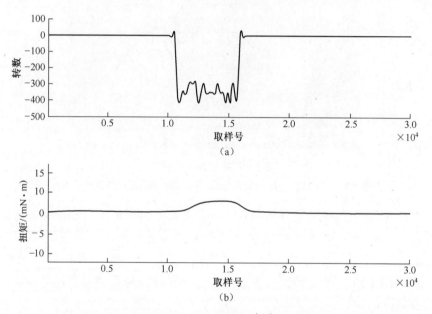

图 9　可转动平台的角速度(a);测量的旋翼沿转动轴的力矩(b)

　　这两个图显示了可转动平台的角速度和测量的沿转动轴的力矩,它对应于稳定器杆对滚动运动的响应。随着转动的开始,稳定器杆有所反应,然而,它相当快地就达到了机械饱和状态。结果表明,稳定器杆对直升机角运动的响应是可以测量的。一旦已知响应时刻的量级和方向,则这种信息就可以用于调整实际直升机上的稳定器杆。

4 设计首架样机

在与 MAV 设计相关的各种决策中,传感器选择具有高度重要性。它极大地影响着这种飞行器的总体构型和性能。真实情况尤其如此,因为设计者通常受到约束,没有什么传感器型号可以选择。表 2 显示了对于 muFly 的 5 种基本功能可能具有的不同传感器组合,即:姿态、高度控制、起飞和着陆、三维导航和障碍物回避。对各种不同可行性进行评估后,建议如下:利用带有激光器的全向摄像机进行障碍物回避和导航,利用超声波传感器进行高度控制,利用惯性测量部件(IMU)进行姿态控制。

表 2 为首架 muFly 样机选择的概念

项目	姿态控制	高度控制	起飞和着陆	导航	障碍物回避	复杂性
IMU	+					低
激光全向摄像机落		+		+	+	高
下视摄像机难度		+	+	+		高
下视声纳		+	+			低
侧视声纳				+	+	一般
前视转向操控摄像机	+			+	+	高
下视转向操控摄像机难度	+	+	+	高		

IMU 和全向摄像机是专门为该项目而设计的。事实上,IMU 是一个极其轻型的电子设备,结合了现代化的二维陀螺仪和三维加速计,总质量为 2g。全向摄像机的创新之处是将像素极性间隔排列,其中结合了圆锥镜和 360° 激光平面,构成了以三角测量为基础的极其轻型(3.5g)的测距仪。

从结构方面看,muFly 直升机需要一种轻型、稳健且可靠的框架。

图 10 显示了综合所有这些方面的首架样机的构成。

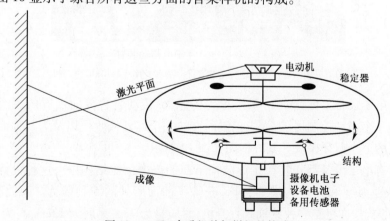

图 10 muFly 直升机首架样机的构成

旋翼系统用一个笼形碳结构围绕,具有几个优点:可确保不仅保护旋翼系统和免受旋翼系统损坏,而且有可能使电动机在笼形结构的顶部和底部面对面放置。这样,尽管是共轴式旋翼系统,但不需要变速箱。因而,由变速箱效率问题而引起的损失就会减少,而且机械可靠性也会增强。另外,由于这个笼形结构,直升机就在顶部具有了非旋转表面,因而此处可以放置激光平面生成器。这样就可以在摄像机和激光平面之间形成足够高的距离,从而提高三角测量的分辨率。

至于进行推进的传动装置,就功率对质量之比和热性能而言目前最佳的可用装置是无电刷 DC(BLDC)超范围电动机。相反地,选择适当的转向操控传动装置(需要具有高带宽、高冲程和力)却要困难得多。已经关注了几种传动机构,而且已经决定采用压电元件,因为它们具有高带宽和高精度。所采用的 4个压电传动装置的工作电压为 150V,而其初始冲程由一个水平臂放大。传动装置十字型配置,每对相对的传动装置操控一个直升机斜盘倾斜轴。当一个传动装置拉动时,另一个传动装置就推动(推拉模式),从而产生较高的传动力(图 11)。

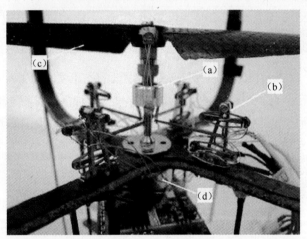

图 11　双压电晶片压电传动装置

(a)直升机斜盘;(b)压电传动装置;(c)旋翼叶片;(d)BLDC 电动机。

在电子设备方面,muFly 采用了为传感器/传动装置界面而设的一个双核DSP 和一个微型控制器、为人工控制而设的一个红外接收机以及为与地面站通信而设的一个蓝牙模块。其方框图如图 12 所示。

所有电子设备都安装在笼形结构下面的一个吊舱结构中。这种设计达到了紧密度、质量和处理功率等目标,获得了前面所列的 5 种能力。总而言之,muFly 的首架样机是一种共轴式直升机,总质量为 78g,翼展为 12cm,高为 15cm(图 13)。

244

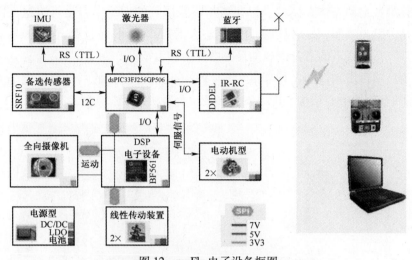

图 12   muFly 电子设备框图

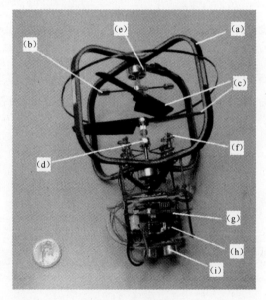

图 13   首架样机

(a)碳纤维多层笼形;(b)稳定器杆;(c)碳纤维旋翼叶片(自行制造);(d)直升机斜盘;
(e)BLDC 电动机;(f)线性传动装置;(g)具有双核 DSP 的 PCB 主板;(h)锂电池;(i)超声波传感器。
未在图中出现的部件有全向摄像机、惯性测量部件和激光平面生成器等(没有安装)。

5   动力学分析

直升机所固有的不稳定性通常使得分析飞行中系统性能变得非常困难,所以也很难鉴定动态仿真模型。旨在消除坠毁风险的训练平台是解决这一问题的一种方案。然而,必须提供直升机足够大的操作空间,而且更重要的是,只能向正常飞行模式下的直升机施加最小的外力和力矩。

为该项目所制造的飞行器试验台(VTB)是一种创新的六自由度电缆基系统,在其上面的中心结构上可以安装 muFly 直升机,如图14所示。

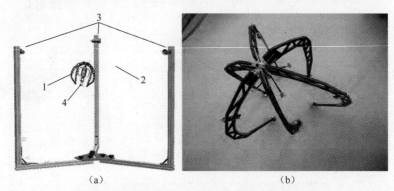

(a)   (b)

图14 CAD 设计出的飞行器试验台(a)和飞行器试验台中制造出的碳结构(b)
1—碳结构;2—电线;3—带有滑轮的电动机;4—muFly 直升机。

这个结构由3根电线支撑,并由3台电动机主动控制,从而允许永久重力补偿。利用试验台的几何特性和电动机控制器可以进行前馈控制(图15)。所以,对于3种平移,当以任意方向平移时 muFly 只能承受电动机和滑轮的惯量。

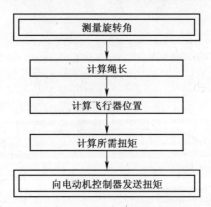

图15 飞行器试验台控制框图

至于3种旋转,中心部位的碳制结构(图14)可以通过其3组手臂进行3种滚动。这3组手臂安装在一个公共轴上,它们可以分别独立地旋转。每组手臂由两个臂组成,一个臂通过配重用于重力补偿,而另一个臂用于将电线连接到电动机滑轮上。这样,对于3种旋转来说,muFly 只有承受滚动时的低摩擦扭

246

矩。最后,VTB 在机械上来看对直升机几乎是透明的。这种特性可以使直升机在 VTB 的工作空间内自由飞行,几乎像是正常飞行。在该项目的后一阶段,VTB 将用于 muFly 直升机的参数鉴定试验。

6　结论和展望

本文阐述了欧洲 muFly 项目以及设计微型共轴式直升机的方法,也就是首先要研制几种试验台,然后再研制飞行系统本身。

通过测量一种共轴式试验台上不同旋翼构型的推力和扭矩,对设计一种这样大小的有效旋翼所面对的各种挑战进行了研究。详细描述了试验台,并且用图展示了一些初期结果。另外试验性研究得到仿真支持,并进行了初期比较。在检验了旋翼的有效性之后,在直升机斜盘试验台(STB)上测量了在周期俯仰期间旋翼上的各种力和力矩。另外,STB 可用于研究直升机上所使用的稳定器杆的效应。

对首架样机的研究工件进行了阐述,尤其是传感器、传动装置的选择以及结构设计等内容。最后,设计并制造了一种飞行器试验台(VTB)系统,以便试验 muFly 的被动稳定性,并可使其在有限工作空间安全飞行。VTB 可补偿所有重力影响,并可在安全条件下模拟直升机较为真实的飞行。还有一些研究工作仍在进行中。在空气动力方面,将试验更多的旋翼构型,并与进一步研制的仿真构型相比较,目的是要为 muFly 大小的微型共轴式直升机提供有效的推进系统。另外,旋翼系统将进行优化,以便通过在直升机斜盘试验台上进行扩展试验,获得高操控性能。已经开始对直升机进行一项中期试验,以便试验整个系统并使其最优化。

致谢

作者要感谢 M·比埃勒先生、D·芬纳先生和 J·尼科利奇先生的技术支持。muFly 是欧洲委员会第六框架计划下的一个 STREP 项目,合同编号 FP6-2005-IST-call2.5.2 微米/纳米基础的子系统 FP6-IST-034120。作者非常感谢 muFly 项目的合作伙伴们所做出的贡献,他们是柏林科技大学的 BeCAP、CEDRAT 技术公司、CSEM、费莱堡大学的计算机科学系和 XSENS 运动机构技术公司。

参考文献

1. Noth, A., et al.: Autonomous Solar UAV for Sustainable Flights. Springer, ch. 12, pp. 377-405(2007)

2. Taylor, C.N.: Techniques for overcoming inaccurate pose estimates in mavs. In: Proc. (IEEE)International Conference on Intelligent Robots (IROS'07), San Diego, USA (2007)

3. Grasmeyer, J., Keennon, M.: Development of the black widow micro air vehicle. In: Proc. 39th AIAA Aerospace Sciences Meeting and Exhibit, Reno, USA (2000)

4. Kemp, C.: Visual control of a miniature quad-rotor helicopter. Ph.D. dissertation, University of Cambridge (2006)

5. Wang, W., et al.: Autonomous control for micro-flying robot and small wireless helicopter x.r.b.In: Proc. (IEEE) International Conference on Intelligent Robots (IROS'06), Beijing, China(2006)

6. Bouabdallah, S., et al.: Design and control of an indoor coaxial helicopter. In: Proc. (IEEE)International Conference on Intelligent Robots (IROS'06), Beijing, China (2006)

7. Bohorquez, F.: Design, Analysis and Performance of a Rotary Wing Mav. Alfred Gessow Rotorcraft Center, USA (2001)

8. Pines, D., Bohorquez, F.: Challenges facing future micro air vehicle development. AIAA J.Aircraft, 43(2), 290-305, (2006)

9. Bohorquez, F., et al.: Hover performance of rotor blades at low reynolds numbers for rotary wing micro air vehicles. An experimental and cfd study. AIAA Paper 2003-3930 (2003)

10. Coleman, C.P.: A Survey of Theoretical and Experimental Coaxial Rotor Aerodynamic Research. NASA Technical Paper 3675 (1997)

11. Drela, M.: X-foil subsonic airfoil development system. http://raphael.mit.edu/xfoil (2004)

12. Griffiths, D., Leishman, J.: A study of dual-rotor interference and ground effect using a freevortex wake model. In: Proc. of the 58th Annual Forum of the American Helicopter Society,Montréal, Canada (2002)

13. Bramwell, G.D.A.R.S., Balmford, D.: Helicopter Dynamics. Butterworth-Heinemann (2001)

第 14 篇

共轴倾转旋翼迷你无人机悬停
飞行的纵向动态建模和整体控制

J. Escareño, A. Sanchez, O·Garcia, R. Lozano
(J·埃斯卡雷诺,A·桑切斯,O·加西亚,R·洛扎诺)

摘　要:本文旨在为倾转旋翼无人机提出一种结构配置方案,该配置将共轴旋翼飞机的悬停飞行的优势和固定翼飞机直飞的高效性结合在一起。通过牛顿—欧拉公式获得具体的动力学模型,包括空气动力学模型。提出了为纵向垂直模式运动实现整体稳定性的非线性控制法则。甚至,我们在存在外部干扰的情况下进行了一项仿真研究,对所提到的控制器进行了测试,获得了令人满意的结果。我们还开发了一款嵌入式自动驾驶仪来验证所提出的原型机以及在悬停模式飞行的控制规律。

关键词:倾转旋翼无人机;共轴旋翼;纵向控制;整体稳定性;嵌入式结构

This work was partially supported by Mexico's National Council of Science and Technology (CONACYT).

J. Escareño (✉) , A. Sanchez, O. Garcia · R. Lozano
Universite de Technologie de Compiegne,
Centre de Recherches de Royallieu B.P. 20529,
60205 Compiegne, France
E-mail: juan-antonio.escareno@ hds.utc.fr

A. Sanchez

E-mail: asanchez@ hds.utc.fr

O. Garcia

E-mail: ogarcias@ hds.utc.fr

R. Lozano

E-mail: rlozano@ hds.utc.fr

K. P. Valavanis et al. (eds.) , *Unmanned Aircraft Systems.* DOI: 10. 1007/978-1-4020-913-7-5

1 引言

近年来,对倾转旋翼无人机(CUAV)的关注日益增加,这是因为与常规设计的无人机相比,倾转旋翼无人机能够在更远的范围内发挥作用。这些无人机将直升机在有限空间内表现出的机动性(悬停、垂直起飞以及垂直降落)和飞机直飞的优势(速度和距离)结合到一起。倾转旋翼无人机的飞行剖面提高了执行任务的质量:如在危险的地区或环境下(地震、流血冲突和火灾)对人员的搜索和营救;以及在高度敏感地区(边界、港口以及电站)及遥远之地或不宜人居的地方(极地、沙漠或有毒地区)对重要军事基地的监控或信息搜集。单一螺旋桨的飞机存在逻辑上必然的缺陷——在反作用扭矩方面的脆弱性。为抵消这种影响,需要补充输入一个角动量。因此,直升机损耗一些动力来提供给尾旋翼,而固定翼的飞机,在悬停飞行时,使用不同的控制面(升降副翼或副翼)。在不使用补充控制的条件下,克服反作用扭矩的一个方法是使用反向旋转的螺旋桨。这种结构配置增加了推力,减少了飞行器的尺寸,但是其增加了机械上的复杂性。在倾转旋翼无人机领域,立式起降飞机的结构配置在其他飞机结构配置(偏转旋翼、偏转翼等)中表现突出,因为它没有旋转斜盘或偏转元件,而用螺旋桨来扰动常规飞机控制面(升降副翼或副翼),以便飞机能产生扭矩来操纵垂直飞行。然而,在垂直飞行方式下,这种结构配置对抗骤风时非常脆弱,这表明对这种飞行器来说,稳健的悬停飞行很重要。我们融合了上述概念来设计一种飞行器,使其同时具备立式起降飞机机械构造简单以及共轴旋翼飞机操作灵活的特点。当前,许多研究组织开展了倾转旋翼无人机课题研究。在参考文献[1]中,作者提出一项关于 Convair XFY-11 在 RC 模式下的航路跟踪仿真研究。为了实现飞行状态的改变,该研究提出了一种自主悬停飞行的四元控制和一种纵向动态的反馈线性控制。在参考文献[2]中,作者提出了另一种自主悬停飞行和手动转换成直飞的方法。在参考文献[3]中,提出了 T 形翼的结构配置,该配置为一个双发动机偏转旋翼的无人机,该机能进行垂直飞行,使用线性控制技术,具备稳定的线性垂直动态。

本文提出了一种偏转旋翼的结构配置,该配置能进行悬停飞行(图1)。通过牛顿—欧拉公式来获得包括空气动力学模型在内的具体的数学模型。在控制方面,我们提出一种控制算法,以达到在垂直飞行过程中纵向动力的整体稳定性。

本文结构如下:第 2 部分给出了迷你无人机全部的运动方程。在第 3 部分叙述了悬停模式下使纵向动态稳定的控制设计。在第 4 部分介绍了一项为观察所提出的控制法则的运行状况而开展的仿真研究。在第 5 部分介绍了试验

图 1　用于试验的倾转旋翼共轴无人机："扭转者"

设备,包括"扭转者"在悬停模式下姿态稳定性的实时结果。最后在第 6 部分进行了总结。

2　"扭转者"介绍

由于我们使用了两台固定旋翼而不是单台旋翼,我们的原型机在机械上比传统的共轴设计要简单。该旋翼由两台围绕旋翼轴组装的旋翼盘上的联动装置和旋转斜盘组成。由于多数立式起落无人机有突出的固定翼结构,因此为实现悬停飞行产生了一个较弱的扭矩。为克服这个缺陷,我们将一台旋翼放置在控制面附近,以增加气流,提升由空气动力产生的扭矩。此外,螺旋桨安装在重心轴上,这本身体现一种机械上的优势,因为固有的反回旋扭矩和桨叶的阻力扭矩被显著地减少。通过舵的偏转控制垂直滚转运动。通过升降舵偏转来控制垂直俯仰运动。由于具备反向旋转的能力,所以会对偏航运动进行自动补偿。然而桨叶的几何结构不尽相同,因此我们通过螺旋桨差动角速度来处理剩下的偏航问题(图 2)。

2.1　纵向动态模型

在本部分我们通过牛顿—欧拉公式得到"扭转者"纵向运动方程。假设 $I=\{i_x^I, k_z^I\}$ 指惯性坐标系, $B=\{i_x^B, k_z^B\}$ 指与隔离体飞机相关的坐标系,该坐标系的原点位于重心上。$A=\{i_x^A, k_z^A\}$ 代表空气动力坐标系(图 3)。假设矢量 $q=(\xi, \eta)^T \in \mathbf{R}^2$ 指广义的坐标系,这里 ξ 指与惯性系有关的转换坐标,$\eta=\theta$ 描述了飞机姿态。基于牛顿—欧拉方法[4,5],给出通用的刚体运动方程:

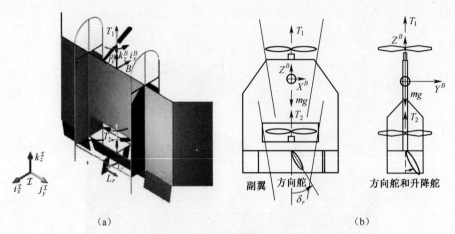

（a）

（b）

图2 "扭转者"迷你无人机

(a)为受力图；(b)为无人机舵机系统。

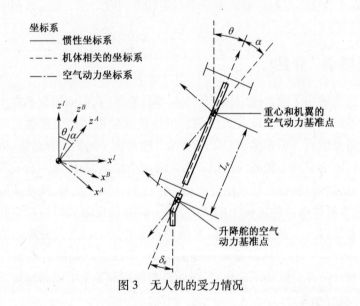

图3 无人机的受力情况

$$\begin{cases} V^B = \dot{\xi}^B \\ m\dot{V}^B + \Omega \times mV^B = F^B \\ \Omega = q = \dot{\theta} \\ I\dot{\Omega} + \Omega \times I\Omega = \Gamma^B \end{cases} \tag{1}$$

式中：$F^B \in \mathbf{R}^2$以及$\Gamma^B \in \mathbf{R}^2$分别是作用于该机重心上的合力和扭矩；$m \in \mathbf{R}$指该机的质量；$\Omega = q$为机体的角速度；$V^B = (u, w)^{\mathrm{T}}$为飞机质心的平移速度；$I \in \mathbf{R}$包

252

含关于 B 的惯性力矩。

迷你无人机的定位通过正交转动矩阵 $\mathscr{R}^{\mathscr{B}\to\mathscr{I}}$ 给出。

$$\mathscr{R}^{\mathscr{B}\to\mathscr{I}} = \begin{pmatrix} c_\theta & s_\theta \\ -s_\theta & c_\theta \end{pmatrix} \tag{2}$$

这里我们令符号 $s = \sin, c = \cos$。

2.1.1 飞机的空气动力

为继续进行动力分析,提供一些空气动力方面的概念。

在纵向运动中的空气动力坐标系 A,可以被看做成由攻角 α 产生旋转的结果,该角为与飞机相关的角度,是在中心线与飞机相对于它通过的气团(相对风或自由流)的速度间的夹角。通过转换矩阵,将在空气动力系中的一个矢量坐标转换成与机体相关的坐标系和惯性坐标系,各矩阵所示如下(详细情况请参见文献[6,7]):

$$R^{A\to B} = \begin{pmatrix} c_\alpha & s_\alpha \\ -s_\alpha & c_\alpha \end{pmatrix}, R^{A\to I} = \begin{pmatrix} c_{(\theta+\alpha)} & s_{(\theta+\alpha)} \\ -s_{(\theta+\alpha)} & c_{(\theta+\alpha)} \end{pmatrix} \tag{3}$$

生成空气动力坐标系 A,为的是作为风速矢量的参考,它包含了主要的空气动力:升力 L 和阻力 D。

$$F_a^A = \begin{pmatrix} -L \\ -D \end{pmatrix} = \begin{pmatrix} \dfrac{1}{2}\rho S(C_{D_0} + kC_L^2)V_r^2 \\ \dfrac{1}{2}\rho S(C_{L_\alpha}\alpha)V_r^2 \end{pmatrix} \tag{4}$$

式中:ρ 为空气密度;S 为机翼面,包括升降舵;α 为攻角;V_r 为风速矢量;C_L、C_{D_0}、C_{L_α} 为阻力和升力的典型空气动力学无量纲系数。

对于后期的控制分析,很方便提供几个建立空气动力学模式的假定,在这些模式下,无人机将在悬停飞行状态下运行:

-A1. 飞机的控制面潜入到螺旋桨产生的空气滑流中。

-A2. 阻力的量级比升力 L 和推力 T 要小。

-A3. 由于空气滑流与对称机翼剖面的零升力线相重合,空气动力学上的升力,阻力在垂直平衡点变成 0。

-A4. 机翼为平移运动提供升力 Lw,升降舵为旋转运动提供升力 Le。

-A5. 重心和机翼的气动中心位于同一点。

2.1.2 平移运动

1. 机体坐标系

无人机的平移运动可以通过下述方程描述：

$$m\dot{V}^B + \Omega \times mV^B = R^{I \to B}mG^I + T^B + R^{A \to B}F_a^A \tag{5}$$

式中：$G^I \in \mathbf{R}^2$，$G^I = (0, -g)$ 为重力矢量；$T^B = (0, T_1 + T_2)$ 为电机产生的推力；$F_a^A \in \mathbf{R}^2$，$F_a^A = (-L, -D)^T$ 为空气动力矢量。

先前的方程以标量的形式改写如下：

$$\begin{cases} m\dot{u} = -mqw + mg\sin\theta - L\cos\alpha - D\sin\alpha \\ m\dot{w} = mqu - mg\cos\theta + L\sin\alpha - D\cos\alpha \end{cases} \tag{6}$$

2. 惯性坐标系

无人机相对与惯性坐标系的动态动作可以通过下述方程描述：

$$V^I = \dot{\xi}$$
$$m\dot{V}^I = mG^I + R^{B \to I}T^B + R^{A \to I}F_a^A \tag{7}$$

上式可得出

$$\begin{cases} m\ddot{x} = T\sin\theta - L\cos(\theta + \alpha) - D\sin(\theta + \alpha) \\ m\ddot{z} = T\cos\theta + L\sin(\theta + \alpha) - D\cos(\theta + \alpha) - mg \end{cases} \tag{8}$$

2.1.3 旋转运动

纵向动态旋转运动可以通过下述方程描述：

$$I_y\ddot{\theta} = L_e\cos\alpha l_e = U(\delta_e) \tag{9}$$

寄生扭矩：通常螺旋桨会引起诸如陀螺效应和桨叶的阻力这样的寄生扭矩。然而，对于这种结构配置，反向旋转的螺旋桨显著地减少了陀螺扭矩，而螺旋桨位于重心线之上也避免了其阻力产生力矩。

3 纵向控制

3.1 姿态控制

为设计使迷你无人机运动姿态稳定的控制器（见式（9）），我们提出下述李雅普诺夫函数

$$V = \frac{1}{2}I_y\dot{\theta}^2 + k_{s1}\ln(\cosh\theta) \tag{10}$$

其中 $V \geq 0$，并且 $k_s > 0$。对应的时间导数如下：

$$\dot{V} = I_y\dot{\theta}\ddot{\theta} + k_{s1}\tanh\theta\dot{\theta} \tag{11}$$

254

上式能被改写如下：

$$\dot{V} = \dot{\theta}(I_y\ddot{\theta} + k_{s1}\tanh\theta) \qquad (12)$$

现在，为使 $\dot{V}$ 负定，我们提出下述控制输入：

$$U(\delta_e) = -k_{s1}\tanh\theta - k_{s2}\tanh\dot{\theta} \qquad (13)$$

其中 $k_{s2}>0$，那么替代式（12）中的控制输入会导出下面的表达式：

$$\dot{V} = -\dot{\theta}k_{s2}\tanh\dot{\theta} \qquad (14)$$

最后，得出 $\dot{V}<0$，这证明所提出的控制输入（见式（13））使无人机的姿态围绕原点保持稳定。

3.2   位置和姿态控制

悬停飞行对进行悬停的固定翼飞行器来说是一个关键阶段，因为在垂直飞行模式下，气动力会对飞行器进行扰动。因此，提供一种足够稳健的算法来处理大量的角位移是非常重要的。

从式（8）和式（9），我们能得到纵向动态：

$$\ddot{X} = T\sin\theta - L\cos(\theta + \alpha) - D\sin(\theta + \alpha) \qquad (15)$$

$$\ddot{Z} = T\cos\theta + L\sin(\theta + \alpha) - D\cos(\theta + \alpha) - 1 \qquad (16)$$

$$I_y\ddot{\theta} = u_\theta(\delta_e) \qquad (17)$$

回想 A1~A4，我们能将式（15）~式（17）改写成下述简化模式：

$$\ddot{z} = T\cos\theta - 1 \qquad (18)$$

$$\ddot{x} = T\sin\theta \qquad (19)$$

$$\ddot{\theta} = u_\theta(\delta_e) \qquad (20)$$

即使我们在仿真研究中把这些气动方面的扰动算进去，我们的控制规律仍然表现出色。

3.2.1   控制策略

我们的控制策略包括在达到某些稳定平移位置 (z,x) 的设计条件后，通过在方程使用时的跟踪误差来界定俯仰高度 (θ)。

出于设计目的，我们引入下面的高度控制输入，当跟踪误差为 0 时，将实现该控制输入的稳定性。

$$T \triangleq (r_z + 1)\sqrt{(k_1\dot{x} + k_2x)^2 + 1} \qquad (21)$$

这里 $z_s = -l_1\dot{z} - l_2(z-z_d)$，$z_d$ 为期望设置点，$l_i, i=1,2$ 为正常数。

$$\theta = \arctan(-k_1\dot{x} - k_2x)$$

$$\ddot{e}_x = \ddot{\theta} + \gamma$$

$$\ddot{\theta} = \tau_\theta = -k_{e1}\dot{e}_x - k_{e2}e_x - \gamma$$

我们引入跟踪误差

$$e_x \triangleq = \theta - \arctan(-k_1\dot{x} - k_2x) \tag{22}$$

式中：k_1 和 k_2 为正常数。

从上式中，我们可得到误差动态特性为

$$\ddot{e}_x = \tau_y + \frac{k_1\dot{T}\sin\theta + k_2T\sin\theta + k_1T\dot{\theta}\cos\theta}{(k_1\dot{x} + k_2x)^2 + 1}$$

$$- \frac{2(k_1\dot{x} + k_2x)(k_2\dot{x} + k_1T\sin\theta)(\dot{e}_x - \dot{\theta})}{(k_1\dot{x} + k_2x)^2 + 1} \tag{23}$$

这里

$$\dot{e}_x = \dot{\theta} + \frac{k_2\dot{x} + k_1T\sin\theta}{1 + (k_1\dot{x} + k_2x)^2} \tag{24}$$

而且

$$\dot{T} = \frac{(k_1\dot{x} + k_2x)(k_2\dot{x} + k_1T\sin\theta)(z_s + g)}{\sqrt{(k_1\dot{x} + k_2x)^2 + 1}}$$

$$- (l_2\dot{z} + l_1(T\cos\theta - g))\sqrt{(k_1\dot{x} + k_2x)^2 + 1}$$

为了稳定误差动态特性，提出了下述控制式：

$$\tau_y = -k_3\dot{e}_x - k_4e_x$$

$$- \frac{k_1\dot{T}\sin\theta + k_2T\sin\theta + k_1T\dot{\theta}\cos\theta}{(k_1\dot{x} + k_2x)^2 + 1}$$

$$+ \frac{2(k_1\dot{x} + k_2x)(k_2\dot{x} + k_1T\sin\theta)(\dot{\theta} - \dot{e}_x)}{(k_1\dot{x} + k_2x)^2 + 1}$$

式中：k_3 和 k_4 为正常数，从而多项式 $s^2 + k_3s + k_4$ 保持稳定。

因此，式(23)变成

$$\ddot{e}_x = -k_3\dot{e}_x - k_4e_x$$

因此 $\dot{e}_x \to 0$，并且 $e_x \to 0$（各以渐近的方式）。

对一段足够长的时间 $t_1 > 0$，$\dot{e}_x$ 和 e_x 都为任意小，因此得

$$\cos\theta = \frac{1}{\sqrt{(k_1\dot{x} + k_2x)^2 + 1}} \tag{25}$$

$$\sin\theta = \frac{-k_1\dot{x} - k_2x}{\sqrt{(k_1\dot{x} + k_2x)^2 + 1}} \tag{26}$$

由式(18)、式(21)和式(25),得

$$\ddot{z} = -l_1\dot{z} - l_2(z - z_d)$$

选择 l_1 和 l_2,这样多项式 $s^2 + l_1s + l_2$ 稳定,$\dot{z} \rightarrow 0$,$z - z_d \rightarrow 0$ 且那么一段时间 $t_2 > t_1$,式(21)缩减至

$$T = g\sqrt{(k_1\dot{x} + k_2x)^2 + 1} \tag{27}$$

从式(19)、式(26)和式(27),水平位置的动态方程可以描述如下

$$\ddot{x} = -gk_1\dot{x} - gk_2x$$

提出 k_1 和 k_2 使多项式 $S^2 + gk_1s + gk_2$ 保持稳定,那么 $\dot{x} \rightarrow 0$ 且 $x \rightarrow 0$。现在从式(22)和式(24)可推出 $\dot{\theta} \rightarrow 0$ 且 $\theta \rightarrow 0$,最后当 $t \rightarrow \infty$ 时,所有的式子转化为期望的值。

4 仿真研究

为了验证在前面部分描述的控制策略,我们进行仿真来观察飞行器的性能。表1描述了在仿真中使用的参数。

表1 "扭转者"的仿真参数

参　　数	值
m	1kg
g	1m/s^2
length	0.8m
width	0.25m
I_y	0.00069kg · m^2

4.1 姿态

无人机启动的初始角为 $\theta = Pi/3$,角速度 $\dot{\theta} = 0$,使用单式饱和增益,即 $k_{s1} = 1$,$k_{s2} = 1$(图4)。

4.2 位置和姿态

无人机启动的初始条件 $(x, z, \theta) = (12, 8, \pi)$,控制目标是调节姿态和 x 的

257

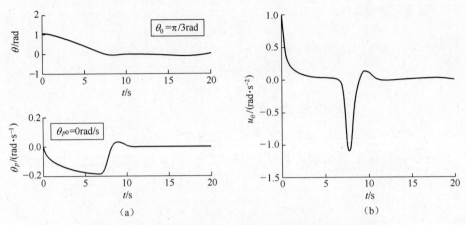

图4 （a）图为角坐标和速率的特征；（b）图为俯仰控制输入

位置，并跟踪高度来达到期望值（$z^d = 10$）

图5展示了误差跟踪特征e_x以及对整个动态的影响。也可以观察θ和x间的关系，以及控制规律在稳定初始条件方面发挥的良好作用。

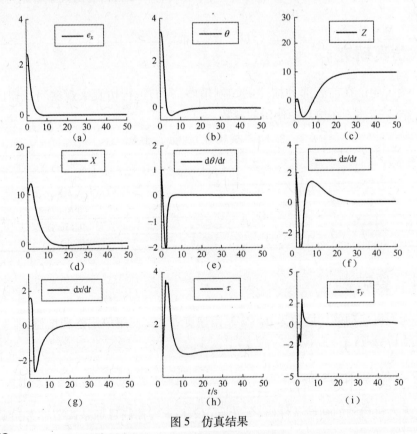

图5 仿真结果

5 试验设备

在这部分中,我们描述了低成本嵌入式(图6)系统执行自主悬停飞行。此嵌入式平台包括两个基本模块:惯性测量组件(IMU)和机载计算机。

(1) 惯性测量组件:我们建立了一个惯性测量组件,其由一个双轴加速度计(可自动检测飞行器的角坐标(ϕ,θ))和三个陀螺仪(可自动检测飞行器的角速度($\dot{\phi}$,$\dot{\theta}$,$\dot{\Psi}$))组成。

(2) 嵌入控制:惯性测量组件将模拟信号提供计算机程序信息中心(PIC)微控制器,微控制器将该信号经由串口发送给来比特微处理器,过滤惯性信息去除电气和机械噪声(主要由旋翼的变速箱)。最后,控制信号通过PWM口被发送至电机(螺旋桨)和伺服电机(副翼-升降舵)(图6和图7)。

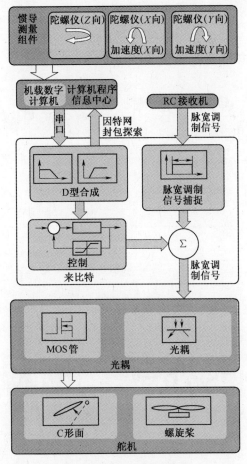

图6 嵌入式系统的流程

259

（a）　　　　　　　　　　　　　　　（b）

图7　嵌入式系统

（a）为嵌入式惯性测量单元；（b）为嵌入式微控制器。

5.1　试验性能

在该项目的试验阶段,试验集中在三自由度姿态动态(滚转、俯仰、航向)稳定上。在图8~图10中进行了总体性能描述。

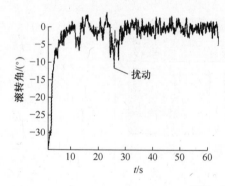
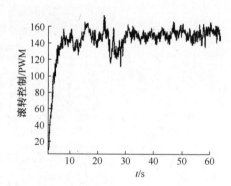

图8　滚转性能

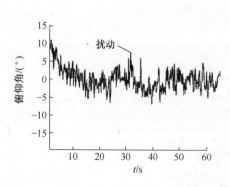
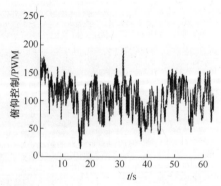

260

图9　俯仰性能

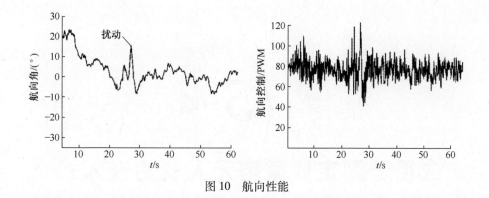

图 10　航向性能

6　结论

我们详述了基于牛顿—欧拉公式的飞行器纵向动力。我们提出了倾转旋翼无人机的设计,该设计将固定翼飞机的特点(距离,持久性)同共轴直升机的悬停飞行的优势(消除反扭矩)结合到了一起。提出整体控制规律来稳定"扭转者"在垂直飞行中的纵向动力。开发了嵌入式系统(惯性测量组件和微控制器)来实现所提出的控制规律。我们在悬停模式下实施了自主悬停飞行。

参考文献

1. Knoebel, N., Osborne, S., Snyder, D., Mclain, T., Beard, R., Eldredge, A.: Preliminary modeling, control, and trajectory design for miniature autonomous tailsitter. In: Proceedings of the AIAA Guidance, Navigation and Control Conference and Exhibit, Keystone, August 2006

2. Green, W.E., Oh, P.Y.: A MAV that flies like an airplane and hovers like a helicopter. In: Proceedings of the 2005 IEEE/ASME International Conference on Advanced Intelligent Mechatronics Monterey, 24-28 July 2005

3. Stone, H.: Aerodynamic modelling of a wing-in-slipstream tail-sitter UAV. In: 2002 BiennialInternational Powered Lift Conference and Exhibit, Williamsburg, 5-7 November 2002

4. Bedford, A., Fowler, W.: Dynamics. Addison-Wesley, Reading (1989)

5. Goldstein, H., Poole, C.P., Safko, J.: Classical Mechanics. Adison-Wesley, Reading (1980)

6. Etkin, B., Reid, L.: Dynamics of Flight. Wiley, New York (1991)

7. Stevens, B.L., Lewis, F.L.: Aircraft Control and Simulation 2ed. Wiley, New York (2003)

第 *15* 篇

应用于固定翼微型无人机的嵌入式 大气数据传感(FADS)系统的亚声速试验

Inab Samy,Ian Postlethwaite,DaweiGu
(伊哈卜·萨米,伊恩·波斯尔斯韦,大卫·古)

摘　要:嵌入式大气数据传感(FADS)系统已经在大型有人驾驶/无人驾驶航空飞行器机头前端进行了成功的试验。我们在本文中对嵌入式大气数据传感系统在飞行速度低于马赫数为 0.07 的微型无人机(MAV)机翼前端的应用进行了研究。这一项目背后的动因是受到寻找在微型航空飞行器上不实用的大气数据吊杆替代方案的需要所推动的。总体上达到了仪器重量和成本分别下降 80% 和 97% 的结果。大气数据建模是通过扩展最小资源分配网络(EMRAN)算法训练的径向基函数(RBF)神经网络(NN)实现的。利用风洞数据对神经网络进行训练和试验,其中迎角、静态压力和风速的估计精度分别达到了 $0.51°$、0.44lb/ft^2 和 0.62m/s。对传感器故障进行了研究,结果发现,利用自动联想神经网络再现输入数据,提高了神经网络对单个和多个传感器故障的稳定性。此外,简单的神经网络有效性试验范围,证明了精心选择神经网络的训练数据集,对得出精确的估计值十分重要。

关键词:微型(无人驾驶)航空飞行器;嵌入式大气数据传感系统;扩展的最小资源分配神经网络;故障修正

I. Samy (✉) · I. Postlethwaite · D. Gu

Department of Engineering, University of Leicester, Leicester, UK

E-mail: isarl@ le.ac.uk

Originally published in the Journal of Intelligent and Robotic Systems, Volume 54, Nos 1-3, 275-295.

K. P. Valavanis et al. (eds.), *Unmanned Aircraft Systems*. DOI:10. 1007/978-1-4020-9137-7_16.

1 引言

大气数据的测量是任何飞行数据采集系统的重要组成部分。计算其他大多数相关大气数据量(如空速、爬升速率等)所需的基本大气数据,都是自由流压力(包括总压和静压)和空气动力方向(迎角和侧滑角)。这些对飞行性能的评估至关重要,并且在飞机的机载飞行控制系统中也是必不可少的。传统上,重要的大气数据都是利用伸出飞机局部流场的大气数据吊杆测量的。自由流压力是利用皮托静压管测量的,而迎角(α)和侧滑角(β)则是利用安装在吊杆上的小型风标测量的。可能有不同的设计和应用,但其基本的大气数据吊杆仍然是大气数据测量中最常用的方法。

尽管其使用很普遍,但大家都知道,除了可能的故障之外,大气数据吊杆也存在测量方面的不足:精度可能会受到吊杆弯曲和振动、探头尺寸和几何形状以及探头本身引起的流量干扰的不利影响。此外,在与军事有关的应用中,在隐形飞行器中使用外部仪器是不可取的。因此,近年来,为了找到大气数据吊杆的替代解决方案已经进行了大量研究。例如,使用光学大气数据系统测量航空飞行器外部大气,提供有关飞行器前部环境的信息[1]。这些系统非常精确,更重要的是不会受到飞机外部天气(如结冰或堵塞等)的影响。然而,由于大多数飞行器制造商的主要目标是降低成本,研究人员发现,利用压力口/压力孔矩阵替代光学系统和吊杆测量大气数据的概念,成本比较低。

测量嵌入式表面压力,评估大气数据参数早已被人们所认识,称为嵌入式大气数据传感(FADS)系统。第一个嵌入式大气数据系统是在美国国家宇航局的 X-15 超声速飞机上研制和试验的[2,3]。考虑的是在半球形机头上设置 4 个压力口,操纵机头进入风矢量,测量大气数据。测量结果是有前景的,但认为操纵机头的概念过于复杂。因此,多年来嵌入式大气数据传感系统经历了许多修改和成功的应用。本文难以讨论所有这些问题。然而,嵌入式大气数据传感系统的大部分航空应用来源于 20 世纪 80 年代初美国航空航天局进行的初步试验。这些例子包括在文献[4-6]中。最近的嵌入式大气数据传感系统应用在了美国宇航局德莱顿 F-18 系统的研究飞机上[7]。这一系统利用飞机天线罩上的 11 个压力孔,并以马赫数高达 1.6 的速度进行了试验,α 高达 80°,β 为 ±20°。嵌入式大气数据传感系统的其他应用包括在文献[8-10]中。

我们从文献中发现,这些例子已经扩展到微型(无人驾驶)飞行器(MAV),这激发产生了研究这种应用的需要。微型飞行器属于无人机(UAV)系列并具有体积小的特点。几项军事任务已经利用这一功能将其用于冒巨大风险才能实现的应用。嵌入式大气数据传感系统是专门用于微型飞行器大气数据吊杆的非常宝贵的替代方案,注意这一点也许是非常重要的。这是因为当前的大气数据吊杆应用在微型飞行器上可能过于沉重和昂贵。此外,由于可能会接触到危险和隐秘的环境,最好避免使用外部仪器。

从表面压力测量值推导出大气数据状态的一种方法,是定义和解决合适的空气动力模型。包括利用复杂的流动物理理论,定义已知结构和未知系数的非线性空气动力模型。然后可以利用非线性回归算法得出未知的系数[7,11]。比较简单的方法是考虑利用校正数据建立一个基本查找表。这是最低效的方法,因为可以导致很高的内存利用率和缓慢的执行时间。基于模型的方法是相当快的。然而,不仅需要对系统有详细的了解,而且解算模型采用的迭代算法计算速度也很慢。

作为一种替代方案,我们对利用神经网络模型的可行性进行了研究。神经网络(NN)提供线性或非线性系统的建模手段,无需对系统有详细的了解。这种网络模型主要依靠可由其研发自己结构的足够训练数据。这对理论缺乏,但相关数据充足的应用是一种有吸引力的建模方案[8]。神经网络的一个优点是,可以仅在适合于微型飞行器应用,其计算能力可能是在有限的几行代码中就能实现。然而,微型飞行器的一个缺点是,将已知的系统属性纳入模型结构的能力易受到损害。其结构完全基于现有系统的输入/输出数据。因此,训练算法及其实现是神经网络设计中的一个关键步骤。两种最常用的神经网络体系结构是多层感知器(MLP)和径向基函数(RBF)的神经网络。利用误差反向传播算法训练的多层感知器神经网络,已由几个发起人在嵌入式大气数据传感系统中成功地实现[8,9,12,13]。相反,我们考虑使用一个利用扩展最小资源分配网络(EMRAN)算法训练的径向基函数神经网络[14]。与传统的多层感知器神经网络和径向基函数神经网络不同,扩展最小资源分配网络的径向基函数神经网络,一般不会受到维度问题的影响。这是因为隐藏神经元的数目不是固定的先验值,而是根据设定的标准不断更新的。例如,如果一个隐藏神经元对神经网络估计值的影响是微不足道的,则会在训练中被完全清除。这一属性以及其他全局通用逼近能力,使扩展最小资源分配网络的径向基函数神经网络成为我们应用的强大备选神经网络。

大多数的应用往往因两大原因会在靠近飞机机头尖端安装嵌入式大气数据传感系统。首先,涉及表面压力和大气数据的空气动力模型,是围绕钝性体推导出来的,所以在飞行器停滞点是最有效的。其次,机头尖端一直用做空气数据的测量位置。但遗憾的是,许多微型飞行器(如我们所述的情况)是由机头螺旋桨带动的,但也阻碍了嵌入式大气数据传感系统的安装。所以,我们认为机翼前缘即是替代位置。

总之,我们的工作与提到的以下研究不同:①嵌入式大气数据传感系统是在马赫数为 0.07 以下速度飞行的微型飞行器机翼上设计和实现的;②扩展最小资源分配网络的径向基函数神经网络的配置是在嵌入式大气数据传感系统中为空气动力学关系建模。本报告的结构如下。第 2 节介绍有关压力和大气数据的空气动力模型的总体结构。然后详细讨论系统建模用的扩展最小资源分配网络的径向基函数神经网络。第 3 节介绍试验用装置。我们还简要讨论了进行的计算流体动力学(CFD)分析,决定嵌入式大气数据传感系统的合适位置。然后推断出压力口的准确位置。第 4 节是我们工作的方法部分。第 5 节介绍的是结果。讨论了结果的详细分析,包括分析和提高嵌入式大气数据传感系统对传感器故障的稳定耐用性。我们还讨论并证明了精心选择神经网络训练数据的重要性。第 6 节是本文所做工作的结论部分。最后,但并非是不重要的,第 7 节概述了未来验证风洞结果将要进行的工作。

2 系统利用神经网络建模

2.1 大气数据系统的模型

计算相关流场特性所要求的最小大气数据包括:温度(T)、自由流静压(P_{∞})、总压(停滞压力)(P_0)、迎角(α)和侧滑角(β)。其他大多数的大气数据,可以利用这些基本大气数据参数(T、P_{∞}、P_0、α、β)直接进行计算[8]。通常,利用皮托静压管和风向标组成的空气数据吊杆精确地测量 P_{∞}、P_0、α 和 β。然而,对于前面讨论的问题,我们的目标是利用嵌入式大气数据传感系统估计这 4 个参数。安装在飞行器上的嵌入式大气数据传感系统主要是将表面压力测量值的矢量转换成大气数据状态 P_{∞}、P_0、α 和 β。

固定飞行器几何结构表面压力分布不均匀,通常是风速(V)和飞行器空气动力学方向的一个函数(用 f 表示)[9]:

$$\boldsymbol{p} = f(V, \alpha, \beta) \tag{1}$$

对于不可压缩的气流(适用于低速飞行):

$$P_0 - P_{\infty} = \frac{1}{2} p V^2 \tag{2}$$

式中:ρ 为空气密度并(与温度一起)假定为不变量[15]。因此,我们也可以将公式(1)写作以下变量的一个函数:

$$p = f(P_{\infty}, P_0, \alpha, \beta) \qquad (3)$$

公式(3)的倒数为

$$(P_{\infty}, P_0, \alpha, \beta) = f'(p) \qquad (4)$$

在嵌入式大气数据传感系统中,大气数据状态 P_{∞}、P_0、α 和 β 是利用可用表面压力测量值 p 对式(4)求解估计的。

实现函数 f' 的方法有几种,美国国家宇航局在其研究飞机上使用的一种流行技术是利用非线性回归分析,其中 f' 是从先进的流动物理理论中推导出的[7]。另一种方法是利用查找表。但这两种技术可以受到复杂函数详细知识的影响,同时可以减缓执行时间。作为替代方案,我们证明利用神经网络为 f' 建模的可能性。

2.2 扩展最小资源分配网络的径向基函数神经网络

神经网络已广泛应用于工程领域。本文包括这些应用和神经网络一般引入的良好例子[16,17]。使用神经网络时,设计人员需要有系统的最低了解。相反,这种模型是通过神经网络训练/学习开发的。

两种最常用的神经网络体系结构是多层感知器神经网络和径向基函数神经网络。多年来,一直对径向基函数神经网络有特别的兴趣,因为它们具有良好的泛化性能和简单的网络结构[14]。这里介绍了径向基函数神经网络的良好回顾[18]。由输入单元、隐藏层和输出层组成的典型双层径向基函数神经网络如图6所示。输入单元没有作为一层计算,因为输入单元不进行任何计算。这就是为什么在输入单元和隐藏层之间没有权重的原因。输入单元直接将系统输入矢量传送到隐藏单元,形成对输入模式的局部响应。隐藏层包括非线性径向基函数。理论分析和实际结果表明,非线性选择对径向基函数神经网络的性能通常都不是至关重要的[19]。普遍采用的是高斯函数。然后,输出层对隐藏层输出进行简单的线性组合。

一个包含 N 个隐藏单元的典型单输出径向基函数神经网络可以表示为(在样品瞬间 i):

$$ys_i = \lambda_{i0} + \sum_{n=1}^{N} \lambda_{in} \exp\left(\frac{-\|x_i - \mu_n\|^2}{\sigma_n^2}\right) \qquad (5)$$

式中:ys_i 是当前神经网络的输出;x_i 是当前输入矢量,λ 是隐藏和输出层之间发现的单个权重;μ 和 σ 分别是高斯函数的中心和宽度(固定的);$\|\cdot\|$ 为欧几里得范数。

在径向基函数网络的传统实现中,N 假定为已知的先验值,利用训练算法

266

更新径向基函数神经网络的权重。换句话说，高斯函数的中心和宽度是固定的。这种方法是有吸引力的，因为可以利用传统的线性优化方法更新权重。

我们从式(5)可以看出，这种基本方法需要隐藏单元数 N 相对于输入空间尺寸成倍增长。神经网络会受到"维数灾难"的影响。为了克服这一问题并渐进性地确定合适数量隐藏单元的需要，我们开发了一个更先进的网络结构，被称为扩展最小资源分配网络算法[14]。现在让我们简要地介绍一下扩展最小资源分配网络的径向基函数神经网络的数学基础。

一个单输出资源分配网络的径向基函数神经网络从零隐藏单元开始。然后，如果满足以下所有三项标准，则只增加隐藏单元：

$$e_i = y_i - ys_i \qquad\qquad > E1 \qquad\qquad (6)$$

$$e_{iRMS} = \sqrt{\sum_{j=i-(M-1)}^{i} \frac{e_j^2}{M}} > E2 \qquad\qquad (7)$$

$$d_i = \| x_i - \mu_{ir} \| \qquad > E3 \qquad\qquad (8)$$

式中：y_i 是当前目标（理想的）输出；ys_i 是当前神经网络的估计值；μ_{ir} 是最接近当前输入矢量 x_i 的隐藏单元中心；$E1$、$E2$ 和 $E3$ 是固定的、预先定义的阈值，$E1$ 确保估计误差低于设定的阈值，$E2$ 检查以往 M 误差的均方根（RMS）是否也低于设定的阈值，$E3$ 检查当前输入矢量与隐藏单元中心之间的最小距离是否相当小。

只有在所有标准式(6)~式(8)都得到满足时，才能新增一个隐藏单元。如果一项或多项标准式(6)~式(8)没有得到满足，那么，应利用一个训练算法对现有的所有自由参数：中心、宽度和权重进行更新。得出的神经网络称为资源分配网络的径向基函数神经网络，最初是由普拉特开发的[20]，用来克服与传统径向基函数神经网络相关联的维数问题。

这可以通过删除对网络输出影响最小的隐藏单元，扩展到最小资源分配网络的径向基函数神经网络。这是通过记录每个隐藏单元的输出并将其规范到样品瞬时 i 的最高隐藏单元输出进行的：

$$r_{in} = \frac{o_{in}}{\max\{o_{i1}, o_{i2}, \cdots, o_{iN}\}} \qquad\qquad (9)$$

式中有 N 个隐藏单元时，o_{in} 是样品瞬时 i 的第 n 个隐藏单元输出。如果 r_{in} 仍然低于几个连续数据输入的设定阈值，相应的隐藏单元可以删除。

最小资源分配网络的径向基函数神经网络，尝试使用最小数量的隐藏单元，从而加快神经网络的处理时间。但是，最小资源分配网络的径向基函数神经网络的缺点是，所有自由参数（中心、宽度和权重）在每一步骤都进行更新是不切实际的,尤其是在有许多隐藏单元,即 N 很大时。这是很危险的,特别是在在线应用中,神经网络的处理时间必须小于输入采样时间,避免出现任何时间延迟。因此开发了一个扩展最小资源分配网络的径向基函数神经网络,更新只有一个"胜利者"神经元的参数,尝试加快训练过程,同时保持最小资源分配网络的径向基函数神经网络的相同近似特征。中心最接近数据输入矢量 x_i 的神经元被选为"胜利者"神经元,因为将可能最有利于网络输出。

2.3 神经网络训练

今天有许多神经网络训练算法,并且设计人员通常往往根据其速度、精度和紧凑的结构选择具体算法。也许最常用的神经网络训练算法是误差反向传播(BP)算法。这一方法(也称为梯度下降法)沿神经网络误差表面以迭代方式对神经网络的自由参数进行更新,逐步使其接近最佳的解决方案。通常用于径向基函数神经网络的其他训练算法是最小均方(LMS)算法和扩展卡尔曼滤波器(EKF)。在传统的径向基函数神经网络 5 中,隐层是固定的,连接隐藏层和输出层的权重是通过最小均方算法更新的。这种技术受益于线性优化,但正如我们前面提到的那样,有时可能需要大量的径向基函数神经网络结构。可以利用非线性扩展卡尔曼滤波器训练扩展最小资源分配网络的径向基函数神经网络,并表现出良好的效果[21]。

在我们的例子中,将利用略经修改的梯度下降算法训练扩展最小资源分配网络的径向基函数神经网络。训练算法使用如下[22]:

$$\theta_{i+1} = \theta_i - \eta \frac{\partial y s_i}{\partial \theta_i}\bigg|_i e_i - \eta \sigma \theta_i \tag{10}$$

式中:θ 是自由参数的矢量(由中心、宽度和权重组成);η 是学习速率,差异是径向基函数输出相对于自由参数的梯度;e 如式(6)所列;σ 是正值常数,称为设计人员选择的稳定因数。

式(10)右侧的第二项是直接与梯度下降算法相关的 Δ 定律。第三项是通过使参数逐步接近于 0 来抵消短期的参数漂移。

训练神经网络结构,既可脱机进行,也可联机进行(即在飞行器上)。神经网络训练的基本原则是,神经网络估计值与实际测量值之间的误差为反向传播,对神经网络的结构进行适当的更新。因此,在线学习过程中,神经网络需要飞行器上其估计值的参考测量值,这一般是通过传感器获得的。在我们的例子中,这就是直接测量大气数据状态用的额外仪器(如空气数吊杆)。这是不切实际的,因为我们的目标是最大限度地降低成本和整机重量,所以,大多数嵌入式

268

大气数据传感系统往往利用风洞或飞行数据对神经网络进行在线训练/校准。然后,最终的神经网络结构被冻结并用于飞行器机上。

在神经网络训练中的一个艰难决定,是决定什么时候停止。一般没有明确的停止标准[17]。相反,有一些合理的标准都有各自的实际优点,可以用来终止神经网络的训练。在我们的例子中,将同时执行两个普遍采用的标准。第一个标准是检查模型的收敛性并基于每个时间段均方根误差的变化情况(ΔRMS),其中 1 个时间段代表通过整个训练数据 1 次。第二个标准是基于神经网络的泛化性能。在神经网络训练过程中,一个常见的问题是结构的过拟合。在这种情况下,神经网络已经过训练达到了与训练集的最佳拟合,并因此在原来训练集范围内查询新的数据时,可产生很差的估计值,即泛化性很差。为了解决这个问题,在离线训练过程中,神经网络必须同时查询独立的数据集(我们称之为试验集)。然后,如果试验集的估计误差开始增大,则停止训练。

正确选择神经网络的学习速度是至关重要的,因为高速度的学习可以保证获得良好的估计值,但同时也降低了网络的全局逼近能力。目前还没有确定最佳学习速度和其他神经网络先验值调整参数的正式指南,也没有一个最佳的神经网络结构和适合所有应用的训练算法[8]。设计人员在设计神经网络时,必须采用启发式方法。然后,通常会根据估计值的特性和神经网络的执行速度得到令人满意的性能。

2.4　小结

将利用经过修改的梯度下降算法式(10)训练并实行扩展最小资源分配网络的径向基函数神经网络,建立逆函数 f'(式(4))。神经网络的输入将包括来自嵌入式大气数据传感系统的压力测量值矢量,神经网络的输出将包括大气数据状态的估计值(从风洞试验得到的所有数据)。在这份报告中,我们认为只有 3 个大气数据状态估计值:$\hat{\alpha}$、$\hat{P}_\infty$、$\hat{V}$。注意,此后可以利用式(2)从 P_∞ 和 V 中计算得出 P_0。

要避免神经网络结构出现过拟合,将考虑使用两个独立的数据集。第一个数据集(训练集)将用来建立神经网络结构,而第二个数据集(试验集)将在关闭学习的同时,用来查询神经网络。然后,试验集均方根估计误差一旦连续增大 100 个时间段,将安全地停止训练。与此同时,要检查神经网络的收敛性,如果训练集的 ΔRMS 在连续 100 个时间段内都小于 0.1%,也可以停止训练。

3 设备

3.1 微型无人机

微型无人机是从蓝熊系统研究(BBSR)有限公司获得的。其目的是在微型无人机机翼上设计并安装一个嵌入式大气数据传感系统,来估计3个大气数据状态:$\hat{\alpha}$、$\hat{P}_\infty$、$\hat{V}$。微型无人机利用MH64机翼部分。某些性能列于表1中。

表1 微型飞行器的特性

特 性	值
速度范围	8~20m/s
质量	450g
翼展	488mm
翼根弦	250mm
翼尖弦	200mm
机翼厚度	8.61%

3.2 风洞设置

风洞试验是在英国莱斯特大学进行的。使用的风洞是一个能达到40m/s速度的开式亚声速风洞。它有一个0.46m×0.46m足够大的工作截面。微型飞行器的机翼部分利用吊杆安装在风洞中(图1)。支撑吊杆的外部配重包括标度转动旋钮(按度数校准),可以改变和测量机翼迎角α。为了改变侧滑角,对标准吊杆略微做了修改(图3)。允许侧滑的部分包括两个一端大致为半圆形

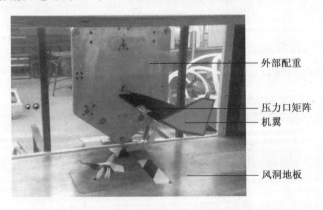

外部配重

压力口矩阵
机翼

风洞地板

图1 安装在风洞中的机翼尾支臂(显示正值迎角 α 和零值侧滑角 β)

270

的矩形金属片。一个金属片的直边连接在吊杆上,吊杆固定在机翼上(靠近机翼的重心)。两块板可绕一个孔旋转,一个螺栓穿过这个孔,将其固定在所选定的角度上。圆端有标度,指示出设定的机翼侧滑角 β。皮托静压管安装在风洞内机翼的前面,用来测量 P_0 和 P_∞。然后,就可以利用这两个测量值,按式(2)计算出风速 V。因此,这 4 个大气数据状态 P_∞、P_0、α 和 β 都是可以测量的。

3.3 嵌入式大气数据传感系统——压力口矩阵

嵌入式大气数据传感系统由压力口矩阵(MPO)和合适的数据采集(DAQ)系统组成。压力口矩阵的位置和设计是与飞行器相关的,即没有其标准的安装位置。一般规则是,大气压力发生变化时,压力口矩阵必须经历很大的压力梯度。我们已从典型的压力系数(C_p)曲线图中知道,这通常发生在机翼前缘附近。然而,确切的压力口矩阵位置必须从翼型的计算流体动力学分析中推导出来。通过 Gambit 软件包建立的微型飞行器机翼如图 2 所示。需重点强调的是,我们只关心压力梯度的确定,因此表面压力的准确估计值是不必要的,即不采用严格的计算流体动力学收敛判别准则。计算流体动力学分析实施流畅,最终的压力口布置如图 3 所示。压力口矩阵中压力口数量的选择要在准确估计大气数据状态与仪器成本之间进行权衡。由于要估计的大气数据有 3 个:$\hat{\alpha}$、$\hat{P}_\infty$、$\hat{V}$,假定至少将需要 3 个压力口是合理的。增加两个附加口,提高冗余选择,但也降低了嵌入式大气数据传感系统的总体噪声敏感度。总之,压力口矩阵由 5 个压力口($P1$、$P2$、$P3$、$P4$、$P5$)组成,每个压力口的孔径为 0.5mm。

图 2　应用 Gambit 软件包建立的微型无人机 3D-机翼截面,
用于计算流体动力学分析

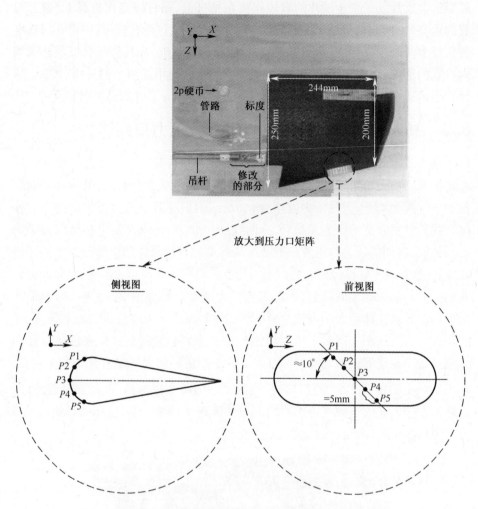

图3　机翼和压力口矩阵顶视图(压力口 $P1$、$P2$、$P3$、$P4$ 和 $P5$)。
压力口矩阵未按比例示出

3.4　嵌入式大气数据传感系统——数据采集(DAQ)

　　每个孔都通过压力管路连接到校准差动(相对于室压)压力传感器。重要的是保持管路距离达到最小,避免出现任何时间滞后。因此,传感器板的放置应尽可能接近风洞,保持 0.38m 的近似管路长度。压力传感器的压力范围为±5in H_2O,并通过基于计算机的 16 位数据采集卡以 50Hz 的采样频率读入。记录每次试验压力数据的数据采集软件是 Labview。这一软件对嵌入式大气数据传感系统的数据采集部分做出结论。

272

剩余的风洞测量值包括 4 种大气数据状态 P_∞、P_0、α、β，用做校准的嵌入式大气数据传感系统的参考。皮托静压管连接到大气数据采集卡，P_0、P_∞ 记录在 Labview 软件包中（然后在 Labview 中计算风速 V）。电位器连接在外部配重的转动旋钮上并校准测量采用的 α、β 是从吊杆标度上直接记录的。没有必要设置数字采集 β，因为动态试验仅改变了 α，而 β 则是固定的。为了对任何噪声畸变进行补偿，风洞数据首先进行了过滤。在 Labview 软件中采用了二阶巴特沃斯低通滤波器。为了符合奈奎斯特采样定理，所选择的断开频率必须小于采样频率的 1/2。以 50Hz 的采样频率，断开频率启发式选定为 1.5Hz。

4 试验

试验分为两组。第 1 组为静态试验，其中迎角速率（$\dot{\alpha}$）为 0。它包括两个数据集，一个用于训练神经网络（Tr_1），另一个用于查询（Te_1），同时断开学习。第 2 组为动态试验，其中完成的神经网络（来自第 1 组）在新的试验集 Te_2（其中 $\dot{\alpha}$ 为非零，神经网络学习被断开）上得以实现。

4.1 静态试验

静态试验在 $-9°\sim13°$ 的 α 范围内以 $2°$ 的递增运行。这是以 3 个不同的速度 V：12m/s、15m/s 和 20m/s 和 7 个不同的 β 设置：$-9°$、$-6°$、$-3°$、$0°$、$3°$、$6°$、$9°$ 进行的。共有 252 种不同的静态试验。由于这里只考虑静态试验，所以，只在实现稳定状态测量值时，才进行压力数据记录。

在数据采集之后，利用记录的数据进行神经网络的训练或试验。252 种静态试验分为神经网络训练集和神经网络试验集，通过取迎角 α 片，在 $-9°$、$-5°$、$-1°$、$3°$、$7°$、$11°$ 给出 Tr_1 和在 $-7°$、$-3°$、$1°$、$5°$、$9°$、$13°$ 给出 Te_1。总之，利用 126 种静态试验进行神经网络训练，并利用其余的 126 种进行查询。

4.2 动态试验

通过静态试验得出的神经网络结构是在 Te_2 实行的。动态试验以 15m/s 的固定速度 V 和 $0°$ 的侧滑角 β 运行。机翼迎角 $\alpha(t)$ 以不同的 $\dot{\alpha}(t)$ 和不同的波形随机发生变化：方波、正弦波和斜坡式。以 50Hz 的采样速度同时记录每个压力口的压力数据。注意，$\alpha(t)$ 的一定时间演变在实际飞行中是不可行的，但有必要对经过训练的神经网络进行估计值特征分析。

5 结果和结论

5.1 静态试验

5.1.1 风洞数据

在任何神经网络实施之前进行风洞数据记录。共有 252 种不同的静态试验。图4 显示的是示例场景中压力口矩阵的压力分布。我们从图 4 中发现:①压力口有不同的压力分布;②不同的风洞设置出现很大的压力梯度。这些特性有助于神经网络将压力数据映射成大气数据状态。我们也注意到,压力随机翼迎角发生的变化相对是线性的,这使大气数据估计问题变得比较简单。

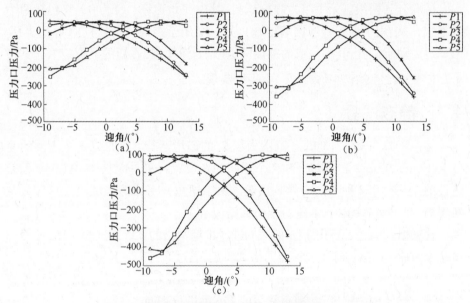

图 4　三种不同速度和固定 $\beta = 0°$ 的压力口压力分布

(a)$V = 12\text{m/s}$;(b)$V= 15\text{m/s}$;(c)$V= 20\text{m/s}$。

5.1.2 神经网络训练和试验阶段

要重申没有普遍接受的神经网络结构,能保证为所有应用产生最佳估计值也许是重要的。此外,网络开发人员必须采用试验和误差方法来确定神经网络的合适调节参数。这是因为神经网络中所含的参数并不代表有关建模系统有意义的数量。表 2 列出了扩展最小资源分配网络的径向基函数神经网络中使用的主要神经网络调节参数。所有神经网络的输入都是在神经网络中实行之前规格化到 0 与 1 之间的。

表 2　扩展最小资源分配网络的径向基函数神经网络
主要调节参数(参见式(6)、式(7)、式(8)和式(10))

调节参数	值
$E1$	0.2
$E2$	0.1
$E3$	0.3
η	0.007
σ	1×10^{-6}

如果 ΔRMS 在超过 100 个连续时间段内小于 0.1% 和/或超过 100 个连续时间段的 Te_1 均方根估计误差增大，神经网络训练则停止。这些标准分别检查神经网络的结构收敛性和过拟合情况。图 5 显示的是神经网络的训练阶段。注意，估计误差单元没有示出，因为是由混合神经网络输出组成的。在 582 个时间段之后，训练最终停止。然后，神经网络结构被冻结。得到的神经网络是完全连接的 5-3-3 神经网络(图 6)。

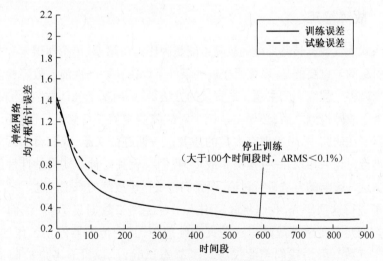

图 5　神经网络训练/试验均方根估计误差

神经网络试验阶段直接涉及训练停止后神经网络估计误差的记录。利用 Te_1 和记录的结果查询 5-3-3 神经网络(见附录图 11)。总之，$\hat{\alpha}$、$\hat{P}_\infty$、$\hat{V}$ 的神经网络均方根估计误差分别为 $0.51°$、0.44lb/ft^2 和 0.62m/s。我们从附录图 11 发现，试验速度为 15m/s 时，估计误差是如何变得较小的。这是因为 12 和 20m/s

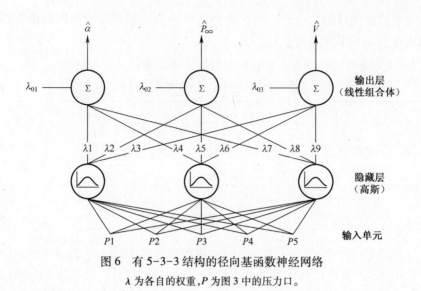

图6 有5-3-3结构的径向基函数神经网络

λ 为各自的权重,P 为图3中的压力口。

速度下的试验数据更有可能超出训练数据集 Tr_1 的限值范围,因此,神经网络外推是必要的,这可能导致更大的误差。这一观察结果与神经网络的有效性范围有关,并将在后面详细讨论。

5.1.3 故障修正

嵌入式大气数据传感系统的故障可能是因压力口堵塞、传感器误差和电气线路故障引起的。重要的是,系统要在这些条件下保持良好的性能。故障检测一直是多年来许多工程应用的主题。最直接的方法是,采用基于公认方案检测故障的物理冗余。故障检测之后,必须在系统中对故障测量值进行修正,避免任何性能出现下降。在研究中,由于现有大量的涉及这一话题的文献,我们将不再对故障的检测进行讨论。相反,一旦检测到故障,我们将就其对神经网络估计性能的影响和减少这些影响的方法进行讨论,即我们将要讨论故障的修正问题。

为了进行这项研究,我们将故障引入了神经网络数据集 Te_1。我们将考虑的故障类型是总传感器故障。这是灾难性故障,其中传感器停止工作,并输出恒定的零读数。因为我们至此仅考虑了静态试验,所以没有考虑故障的时间演变。

经过训练的5-3-3神经网络结构(图6)是用 Te_1 查询的,但这次神经网络的1个、2个或3个输入设置为零。随后对三个故障修正场景进行了研究:

(1) 没有修正:没有对故障输入进行修正。

(2) 下一个压力口:在这种情况下,我们用相邻的非故障口替代其测量值,直接对故障进行修正。因此,对于图3中的例子,如果 $P1$ 测量值是错误的,那么,将被来自 $P2$ 的压力所替代。所以,神经网络将用压力口: $P2$、$P2$、$P3$、$P4$ 和 $P5$ 作为输入口。如果 $P1$、$P3$ 和 $P5$ 有故障,则神经网络输入口将为 $P2$、$P2$、$P2$、$P4$ 和 $P4$。

(3) AA-NN:故障压力口读数将用来从自动联想神经网络(AA-NN)的相应输出替代。AA-NN 是在出口直接再产生其输入的神经网络[17]。在我们的例子中,完全连接的 5∶10∶5 扩展最小资源分配网络的径向基函数神经网络就是这样研发的。

图7所示为故障修正试验的结果。通常我们会看到,如果没有对故障进行修正,那么,神经网络的均方根估计误差,尤其是在出现多故障的情况下,将明显增大(3个故障的 α_{RMS} 误差达到 14°)。然而,如果故障修正是通过用相邻的压力口替代故障压力口测量值来实现的,那么,估计误差将明显减小。在我们的例子中,利用"下一个压力口"选项导致神经网络均方根估计误差下降平均50.39%。另一方面,利用"AA-NN"选项引起的下降更大,为 69.6%。利用自动联想神经网络,大大提高了嵌入式大气数据传感系统故障的稳定性。

利用 AA-NN 存在的不足是飞行器机上需要使用更多的内存。"下一个压力口"选项不会受到其影响,这就是为什么设计人员往往会在嵌入式大气数据传感系统的许多应用中设置冗余压力口的原因。在我们的设计中可以看到,$P1$、$P2$ 和 $P4$、$P5$ 这两个压力口对可以考虑用做冗余压力口位置,因为这些压力口有相似的压力分布(图4)。

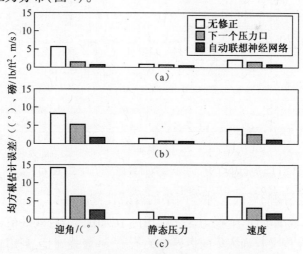

图7 出现总传感器故障时的神经网络均方根估计误差
(a)$P1$ 有故障;(b)$P1$、$P5$ 有故障;(c)$P1$、$P3$、$P5$ 有故障。

总之,嵌入式大气数据传感系统中设置冗余压力口,提高了整个系统的故障稳定性。此外,它可以降低系统噪声的影响。然而,在应用中,飞行器机上空间有限或仪器成本需要很低时,可以利用自动联想神经网络重新产生有故障或受噪声干扰的压力测量值。

5.2　动态试验

从静态试验中得出的神经网络结构(图6)是在Te_2上实现的,其中$\dot{\alpha}(t)\neq0$。在固定的β为0°和V为15m/s时,机翼迎角连续变化并记录下神经网络的估计值$\hat{\alpha}(t)$。Te_2实现了0.58°总的神经网络均方根估计误差。

图8和图9显示的是进行动态试验的两个例子中神经网络估计值的特性。让我们分别称其为动态试验1(DT1)和动态试验2(DT2)。现在,我们对DT1的估计特性进行详细研究(图8)。可以看出,在一些时间段内,神经网络估计值相当差。例如在120s左右,其中$\alpha>15°$,神经网络估计值α低估了很大的量。首先可以发现,这仅仅是因随机估计误差模式引起的。但是,如果我们看到DT2的估计值(图9),我们就会注意到,在75s左右,其中再次出现了$\alpha>15°$,神经网络的估计值α被低估了。这些观察结果表明,特定的α设置的神经网络性能很差。

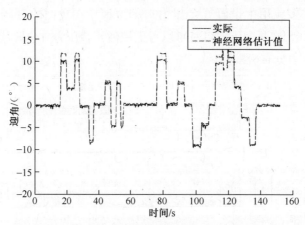

图8　DT1的径向基函数神经网络估计值($\hat{\alpha}(t)$)

这种性能下降的原因与神经网络的有效性范围相关。认为任何多维插值对新数据的响应准确性,依赖于这一点相对于所用模型有效性范围的位置。反过来,有效性范围又与训练集的边界有关[23]。一般规则是,利用超出训练集边界的数据查询神经网络时,神经网络估计值很差。简单地说,外推性能比插值性能还差。在我们的例子中,为了便于说明,选择了划分训练和试验数据集的

278

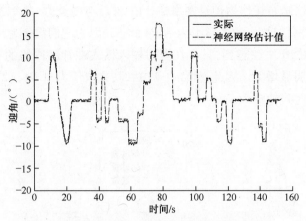

图 9　DT2 的径向基函数神经网络估计值($\hat{\alpha}(t)$)

方法。然而理想的是,需要定义 Tr_1 更稳定的方法,从而使有效性范围涵盖了所有可能的输入数据模式。

有大量的文献描述了稳定定义有效性范围的不同方式。良好的调查文件可以在参考文献[24]中找到。最简单的方法是通过定义每个输入参数的最大值和最小值(在我们的例子中,应为每个压力口)。超出这些极限范围的试验数据,被认为超出了有效性范围。尽管其很简单,但这种方法却高估了有效性范围。比较复杂的方法涉及到紧密包围着多维数据集的凸包多面体(CHP)。一旦确定了凸包多面体,则立即计算每种输入模式的外表面。超出凸包多面体范围的各种模式的外表面 > 0,而在凸包多面体范围内的模式外表面 = 0。

对于我们的任务,要确定有效性范围,我们将需要所有可能的压力输入模式。在凸包多面体上的各种模式(即最外点)则必须包含在 Tr_1 中。这大大减少了神经网络外推法的需要。

为了证明认真确定神经网络训练集 Tr_1 的重要性,我们将重新考虑图 8 中 DT1 的神经网络估计值。为了简单起见,让我们利用前面所述的最大值/最小值法定义有效性范围。我们将给来自 Tr_1 和 DT1 的压力分别指定下标"$\_Tr_1$"和"$\_DT1$"。压力输入处于有效性范围内时,已用以下逻辑关系(仅适用于 $P1$)表示(在图表上):

$$\{P1\_DT1<\min(P1\_Tr_1)\} \vee \{P1\_DT1>\max(P1\_Tr_1)\} \Leftrightarrow \{plot=25\} \quad (11)$$

式(11)基本上说明,如果来自 DT1 中 $P1$ 的压力超过 $P1\_Tr_1$ 所定义的范围,则绘出一个 25 的值。绘出的这个值没有什么意义,只是为了便于表达而简单选择的。同样,公式(11)也适用于剩余的压力口 $P2$、$P3$、$P4$ 和 $P5$,但绘出的值分别为 20、15、10 和 5。图 10 显示的是这项任务的结果。另外还包括来自

279

DT1 的残值,这是直接作为神经网络估计值 $\hat{\alpha}(t)$ 与测量值 $\alpha(t)$ 之差计算出的。还应注意,图 10 中绘出的图形不包括 $P4$ 和 $P5$,因为它们没有超出任何限值。

我们从图 10 中注意到,只有在压力输入模式在神经网络的有效性范围内时,残值才会明显增大。因此,例如在 120s 时,来自压力口 $P1$、$P2$ 和 $P3$ 的压力超过限值,此时残值最大。

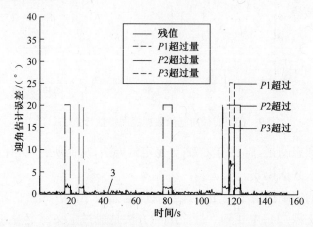

图 10 $P1$、$P2$ 和 $P3$ 的有效性试验范围。如果 $P1$、$P2$、$P3$ 超出有效性范围,则分别绘出 25、20、15 的值,否则,绘出的值均为 0,同时还示出了神经网络的残值(曲线 3)

本文介绍的简单的有效性试验范围,已说明了在任何应用之前选择合适的神经网络训练集的一般重要性。进行这项工作有各种不同的方法,选择合适的方法完全由设计人员确定。也许同样重要的是,要注意训练数据最好从实际飞行试验中获得,因为嵌入式大气数据传感系统最终将在飞行中使用。然后,神经网络的有效性范围必须在飞行试验运行中进行更新,即必须利用现有的有效性范围以外的每个新压力模式进行更新。

6 结论

在这项研究中获得的研究结果和经验总结如下:

• 嵌入式大气数据传感系统是在风洞中设计并进行迎角、静态压力和风速($\hat{\alpha}$、$\hat{P}_\infty$、$\hat{V}$)试验的。

• 嵌入式大气数据传感系统是为机翼前缘设有 5 个压力口的微型飞行器设计的。

• 利用神经网络方法为飞行器表面压力与大气数据之间的空气动力学关系建模,避免出现与传统查找表方法相关的缓慢执行时间和与非线性回归方法相关的复杂性。

- 因其结构紧凑而采用了扩展最小资源分配网络的径向基函数神经网络。

- 神经网络训练是根据两个标准终止的。标准 1 考虑的是均方根训练估计误差的变化速率（ΔRMS）。如果在连续超过 100 个时间段中 ΔRMS 仍然低于 0.1%，说明神经网络已收敛并且停止训练。标准 2 考虑的是均方根试验估计误差增大。如果这一误差的增大超过 100 个连续时间段，则训练停止，避免网络结构出现过拟合。

- 神经网络训练在 582 个时间段导致 5-3-3 网络结构后最终停止。

- 在 $\dot{\alpha}(t) = \dot{\beta}(t) = \dot{V}(t) = 0$ 条件下进行静态试验时，$\hat{\alpha}$、$\hat{P}_\infty$、$\hat{V}$ 的大气数据均方根估计值分别达到了 $0.51°$、$0.44\text{lb}/\text{ft}^2$ 和 $0.62\text{m}/\text{s}$ 的精度。

- 对 5-3-3 径向基函数神经网络进行的故障修正试验证实，如果考虑了设置冗余压力口，那么神经网络估计误差减少 50% 则是可能的。类似的试验表明，如果利用自动联想神经网络重新进行误差测量，减少 70% 也是可能的。

- $\hat{\alpha}(t) = 0$ 时，在风洞中进行动态试验并利用 5-3-3 神经网络结构输出 $\hat{\alpha}(t)$。均方根估计值达到了 $0.58°$ 的精度。

- 一个简单的逻辑试验表明，神经网络的输入模式超出训练数据集最小和最大限值定义的神经网络有效性范围时，神经网络估计值的残差比较大。这一观察结果证明了精心选择神经网络训练数据集的重要性，从而最大限度地减少神经网络的外推。

- 实时实现神经网络的一项重要设计标准是，确保处理时间小于输入数据的采样时间。这通常是通过对神经网络处理一个数据样品所用的时间与采样时间 T 的比较进行检查的。对于我们进行的试验，神经网络是在 1.6GHz 的奔腾处理器上运行的，神经网络的处理时间达到 0.32ms，比 20ms 的采样时间 T 要低得多。

无人机目前还未获得标准适航证书，只是为研究和开发目的分配了一个试验类的特殊适航证书[25]。然而，这些限制最终将被取消，无人机将被纳入国家空域系统，这完全是可行的。其中美国联邦航空局批准监管机构颁发适航证书的一项政策，是基于航空飞行器"造成损坏的可能性"。这样就重量、尺寸、速度等对航空飞行器进行了分类。最终，本文认为，重量与适航风险相关，嵌入式大气数据传感系统应考虑到这一点。我们的嵌入式大气数据传感系统质量约 35g，而小型大气数据吊杆通常是用于蓝熊系统研究（BBSR）有限公司的无人机的，质量为 170g。在这种情况下，减少 135g 的质量似乎并不明显，但是，相对来说，减少 80% 的质量，对于为飞行和适航性两个目的使用的大型无人机则都是至关重要的。此外，与大气数据吊杆的 2200lb 相比，嵌入式大气数据传感系统的总成本约为75lb。这种成本的大幅度下降,在多方面都是有利的,但主要是在军事应用中的成本效率高,因为无人机更有可能在执行任务时被摧毁。

7 未来的工作

目前所进行的工作是研究安装在微型飞行器机翼前缘上的嵌入式大气数据传感系统的性能。必须指出,需要考虑进一步的发展,如采用更稳定的神经网络训练方法,可能导致与本文所列不同的神经网络结构。但是,本报告中介绍的初步结果有希望要考虑实时实行,其中神经网络结构可以继续利用实际飞行数据进行开发。项目的这一部分,将在蓝熊系统研究(BBSR)有限公司进行。现已购买了能测量迎角 α 的小型风标[26]。小型风标将适当地安装在微型飞行器上,然后,嵌入式大气数据传感系统便可与装有小型风标和皮托静压管的常规传感器相媲美。

致谢

作者衷心感谢蓝熊系统研究(BBSR)有限公司提供了微型飞行器并安装了嵌入式大气数据传感系统。另特别感谢保罗·威廉(英国莱斯特大学)在风洞试验中提供的帮助。第一作者感谢海外留学生(ORS)奖提供的财政支持。

附录

图 11

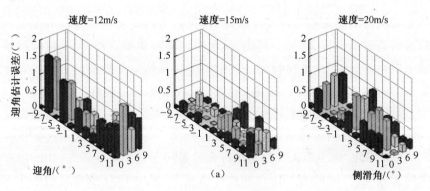

282

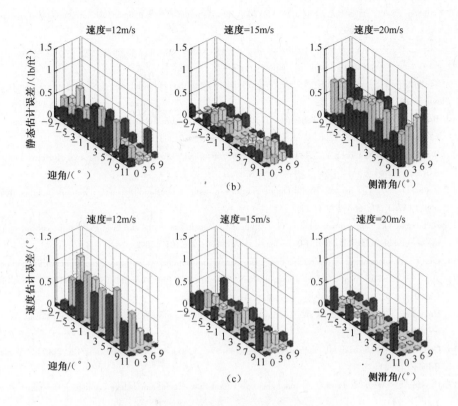

图 11　不同风洞设置时的神经网络估计误差

(a)迎角估计误差;(b)静态压力估计误差;(c)速度估计误差。

注意,图中仅示出正值的侧滑角 β 范围。

参考文献

1. Andersen, D., Haley, D.: NASA tests new laser air data system on SR-71 Blackbird. NASA.http://www.nasa-usa.de/home/hqnews/1993/93-163.txt (1993). Accessed 17 September 1993

2. Cary, J.P., Keener, E.R.: Flight evaluation of the X-15 Ball-Nose Flow-Direction sensor as a airdata System. NASA TN D-2923 (1965)

3. Wolowicz, C.H., Gosett, T.D.: Operational and performance characteristics of the X-15 spherical hypersonic flow direction sensor. NASA TN D-3076 (1965)

4. Larson, T.J., Siemers III, P.M.: Subsonic tests of an All-Flush-Pressure-Orifice air data system.NASA TP 1871 (1981)

5. Larson, T.J., Whitmore, S.A., Ehernberger, L.J., Johnson, J.B., Siemers III, P.M.: Qualitative evaluation of a flush air data system at transonic speeds and high angles of attack. NASATP-2716 (1987)

6. Larson, T.J., Moes, T.R., Siemers III, P.M.: Wind tunnel investigation of a flush airdata system at Mach numbers from 0.7 to 1.4. NASA TM-101697 (1990)

7. Whitmore, S.A., Davis R.J., Fife J.M.: In flight demonstration of a real time flush airdata sensing system. NASA TM 104314 (1995)

8. Rohloff, T.: Development and evaluation of neural network flush air data sensing systems.Ph.D. thesis, Dept. of Mechanical Engineering, Univ. of California (1998)

9. Crowther, W.J., Lamont, P.J.: A neural network approach to the calibration of a flush air data system. Aeronaut. J. **105**, 85–95 (2001).

10. Brown, E.N., Friehe, C.A., Lenschow, D.H.: The use of pressure fluctuations on the nose of an aircraft for measuring air motion. J. Clim. Appl. Meteorol. **22**, 171–180 (1983)

11. Wenger, C., Devenport, W.: Seven–hole pressure probe calibration method utilizing look–up error tables. AIAA J. **37**, 675–679 (1999)

12. Rediniotis, O., Vijayagopal, R.: Miniature multihole pressure probes and their neural network based calibration. AIAA J. **37**, 666–674 (1999)

13. Rediniotis, O., Chrysanthakopoulos, G.: Application of neural networks and fuzzy logic to the calibration of the seven–hole probe. J. Fluid. Eng.—Trans. ASME **120**, 95–101 (1998)

14. Lu, Y., Sundararajan, N., Saratchandran, P.: Analysis of minimal radial basis function network algorithm for real–time identification of nonlinear dynamic systems. IEE Proc. Control Theory Appl. **4**, 476–484 (2000)

15. Houghton, E.L., Carpenter, P.W.: Aerodynamics for Engineering Students. Butterworth Heinemann, Burlington, MA (2003)

16. Gallinari, F.: Industrial Applications of Neural Networks. World Scientific Publishing Co. Pte.Ltd., Great Britain (1998)

17. Haykin, S.: Neural Networks: A Comprehensive Foundation. Macmillan College Publishing Company, New York (1994)

18. Powell, M.J.D.: Radial basis function for multivariable interpolation: a review. In: Mason, J.C.,Cox, M.G. (eds.) Algorithms for Approximation, pp. 143–167. Clarendon Press, Oxford (1987)

19. Chen, S., Cowan, F.N., Grant, P.M.: Orthogonal least squares learning algorithm for radial basis function networks. IEEE Trans. Neural Netw. **2**, 302–309 (1991)

20. Platt, J.C.: A resource allocating network for function interpolation. Neural Comput. **3**, 213–225(1991)

21. Kadirkamanathan, V., Niranjan, M.: A function estimation approach to sequential learning with neural networks. Neural Comput. **5**, 954–975 (1993)

22. Fravolini, M.L., Campa, G., Napolitano, M., Song, Y.: Minimal resource allocating networks for aircraft SFDIA. Adv. Intell. Mechatron. **2**, 1251–1256 (2001)

23. Courrieu, P.: Three algorithms for estimating the domain of validity of feedforward neural networks. Neural Netw. **7**, 169–174 (1994)

24. Helliwell, I.S., Torega M.A., Cottis, R.A.: Accountability of neural networks trained with 'Real World' data. In: Artificial Neural Networks, Conference Publication No. 409 IEE, pp. 218–222.26–28 June (1995)

25. FAA: Unmanned Aircraft Systems (UAS) Certifications and Authorizations. US Dept. of Transportation. http://www.faa.gov/aircraft/air_cert/design_approvals/uas/cert/ (2007). Accessed 5 November 2007

26. mini vane. SpaceAge Control. http://www.spaceagecontrol.com/pm/uploads/Main.Adpmain/ 100386.pdf (2008). Accessed 13 February 2008

第16篇

在缩比环境下进行无人机任务测试

Keith Sevcik,Paul Oh
(基思·塞弗西科,保罗·奥尔)

摘　要:一般来讲,对无人机的研究遵循以下原则,先是对单个部件进行计算机仿真和实验室测试,再在实地进行充分的综合测试。由于很难对现实环境进行仿真,因此很难预测控制算法对真实世界中各种条件的反应,例如各种各样的光源、变幻莫测的天气状况以及像树木及电线之类的障碍物等。本文条理清晰地介绍了研究无人机任务的方法。飞行之前,按比例对城市环境进行缩小,这样有利于对控制算法进行测试和评估(T&E)。搭建无人机平台和测试场地可以在真实世界中飞行时对调试过的控制算法进行验证和确认(V&V)。最后所得到的设计方法降低了开发无人机任务的危险性。

关键词:无人机;测试和评估;验证和确认

This work is funded in part by the National Science Foundation CAREER award IIS 0347430.

K. Sevcik (✉) · P. Oh

Drexel Autonomous Systems Laboratory,

Department of Mechanical Engineering,

Drexel University, Philadelphia, PA 19104, USA

E-mail: kws23@ drexel.edu

P. Oh

E-mail: paul@ coe.drexel.edu

K. P. Valavanis et al. (eds.).*Unmanned Aircraft Systems*. DOI:10. 1007/978-1-4020-9137-7_17.

1 引言

遥控学团体目前所面临日益增长的需求是:要求自动控制飞行器能够在杂乱的户外环境下操作。若使用自动控制飞行器进行搜索、援救或监视等作业,那么它们必须能够在非结构的动态环境下执行任务。这些环境复杂多变的特点通常促使人们将研究的重点集中在感应算法和控制算法上。

按当前的设计模式,首先进行实验室研究和测试。传感器被设定在无菌的结构化环境中,并要求各项结果可以延伸到真实生活物体和条件中。虽然事实是精密测试(例如文献[1]和[2]中的测试)有助于人们了解到硬件本身具有的局限性,但很难确定传感器和感应算法在不能预料的野外条件下的表现。

同样,计算机仿真对控制算法的设计起辅助作用。由于控制代码的改进,可以将越来越多的细节添加到模型中,从而更接近于真实世界的条件。奥尔等人[3]研究了对环境条件(如阵风)进行仿真的方法。在计算机仿真中已经结合使用了传感器,如文献[4]中所描述的。虽然如此,目前的计算机模型尚无法结合利用非结构环境。尤其是,像树木、灌木丛之类的物体很难准确地综合到仿真中。

实验室研究完成以后,将感应硬件和控制软件转移到自动控制飞行器平台进行在真实世界的测试。有很多次,对综合的感应硬件和控制软件的首次测试都是在野外飞行时进行的。

此种设计方法会导致费用大、耗时多的各种问题。编程时出现的错误、料想不到的设计问题以及不可预见的真实世界中的各种条件均会导致灾难性坠毁。为了降低风险,我们提议在实验室研究和在真实世界中飞行之间寻找一个折中的办法,即在不必使自动控制飞行器平台飞行的情况下,对感应算法和控制算法进行测试和评估。

作者以前在此研究领域[5]做过的工作包括在自由度台架内对城市环境进行全尺寸模拟。连接到台架的终端操纵装置上的成套传感器装置可以在整个环境中虚拟地飞行。由自动控制飞行器平台的高保真数学模型控制台架的运动,从而可以对自动控制飞行器的感应算法和控制算法进行硬件在回路中测试。

结果证明,此方法有助于评估自动控制飞行器对不断变化的环境条件所做出的反应。然而,此方法本身存在物理局限性,测试区域仅限于城市环境很小的范围内,因此,仅适用于低速、低空机动飞行测试。虽然,此方法中的技术可以在更广的范围进行应用,但是基本上不可能对发生在几千平方米外的全部任务进行评估。

为了解决这些难题，我们可以借鉴早期有关飞行模拟器研究的经验。如文献[6]所述，最初的一些飞行模拟器使用缩小了的地形模型为驾驶员提供视觉反馈。驾驶员可以通过这些系统获得高保真、实际视觉提示。但是，仿真的有效范围仅限于模型区域。后来，基于计算机的模拟器取代了此种方法，基于计算机的模拟器所提供的图像虽然没有此种方法提供的图像真实，但却可以不断地提供地形模拟图。

无人机任务仿真所面临的问题与之恰好相反。无人机任务仿真通常局限于特定区域，例如小镇或建筑群。计算机仿真尝试模拟现实世界的效果，但是并没有对在现实世界环境中如何对障碍物进行规避进行仿真。缩比模型（图1）提供了一种在真实环境中测试传感器和控制算法的方法。

图1   用于无人机任务测试的缩比模型环境。在此模型中可以很容易地加入树木和非结构光源等效果，而像树木和光源等物在计算机仿真中很难被捕获

本文讲述了无人机任务测试设施的设计方法，以及如何利用这种方法指导无人直升机的研究。第2部分讲述了测试设施以及测试设施综合到设计过程中；第3部分讲述自动控制飞行器平台；第4部分讲述在该设施中的测试任务和算法；第5部分讲述了迄今得到的试验结果；最后，第6部分给出了结论和对未来工作的展望。

2   测试设施

本项研究的目的是为无人机研究领域介绍一个更合理的设计方法。在飞行前，通过测试和评估，可以对传感器和控制算法进行调试。之后，将改进了的软件和硬件装载到自动控制飞行器系统上进行验证和确认(V&V)。如此一来，可以确保终端产品更加稳健，并且更好地进行无人机研究阶段的风险管理。为了指导这些 T&E 和 V&V 方案的设计工作，首先必须确定无人机任务剖面图。

所研究的任务类型一般是那些由从较远位置调配过来就位待命的无人机所执行的任务。这些任务包括侦查、高位监视和有效载荷投放。这些任务中有许多都需要研究更基本的能力，如自主测绘和降落区域识别。受关注的区域一般是存在障碍物的典型城市环境，障碍物包括建筑物、电杆、树木和细线。

在文献[7]和[8]中均对此类任务进行了研究。这些试验中，操作区域为220m×220m，无人机的飞行高度距地面数十米。执行这些任务的无人机以 4～10m/s 的速度在任务现场往返，且无人机的上升速度[7]限制在3m/s，而下降速度限制在1m/s，详细要求见表1。从这些判据可以看出，作者选择皮亚塞茨基飞机公司的直升机研发靶场作为 V&V 环境。从图2 中的卫星图片可以看出，皮亚塞茨基飞机公司的研发靶场范围达几百米之广，区域内的建筑物和树林区形成了各种各样地形，可用于进行无人机飞行测试。

表 1　约束速度

坐标轴	台架的/(m/s)	缩比的/(m/s)	所需任务的/(m/s)
X	0.012～0.61	1.04～53.0	4～10
Y	0.019～0.61	1.65～53.0	4～10
+Z	0.030～0.61	2.61～53.0	0～3
−Z	0.101～0.61	8.79～53.0	0～1

此设计方法聚焦于创建一条从实验室研究到真实世界飞行的连续通路。因此，从 T&E 到 V&V 的过渡应该尽可能无缝进行。照此，T&E 环境是按照近似于皮亚塞茨基飞机公司的设施而设置的，如图3 所示。根据通常的建模比例，按 1：87 的比例对设施进行设置。这样就可以在将来添加各种各样的障碍物和地形特征。

无人机控制算法的评估需要使用相应的测试设备，要求此测试设备能够受控地重复进行无人机动态仿真和飞行路径仿真。图4 所示的系统集成传感器测试设备(SISTR)是由国家科学基金会出资研制的测试设备，它就具备上述功能。SISTR 的测试范围为 19ft×18ft×20ft(1ft＝3.048×10^{-1}m)，包括缩比 T&E 环境。

如参考文献[5]中所描述的那样，测试设备被自由度控制台架计算机所包围。通过无人机数学模型和模型自适应控制，可以对台架进行编程，从而模拟空中飞行器的飞行。无人机的成套传感器装置可以连接到台架的终端操纵装置上，为传感器测试和控制算法测试提供实时传感器反馈信号。

288

图2　皮亚塞茨基飞机公司的直升机研发靶场的卫星成像。靶场包含无人机执行任务的典型地形,例如城市环境和森林环境。此靶场达几百米之广,为无人机飞行试验提供了充足的空间

图3　V&V 环境与缩比 1/87 的 T&E 环境的比较。T&E 设施是按照近似于直升机研发靶场的设施而设置的,目的是创建一条从实验室测试到真实世界飞行的连续通路

在模拟无人机飞行时,其中最重要的设计要素之一是可以将无人机的飞行速度精确地与缩比模型的飞行速度相匹配。为了实现这种匹配,台架的平移运动必须按合适的比例进行,其平移运动的速度应降到无人机飞行速度范围以内。表1列出台架可达到的最大和最小运动速度、这些速度的缩比速度以及执行任务时相应所需的速度。可以看出,台架 X 轴速度和 Y 轴速度很容易达到所需的速度范围,但是台架 Z 轴速度却比任务所需的速度快。造成此现象的原因是目前台架的控制靠软件实现,作者相信台架硬件能够使运动速度放慢。目前,作者正在解决这一问题。

图4　系统集成传感测试装置(SISTR)。SISTR 为在缩比环境下测试和评估传感器和控制算法提供了舞台。自由度台架包括 SISTR,可以通过模型自适应控制对自由度台架进行编程,以模拟无人机飞行

总而言之,台架各个轴向的平移位置均可控制在±1cm 以内。这使分辨率按比例增大为±0.87m。这个位置精确度远在典型 GPS 系统的±2m 精度以内。这样就形成一种完整的设施,可以为多种无人机平台进行传感器和控制算法的 T&E。为显示此方法的有效性,作者采用特定的自动控制飞行器系统对整个设计过程进行展示,包括 T&E 和 V&V。

3　自动控制飞行器平台

为进行 V&V,采用了 Rotomotion 公司生产的 SR100 电动无人直升机(见图5)。在售的 SR100 系列为全自动化直升机,通过笔记本电脑基地站控制,能

够进行自主起飞、降落和 GPS 航路点航行。基地站对直升机的控制是通过
802.11 无线网络适配器来实现的。

图 5　Rotomotion 公司生产的 SR100 直升机。在售的 SR100 直升机为全自动操作系统，
可以进行自主起飞、降落和 GPS 轨迹跟踪

　　SR100 的旋翼直径为 2m，因而可携带高达 8kg 的有效载荷。在进行试验
时，我们为直升机安装了定制的起落装置、定制的摇镜头/倾斜装置、SICK
LMS200、以太网转换器串口和两节为有效载荷提供动力的 12V 电池。我们为
无人机增加了共约 7kg 的有效载荷，因此大大降低了无人机的飞行时间，在没
有载荷情况下，无人机的有效飞行时间为 45min。

　　然而，此平台最引人注意的一点是它已经配置了计算其飞行姿态所必需的
全部传感器。飞行器的姿态和航向由陀螺仪、惯性测量部件和磁强计提供。这
些信息与 Novatel 公司的 GPS 系统相融合，以便再提供位置信息。所提供的位
置信息被报告为相对于全球框架的笛卡儿坐标，其原点位于直升机激活的
位置。

　　在选取初期测试所使用的硬件时，作者参照先前的经验对无人机成套传感
器装置进行设计。作为未来作战系统（FCS）小组的成员，作者在设计近地环境
下飞行的自动控制飞行器的成套传感器装置方面已经拥有丰富的经验。FCS
的 Ⅱ 级项目主要致力于制造可以在城市地形和森林等区域内执行任务的无人
机。这个项目对这些成套传感器装置有几点基本的要求。

　　传感器必取能够探测较大范围内的障碍物。在城市地形环境下，物体的尺
寸和组成千差万别，有建筑物、电话亭、细线和晾衣绳等。尤其是，很难对稀疏
的物体进行探测，例如，稀疏的树木和灌木丛。

传感器还必须能够探测远距离的障碍物以及位于斜角位置的障碍物。无人机的飞行速度与传感器所能探测到障碍物的距离直接相关。探测的距离越远,无人机就会有越多的时间对其做出反应并规划出新的飞行路径。

以往的经验表明,在根据这些判据进行判断时,计算机视觉不失为一个很好的选择。除此以外,计算机视觉是一种已得到很好理解的传感方法,也是无人机上使用的最通用的传感方法之一。商用无人机配备摄像机进行监视。所研究的无人机使用摄像机完成诸如自主降落、目标跟踪和障碍物规避等任务。因此,计算机视觉成为研究的关注点。

为了证明此设计方法的可行性,必须在缩比模型上对感应算法进行求证,且求证结果必须在真实世界中再现。同时,必须使用可以测试缩比 T&E 环境下的各种能力的感应算法。

4 任务和算法

特征探测是大多数计算机视觉算法中诸多重点之一。所采用的技术包括光流、物体识别和目标跟踪,所有这些都要依赖探测成像中的特征。由此可知,特征跟踪是一种测试缩比环境下无人机任务的可行性的非常有效的代表性技术。

最通用的特征跟踪方法中的一种是 KLT 特征跟踪仪。KLT 跟踪仪首先对整个图像进行特征探测,确定最强的特征进行跟踪。对这些特征附近的成像区域进行记录,然后通过连续的成像对特征窗口进行跟踪。

KLT 跟踪仪通过注视特征窗口中的光流方向,估计特征移动的方向。然后反复进行几次,其间特征窗口是移动的,并对连续的帧进行比较。这个过程一直持续到在下一个帧中探测到特征。图像处理过程中,跟踪仪就可以保留原有特征,直到在当前图像中发现更好的特征,再将原有特征舍弃,或者如果当前特征变弱,则搜索全新的特征。

由于仅对特征窗口进行搜索,而不是对整个图像进行搜索,且使用光流引导搜索的方向,KLT 跟踪仪可以非常迅速地发现特征并对其进行跟踪。高效的运作通常可实现实时跟踪特征。

我们所希望的评估概念是指近楼群飞行的直升机性能。当直升机飞行经过建筑物时,KLT 特征跟踪仪将处理机载摄像机记录下来的视频。KLT 跟踪仪将探测可视范围内的最强特征,在飞行时对其跟踪。这种情况将在缩比 T&E 环境和全尺寸 V&V 环境下进行。在缩比环境下飞行时探测和跟踪到的特征应与全尺寸环境下飞行时探测到的特征一致。

5　试验结果

对缩比模型的视频记录进行 Kanade-Lucas 特征探测。初步结果如图 6 所示。测试区域周围的盒子代表包含了所探测特征的特征窗口。由此可以看出，提取到了诸如建筑物角落和窗户等特征。

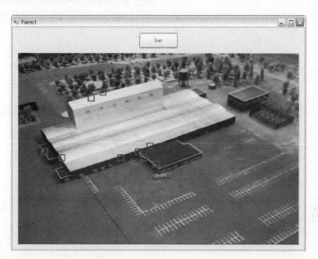

图 6　对缩比 T&E 环境视频进行 Kanade-Lucas 特征探测。此算法可成功进行以下
特征探测：建筑物的角落和窗户。这些特征在模型和真实世界之间是一致的，
便于更严格地比较缩比环境和全尺寸环境

模型中探测到的特征与真实世界环境中的那些特征极其近似。这样便于模型和真实世界之间的一致性比较。

6　结论和工作展望

初步结果表明，直接对缩比模型和真实环境进行比较是可行的。为了进行这样的比较，必须在皮亚塞茨基飞机公司的测试靶场对 SR100 直升机进行飞行测试。之后，在缩比环境中重新进行此飞行测试。

SR100 直升机配备了正确的传感器，可以对其位置进行定位，对其姿态进行测定。这样可以记录 SR100 直升机的飞行路径。在缩比环境下使用 SISTR 跟踪直升机的飞行路径，而直升机的动态必须进行适当缩小。

另外必须强调的一个问题是，因摄像机镜头曲率造成的图像失真。还有一些问题与修正成像进行透视有关。为了进行准确比较，须将这些失真的部分从成像中去除。

293

试验结果为如何使缩比环境和真实世界高度相似提供了一种方法。这将是一条从实验室研究到真实世界测试的连续通路。

致谢

作者对 Simulab Studios 工作室耶西·格林博格对缩比测试环境的创建表示感谢。同时非常感谢皮亚塞茨基飞机公司,他们给矛了持续不断地支持并提供了测试设施。

参考文献

1. Alwan, M., Wagner, M.B., Wasson, G., Sheth, P.: Characterization of infrared range-finder PBS-03JN for 2-D mapping. In: International Conference of Robotics and Automation (ICRA) (2005)

2. Ye, C., Borenstein, J.: Characterization of a 2-D laser scanner for mobile robot obstacle negotiation. In: International Conference of Robotics and Automation (ICRA) (2002)

3. Orr, M.W., Rasmussen, S.J., Karni, E.D., Blake, W.B.: Framework for developing and evaluating MAV control algorithms in a realistic urban setting. In: American Control Conference (ACC), pp. 4096–4101 (2005)

4. Netter, T., Franceschini, N.: A robotic aircraft that follows terrain using a neuromorphic eye. In: International Conference on Intelligent Robots and Systems (IROS), pp. 129–134 (2002)

5. Narli, V., Oh, P.: A hardware-in-the-loop test rig for designing near-earth aerial robotics. In: International Conference on Robotics and Automation (ICRA), pp. 2509–2514 (2006)

6. Allerton, D.J.: Flight simulation: past, present and future. The Aeronaut. J. 104(1042), 651–663, December (2000)

7. Scherer, S., Singh, S., Chamberlain, L., Saripalli, S.: Flying fast and low among obstacles. In: International Conference on Robotics and Automation (ICRA), pp. 2023–2029 (2007)

8. Hsieh, M.A., Cowley, A., Keller, J.F., Chaimowicz, L., Grocholsky, B., Kumar, V., Taylor, C.J., Endo, Y., Arkin, R.C., Jung, B., Wolf, D.F., Sukhatme, G.S., MacKenzie, D.C.: Adaptive teams of autonomous aerial and ground robots for situational awareness. J Field Robot 24(11–12), 991–1014, November (2007)

第 **17** 篇

在合作环境中模拟和试验 UAV 的框架

A.Mancini,A.Cesetti,A.Iualè,E.Frontoni,P.Zingaretti,S.Longhi
(A・曼奇尼,A・施锡堤,A・伊瓦勒,E・弗朗托尼,P・津加雷蒂,S・隆吉)

摘 要:今天,无人机(UAV)已深深地改变了监视、搜救、空中摄影测量、地图绘制等的概念。任务的种类在不断地增多;在大多数情况下各种任务都是由自主和不同类型的无人机编队合作完成的。这些系统是真正复杂的系统,而且对任一任务阶段进行模拟以探索各种模拟的益处,如可重复性、模块化和低成本等已成为一项基础工作。本文中提出了一个在合作环境中模拟和试验 UAV 的框架。这个框架以各种不同专业层面中的模块化和层次为基础,可以简单易行地从模拟环境转换为真实环境,从而减少试验和调试时间(尤其是在训练环境下)。同时也给出了在某些试验情况下利用所提供的框架得到的结果。

关键词:UAV;模拟;合作环境

1 引言

在过去几年里,除了地面飞行器外,移动机器人技术正在扩展成为新学科,即无人驾驶水面/水下飞行器和无人机(UAV)。在大多数情况下各种类型的任

A. Mancini (✉) · A. Cesetti · A. Iualè · E. Frontoni · P. Zingaretti · S. Longhi

Dipartimento di Ingegneria Informatica, Gestionale e dell'Automazione,

Università Politecnica delle Marche, Via Brecce Bianche, 60131 Ancona, Italy

E-mail: mancini@ diiga.univpm.it

K. P. Valavanis et al. (eds.), *Unmanned Aircraft Systems*. DOI: 10.1007/978-1-4020-9137-7_18

务都是由自主和不同类型的无人机群合作执行的。相互作用、合作和监督是这些复杂系统的核心问题。就使命和任务而言,与今天的各种挑战有关的复杂性使得模拟、调试和试验成为必要。模拟活动很重要,因为可以很容易地实施并评估不同的方法,从而减少研制时间。在教育领域这一点尤为真实。

就地面机器人而言,已研发出很多模拟和试验框架。也许,实际上参预者/阶段/信号台是最完整的框架,因为有各种先进特性,如模拟 2D-3D 环境、传感器模拟(激光测距仪(LRF)声纳……)以及与商业机器人平台(即移动机器人、i机器人)的结合。由 Frontoni 等人提议的这个框架尤其适用于教育领域,可以简单易行地从模拟环境转变为真实环境。其他模拟环境也引起了科学团体的注意,以便充分与许多商业平台相结合,例如,电车驾驶员、微软机器人工作室和 USAR 模拟器(用于 RoboCup)。

对于机器人的 UAV 分支,技术状态有些不同。首先,更加分散,因为这些空中飞行器种类各不相同。就模拟的地面飞行器的情况而言,通用机器人是不同的轮式或轿车式样的。恰恰相反,在空中飞行器中,有气艇式、滑翔式、风筝式、飞机式、直升机式等。每种飞行器都有其独特性,在对物理现象进行数学描述时就会有不同之处。空中飞行器的数学模型确实很复杂,因为在实际建模时必需进行气动描述。

在本文中,给出了一个对旋转翼空中飞行器进行模拟和试验的框架。由于有地面控制站(GCS),可以监督每个参与对象的各项任务,所以该框架允许进行 UAV 模拟(作为独立对象或交换数据实现合作)。文章组织如下。第 2 部分介绍框架;首次引用了一种统一的建模语言(UML)表示法,以便综合地描述形成我们的框架的各种概念。第 3 部分阐述了利用 UAV CAD 建模进行参数提取和模拟辅助;在 Bergen 双观察者直升机中增添了建模事项。在第 4 部分中,介绍了包括起飞、着陆和导航的一些试验情况;包括两架直升机执行一次探测任务的合作环境。在第 5 部分中,概述了各种结论和未来的工作。

2 框架

在建立一种框架模拟复杂且多元的环境时,我们提出了以下几个主要方面:

——飞行器的高保真度数学模型;

——多对象管理;

——扩展范围的模拟传感器;

——模块化;

——减少改进/增加新模块的时间；

——虚拟现实演示；

——简便易行地从模拟世界转换到真实世界，反之亦然；

——教育导向。

直到今天，只有模型发动机和飞行模拟器才是可以用来模拟 UAV 的框架。模型发动机(如飞行模拟器或飞行管理系统(FMS))对于目测观察来说是最佳的，而飞行模拟器(如 JSB 模拟器、YA 模拟器和 UUIU)具有高保真度数学模型，但是缺乏高质量演示。其中大部分是为飞机研发的。有一个例外很好但却很昂贵，即 RotorLib，由 RTDynamics 公司研发并商业化；在直升机领域，满足上述需求的框架几乎没有。这里提出的框架就是要填补这一空白。

图 1 显示了图示抽象概念，给出了框架的主要模块。

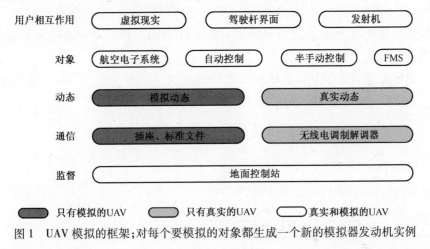

图 1　UAV 模拟的框架；对每个要模拟的对象都生成一个新的模拟器发动机实例

框架的层次可以划分为 5 个层面：监督、通信、动态、对象、用户相互作用。涉及一个或多个飞行器的所有任务由 GCS 管理和监督，而利用通信层面将数据发送给对象。一个基于插座的接口实现了模拟对象情况下 GCS 和对象之间的数据交换，如果采用一架真正的飞行器(如直升机)，通信就会使用专用的远程无线电调制解调器。

下面几小段详细描述了所提框架的更多相关模块。首先利用 UML 图表很容易显示各级别间的关系，然后，分析了对象结构、模拟动态、基本控制规律、GCS 和虚拟现实及世界表示法。每个方面都不失普遍性，所以每个方面都被置于 UAV(如直升机)的一个特定层面中。

所有模块都在 Matlab/Simulink 中执行；做出这种选择的主要目的是可以降低代码开发的复杂性。尤其是该框架的终端用户可以很容易地结合其代码来开发和试验一种算法(如用于障碍规避),而不必重新编制其他项目。采用 Matlab 的另一个目的是能够连接由《无人驾驶动态》发布的 AeroSim 工具箱。AeroSim 模块集合是一个 Matlab/Simulink 模块库,提供了可快速研制非线性 6-DOF 飞机动态模型的部件。除了飞机动力学之外,这种模块集合还包括环境模型,如标准大气、背景风、紊流和地球模型(大地水准面基准、重力场和磁场)。这些模块可以加入基本框架中,增强模拟的真实性。

2.1 用 UML 进行框架描述

在对每个层次进行描述之前,根据项目管理组的说明,利用 UML 图表显示了提出的框架;UML 不仅允许进行应用结构、特性和构造的建模,而且还允许进行业务过程和数据结构的建模。对所提的框架进行建模的最重要的图表是级别图,对于说明层次、网络、多样性、关系和更多内容来说,这种图非常有用。由于关系的复杂性,所以首先显示的是主要级别(图 2),然后是分级别和项目(级别实例)的图。

通信级别实现各个对象和 GCS 之间的连接。如图 3 所示的专门级别通过插口和无线电调制解调器来实施不同的通信方法。

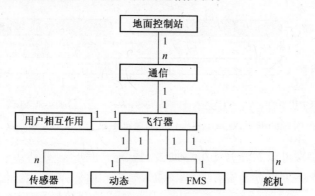

图 2 级别图。只显示了母级别;GCS 能够监督和监控数量可变的对象。
因此每个对象在控制和任务执行方面都是自主的

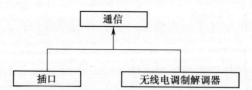

图 3 通信级别。被模拟对象使用插口范例;真实通信使用远程无线电调制解调器

由于有如图 4 所示的用户相互作用级别,对象也可以被监控和遥控。主动

和被动表示用户实质;主动相互作用意味着对一个对象的远控;而被动相互作用指的是驾驶舱虚拟化和虚拟现实。

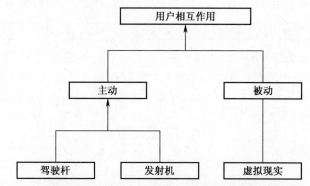

图4　用户相互作用级别。由于主动界面作为驾驶杆(模拟场景)或者发射机(真实情况),用户能够与对象相互作用

飞行器级别在图5中建模,考虑了各个不同的对象。在参考文献[16]中,对空中飞行器有一项有趣的分析。飞行器与其他各级别(如舵机、传感器、动态和飞行管理系统(FMS))有一系列的依赖性,如图2所示。

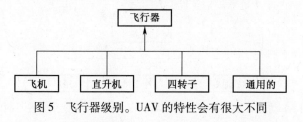

图5　飞行器级别。UAV的特性会有很大不同

图6和图7显示了完整的级别图,包括母级别和衍生的级别。传感器对于成功完成任务和保证自主执行任务是十分重要的;必须对环境有所感应以便执行各项自主任务,如起飞、导航和着陆。在提供数据方面,专门级别对于界面传感器是必不可少的。如果在模拟场景中使用一组有限的传感器,则执行新级别(通用的)来管理新传感器。传感器和舵机构成航空电子系统。通常,每个对象可以具有一套 i 个传感器和 j 个舵机, i 可能与 j 数目不同;例如,对于直升机来说,从传感器级别衍生出5个级别,从舵机级别衍生出3个级别(或者4个,如果伺服电动机级别划分为模拟和数字两个级别)(图6和图7)。

图8是动态级别的图。这个级别只有在模拟场景下才有意义。考虑到一个对象的成员级别,用来描述动态的数学模型会有很大变化。对于一架直升机来说,诸如盘式舵机和叶片元件等模型被广泛采纳。

FMS由一整套各个级别组成,在下面小节中有更详细的描述。

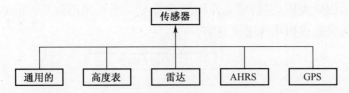

图6 传感器级别。真实场景和模拟场景的主要不同是可能有一套能够
试验和/或评估的传感器;模拟成本只与代码写入时间有关,而真实设备的成本会
有很大的不同。模拟传感器的主要缺点是难以结合视频传感器

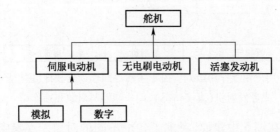

图7 舵机级别。每个飞行器都有一系列舵机来完成不同任务,如产生升力、
航向变化和产生动力。模拟舵机的主要优点是有可能在飞行中改变舵机的类型,
以便评估不同选择的不同效应

图8 动态级别只有在模拟环境下存在;可以试验和实现不同的
模型如 Matlab m-文件或 S-功能

2.2 对象结构

在模拟情况或真实情况下,一个对象的结构在 UAV 范围内基于不同专业
模块的复杂的相互作用。在真实情况下,FMS 作为实时代码,运行在高性能结
构上,如 PC104+、FPGA、DSP;在模拟环境中,FMS 是一套复杂的 S-功能,可以
降低模拟的复杂性。然而,在两种情况下,FMS 都有一系列基本单元,如下所述
(图9):

——通信模块;

——任务队列;

——制导模块;

——快速路径重新规划器;

300

——姿态和姿势估计器；

——自动和/或半手动驾驶仪；

——障碍规避；

——故障诊断识别和隔离。

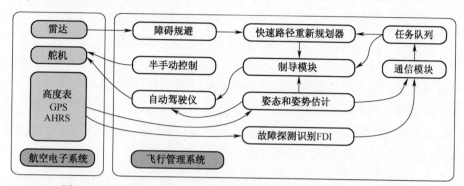

图9 FMS是对象的核心；成套模块负责导航、通信、任务执行和控制

FMS不断与GCS交换数据，以便进行遥测和任务分配/监督。其通信模块利用插口或各项功能，根据所使用的通信级别与无线电调制解调器连接。

位置的基准点由制导模块生成，制导模块逐步决定哪些基准点应该传递给控制器（自动驾驶仪）。这个模块考虑了对象相对于本地惯性坐标系的实际位置以及将要到达的目的地。诸如起飞、着陆、点对点或航路点导航等任务现在都可以在研发出的框架中完成。

快速路径重新规划器（FPR）根据障碍规避单元提供的信息提供实时重新计算的路径。如果外部干扰（如风）对位置造成较大误差，FPR也会提供信息以修正路径。

姿态和位置估计器利用从姿态航向基准系统（AHRS）和惯性导航系统（加速度、旋转速度……）获得的惯性数据计算出飞行器的位置和姿态；惯性捷联方程式现在就可以列出并解算。为了强化真实直升机的定位过程，计划使用针对视频数据的贝叶斯方法或其他方法。

自动驾驶仪和/或半手动控制是飞行器控制的核心。所采用的方法试图模拟对新驾驶员的培训过程，新驾驶员通常只是直接控制一套有限的飞行器轴，而教师监督其行为。其他轴通常由电子飞行稳定器控制，为飞行器提供姿态和/或位置或速度的预期点上的稳定性。使用者可以通过驾驶杆/发射机界面控制一整套轴。这种特性尤其适合于摄影测量学领域，使用者仅专注于前向和/或横向运动，而对高度和航向（航向锁定）的控制则由联机控制器完成。

在模拟情况和真实情况下对每个轴的控制都可以手动或自动进行；这种特

性扩大了可执行任务的范围,并且允许分离对飞行器的控制,因此使用者能够仅专注于限定范围内的任务。显然,需要研发一种嵌入式硬件,以便使自动控制与手动控制相联系;然后驾驶员可以把注意力集中于一套数量有限的轴,余下的轴由联机控制器负责。

通过改变控制器的代码可以很容易地修正或改进控制器,无需额外的行动。控制器可以是简单的 PID 或具有增益规划和模糊逻辑的 PID。在框架中可以实现反馈线性化,其中某些手段可以增强鲁棒性:这种技术的一个主要缺点是耗费时间太长。其他控制技术如基于 H_∞ 的技术可以包括在内。

障碍规避模块试图规避由于从航空电子系统(如从雷达和 LRF 传感器)获得信息而形成的障碍;实际上,在框架中有一套基于模糊逻辑的模块,将提高导航过程中飞行器的安全性。

在模拟飞行器或真实飞行器中的航空电子系统是由舵机和传感器组成的。舵机通常是缩比直升机中的模拟伺服器或数字伺服器;在模拟环境中采用了一个二阶模型来表示伺服器动态。传感器为很多工作如导航、障碍规避、地图绘制等提供信息。该框架配备了一些有用的导航传感器,可为 FMS 提供信息。使用雷达传感器,就有可能执行新的任务,如在给定高度飞行/操作或者规避意外障碍。事实上,雷达高度表提供了地面上高度信息,这个高度是作为海拔高度和地面高度(数字高度模型 DEM)测绘之间的差值来计算的;然后加入了因俯仰角和滚动角而形成的几何修正量。也加入了噪声以使模拟更加真实;还对故障的出现进行了模拟。

采用了与雷达类似的方法来模拟全球定位系统(GPS)。根据对起点相关的数据的知识计算了飞机的地理坐标;然后加入了噪声,以便与能够加入 EGNOS 修正量的通用 GPS 接收机的性能相匹配。

在框架中还有模拟传感器如 IMU 和 AHRS;在这种情况下,提供每个传感器的误差模型(未对准、温度偏移、非线性和偏差)。

在表 1 中,对真实情况和模拟情况之间的主要差别进行了分析;表中概括了根据先前的描述提取的一些特性。从虚拟世界向真实世界的转换相对来说较容易,反之亦然;主要来说,FMS 是需要不同配置的模块,对于自动控制(真实直升机上装配的每个伺服器的控制规律)来说尤其如此。在模拟场景或真实场景中的监督有些类似;GCS 负责监督合作环境下涉及的每个对象,在合作环境下有两个或更多的对象合作完成一项特定任务。模拟场景下的通信采用了 LAN 上连接的两个或更多个 PC 之间的插口范例;真实直升机利用专用的远程无线电调制解调器交换数据。FMS 在两种情况(模拟的场景和真实的场景)下都是相似的；主要差别是以不同编程语言撰写的代码(真实直升机需要硬式实时软件)和控制规律(不同的参数组)。航空电子系统在传感器和舵机方面有所不同，但是软件界面却是相同的。用户相互作用是类似的，由 GCS 和手动控制界面(通过使用驾驶杆或 RC 发射机)来实现；在真实直升机的情况下，使用 RC 发射机来完成手动控制，而在模拟场景下，驾驶员更加熟悉驾驶杆。

考虑到模拟情况与真实情况之间的相似性，由于采用的方法针对专门层次中的分层现象，所以从模拟飞行器向真实飞行器的转换是很容易的。

表 1　在真实场景和模拟场景之间有许多元件(特性)可以共享。主要的不同是通信和航空电子模块

方面	模拟场景	真实场景
监督	相似	相似
通信	插口	无线电调制解调器
动态	叶片元件、舵机圆盘	真实现象
FMS	相似(不同的控制规律)	相似
航空电子系统	模拟传感器和舵机	真实 HW
用户相互作用	相似	真实流动视频

2.3　直升机动态模拟

在这一小节中，关注的焦点是对象的建模方面：

该框架实际上有直升机数学模型。它是从牛顿—欧拉方程式衍生而来，适用于具有一个主转子和一个尾部转子通用构型的直升机。

根据模块化和标准化原理，整个模型可以划分为几个更小的部分，它们共享信息并且在它们自身之间相互作用。特别地，我们确定了 4 个分系统，分别描述了舵机动态、旋翼动态、力和力矩生成过程以及刚体动态。图 10 中定义了分系统、状态和控制变量之间的联系。

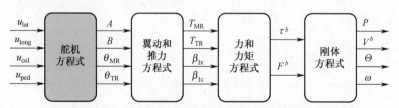

图 10　直升机动态：直升机模型中部件的图示由 4 个模块组成。通常是假设叶片俯仰角可以直接控制，忽略舵机动态(绿色模块)

对直升机的标准控制输入量包括横向、纵向、集群和踏板控制，分别是 u_{lat}、

303

u_{long}、u_{col}、u_{ped}。

舵机动态要比直升机的动态快很多,所以当对系统进行建模时可以忽略它。这使得控制信号直接影响物理量:分别为沿横向(A)和纵向(B)的斜盘式倾斜、主旋翼叶片俯仰(θ_{MR})和尾旋翼叶片俯仰(θ_{TR})。

在第二个模块中,主旋翼(T_{MR})和尾旋翼(T_{TR})的推力量确定为俯仰输入量的函数,而T_{MR}方向由横向(β_{1s})和纵向(β_{1c})翼动角确定,是斜盘式倾斜的函数。方程式也同样受到诸如平移移动和直升机机体的姿态等因素的影响。

然后推力量和方向划分为力和力矩的几个小部分,影响下一模块中的直升机,在下一模块中输出三维力(F^b)和力矩(τ^b)矢量。在最后一个模块中,推导出了描述直升机平移移动和转动的最终方程式。为此,直升机被认为是6-DOF刚体。运动方程式是根据机体坐标框架(BF)而写的,这个框架附着在重心(COG)上。整个模型显示了4个输出矢量,描述了直升机的位置$\boldsymbol{P}$、平移速度$\boldsymbol{V}^b$、姿态$\boldsymbol{\Theta}$和角速度$\boldsymbol{\omega}$。$\boldsymbol{\Theta}$由所谓的欧拉角(ϕ、θ、ψ)构成,即分别为滚动、俯仰和航向运动之后的角度。根据自顶向下的设计,现在根据方框图自右向左就可以描述建模进程。

2.3.1 刚体方程式

经受了施加在质心的外力扭转的刚体的运动方程式(并且根据机体坐标框架而确定)可由牛顿—欧拉方程式给出:

$$F^b = m \cdot \dot{V}^b + \boldsymbol{\omega} \times (m \cdot V^b)$$

$$\tau^b = I \cdot \frac{\mathrm{d}\boldsymbol{\omega}}{\mathrm{d}t} + \boldsymbol{\omega} \times (I \cdot \boldsymbol{\omega})$$

式中:F^b和τ^b是力和外部力矩的矢量;V^b和$\boldsymbol{\omega}$是平移速度和角速度;m是质量;I是惯性矩阵。

前面的方程式形成描述刚体运动的矩阵:

$$\begin{bmatrix} \dot{V}^b \\ \dot{\boldsymbol{\Theta}} \\ \dot{\boldsymbol{\omega}} \end{bmatrix} = \begin{bmatrix} \dfrac{1}{m} \cdot F^b - \boldsymbol{\omega} \times V^b \\ P_{\text{sb}}(\boldsymbol{\Theta}) \cdot \boldsymbol{\omega} \\ I^{-1}(\tau^b - \boldsymbol{\omega} \times (I \cdot \boldsymbol{\omega})) \end{bmatrix}$$

式中:$\dot{\boldsymbol{\Theta}}$是欧拉角的时间导数;$P_{\text{sb}}$是帧变换矩阵。

主要问题是要确定惯性矩阵,由于飞行器的复杂性,惯性矩阵是很难计算的。向最初的模型中增加新的部分必须考虑到燃料问题,因为直升机质量是随着时间而变化的。

304

2.3.2 力和力矩方程式

作用在直升机上的平移力包括在建模中,这种平移力由以下部分组成:

① F_{MR}^b:由主旋翼推力形成的力;

② F_{TR}^b:由尾旋翼推力形成的力;

③ F_g^b:由重力加速度形成的力。

主旋翼推力和尾旋翼推力分别作用于主旋翼转盘的中心和尾旋翼转盘的中心,而重力作用在重心。最后得到的力 F^b 在机体坐标框架中列出:

$$F^b = F_{MR}^b + F_{TR}^b + F_g^b = \begin{bmatrix} f_{x,MR}^b \\ f_{y,MR}^b \\ f_{z,MR}^b \end{bmatrix} + \begin{bmatrix} f_{x,TR}^b \\ f_{y,TR}^b \\ f_{z,TR}^b \end{bmatrix} + \begin{bmatrix} f_{x,g}^b \\ f_{y,g}^b \\ f_{z,g}^b \end{bmatrix}$$

$$= \begin{bmatrix} -T_{MR} \cdot \sin\beta_{1c} - \sin\theta \cdot m \cdot g \\ T_{MR} \cdot \sin\beta_{1s} + T_{TR} + \sin\phi \cdot \cos\theta \cdot m \cdot g \\ -T_{MR} \cdot \cos\beta_{1s} \cdot \cos\beta_{1c} + \cos\phi \cdot \cos\theta \cdot m \cdot g \end{bmatrix}$$

力矩主要是由三个分量形成的:

① τ_{MR}^b:由主旋翼形成的力矩;

② τ_{TR}^b:由尾旋翼形成的力矩;

③ τ_D^b:由主旋翼上的阻力形成的反力矩。

对精确阻力进行建模很复杂,所以采用了一种简单模型,由于尾旋翼阻力对模型的影响相对较小,所以由尾旋翼阻力产生的力矩忽略不计。顺时针方向的力矩被定义为正力矩。最后得到的力矩 τ^b 在机体坐标框架中列出:

$$\tau^b = \tau_{MR}^b + \tau_{TR}^b + \tau_D^b = \begin{bmatrix} f_{y,MR}^b \cdot h_m - f_{z,MR}^b \cdot y_m + f_{y,TR}^b \cdot h_t + Q_{MR} \cdot \sin\beta_{1c} \\ -f_{x,MR}^b \cdot h_m - f_{z,MR}^b \cdot l_m - Q_{MR} \cdot \sin\beta_{1s} \\ f_{x,MR}^b \cdot y_m - f_{y,MR}^b \cdot l_m - f_{y,TR}^b \cdot l_t + Q_{MR} \cdot \cos\beta_{1c} \cdot \cos\beta_{1s} \end{bmatrix}$$

式中:l_m、y_m 和 h_m 分别为旋翼桨毂沿 x^b、y^b 和 z^b 轴与重心之间的距离;l_t 和 h_t 为旋翼中心沿 x^b 和 z^b 轴与重心之间的距离;Q_{MR} 为主旋翼推力和阻力之间关系的系数。

这部分内容的主要问题是要确定重心。由于直升机上增加的载荷(如传感器)以及燃料的消耗,所以重心的位置是变化的。在第 3 部分中,提出了解决这类问题的一种方法。

2.3.3 翼动和推力方程式

为了确定推力的大小,采用了两种辅助方法:动量理论和叶片元件理论。

动量理论形成了一个基于感应速度(通过旋翼转盘)的推力表达式。由于这是一个具有两个未知量的单一方程,所以还需要第二个表达式形成一个可解的方程组。这第二个方程就是利用叶片元件理论生成的,它基于对每个叶片元件推力所进行的研究。结果得到一组可用递归算法解算的推力方程。

由主旋翼产生的推力可用下面的方程式来描述:

$$T_{MR,TR} = (w_b - v_i) \cdot \frac{p \cdot \Omega \cdot R^2 \cdot a \cdot B \cdot c}{4}$$

式中:ρ 是空气密度;Ω 是旋翼角速率;R 是旋翼半径;a 是固定升力曲线斜率;B 是叶片数量;c 是叶片弦长;w_b 是主旋翼叶片相对于空气的速度;v_i 是由旋翼限定的通过飞机的感应风速。主旋翼推力方程式按递归法定义,其中 T_{MR} 取决于 v_i,反之亦然,所以主旋翼推力 T_{MR} 用数值法计算。更多详情见文献[17,23]。

2.3.4 翼动

来自斜盘的横向和纵向输入量的一部分 A 和 B 直接送到主旋翼,而剩余部分通过控制旋翼送到主旋翼。结果为主旋翼上的横向和纵向叶片翼动,表示为 β_{1c} 和 β_{1s}。

用于计算翼动角的翼动方程式把影响每个叶片元件的有效挥舞铰链的各力矩作为输入量,即陀螺力矩;空气动力力矩;离心力矩;弹簧力矩;惯性力矩;重力力矩。

β_{1c} 和 β_{1s} 可以通过计算影响叶片的所有力矩之间的平衡点而得到;更多详情见文献[24]。

2.4 基本控制规律

这里给出的所使用的控制器以标准 PID 嵌套循环结构为基础。在图 11 中,显示了控制器的 UML 图;该图证明了每个控制器都属于自动驾驶仪模块。自动驾驶仪模块利用来自姿态和姿势估计器模块的反馈信息,并试图使直升机保持由制导模块命令的位置、航向和高度。

考虑到系统只是轻度耦合,所以各状态变量之间的关联性可以忽略,而控制系统划分为 4 个去耦回路:横向、纵向、集群和航向,每个控制输入量都有一个。

横向控制器和纵向控制器有相同的构型。图 12 显示了嵌套循环结构的示意框图。由于系统未能启动,为了将来自传感器的所有信息都包括进来,嵌套循环结构由 3 个控制回路组成:

——内回路进行角度的调整；

——中间回路进行速度的调整；

——外回路进行位置的调整。

这种结构的特征是控制回路的误差被用于生成后续回路的参考。

航向控制器有一个较简单的二层嵌套结构，其中外回路进行航向的调整，内回路进行偏航角速度的调整，以提高系统的稳定性。

集群控制器结构由单个回路组成，其中只考虑高度信息。

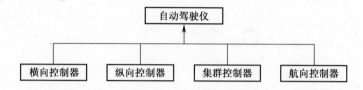

图 11　自动驾驶仪模块由 4 个去耦分系统组成，为每个飞行控制输入量计算控制信号，每个控制器都遵循由制导模块产生的基准信号

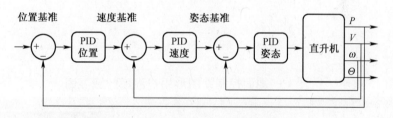

图 12　横向和纵向运动。这些输入量共同构成了循环控制。斜盘角由伺服器和杠杆机构调整

2.4.1　性能和部分结果

前面所示的结构提高了系统对扰动的鲁棒性。任何外控制回路都对紧随其后的回路给出一个重要的前向控制动作，保证一次更快的系统调整。

在图 13、图 14 中，显示了对外部未知扰动的回应。模拟集中在有力矩扰动的起飞阶段和悬停阶段。

这种模拟证明了框架的效用。它允许在各种操作条件下模拟直升机；在这种情况下，测试控制规律对外部扰动如风的鲁棒性是很有益的。另一种可能的应用是模拟因燃料消耗而造成的质量变化。

2.5　地面控制站

地面控制站有许多功能，其中遥测数据获取和数据记录器可用于飞行事后

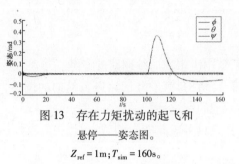

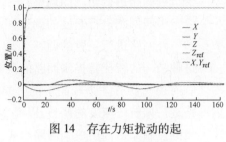

图13 存在力矩扰动的起飞和
悬停——姿态图。
$Z_{ref} = 1m; T_{sim} = 160s$。
扰动: $T = 60s$ 时, $C_x = 1N \cdot m; T = 20s$ 时,
$C_y = 1N \cdot m; T = 100s$ 时, $C_z = 0.5N \cdot m$

图14 存在力矩扰动的起
飞和悬停——轨迹图

分析;在合作环境下,地面控制站负责任务的分配/监督。利用通信层进行数据
收集和传送。

开发出一种图形用户界面以获得可视反馈信息,提供给:

① 单个对象;

② 所有对象;

③ 任务状态;

④ 遥测。

图15 显示了所开发的地面控制站图形用户界面的截屏图。

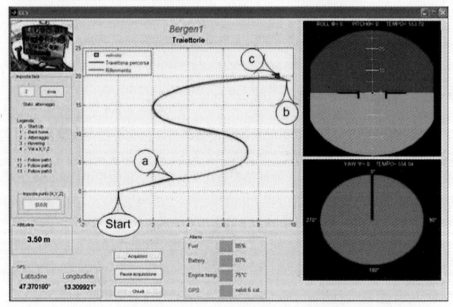

图15 所开发的地面控制站图形用户界面的截屏图;从参与任务的在线
对象列表中选出了直升机;显示了遥测数据、姿态和位置

308

用户可以控制选择飞行器的任务;由于有姿态方向指示器(ADI),主面板允许实时监控对象的状态;诸如全球定位(GPS坐标)、嵌入式电子电池的状态、燃料消耗等信息目前可以在图形用户界面中显示。

图形用户界面有一个令人感兴趣的特性是能够利用驾驶杆接口直接控制飞行器一组轴;在这种情况下,人机(遥控飞行器)互动能够控制飞行器,并考虑了由ADI指示器提供的信息。在模拟环境下,利用Matlab虚拟现实工具箱可以连接驾驶杆。

2.6 虚拟现实和世界表示

有一个基本模块允许综合演示世界和对象;如在引言部分所述,市场提供一系列不同的复杂系统对世界和代表进行虚拟化。本文提出的框架选择结合Matlab虚拟现实工具箱。世界(环境)和对象(空中飞行器)的VRML模型在Simulink图中可以很容易地加以控制。学生通常很熟悉Matworks软件。

任务区域用数字网格地图或DEM表示。仅模拟传感器和其他模块必须了解地图;导航模块可以利用地图计算可行的路径。

在所研发的框架中可以使用一组不同的世界场景。参照任务区域的DEM可形成各种场景。DEM地图将任务区域(真实的或模拟的)表示为网格地图;关键的参数是单元清晰度。可用地图的清晰度在真实场景下通常是10m。在需要精确定位的重要任务中这个值过高。图形用户界面允许编辑/创建一个新的DEM,以突破这种限制;通过研究任务区域,可以获得数据。

虚拟现实工具箱用于软性实时地显示参与任务的每架飞行器的状态。VRML世界可以按摄像机(连接或固定在飞行器上)的构造、位置、光度等进行定制。上述工具箱还可用于连接驾驶杆;这种设备允许手动控制直升机(使用者可以选择想要控制的成套轴)。这个特点对于还处于培训阶段的新驾驶员来说非常有用。

Bergen双观察者直升机的三维模型已研发完成;在第3部分中更详细地介绍了三维CAD建模。图16中展示了一种基础的虚拟场景。

目前,工作集中在采用其他已形成的虚拟现实环境进行飞行模拟器试验,如FlightGear和Microsoft飞行模拟器。

图 16　两架正在执行任务的 UAV 所处场景实例。在背景中，
一架 Bergen 双观察者直升机正在向一座小山爬升

3　CAD 建模

所有构成直升机数学模型的分系统都要有一些物理参数，如惯性矩阵、质量、质心和力攻击点之间的距离、旋翼几何形状和杠杆机构增益。

为了对一架特定的直升机进行真正有用的模拟，必需将其真实的参数插入模型中。这样，就有可能有效地将结果从模拟状态转到真实应用中。

诸如质量、惯性矩阵和重心位置等数据都是随时间而变化的（由于燃料的消耗），很难对它们进行测量，每次直升机以不同配置（例如，在安装了新型传感器之后）工作时都必须对它们重新计算。

出于这些考虑，对一种可行的对象进行了一次三维 CAD 建模。由于缺乏技术数据，所以对现有缩比直升机进行了一次反向工程设计。实际上，在框架中可以使用在固态边缘环境中设计的 Bergen 双观察者直升机完整详尽的模型；设计结果如图 17 所示。

固态边缘代表了三维力学建模的一种标准。这是一种强大的基于特点的 CAD 软件，使用起来相当简单，在廉价的学院许可证中可以使用。它可以对系统及其几何表征和惯性特性进行精确和快速的设计。

这种模型可以输出到特定的软件中，以 VRML 格式存储或者仅用于演示过程。得到的数字模型可以用于（图 18）：

——评估改变定制（如增加有效载荷、传感器）的效果；

——经过任意结构或配置变化之后简单地提取几何参数和惯性参数；

——进行有限元分析以高亮显示撞毁/破损的可能成因；

310

(a)   (b)

(c)   (d)

图 17 Bergen 双观察者直升机 CAD 模型的一系列视图;

设计了一种改进的起落架,以便保证在起飞和着陆机动时具有更好的稳定性。

通过透视图可以看到隐藏的部分,如航空电子设备箱和燃料

(a)Bergen 双观察者直升机的正视图;(b)侧视图;

(c)前景中显示的云台系统;摄像机已安装;(d)顶视图。

——在虚拟现实环境中显示对象;

——对外部多主体软件进行模拟。

获得的 CAD 模型也有益于利用诸如 Fluent 软件进行计算流体力学分析。

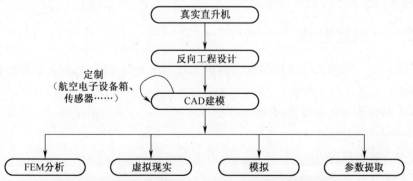

图 18 反向工程设计有益于分析和合成;从真实模型出发,

有可能提取数字模型,然后将其用于评估定制的效果

4 试验案例

在本节中,报告了一些利用已介绍的框架进行的模拟。模拟是在用一架或多架(合作)直升机完成一项研究任务的场景中进行的。在介绍模拟运行的结果之前,用图 19 显示了一张 UML 图,突出了各级别(物体)实例之间的关系。UML 图对理解模拟的安排很有用。采用了一个 Bergen 双观察者直升机模型,它装备了几组不同的模拟传感器和舵机。

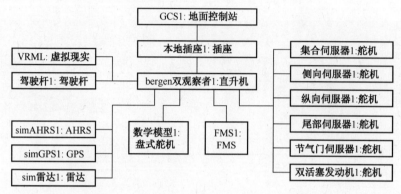

图 19 在所提的模拟中一架直升机的 UML 物体图;其他直升机的结构也相同

所采用的传感器是 AHRS(用于稳定和运动控制)、GPS(用于导航)和雷达(用于规避障碍物)。所有模拟直升机都用插座与地面控制站连接,以便进行数据交换。每架直升机有 5 个伺服器(数字的和模拟的)和 1 个主发动机(活塞发动机)。Bergen 双观察者直升机级别的的模拟实例是在与以太网链路连接的两台不同的便携式计算机上完成的。

所报告的各次模拟的模拟时间非常接近实时(在特殊条件下模拟稍微有些慢,而延迟取决于控制器的复杂性)。

4.1 一架直升机

场景由一架动力效应模型(0.5m 单元分辨率)来描述。地面控制站分配以下任务:

——在 a 点之前沿路径 1;

——到达航路点 b;

——到达航路点 c;

——在 d 点之前沿路径 2;

——返回主界面 e。

虽然路径很长而且并不顺畅,但是自动驾驶仪和制导模块都可以动作,成功地完成了一次路径跟踪任务;标称跟踪的最大误差是 0.5m。如图 20 所示,位置误差在没有外部扰动时是非常低的。

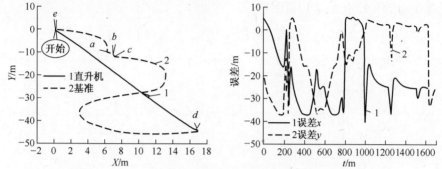

图 20 标记 a、b、c、d 和 e 表示任务过程中由对象完成的任务;
位置误差在没有外部扰动时是非常低的

4.2 两架直升机:一项引导者—跟随者任务

本次模拟有两架直升机参与一项"引导者—跟随者任务"。引导者—跟随者任务属于由群组运动引起的联合飞机编队问题。联合飞机编队的主要目的是让一系列对象聚集成组到达一个目标,或者合作以扩展每个对象的能力("团结就是力量")。

采用了 Bergen 双观察者级别的两架相同的模拟直升机实例。它们在以太网联网的不同笔记本电脑上运行;插座是交换数据的通信方式。

引导者飞机开始执行任务时沿简单的圆形路径进行跟踪,而跟随者飞机力图保持固定距离以使下面表达式的误差最小:

$$P(s) = [x(s)y(s)z(s)]^T \parallel P_f(s_f) - P_l(s_l - k) \parallel^2 < \varepsilon k, \varepsilon \in \mathbf{R}$$

式中:下标 l 为引导者;而下标 f 为跟随者;P 为直升机位置;k 为沿弹道估算的直升机之间的距离。在图 21 中,用图显示了引导者—跟随者任务。

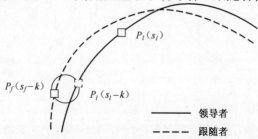

图 21 引导者—跟随者任务。比例调节器力图使轨迹跟踪误差最小;
圆半径小于 ε

313

跟随者利用雷达和地面控制站遥测装置获得的引导者位置信息,对引导者轨迹进行估算。然后,根据估算的轨迹,跟随者力图跟踪引导者轨迹以使误差最小。文献[3]给出了一种令人感兴趣的、可供缩比直升机使用的稳定的轨迹跟踪方法。图 22 给出了模拟图示。

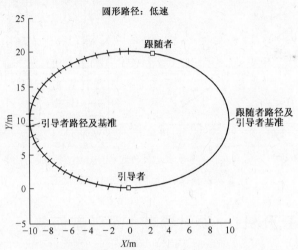

图 22　在飞行过程中,跟随者直升机与引导者保持固定的距离。
引导者的问题是轨迹跟踪问题

4.3　两架直升机:一项具有复杂轨迹的引导者—跟随者任务

　　在这里,报告了跟踪两条不同螺旋形轨迹的结果(图 23)。选择这种轨迹

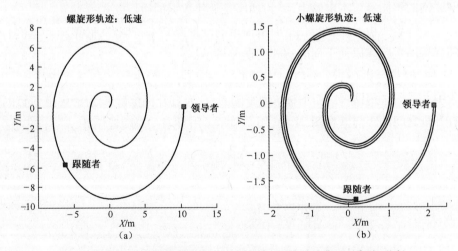

图 23　两架直升机沿着螺线中心不断盘旋:这是一种典型的任务形态

　(a)引导者与跟随者误差轨迹经常是在一定范围内的;主要缺点是平移速度下降;

　(b)由于受限机动造成的轨迹误差要大一些,不过也是在一定范围之内(小于 20cm)。

并不是偶然的：这是探测或搜救任务采用的典型轨迹。这两种模拟之间的不同之处是螺旋幅度不同。

小螺旋有一个特性：直升机以非常低的速度（高度是固定的）跟踪基准轨迹；然而误差是有限的（<20cm）。模拟证明该框架可以使两架或更多架直升机展开合作。在这种情况下，合作意味着数据交换以维持两架飞行器之间的固定距离。包含多于两架直升机的更复杂的场景很容易开展试验。

5 结论和未来的工作

今天，UAV 已深深地改变了监视、搜救、空中摄影测量、地图绘制等的概念。任务的种类在不断地增多；在大多数情况下各种任务都是由自主和不同类型的无人机编队合作完成的。

本文中提出了一个在合作环境中模拟和试验 UAV 的框架。其构造的模块化使得单个模块能够在短时间内更新或重写；可以很容易地测试新型控制器。这项工作不需要重新编译或深度重排代码。

通过增加或改变数学模型，可以模拟不同的空中飞行器；目前，研究单位正在致力于模拟一种四旋翼直升机。这种飞行器是多用途的，并且对于执行近距离任务非常有用；由于这些特点，在 UAV 领域研究人员广泛使用四旋翼直升机。

另外，这里提议的方法可以简单易行地从模拟环境转换到真实环境；这可能是因为专业层面中各种功能有所分层。

地面控制站、驾驶杆或 RC‐发射机界面支持用户对话，如新驾驶员培训。

未来的工作将转向提高虚拟现实模块的质量，以简便地与飞行器互动，而无需视频流的反馈。新型空中飞行器的集成将是主要的工作。然后将研究 FlightGear 发动机或微软飞行模拟器图形发动机的采用/集成。将对增强对象性能（依据能量消耗和任务完成时间）的新型稳定非线性控制技术进行测试。然后将实现文献[34-36]所述的故障诊断识别和隔离技术，从而扩展每个对象的能力，使其在出现非破坏性故障时也能导航或着陆。

致谢

这项研究工作得到硕士生 A·皮什托里和 A·萨尔塔里的部分支持。

参考文献

1. Collett, T.H.J., MacDonald, B.A., Gerkey, B.P.: Player 2.0: Toward a practical robot programming framework. In: Australasian Conf. on Robotics and Automation, ACRA'05, Sydney, 5-7 December 2005

2. Mobilerobots inc. home page. http://www.mobilerobots.com (2008)

3. irobot corporation home page. http://www.irobot.com (2008)

4. Frontoni, E., Mancini, A., Caponetti, F., Zingaretti, P.: A framework for simulations and tests of mobile robotics tasks. In: Proceedings of 14th Mediterranean Conference on Control and Automation, MED'06, Ancona, 28-30 June 2006

5. Carmen robot navigation tool kit. http://carmen.sourceforge.net/ (2008)

6. Microsoft: Microsoft robotics studio developer center. http://msdn.microsoft.com/robotics/(2008)

7. Unified system for automation and robot simulation. http://sourceforge.net/projects/usarsim/(2008)

8. Microsoft flight simulator. http://www.microsoft.com/games/flightsimulatorX/ (2008)

9. Fms project. http://www.flying-model-simulator.com/ (2008).

10. Jsbsim: Open source flight dynamics model in c++. http://jsbsim.sourceforge.net/ (2008)

11. Rotorlib home page. http://www.rtdynamics.com/v1.0/ (2008)

12. Taamallah, S., de Reus, A.J.C., Boer, J.F.: Development of a rotorcraft mini-uav system demonstrator. The 24th Digital Avionics Systems Conference, DASC'05, Washington, D.C., 30 October - 3 November 2005

13. Frontoni, E., Mancini, A., Caponetti, F., Zingaretti, P., Longhi, S.: Prototype uav helicopter working in cooperative environments. In: Proceedings of IEEE/ASME International Conference on Advanced Intelligent Mechatronics, AIM'07, Zurich, 4-7 September 2007

14. Unmanned dynamics - aerosim toolbox. http://www.u-dynamics.com/aerosim/ (2008)

15. Uml resource page. http://www.uml.org (2008)

16. Bouabdallah, S., Murrieri, P., Siegwart, R.: Design and control of an indoor micro quadrotor. In:Proceedings of IEEE International Conference on Robotics and Automation, ICRA '04, New Orleans, 26 April-1 May 2004

17. Heffley, R.K., Mnich, M.A.: Minimum-complexity helicopter simulation math model. Technical report, Contractor report NASA 177476, Aeroflightdynamics Directorate, U.S. Army Research and Technology Activity (AVSCOM) (1988)

18. Jetto, L., Longhi, S., Venturini, G.: Development and experimental validation of an adaptive extended kalman filter for the localization of mobile robots. IEEE Trans. Robot. Autom. 15, 219-229 (1999)

19. Zingaretti, P., Frontoni, E.: Appearance-based robotics - robot localization in partially explored environments. IEEE Robot. Autom. Mag. 13, 59-68 (2006)

20. Kwag, Y.K., Chung, C.H.: Uav based collision avoidance radar sensor. In: IEEE International Symposium on Geoscience and Remote Sensing, IGARSS'07, Barcelona, 23-27 July 2007

21. Dong, T., Liao, X.H., Zhang, R., Sun, Z., Song, Y.D.: Path tracking and obstacles avoidance of uavs - fuzzy logic approach. In: The 14th IEEE International Conference on Fuzzy Systems, FUZZ'05, Reno, 22-

22. Koo, T.J., Sastry, S.: Output tracking control design of a helicopter model based on approximate linearization. In: Proceedings of the 37th IEEE Conference on Decision and Control, Tampa, December 1998

23. Bramwell, A.R.S., Done, G., Balmford D.: Bramwell's Helicopter Dynamics, 2nd edn. Butterworth Heinemann, Boston (2001)

24. Mettler, B., Tischler, M.B., Kanade T.: System identification of small-size unmanned helicopter dynamics. In: Presented at the American Helicopter Society 55th Forum, Montreal, May 1999

25. Sanders, C.P., DeBitetto, P.A., Feron, E., Vuong, H.F., Leveson, N.: Hierarchical control of small autonomous helicopters. In: Proceedings of the 37th IEEE Conference on Decision and Control, Tampa, December 1998

26. Buskey, G., Roberts, J., Corke, P., Wyeth, G.: Helicopter automation a using a low-cost sensing system. Comput. Control Eng. J. 15, 8-9 (2004)

27. Flightgear project http://www.flightgear.org (2008)

28. Fluent cfd flow modeling software http://www.fluent.com (2008)

29. Wang X., Yadav, V., Balakrishnan, S.N.: Cooperative uav formation flying with obstacle/collision avoidance. IEEE Trans. Control Syst. Technol. 15, 672-679 (2007)

30. Lechevin, N., Rabbath, C.A., Sicard, P.: Trajectory tracking of leader-follower formations characterized by constant line-of-sight angles. Automatica 42(12) (2006)

31. Merino, L., Caballero, F., Martinez de Dios, J.R., Ollero, A.: Cooperative fire detection using unmanned aerial vehicles. In: Proceedings of IEEE International Conference on Robotics and Automation, ICRA 05, (2005)

32. Beard, R.W., et al.: Decentralized cooperative aerial surveillance using fixed-wing miniature uav. Proc. IEEE 94(7), 1306-1324 (2006)

33. Mahony, R., Hamel, T.: Robust trajectory tracking for a scale model autonomous helicopter. Int. J. Robust Nonlinear Control 14(12) (2004)

34. Monteriù, A., Asthana, P., Valavanis, K., Longhi, S.: Experimental validation of a real-time model-based sensor fault detection and isolation system for unmanned ground vehicles. In: Proceedings of 14th Mediterranean Conference on Control and Automation MED'06, Ancona, 28-30 June 2006

35. Monteriù, A., Asthana, P., Valavanis, K., Longhi, S.: Model-based sensor fault detection and isolation system for unmanned ground vehicles: theoretical aspects (part i). In: Proceedings of the IEEE International Conference on Robotics and Automation, ICRA'07, Roma, 10-14 April 2007

36. Monteriù, A., Asthana, P., Valavanis, K., Longhi, S.: Model-based sensor fault detection and isolation system for unmanned ground vehicles: Theoretical aspects (part ii). In: Proceedings of the IEEE International Conference on Robotics and Automation, ICRA'07, Roma, 10-14 April 2007

37. Dzul, A.E., Castillo, P., Lozano, R.: Modelling and Control of Mini-Flying Machines. AIC Advances in Industrial Control. Springer (2005)

第 *18* 篇

联网无人机系统的分布式仿真和中间设备

Ali Haydar Göktoğan,Salah Sukkarieh

（阿里海达·格约科托根,萨拉赫·苏克雷赫）

摘　要:由于在固态、电子学、传感器、无线通信等技术中取得的进步,以及在材料科学和制造工艺上的革新,目前民用实体、民用工业和学术界已经能够接触到无人机和无人机系统。在市场驱动下,无人机上使用的电子和机械元件已经具备高标准化水平,但是无人机系统的执行软件并不具备同等的标准化水平和分类水平。这是多个无人机系统项目中软件维护和软件再利用上的主要瓶颈。本文主要着眼于澳大利亚现场机器人中心(ACFR)在重点无人机系统工程中改良的软件开发过程。给出的这一程序模型可促进软件再利用,无需牺牲联网无人机系统的可靠性和安全性,特别着重于在开发和维护程序上的分布式仿真和中间设备。

关键词:无人机系统;无人机;软件框架;中间件;仿真;RMUS;HWIL

1　引言

　　本文目标是描述用于澳大利亚现场机器人中心(ACFR)开发的联网无人机

A. H. Göktoğan (✉) · S. Sukkarieh

ARC Centre of Excellence for Autonomous Systems Australian Centre for Field

Robotics School of Aerospace, Mechanical, and Mechatronic Engineering,

The University of Sydney, 2006, NSW Australia

E-mail: aligoktogan@ acfr.usyd.edu.au

S. Sukkarieh

E-mail: salah@ acfr.usyd.edu.au

K. P. Valavanis et al. (eds.), *Unmanned Aircraft Systems.* DOI: 10.1007/978-1-4020-9137-7_19.

系统中间件软件开发方法。

软件开发方法可提供转换能力、试验和验证以及从仿真到实时论证的复杂研究算法。尤其强调需要在不同试验阶段之间研究算法再编码的最小化,需要开发框架来提供分布式、分散式和可量测能力。

在研发环境下,联合专用无人机机队,建立无人机系统的可操作基础设施,涉及到复杂严格的系统开发程序。这一尝试成功与否很大程度上取决于研发环境下对系统生命周期管理(SLCM)和无人机系统飞行操作的独特特性的理解上。本文着眼于 SLCM 的软件开发方面。

第 2 部分讨论了用于无人机系统的商用现货(COTS)硬件和软件部件的市场条件。第 3 部分简要介绍了开发联网无人机系统所用的软件开发程序。第 4 部分介绍了多无人机系统的高级架构。第 5 部分介绍了分布式自主系统(AF-DAS)架构。第 6 部分介绍了 CommLibX/ServiceX 中间件和它虚拟通道的新式概念。第 7 部分对实时多无人机模拟器进行了调查研究。最后第 8 部分给出了结论和未来工作设想。

2 无人机系统的商用现货组件

固态和电子技术上的进步与发展符合单位体积更高的处理能力,降低了成本和电功率消耗。因此,传感器技术上的新发展可以在较小较低价的程序包中使用更可靠、更快速、多模块的传感器(MMS)。同样地,无线通信工业在距离更远、设备更小、无线电频率辐射更低的条件下提供更宽的带宽。此外,目前大功率密度的电化学燃料电池提供了新的可能,可用于有效载荷的电功率的需要和专门用于小型无人机的电驱动动力系统。

由于材料科学中的发展和进步,更坚固、更轻、耐疲劳、易加工的复杂复合结构材料广泛使用。同样地,加工工艺上也取得一些进步,例如,计算机数控装置(CNC)和快速成型系统的广泛使用,使得在更短时间内更精密地生产出更加复杂的结构。

与其他无人系统一起,无人机从这些积极的发展态势中受益很大。无线电控制(R/C)机件市场和轻型飞机工业提供大量用于建造新型无人机的机械部件。商用现货(COTS)小型高效计算机、传感器和无线通信设备的购买未能超出许多学术机构的范围。因此,越来越多的学术机构能够在研究、教学和学习项目中利用无人机。

电子和机械部件有很高的标准。标准化和分类化程度很高的模块硬件子系统和部件使得无人机系统开发更具灵活性。无人机系统设计师和工程师能够轻松地配置他们的硬件并根据需要升级。由于同样或相似的硬件部件生产厂家很多,因此许多无人机系统开发者感到在选择供货商方面很自由。

但是,无人机系统的软件就不存在相同的标准化和分类化了。这是多个无人机系统项目中限制软件维护和软件再利用上的瓶颈。我们不是很轻易地能找出成功的案例,无论是在学术界还是工业上,当无人机系统开发者寻求 COTS 软件部件并不具有和寻求硬件部件一样的灵活自由的方式。

无人机系统开发阶段的 COTS 软件部件有限获得率也许是软件市场上供求关系的自然结果。也就是说,由于无人机系统开发产生的对 COTS 软件解决方案的需求还并不足以创造产生它自己的市场。即便如此,这个结论在军用领域中存在例外,在那里有着显著的标准化进程。NATO 无人机互用性的无人机控制系统(UCS)标准接口(STANAG 4586)[1]就是其中一个。这一专用标准已经生成自己的市场,许多公司提供 STANAG 4586 的兼容软件解决方案。这个例子显著表明,只要产生足够的需求?无人机系统软件市场就能够繁荣。但是STANAG 的要求对于很多研究小组来说,针对他们相对小规模的研究项目来讲显得太复杂。

根据定义,研究项目着眼于新概念,因此有人认为大多数新式无人机系统开发可能需要它们自带软件模块。虽然该论点部分正确,但只要有足够的需求,就仍然有 COTS 软件解决方案的空间。

为什么民用无人机系统领域不能产生足够的需求?究其原因,其一是因为民用领域有多种不同类型的无人机,从有效载荷仅为几克的微型航空器(MAV)到最大起飞重量(MTOW)可达上百千克的大型无人机。这些各式各样的无人机装备有不同类型的计算设备,例如,MAV 使用微型控制器,或者最大型无人机使用高性能计算机网络。

在无人机系统领域,对可重复使用和可维护软件模块、部件、框架、结构和服务的需要并不是什么新鲜特殊的事情。这些基础的计算机科学和软件工程问题被广泛关注,工业和学术界已开发许多技术并成功应用到其他应用领域。但是,相同的技术在无人机系统领域尤其是在学术界被认可的速度很缓慢。这可能是由于许多无人机系统项目是由航空学和/或控制工程领域的高水平专家发起。由于他们将重点集中在自己的观点上,疏忽在所难免,他们通常会低估可维护软件开发方法的重要性和复杂性。随着无人机系统开发生命周期中计算机科学家和软件工程师的不断加入,预计能够改变这一瓶颈。

有各种各样的文献资料,关注飞行器的软件开发方法。在文献[2]中,Ernst等人提出利用 Matlab 生成的 C 编码设计和建成无人机飞行控制器的办法。他

320

们也提出在 COTS 模拟器 X-Plane 上此合成系统的有效性。虽然,这种方法可以很高效地开发出小型无人机使用的飞行控制器,这种飞行控制器包含有单一的微型控制器,但这种方法没有广泛关注于分布式系统。同样地,如同他们在文章中承认的那样,基于 X-Plane 的仿真可提供适用于单个无人机的仿真,但是在它目前的形式下,它不能结合多个无人机和其他如任务传感器和地面车辆等实体结构,不能关注于这种复杂任务仿真的需要。在文献[3]中,史家军等人也给出了一种基于 Matlab-Simulink 的生成编码,用于无人机和它的半实物仿真(HWIL)试验。他们的系统也是基于一个单一无人机,不关注分布式系统。

文献中还有大量例子论证多无人机系统软件。在文献[4]中,多赫尔蒂等人阐述了 WITAS 无人机项目,该项目中直升机无人机由一个飞行控制软件控制,该软件围绕着 DOS 实时内核程序(RTkernel)建立。这一用于 WITAS 项目的研究方法承认了仿真的重要性。他们的飞行试验附加了大量仿真试验。这个仿真器的基础是实时公用对象实例代理(调度)程序体系结构(CORBA),将其作为软件通信基础设施。他们的智能飞行器控制体系结构(ICVA)也使用了相同的基于实时 CORBA 基础设施,可以实现软件从仿真环境到 HWIL 模拟器最后到实际平台的操作转换。

由 OMG 发起的 CORBA 是一种通用的开放式标准规范的特例,作为分布式中间件体系结构,能够由不同厂商使用。然而,不同厂商可提供大量 CORBA 工具。但是为大家所公认的是,许多工具并不符合所有的 CORBA 已发布的规范[5,6]。对于很多软件专家来讲,这未必就是一个严重的缺陷。

一旦(假如)获得了一个令人满意的 CORBA 工具,那么 CORBA 分布式系统开发(至少在理论上)应该是直接简明的。即便如此,公认的是[5,7-9],对于任何重要的应用来说,使用 CORBA 存在出乎意料的困难。CORBA 的应用程序接口(API)非常大而且复杂。雇佣一个 CORBA 专家团队,对于一个成功的、大规模的可维护 CORBA 系统来说几乎是必不可少的。对于中等规模的研究组织,在资源有限的情况下,例如 ACFR,这不是他们理想的选择。话虽如此,也还是有一大批乐意使用 CORBA 的用户,他们来自各种应用领域,包括机器人学和自主系统等[10-13]。

在软件系统中,灵活性和性能被视为不可兼得的[14]。尽管 CORBA 已被广泛接受,尤其是在中等规模的信息技术公司,但是 CORBA 所谓的灵活性导致它的"太大太复杂"而不受人喜爱。当然,计算机系统的存储和处理能力的技术进步已使得 CORBA 的名声得到和缓。OMG 最近发布的规格书草稿"CORBA-嵌入式"(CORBA/e)[15]是使未来 CORBA 接受度更广的另一积极举措。CORBA/e

规格书草稿着眼于过去/现存 CORBA 企业版的瓶颈问题,承认了 CORBA 的执行问题。它还特别提及了 CORBA 的资源匮乏特征和用于资源有限的嵌入式计算平台上实时应用时的局限性。本草稿作为有价值的长篇文献可令大家学到 CORBA 过去的经验。"CORBA/e 舍弃了 CORBA 的一些通用特性来支持实时系统的开发[15]。"这个论述明确指出 OMG 对 CORBA 的未来有着十分不同的见解。

下一节简要地提出了我们在开发联网无人机系统中的软件开发程序。它还突出强调了建模和仿真的重要性。

3 无人机系统软件开发程序

图 1 给出了无人机系统开发软件应用中遵循的应用软件开发程序的简化版本。它强调了建模和仿真(M&S)是每个程序的必要部分。

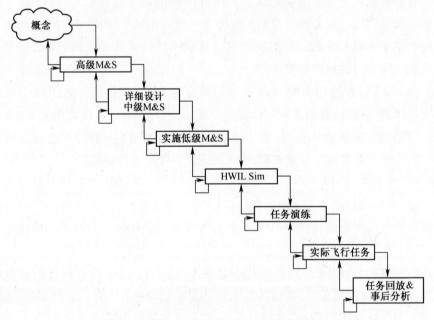

图 1　无人机系统软件开发程序流程简化版本

由于图 1 所示的开发程序模型采用级联格式,因此它被看做是瀑布模型[16]。瀑布模型在相邻阶段之间保持迭代。为了从一个阶段产生下一个阶段,经常采用再检查的方式来确定是否本阶段完全成功。大的向下实线箭头表明理想的流程方向,从上级阶段到下级阶段。但是实际上它有时会不可避免地返回之前的阶段。虚线箭头描绘的是不期望看到的上行流程。位于程序左下

322

角的小的回送箭头表明在生命周期内进入下一级阶段前推动迭代。

在我们的软件开发程序中的第一阶段是在 Matlab/Simulink 或者高级仿真环境下的所推荐系统内"高级 M&S"。在新概念、技术和算法得到验证①后,类层次结构、硬件和软件部件会在"具体设计,中级 M&S"阶段进行定义。在这一阶段,统一建模语言(UML)格外有助于软件设计和软件文件编制以及定义测试用例。

"实施低级 M&S"阶段包括对实际运行软件(经常用 C/C++)编码和测试单个模块。在这些测试中,低级 M&S,例如软件模块仿真、软件构件之间的交互以及传感器和控制输出都进行了测试。测试结果用于检验②已开发算法。

所有的软件应用,它们之间的相互交互和实际硬件都将用于实际飞行任务,在半实物仿真(HWIL Sim)阶段会对其进行测试。半实物仿真测试结果用于检验和鉴定③已开发软件,即高级仿真阶段得到的结果和半实物仿真测试结果相比较。

随着半实物仿真中验证、检验和鉴定(VV&A)程序的成功完成,假定"任务演练"阶段已准备完毕。在本阶段,操作计划已经准备完毕。这些计划规定了任务目标,定义了人员的工作分配和飞行计划。操作人员通过在半实物仿真环境下重复的任务演练准备完毕。

在操作人员达到专业水平可完成提出的任务后,可在飞行区域进行"真实飞行任务"阶段。在真实飞行任务期间,无人机上和地面站会进行大量的数据记录程序。存入数据用于"任务回放和事后分析"阶段。飞行操作之后不久,存入数据在 RMUS 环境下回放,任务小组会评估是否达到任务目标,并决定是否需要重复飞行任务。存入数据稍后会多次用于 RMUS 环境,用来进行任务的事后分析。

4 多无人机系统体系结构

这部分介绍多无人机系统体系结构,该系统结构由 ACFR 开发并成功应用。本节还会引入一些术语。

传统的无人机应用涉及到相对大型无人机,可在一个平台上携带多个有效载荷传感器。各研究团体日益提高的对小型无人机系统的可利用性和可达性

---

① 在建模和仿真环境下,验证是确定选择的仿真模型是否能够准确表示系统的过程。

② 检验,是解答所选模型是否成功执行这一问题的答案。

③ 鉴定,是"确定一个建模或者仿真可用于专用途的正式证明"[17]。

推动了多无人机应用的发展。任务传感器将会在许多无人机之间分布[18]。

　　这是一项重要任务；它将重点从平台为中心转换到网络为中心，它要求采用网络为中心的操作原理。"网络为中心的操作原理依靠的是共享态势感知能力，通过融合大量联网传感器中散布的信息以及控制平台和传感器的分散型决策信息来最大化信息收益，实现任务目标"[19]。

　　相对于以平台为中心能力的领域相对受限，网络为中心的能力具有相对更广的领域范围，在以网络为中心的系统里，不同种类移动信息源和信息用户之间经常出现信息传播。在这样的系统里，范围和带宽限制的通信链路很容易出现偶发的信息遗失问题。但是，在平台为中心的系统中，所有的节点都装载在相同的平台上，信息在更快更可靠的局部网络上进行传播。

　　当单个无人机用于飞行任务时[20]，Brumby Mk Ⅲ无人机（图2）能够验证以平台为中心的系统能力。更重要的是，在飞行任务中，以网络为中心的系统能力也能利用多个 Brumby Mk Ⅲ无人机进行成功验证[18,21-25]。

4.1　Brumby Mk Ⅲ无人机

　　Brumby Mk Ⅲ无人机（图2）是 ACFR 在多无人机试验中使用的主要飞行平台。它们是一种三角形机翼无人机，翼展2.9m，推进式四叶螺旋桨和传统三轮起落架可满足从草地和沥青路面起飞降落。Brumby Mk Ⅲ无人机作为第三代 Brumby 系列无人机，由悉尼大学设计制造。这款无人机的最大起飞重量（MTOW）大约为45kg。Brumby Mk Ⅲ无人机的可更换头锥对于无人机的再构型而言是非常完美的，能够携带不同的任务有效载荷，即插即用。由于它们采

图2　起飞的 Brumby Mk Ⅲ无人机。它拥有三角形机翼，翼展2.9m，
推进式推进装置，传统三轮起落架和可更换传感器头锥

用三角形机翼和 16hp(1hp=745.700W)的发动机,Brumby Mk Ⅲ无人机的平台非常灵活。它们能够以 183.5 km/h 的速度运行,横滚速率大约 180°/s。无人机的灵敏度与平台的高效动力特性有关。与低速悬停飞行器例如直升机和软式小飞艇相比,高效动力固定翼无人机面临更多挑战,尤其是在控制和通信上。虽然本文给出的软件架构能够应用于多种系统,但是本文着重于灵活固定翼无人机的多无人机系统。

4.2　航空电子设备

Brumby Mk Ⅲ无人机配备有相对复杂的航空电子设备(图3)。在典型结构中,单个的 Brumby Mk Ⅲ无人机携带了 6 个 PC104+计算机,通过一个机载局域网(LAN)、一个飞行任务传感器、一个微型控制器为基础的飞行模式开关(FMS)、一个可选的数字信号处理(DSP)板、一个扩展频谱无线调制解调器、一个 802.11b 的无线以太网、一个数据采集模块和电源分系统(配备两个分离总线来向飞行临界和非飞行临界有效载荷供电),以此实现联网。飞行模式开关是 Brumby Mk Ⅲ无人机航空电子设备构架中最重要的元件之一。它包括一个扩展频谱无线调制解调器和一个嵌入式微型控制器板。取决于系统工程和半实物仿真定义的飞行模式激活策略,根据从地面站接收的遥控指令或飞行控制计算机(FCC)发送的指令,运行在微型控制器上的嵌入式应用软件可驱动伺服舵机。因此 FMS 能够在遥控飞行器和自主飞行模式之间对无人机工作模式进行切换。

飞行控制计算机(FCC)是 PC104+计算机,采用 QNX 实时操作系统(RTOS)。FCC 主要的高级应用软件是 Brumby 飞行控制系统(BFCS)。这种多线程的 BFCS 应用软件能够计算实时导航方案并生成低级控制信号。通过 CommLibX/ServiceX 中间件,BFCS 能够向其他机载计算机提供实时导航数据。

综控机(MC)也采用 QNX 实时操作系统。如图 3 所示,飞行控制计算机和综控机通过机载以太网网络中心连接。综控机配备有 802.11b 以太网无线网卡,它能够提供空空和空地通信链路。与 FMS 无线调制解调器相比,802.11b 能够提供更高带宽。但是,802.11b 链路的通信范围更短,时常丢失信息。因此飞行的关键数据如 RPV 控制指令不能够通过无线以太网传输而是通过无线调制解调器传输。

任务传感器控制计算机采用嵌入式 Linux 实时软件系统,分散型数据融合(DDF)计算机采用 QNX 实时硬件系统。相互之间所有的交互操作都通过 CommLibX/ServiceX 中间件实现。

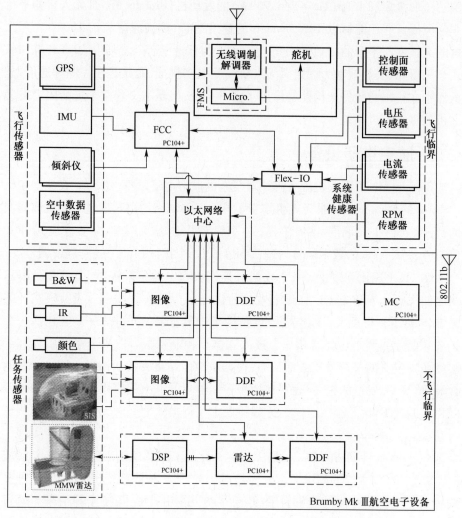

图 3　Brumby Mk Ⅲ 无人机航空电子学设备与选配的任务传感器高级图示

4.3　无人机系统

　　无人机包含大量交互式机载子系统,系统非常复杂。但是单个无人机只是无人机系统的一个部件(图 4)。无人机系统这个大的整体系统由地面站、通信设备、遥控设备、控制和导航设备、传感器载荷和其他执行无人机任务所需的机构组成。

　　如图 3 和图 5 所示,工作的多无人机系统包含大量计算通信节点。每个节点同时运行多个进程,有不同等级的实时要求。在本文中,术语"实时",是指满足单个进程的时间性要求[26]。

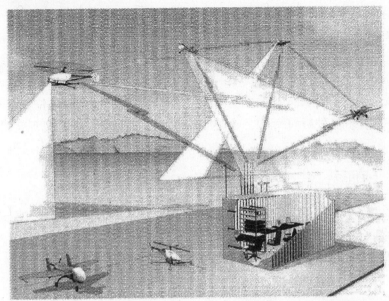

图4 多无人机系统图示,含各类无人机,它们携带任务传感器和通信设备,
可与地面控制站(GCS)通信,也可相互通信

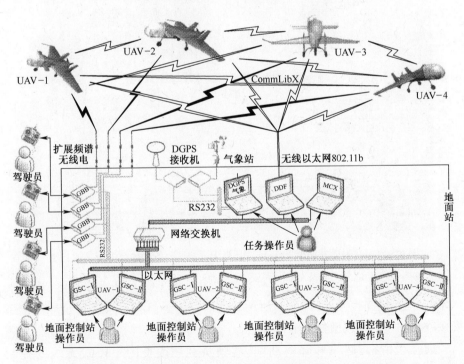

图5 工作中的多无人机系统包括大量机载计算通信节点和地面站

327

多无人机系统包括大量地面和机载部件。这些分布式部件之间的通信链路,尤其是空空和空地链路通常会发生间歇式的中断。因此,实际上,整个系统并不能够有效地通过一个中央计算仅进行控制。多无人机系统的性质决定了采用分散型系统架构,在这个架构中没有任何单独节点能够作为整个系统运行的中心。

在 ACFR 中,多无人机系统经常被用于验证 DDF[27]、即时定位和地图构建(SLAM)[28]和各种协同控制[29]技术。分散型系统结构也是这些研究领域[18]算法上的要求。

4.4　地面站

无人机飞行是由地面站监控,地面站位于飞机跑道附近的防碰撞集装箱内,如图 6 所示。所有的地面计算和通信硬件都位于地面站内。4 架无人机使用的地面站的系统硬件架构如图 5 所示。

图 6　地面站附近的两架 Brumby Mk Ⅲ无人机,准备好执行多无人机任务

如图 5 所示,地面站的主要部件为地面控制站(GCS)、任务控制台(MCX)、气象站、上行链路控制器(即通常所说的地面黑匣子[GBB])、差分全球定位系统接收器和一个分散型数据融合节点。

通常在滑行、起飞和降落期间,驾驶员利用改良的手持式无线电控制(R/C)组合来控制无人机。不同于标准 R/C 发射机,这些改良的 R/C 组合,向

328

上行链路控制器发送伺服控制信号,而不是将这些信号作为调制射频(RF)信号直接发送给无人机。

上行链路控制器(GBB)是安装在嵌入式微控制器和扩展频谱无线调制解调器周围的组件。它的主要功能是将来自R/C组合的伺服脉冲流进行数字化并打包发送给无人机和GCS。GBB组合还可作为全双工包路由,将来自无人机的遥测数据发送至相应的GCS,同时将GCS的指令发送给无人机(图5)。

每架无人机的状态和机载仪器都可通过两个GCS计算机进行实时监控。GCS-Ⅰ(图7)显示并记录了实时遥测数据,GCS-Ⅱ显示并记录了任务和协同控制相关的数据。遥测数据包括一百多种数据包,以不同的数据传输率从无人机传送至地面。这些数据包中包括位置、风速、高度、发动机RPM和电池电压等数据,在无人机遥控过程中通过GCS操作员回放给驾驶员。这些记录的数据用于飞行的事后分析。GCS-Ⅰ还可通过地面站的局部网接收差分全球定位系统(DGPS)报文和气象数据。它能够利用GBB将DGPS报文回放给无人机。局部气象数据也可在GCS-Ⅰ上显示,有助于地面站操作员和驾驶员进行态势感知(SA)[30]。如图8所示,GCS-Ⅱ能够在仿真3D环境下随意实时显示所监控的无人机。这有助于GCS操作员提高他们的态势感知能力。

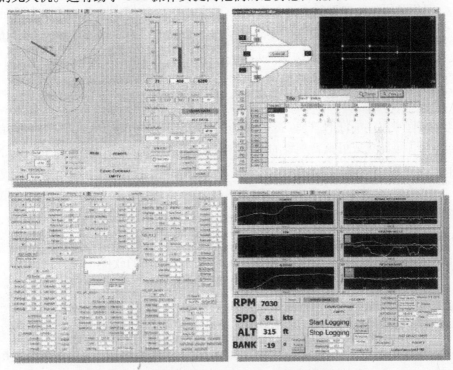

图7　地面控制站-Ⅰ(GCS-Ⅰ)应用的屏幕显示

329

GCS-Ⅰ和 GCS-Ⅱ都是多线程应用,由 MS-Windows 操作系统写入。它们都使用 CommLibX/ServiceX 中间件。

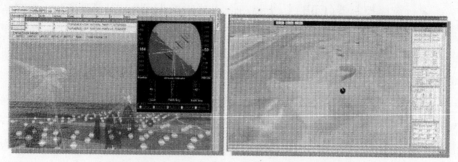

图 8　地面控制站-Ⅱ(GCS-Ⅱ)应用的屏幕显示

5　分布式自主系统框架

上述提及的多无人机系统架构体现了高度分散分布式联网系统的特性。这些联网系统包含各个不同特性的节点,节点含有大量不同硬件,并且在大量不同的操作系统上,按照不同等级的实时要求运行多种应用软件。

ACFR 可执行典型的多无人机任务,例如 DDF、SLAM[18]和协作控制验证任务[31],这些任务包括重复研发阶段,执行相似或者相同的任务,例如平台、传感器建模、通信、数据存入回放、可视化和时间同步。为了最小化重复的方案,我们需要采用一种系统的方法来进行设计、研发、部署、维护无人机系统软件。

以部件为基础的软件架构为应用系统方法在进入软件研发阶段提供了一个合适的平台。部件的"Lego 特性"提供了明确简单却功能强大的集成机构,顺利产生了可配置或可重新配置的可维护系统。配合这种想法,设计和研发了分布式自主系统(AFDAS)的架构。

AFDAS 着眼于联网无人机系统的低级和高级软件要求,包括分布式实时模拟器架构、地面站以及多无人机系统的关键飞行应用。AFDAS 受大量软件库、模块和部件影响,它们经历多年的发展,随着目前存在的编码的不断改进,仍然在继续发展。同时为新的无人机系统项目,又研发出新的软件。

AFDAS 使用一种自上而下的分解方法来进入联网无人机系统领域,并引入分层系统软件的观点。网络无人机系统的操作和安全要求在这些方法中起到了重要作用。领域的区分和框架的分层提高了管理复杂系统的效率。

控制层包括不同层次的任务抽象,高级任务控制层比低级任务层的任务更加抽象。抽象也反映在实时要求上。实时要求在高级任务控制层上的抽象更

330

易实现。

联网无人机系统软件系统以分层形式设计。如图9和表1所列,系统软件分为四层,分别是执行机构层、分系统层、系统层和多系统的系统层(SoS层)。

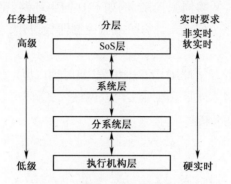

图 9　联网无人机系统软件分层

表 1　联网无人机系统软件分层

控制层	HW&SW 模块	SW 工具	RT 要求
多系统的系统层（SoS 层）	WAN&LAN,IPC,通信	Matlab,Simulink,Java,C/C++	非实时,软实时,基于事件型任务
系统层	计算机,WAN&LAN,IPC,通信	Matlab,Simulink,Java,C/C++	硬实时,软实时,周期性任务,基于事件型任务
分系统层	嵌入式计算机,微型控制器板,伺服系统驱动,传感器,IPC,通信	C/C++	硬实时,周期性任务
执行机构层	微型控制器板,PAL/PLD/FRGA 外围设备,驱动器电子装置,设备驱动器	专用 C,CUPL,HDL,VHDL,汇编程序	硬实时

5.1　执行机构层

利用驱动装置电子设备和低级设备驱动器软件模块,执行机构控制层可提供入口进入执行机构。通常通过基于微控制器的电路板来控制执行机构。小型的微控制器电路板经常能够利用专用 C 程序编译器和汇编程序进行编程。

用于这些电路板的设备驱动器软件模块是利用最优化编码认真写入的,可满足特殊硬件的实时要求。

5.2 分系统层

分系统层可提供低级控制和融合操作。低级传感器数据融合,例如导航方案的 INS-GPS 融合,低级伺服控制,例如 PID 伺服环路,都是这一级的典型任务。分系统层围绕多个嵌入式计算机或微控制器板组建,连接到伺服驱动器和传感器。

分系统层的任务经常使用 C/C++编程,实时地以恒定速率运行。并行任务则是在一个单独的嵌入式计算机或多个联网嵌入式计算机上运行,数据交换采用进程间通信(IPC)机制。

5.3 系统层

系统层可提供高级控制和决策功能。这一层的有些任务是系统级诊断和错误处理、航路规划和航路点导航和制导。这些任务可能是具有软实时或硬实时要求的周期性任务或者基于事件型任务。虽然大多数用于系统层任务的软件编码是用 C/C++人工编写的,但是其他高级语言和图形工具例如 Matlab 和 Simulink 也能够用于自动生成 C/C++编码[29,31,32]。

系统层包括计算机的异类集,通过广域网和/或局域网进行网络连接。本层联网计算机也使用了各种进程间通信和高级通信机制进行多进程间的数据交换。

5.4 SoS 层

SoS 层是控制层次中的最高层。与低级层相比,本层的实时要求较轻松。本层的任务集中在多系统的交互性和互用性上。人也能够参与到 SoS 层的控制回路中来。

许多无人机系统固有分布式系统架构。为了达到 SoS 层的互用性,和每个单独系统密切相关的软件应当满足交互接口上的统一要求。通常多类具有复杂系统的飞行器,以及其他系统例如固定传感器网络,它们在动态环境下一同工作,来完成任务目标。因为它们的互用性[33,34]要求飞行器[35,36]之间进行通信,它们的交互作用主要借助于通信手段。

根据通信要求,各层次通过大量不同的进程间通信手段相连接,例如共享存储器、报文传递、管道、插件、网络界面和远程过程调用(RPC)等,或者使用高级中间件。中间件是一套软件用来连接多个独立的应用。

使用不同的 IPC 机制和中间件的困难不能被低估。不同的 IPC 技术有各自的优势、弱点和局限。这些都需要软件开发者进行处理，以便于任务间的可靠有效的通信。

掌握传统 IPC 技术中的一些纷繁难懂之处是一项具备挑战性的任务，需要时间和努力，尤其是经验。有控制自主系统的专门技能的开发者并不需要在 IPC 技术上也具有足够的专门技能。CommLibX/ServiceX 中间件[37, 38] 的介绍详见下节，在下节提出了问题所在，并为无人机系统软件研发者提供了简单有效的 IPC 方法。

6 CommLibX/ServiceX 中间件

日趋复杂的自主系统和采用网络为中心的操作原理，推动了大规模分布式系统的发展。非分布式/孤立系统方法已经变得陈旧。

分布式系统软件部件和中间件相结合。中间件是一种系统软件，连接分布式软件部件、应用和仿真模块。如图 10 所示，中间件系统通常存在于操作系统和高级分布式应用之间。

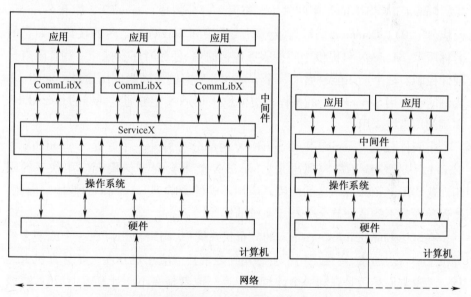

图 10　CommLibX/ServiceX 是中间件，用于设计和开发
以支持在 ACFR 进行的无缝网络无人机系统研究工作

中间件隐藏了作为目标计算机基础的操作系统、网络协议和硬件的复杂性和异质性。它提高了分布式系统研发工作的效率和质量，简化了可维护性。

在今天的软件市场中有很多不同的中间件可供使用。它们可以根据不同的应用领域、语言支持和实时特性进行分类。它们当中有些中间件有些特定的

333

应用领域要求,例如分布式仿真[39]而其他的中间件是通用的[40]。

CommLibX/ServiceX 是一种新颖的分层软件框架,作为一种中间件,它可以提供硬件、操作系统、提取编程语言进行通信以及联网无人机系统所需的其他系统服务。CommLibX/ServiceX 中间件支持在 ACFR 进行的无缝网络无人机系统研究工作。

起初,CommLibX/ServiceX 中间件打算在无人机系统应用中进行设计。但是它应用在了其他自主系统中和分布式仿真环境中。CommLibX/ServiceX 中间件十分灵活,具有模块架构。它的基本编码尺寸小,通过插入式模块,它的功能性能够适应特定的应用领域。CommLibX/ServiceX 中间件支持 QNX、Linux 和 Windows 操作系统。无需操作系统,CommLibX/ServiceX 中间件的简化版本还能在低端小型 Atmel AVR 微控制器上进行验证。

CommLibX/ServiceX 中间件架构最重要的目标之一是能够使应用开发人员开发出高级分布式应用,同样,他们也可以独立研发出非分布式应用。这能够帮助开发者着眼于他们的应用而不是基础操作系统和硬件精巧又复杂的细节。

CommLibX/ServiceX 中间件主要有两个部分组成:CommLibX 库和 ServiceX 模块(图 10)。CommLibX 是高级分布式应用和 ServiceX 之间的接口。如它的名称所示,ServiceX 可提供中间件服务包括通信、任务时序安排和一些有限直接硬件控制。每个应用能够启动一个 CommLibX 实例。高级应用通过 CommLibX 实例能够调用 ServiceX 上的操作。类似地,ServiceX 能够通过同样的 CommLibX 实例调用高级应用。

中间件分成 CommLibX 和 ServiceX 两部分有另外一个好处,CommLibX 将 ServiceX 从高级应用中隔离出来。ServiceX 就不会受到使用者应用状态的限制。这实际上意味着不良的使用者应用不能够影响到 ServiceX 的性能。因此,错误程序就不能危及其余分布式系统的操作。

在基于 CommLibX/ServiceX 的分布式系统中,高级应用可在一个或多个计算机上运行。通常,高级应用不会感知到是否其他应用也在同一个计算机上运行。无论它们是否是在同一个计算机上运行或者是在不同计算机上运行,高级应用相互之间不能交互,但是通过虚拟通道它们之间能够实现交互。虚拟通道是由 CommLibX/ServiceX 中间件引入的新概念。虚拟通道是通信编码之间的逻辑链路。通常它们用于不同种类数据包的逻辑分离。它们能够分配单一的通信介质或者分配分布式系统能获得的所有通信介质。

图 11 简要描述了联网无人机系统的高级信息传播图。图 4 和图 5 则介绍了信息传播过程。通信实体之间的信息流用定向箭头表示。箭头的线条图形

显示了通过虚拟通道在节点之间通信传播信息数据的关系。

图 11 刻意没有表示出通信介质的物理特性或通信节点应用组成的绝对物理位置。信息传播图旨在让应用研发人员了解分系统之间的高级交互。它取决于系统最终物理结构,能在任何能够进入系统的物理介质上分配和再分配虚拟通道(介质包括电缆或无线以太网、控制器区域网络(CAN)、共享存储器等)。高级应用的研发人员无需对通信通道的物理特性做任何假设。此外,系统的硬件结构甚至能在运行时进行改变,无需更改源代码。

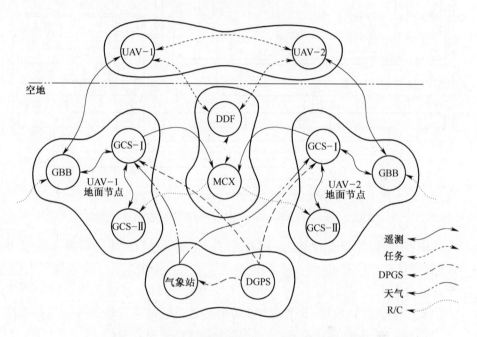

图 11　含两架无人机的联网无人机系统信息传播图

虚拟通道含有事件驱动接口,能够保证一旦从一个虚拟通道中接收到数据包或数据报文,CommLibX 就能够激活用户回叫功能,进行数据传输。

如图 12 所示,ServiceX 可在 CommLibX 实例之间提供中间件服务和报文传输。ServiceX 将物理通信层和 CommLibX 库相连接。ServiceX 支持各种网络设备包括 CAN、标准串行接口(RS-232/RS-422/RS-485)、电缆和无线以太网、共享存储器等。它还支持包括 UDP、TCP/IP 等多种协议,还支持附加通信硬件和能够通过插入模块接入 ServiceX 的协议。

对于在同一个计算机上运行的应用,ServiceX 可为共享存储器构建虚拟通道以实现最大通过量。虚拟通道能够被分配在同一个或不同的通信设备上用于运行在不同网络的联网计算机的应用。

335

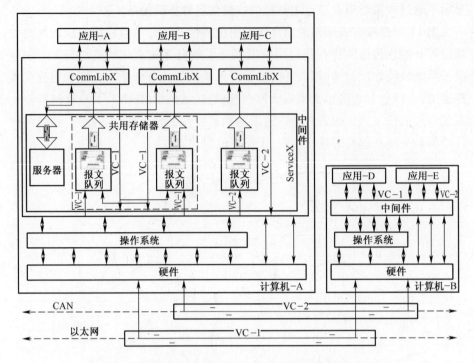

图 12　CommLibX/ServiceX 中间件的虚拟通道和报文交换

　　构建不同物理介质的虚拟通道可通过一个实例进行更好的解释。图 12 显示了两部计算机计算机-A 和计算机-B。第一个计算机运行 3 个高级应用(应用-A、应用-B 和应用-C),另外一个计算机运行两个高级应用(应用-D 和应用-E)。应用-A、应用-B 和应用-D 相互之间通过虚拟通道 VC-1 进行通信。同样地,应用-C 和应用-E 通过虚拟通道 VC-2 进行通信。

　　计算机-A 和计算机-B 共享两个物理通信介质,即 CAN 总线和以太网。VC-1 被构建至以太网,VC-2 被构建至 CAN 总线。由于应用-A 和应用-B 在同一个计算机(计算机-A)上运行,使用同一个虚拟通道(VC-1),因此,不考虑外部通信介质的话,ServiceX 可通过共享存储器连接应用-A 和应用-B。但是如图 12 所示,VC-1 也被构建至以太网,因此应用-D 也可以同应用-A 和应用-B进行通信。

　　图 13 展示了 ServiceX 的多层分级架构。ServiceX 的分层架构简化了接入不同操作系统和硬件的接口。它包括以下三层。

　　(1) OS 和 HW 适应层:这是最低级层,可提供与操作系统和硬件的接口。本层的重要功能之一是重写功能,用于 ServiceX 需要移植新的操作系统或新的计算硬件时。

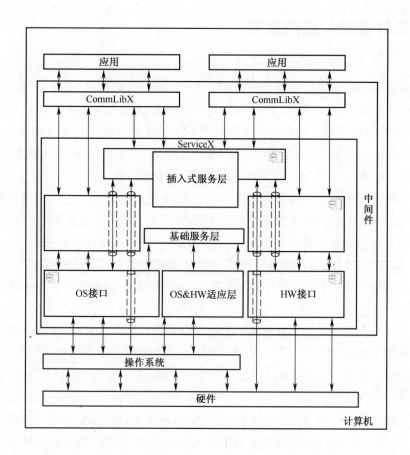

图 13   ServiceX 具有多层架构,并可通过插入式服务拓展特性

(2)基础服务层:基础服务层位于适应层上方。如它的名称所示,基础服务层只向 CommLibX/ServiceX 中间件提供最少的服务。这些服务包括虚拟通道的产生和利用、数据记录、报文打包/拆包、基础通信统计以及基础通信硬件支持(包括以太网、CAN、标准串行接口和共享存储器)。

(3)插入式服务层:插入式服务层位于基础服务层上方。ServiceX 的特点和整个 CommLibX/ServiceX 中间件的特性都能够通过结合插入式服务进行拓展。

所有的分布式软件应用都在无人机和地面站上运行,使用 CommLibX/ServiceX 中间件。我们还将 CommLibX/ServiceX 中间件用于实时任务模拟器和 HWIL 模拟器。下一节将概述分布式实时仿真架构。

7　实时多无人机模拟器

在无人机试验中多处能造成故障:包括软件、硬件和概念理解,算法研发上造成的故障都只是大量可能发生故障点的很小的一部分。这些故障给项目的进展带来了相当大的压力,如同每个飞行试验都给耐久性造成了一定风险一样。因此,任何新硬件或软件模块在用于实际任务之前都要经过全面测试。在AFCR 的无人机研究项目早期阶段中,已经研发出实时多无人机模拟器(RMUS)系统,主要针对的是实际寿命试验[37]中的问题。

RMUS 作为一个试验和验证机构用于联网无人机系统。这些机构包括复杂情况的脱机模拟、HWIL 试验、任务预演、实际无人机系统验证的在线任务控制和实际试验结果的验证。实际飞行操作之前,所有用于飞行任务的算法、软件工具、它们之间的交互和实际硬件都要在仿真中进行大范围的试验[41]。这些软件和硬件,一旦通过验证,就能够直接移植到无人机平台准备实际飞行试验。

RMUS 已经广泛用于所有 AFCR 进行的单个无人机和多无人机飞行操作研发中的多个阶段[18,22,24,27,31,32,38,42-45]。这些实际飞行操作包括各种 DDF、SLAM 和协作控制技术的验证。RMUS 已经用于大量其他无人机仿真试验[35,46-48]。

RMUS 架构包括独特的架构特点,它是分布式的,多层的,而且是以报文传送为基础处理的基于事件型的。RMUS 的架构促进了部件为基础的模块化的分布式仿真发展,仿真模块之间利用报文传递机制相互作用,该报文传递机制由 CommLibX/ServiceX 中间件提供。

RMUS 架构的关键术语和概念如下。

7.1　模拟器组

一个模拟器组是一组分布式仿真模块和其他与之相连接的硬件或软件资源。该模拟器组作为单一的系统运行,可向复杂仿真提供广泛的资源和高级处理能力。该模拟器组的尺寸和容量能够随着仿真要求的变化而变化。

图 14 描述了 RMUS 组的典型架构。通过 CommLibX/ServiceX 中间件,多个模拟器组能够彼此之间进行连接。图 15 描述了两个连接的 RMUS 组。如果RMUS 组需要按照不同的协议标准通过界面连接另外一个仿真环境,那么需要在该模拟器组的每个端口处添加"桥"应用来转换协议标准。

338

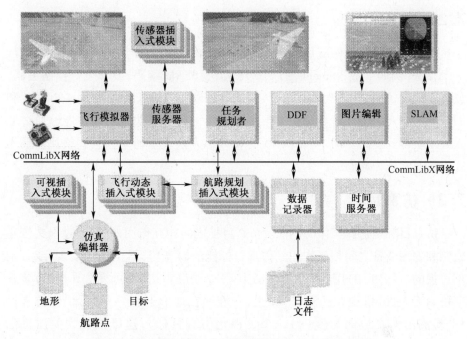

图 14 典型实时多无人机模拟器(RMUS)组的架构图

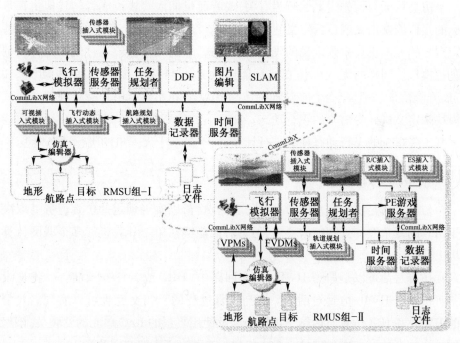

图 15 两组不同 RMUS 组,配有不同仿真模块,运行不同的仿真对话,
相互之间通过 CommLibX 网络进行连接

7.2　仿真模块

仿真模块包含软件应用或组成模拟器组的物理设备。一个仿真模块执行一个算法,例如生成 Voronoi 图形、DDF 算法、SLAM 编码,或者飞行控制编码,或者物理设备例如 GPS、R/C 单元、雷达电子设备等接入模拟器组。在图 14 和图 15 中,主要的仿真模块用正方形方块表示。仿真模块的功能性能够通过插入式模块得到提高。图 14 和图 15 的长方形方块表示的是插入式模块。插入式模块通常作为动态库产生。

7.3　仿真目标

仿真目标是仿真实体的例证。仿真目标之间相互作用,并且通过报文传递机制和物理设备之间相互作用。仿真目标能够以 3D 形式的图形展现,或者是不可视的。例如,在 RMUS 仿真对话中,一个仿真雷达(不可视仿真目标)装载于仿真无人机(可视化仿真目标)上,它能够在地形上(另一个可视化仿真目标)探测出仿真地面车辆(另一个可视化仿真目标),这可被视为关注特征(FoI)。仿真目标的 3D 外形可通过可视化插入式模块(VPMs)进行定义。

仿真目标与预先定义的行为有关,或者通过插入式模块或者与其他仿真目标的接口能够定义或重新定义它们的行为。设想这样一个简单的情景,一种特定型号的无人机具有预定义的飞行动态模式,它的飞行能够通过使用这种模型进行模拟。同样的无人机仿真目标能够从 GCS 目标上接收"关闭发动机"和"展开降落伞"等伪指令。在这样的情况下,无人机目标能够加载单独的插入式模块来定义展开降落伞的飞行动态。在余下的仿真过程中,无人机飞行路线能够基于降落伞的飞行动态模型进行计算,而不是基于无人机的飞行动态模型。

7.4　仿真对话

仿真对话是仿真模块的参与和仿真的执行,以实现预定的仿真任务。取决于仿真的复杂性和处理能力要求,仿真对话能够在单个计算机或多个联网计算机上开始。

仿真对话可以是典型 HWIL、人在回路中(HIL)或者任务预演等。物理设备直接用于 HWIL 仿真对话中。人与仿真过程的直接交互也可以实现。典型的 HWIL 和 HIL 仿真对话例子可能会涉及使用真正的 R/C 单元的驾驶员,该驾驶员在仿真地形上方驾驶仿真无人机目标来截获 FoI 航空图片。

AFCVR 使用的 HWIL 仿真环境构造在 RMUS 周围。因此,不论是单个无人机任务,还是多无人机任务,都能够实时仿真。

图 16 展示了用于两架 Brumby Mk Ⅲ 无人机的 HWIL 仿真系统结构。为了最大程度地反映出实际操作系统结构,分布式 HWIL 仿真系统的结构组成与实际飞行任务的系统硬件的结构一致。通过比较图 16 和图 5,可以得出 HWIL 仿真架构和实际飞行试验地面站架构间的相似性和差异性。(前一个图片展现的是两架无人机的 HWIL 仿真系统,后一个图片展示的是 4 架无人机的系统架构,因此比较是建立单个无人机的基础上的)。

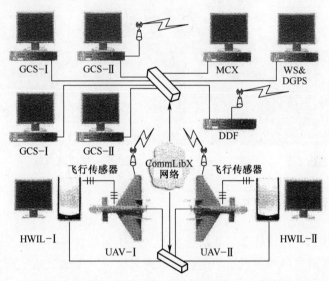

图 16 用于两个 Brumby Mk Ⅲ 无人机的半实物(HWIL)仿真系统结构

在 HWIL 仿真过程中,真正的无人机保持固定。因此,飞行传感器不能够生成飞行数据。HWIL-Ⅰ 和 HWIL-Ⅱ 计算机同时运行飞行器动态模型来模拟无人机的运动。传感器数据(GPS、IMU、机上数据、RPM 等)都在这些模型的基础上实时生成。HWIL 计算机往往要求具有同步操作能力。系统的广泛同步性可通过 CommLibX/ServiceX 中间件的时间管理服务器(TMS)来实现。

HWIL 仿真环境的软件应用是在 AFDAS 的设计驱动器基础上发展的。因此 HWIL 仿真环境能够为多操作系统(QNX、Linux 和 Windows)上运行的软件提供空间,这些软件是在多进程语言环境下(MatLab、C/C++ 和 Delphi)研发的。HWIL 仿真环境还能够向大量通信硬件和软件介质(RS-232、RS-422、CAN、电缆和无线以太网以及扩展频谱无线调制解调器)提供支持。

图 17 是 HWIL 仿真系统构成图,用于两架 Brumby Mk Ⅲ 无人机。注意机翼、推进器和头锥盖已经从无人机上拆下,按照客户定制要求性能上得以提升,

便于进入内部结构。连接无人机的电缆可向有效载荷电子仪器、网络连接和飞行传感器连接提供电力。

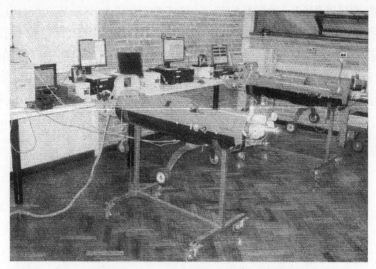

图 17　两架 Brumby Mk Ⅲ 无人机的半实物仿真构成

8　结论和未来的工作

由于在电子学、传感器和通信技术上的进步和在材料科学以及制造技术上的革新,学术研发机构更轻易地能够接触到无人机。无人机系统研发人员能够轻松地从各种供货商那里获得高标准化的 COTS 模块化硬件部件。但是我们依然很难找到已建好的标准化软件部件,尤其是用于广泛分布的联网无人机系统的软件部件。

本文着重介绍了联网无人机系统的软件开发方法。这种方法主要基于实时多无人机模拟器(RMUS)、分布式 HWIL 模拟器和 CommLibX/ServiceX 中间件。HWIL 模拟器和 RMUS 已经通过重放存入任务数据,并与系统模型的重新估计的仿真结果进行比较,在大量飞行任务的预任务规划试验和事后分析中得到验证。

CommLibX/ServiceX 是一种新式的中间件,可以向通信和其他系统服务提供硬件、操作系统和程序语言提取,这是联网无人机系统所要求具备的。CommLibX/ServiceX 中间件能够使应用开发人员研发出高级分布式应用,同样地,他们也能研发出独立的非分布式应用。因此研发人员能够专注于他们的应用而不是低级操作系统和硬件的小细节。

所有这些软件都是基于分布式自主系统(AFDAS)的架构。AFDAS 能够使用域分解方法来进入联网无人机系统的领域,并引入分层系统软件的观点。它能够在四个层面检验无人机系统软件应用,即执行机构、分系统、系统和SoS 层。

给出的软件开发方法已经使用了多年,广泛用于分布式联网无人机系统,其中包括多架 Brumby Mk Ⅲ 无人机、一个综合地面站,其中包括计算机网络。Brumby Mk Ⅲ 无人机航空电子设备由计算机网络、传感器和通信分系统组成。

RMUS 和 CommLibX/ServiceX 中间件是开放式系统。由于更多的研究人员都在他们的研究中使用到了 RMUS,RMUS 的附加新式仿真模块正在研发过程中。目前的活动包括建造空中悬停无人机(HUAV)用于目前的多无人机系统,这样能够建立更广泛的分布式、分散式的网络无人机系统,里面包括各类无人机。

参考文献

1. NATO, STANAG 4586 (Standard Interfaces of UAV Control System (UCS) for NATO UAV Interoperability), NATO Standardization Agency (NSA) (2004)

2. Ernst, D., Valavanis, K., Garcia, R., Craighead, J.: Unmanned vehicle controller design, evaluation and implementation: from MATLAB to printed circuit board. J. Intell. Robot. Syst. 49, 85-108 (2007)

3. Song, S.J., Liu, H.: Hardware-in-the-loop simulation framework design for a UAV embedded control system. In: Control Conference CCC 2006, pp. 1890-1894 (2006)

4. Gösta, P.D., Kuchcinski, G.K., Sandewall, E., Nordberg, K., Skarman, E., Wiklund, J.: The WITAS unmanned aerial vehicle project. In: ECAI 2000. Proceedings of the 14th European Conference on Artificial Intelligence, pp. 747-755. Berlin (2000)

5. Henning, M.: The rise and fall of CORBA. ACM Queue 4, 28-34 (2006)

6. Maffeis, S., Schmidt, D.C.: Constructing reliable distributed communication systems with CORBA. Commun. Mag., IEEE 35, 56-60 (1997)

7. Henning, M., Vinoski, S.: Advanced CORBA programming with C++: Addison-Wesley (1999)

8. Brooks, A., Kaupp, T., Makarenko, A., Williams, S., Orebaeck, A.: Orca: a component model and repository. In: Brugali, D. (ed.) Software Engineering for Experimental Robotics, vol. 30 of STAR, pp. 231-251. Springer (2007)

9. Corke, P., Sikka, P., Roberts, J., Duff, E.: DDX: a distributed software architecture for robotic systems. In: Australasian Conference on Robotics and Automation. Canberra Australia (2004).

10. Paunicka, J.L., Corman, D.E., Mendel, B.R.: A CORBA-based middleware solution for UAVs. In: Fourth IEEE International Symposium on Object-oriented Real-time Distributed Computing, ISORC-2001, pp. 261-267. Magdeburg Germany (2001)

11. Jangy, J.S., Tomlinz, C.J.: Design and implementation of a low cost, hierarchical and modular avionics architecture for the DragonFly UAVs. In: Proceedings of the AIAA Guidance, Navigation, and Control Conference. Monterey (2002)

12. Wills, L., Kannan, S., Heck, B., Vachtsevanos, G., Restrepo, C., Sander, S., Schrage, D., Prasad, J. V.R.: An open software infrastructure for reconfigurable control systems. In: Proceedings of the American Control Conference, pp. 2799–2803 (2000)

13. Kuo, Y.-h., MacDonald, B.A.: Designing a distributed real–time software framework for robotics. In: Australasian Conference on Robotics and Automation (ACRA). Canberra (2004)

14. Croak, T.J.: Factors to consider when selecting CORBA implementations, CrossTalk. J. Def.Softw. Eng. 14, 17–21 (2001)

15. Group, O.M.: Common object request broker architecture—for embedded, Draft Adopted Specification. http://www.omg.org/docs/ptc/06-05-01.pdf (2006)

16. Boehm, B.W.: Seven basic principles of software engineering. J. Syst. Software 3, 3–24 (1983)

17. Department of Defense, D.5000.61, DoD modeling and simulation verification, validation, and accreditation. http://www.cotf.navy.mil/files/ms/DoDI500061j_j29Apr96.pdf (2003)

18. Sukkarieh, S., Nettleton, E., Kim, J.-H., Ridley, M., Göktoğan, A.H., Durrant–Whyte, H.: The ANSER Project: data fusion across multiple uninhabited air vehicles. Internat. J. Robot.Research 22, 505–539 (2003)

19. Göktoğan, A.H.: A software framework for seamless R&D of a networked UAS. In: PhD Thesis, Australian Centre for Field Robotics, School of Aerospace, Mechanical and Mechatronic Engineering Sydney. The University of Sydney (2007)

20. Kim, J., Sukkarieh, S.: Autonomous airborne navigation in unknown terrain environments. IEEE Trans. Aeros. Electron. Syst. 40, 1031–1045 (2004)

21. Nettleton, E.: ANSER past and present—multi UAV experimental research. In: The IEE Forum on Autonomous Systems, (Ref. No. 2005/11271), p. 9 (2005)

22. Nettleton, E., Ridley, M., Sukkarieh, S., Göktoğan, A.H., Durrant–Whyte, H.: Implementation of a decentralised sensing network aboard multiple UAVs. Telecommun. Syst. 26(2–4), 253–284(2004)

23. Ridley, M., Nettleton, E., Göktoğan, A.H., Brooker, G., Sukkarieh, S., Durrant–Whyte, H.F.: Decentralised ground target tracking with heterogeneous sensing nodes on multiple UAVs. In:The 2nd International Workshop on Information Processing in Sensor Networks (IPSN'03), pp. 545–565. Palo Alto, California, USA (2003)

24. Sukkarieh, S., Göktoğan, A.H., Kim, J.-H., Nettleton, E., Randle, J., Ridley, M., Wishart, S., Durrant–Whyte, H.: Cooperative data fusion and control amongst multiple uninhabited air vehicles. In: ISER'02, 8th International Symposium on Experimental Robotics. Sant'Angelo d'Ischia, Italy (2002)

25. Bryson, M., Sukkarieh, S.: Toward the real–time implementation of inertial SLAM using bearingonly observations. In: Journal of Field Robotics (2006)

26. Buttazzo, G.C.: Hard real–time computing systems: predictable scheduling algorithms and applications. In: 2nd ed. p. 425. New York, Springer (2005)

27. Nettleton, E.: Decentralised architectures for tracking and navigation with multiple flight vehicles. In: PhD Thesis, Department of Aerospace, Mechanical and Mechatronic Engineering Sydney. The University of Sydney (2003)

28. Kim, J.-H.: Autonomous navigation for airborne applications. PhD Thesis, Australian Centre for Field Ro-

botics, School of Aerospace, Mechanical and Mechatronic Engineering Sydney. The University of Sydney, p. 237 (2004)

29. Cole, D.T., Göktogan, A.H., Sukkarieh, S.: The implementation of a cooperative control architecture for UAV teams. In: 10th International Symposium on Experimental Robotics (ISER'06).Rio de Janeiro, Brazil (2006)

30. Endsley, M.R., Garland, D.J.: Theoretical underpinning of situation awareness: a critical review.In: NJ, M., Erlbaum, L. (eds.) Situation Awareness Analysis and Measurement: Analysis and Measurement, pp. 3-33 (2000)

31. Cole, D.T., Sukkarieh, S., Göktogan, A.H.: System development and demonstration of a UAV control architecture for information gathering missions. J. Field Robot. 23, 417-440 (2006)

32. Cole, D.T., Sukkarieh, S., Göktogan, A.H., Hardwick-Jones, R.: The development of a real-time modular architecture for the control of UAV teams. In: Field and Service Robotics, FSR'05,pp. 321-332. Port Douglas, Australia (2005)

33. Michael, R.G., Matthew, L.G., Jeffrey, S.R.: Cooperation without communication. In: Distributed Artificial Intelligence, Morgan Kaufmann Publishers Inc., pp. 220-226 (1988)

34. Otanez, P.G., Campbell, M.E.: Hybrid cooperative reconnaissance without communication. In:44th IEEE Conference on Decision and Control'05 and European Control Conference'05.CDC-ECC '05, pp. 3541-3546 (2005)

35. Chung, C.F., Gktogan, A.H., Cheang, K., Furukawa, T.: Distributed simulation of forward reachable set-based control for multiple pursuer UAVs. In: SimTecT 2006 Conference Proceedings,pp. 171-177. Melbourne, Australia (2006)

36. Speranzon, A., Johansson, K.H.: On some communication schemes for distributed pursuitevasion games. In: Proceedings of 42nd IEEE Conference on Decision and Control, pp. 1023-1028 (2003)

37. Göktogan, A.H., Nettleton, E., Ridley, M., Sukkarieh, S.: Real time Multi-UAV simulator. In:IEEE International Conference on Robotics and Automation (ICRA'03), pp. 2720-2726. Taipei,Taiwan (2003)

38. Göktogan, A.H., Sukkarieh, S., I s ky ld z, G., Nettleton, E., Ridley, M., Kim, J.-H., Randle, J., Wishart, S.: The real-time development and deployment of a cooperative multi-UAV system. In:ISCIS03 XVIII - Eighteenth International Symposium on Computer and Information Sciences,Antalya—Türkiye, pp. 576-583 (2003)

39. DMSO: High level architecture for simulation interface specification, defence modelling and simulation office (DMSO). https://www.dmso.mil/public/ (1996)

40. O.M.G. (OMG): CORBA: Common Object Request Broker Architecture. http://www.corba.org

41. Göktogan, A.H., Sukkarieh, S.: Simulation of multi-UAV missions in a real-time distributed hardware-in-the-loop simulator. In: Proceeding of the 4th International Symposium on Mechatronics and its Applications (ISMA07). Sharjah, UAE (2007)

42. Göktogan, A.H., Brooker, G., Sukkarieh, S.: A compact millimeter wave radar sensor for unmanned air vehicles. In: Preprints of the 4th International Conference on Field and Service Robotics, pp. 101-106. Lake Yamanaka, Yamanashi, Japan (2003)

43. Nettleton, E.W., Durrant-Whyte, H.F., Gibbens, P.W., Göktogan, A.H.: Multiple platform localisation-

and map building. In: Sensor Fusion and Decentralised Control in Robotic Stystems III, pp. 337-347. Boston, USA (2000)

44. Sukkarieh, S., Yelland, B., Durrant-Whyte, H., Belton, B., Dawkins, R., Riseborough, P., Stuart, O., Sutcliffe, J., Vethecan, J., Wishart, S., Gibbens, P., Göktogan, A.H., Grocholsky, B., Koch, R., Nettleton, E., Randle, J., Willis, K., Wong, E.: Decentralised data fusion using multiple UAVs – The ANSER Project. In: FSR 2001, 3rd International Conference on Field and Service Robotics, Finland, pp. 193-200 (2001)

45. Göktogan, A.H., Sukkarieh, S.: Role of modelling and simulation in complex UAV R&D projects. In: 1st National Defense Applications, Modeling and Simulation Conference, (USMOS'05), pp. 157 – 166. Ankara-Türkiye (2005)

46. Göktogan, A.H., Sukkarieh, S., Cole, D.T., Thompson, P.: Airborne vision sensor detection performance simulation. In: The Interservice/Industry Training, Simulation and Education Conference (I/ITSEC'05), pp. 1682-1687. Orlando, FL, USA (2005)

47. Bourgault, F., Göktogan, A.H., Furukawa, T., Durrant-Whyte, H.: Coordinated search for a lost target in a Bayesian world. In: Advanced Robotics, Special Issue on Selected Papers from IROS 2003, vol. 18, pp. 979-1000 (2004)

48. Furukawa, T., Bourgault, F., Durrant-Whyte, H.F., Dissanayake, G.: Dynamic allocation and control of coordinated UAVs to engage multiple targets in a time-optimal manner. In: IEEE International Conference Proceedings on Robotics and Automation, pp. 2353-2358 (2004)

第 19 篇

无人机微航电系统在有人—无人驾驶联合空域飞行网络模拟器中的设计和硬件在环(HIL)集成

Serdar Ates,Ismail Bayezit,Gokhan Inalhan
(塞尔达尔·阿泰斯,伊斯梅尔·巴耶齐特,戈尔坎·伊娜尔汗)

摘　要:有人—无人驾驶飞机在联合空域内飞行时面临的其中一个挑战就是开发定制的但可扩展的算法和硬件,保障安全高效的运行。在本文中,我们将介绍联合飞行网络模拟器中总线主干无人机微航电系统和硬件在环(HIL)集成的设计。微航电系统是围绕"控制器局域网和以太网"总线数据主干构成的。微航电系统的设计在我们的试验微型直升机、飞机和地面车辆之间相互兼容,适用于各种不同的研究试验实例进行自主导航和控制。可扩展的体系结构不仅具备可扩展性,还具备在

This work is funded partially by DPT HAGU program administered by ITU ROTAM

S. Ates · I. Bayezit · G. Inalhan (⊠)

Controls and Avionics Lab, Faculty of Aeronautics and Astronautics,

Istanbul Technical University, Istanbul, Turkey

E-mail: inalhan@itu.edu.tr

S. Ates

E-mail: serdar.ates@itu.edu.tr

I. Bayezit

E-mail: ismail.bayezit@itu.edu.tr

K. P. Valavanis et al. (eds.), *Unmanned Aircraft Systems.* DOI: 10.1007/978-1-4020-9137-7_20.

347

总线集成飞行管理计算机上装配的硬件和软件层对有人—无人机队协同算法进行测试的灵活性。利用飞行模拟器联合模拟共用空域范围内的虚拟有人和无人驾驶飞机,这样,在需要有人和无人驾驶飞机协调飞行轨迹规划的实际试验情况下使定制设备和算法具有广泛的硬件在环测试能力。

关键词:微航电系统;硬件在环(HIL)测试;飞行网络模拟器

1 引言

无人机在民用(大都市交通监控、灾区快速评估)和军用(侦察、目标识别、跟踪和交战)领域的应用范围日益扩大,带动共用空域内有人—无人驾驶系统中联合行动的关键要求。虽然联合操作的程度可以从单纯的避撞(感应—避让)转变为实现要求有效地协调行动(标记—图像)[11] 共同任务的目标,但必须研发具备有人—无人系统可互操作性的新算法和标准化硬件[9]。此外,任务复杂程度的日益增加和航空电子系统重要的安全要求,需求在用于实际任务场景之前,通过实际试验台[4,14,18]对所有联合空域控制和协调算法以及标准化的航空电子硬件进行测试[10,22]。

在本文中,我们提供了跨平台兼容的多总线主干微航电系统,以测试和开发实验室比例的微型飞行器中这种标准化硬件和软件的解决方案。这种系统针对我们的试验微型旋转翼和固定翼无人驾驶飞机与地面车辆均可兼容。它也适用于各种不同研究试验实例的自主导航和控制。对于有人—无人联合空域行动,我们实现了有人—无人联合飞行网络模拟器环境的硬件在环(HIL)测试能力[2]。这种内部开发的模拟器具备以下独特能力:实现联合有人驾驶飞行仿真、无人驾驶飞机(和模拟的有人驾驶飞机)的虚拟仿真、在用户定义的飞行场景中进行无人驾驶飞机飞行的实时集成。这种模拟器可提供实际的试验环境,最大限度地降低进行成本高昂且易出故障的前期有人—无人驾驶飞机联合飞行试验的必要性。

微航电系统的设计是基于以研究为主导的基本要求的,即必须具备相互兼容的(即通过对图9所示各种类型的地面车辆和飞行器进行小修可使用的航空电子设备)体系结构,这种结构支持对整个异构飞行器机队进行协调的自主试验。这个平台的另一个主要推动力是,应具备硬件和软件的协作开发环境,其中研究人员可以设置不同的主题(如飞行控制[21]、图像导航[14]或多飞行器协调算法[15])并能在以后将其飞行工作与所关注的最小硬件和软件重新设计问题进行的地面试验[14]结合在一起。与设计精良且围绕不同形式的因素扩展而成的单片微航电系统的体系结构(如单板计算机[8]或 PC-104 堆栈[12])相比,

348

我们会侧重基于数据总线主干的可扩展多处理器的体系结构[6,13]:将控制器局域网(CAN)用做控制/任务总线以及将以太网用做有效载荷总线。

标准化微航电系统的硬件(图1)包括传感器、飞行控制计算机(也称为自动驾驶仪)、飞行管理计算机(也称为任务协调计算机)和通信单元。可扩展的体系结构可以装配混合选择的 COTS 摩托罗拉(MPC555)、ARM 处理器板(LPC2294)、PC-104 处理器堆栈和 Gumstix 模块,其中每个都有不同的操作系统和编码技术(如通过矩阵实验室(Matlab)/实时工作间(RTW)嵌入式目标利用自动代码生成技术的快速算法原型设计)。具体讲,可将 MPC555 与矩阵实验室/实时工作间一起使用,借助 Simulink 和 MAP555 嵌入式目标自动代码生成功能,以快速设计和原型设计出基本飞行控制算法。这种快速原型设计方法不仅可以提供编码级的灵活性,还可提供无缝的跨平台兼容性。这是我们的体系结构与基于通用控制器局域网总线体系结构相比所具有的明显区别[6]。微航电系统采用完整的传感器套件,包括佳明(Garmin)全球定位系统(GPS)接收器、三轴加速计/陀螺仪克里斯塔惯性测量单元(IMU)、霍尼韦尔高度计和数字罗盘,每个都用做主要传感器。这些单元可以提供实时位置、定向和与时间速率相关的信息。此外,试验的具体单元,如激光测距仪、超声波传感器和无线 IP 摄像机,均通过定制接口板集成为即插即用附加模块。微航电系统包括与地面

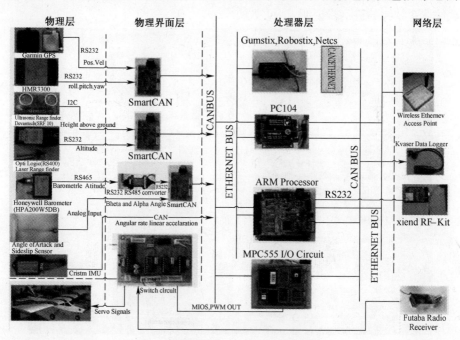

图 1　微航电系统的通用体系结构图

控制站通信的 X-Tend 无线收发器。跨平台兼容的微航电系统的设计,可以提供用于自主起飞和着陆飞行研究等大量活动的使能技术。这项技术已经转换为微型直升机[14]和地面车辆的操作,目前正在转换为涉及城市环境灵活机动的民用环境尾坐式垂直起落飞机(Tail-sitter VTOL)[1]的操作[16]。

　　联合空域飞行网络模拟器的部件示意图,如图 2 所示,可以进行微航电系统、整个有人—无人驾驶机队协调算法和任务控制中心的快速原型设计研究、软件在环(SIL)和硬件在环(HIL)试验。开源飞行模拟软件 FlightGear[19],经修改后用于网络操作并用做飞行员和任务控制的三维可视化元件。有人驾驶飞机的动态、无人驾驶飞机的动态和低层控制算法,利用矩阵实验室/Simulink 快速原型设计技术嵌入了实时执行数学模型和控制算法的 xPC 计算机。飞行员操纵台上装配有触摸屏 C2(指挥和控制)界面的平台,还可以对飞行员—无人驾驶机队监控设计进行快速原型设计和测试[5]。实际飞行中无人驾驶飞机或实验室内完整的硬件系统,可以利用到模拟服务器的通信链路连接任务模拟。飞行网络模拟器不但具备提供可视化功能,而且还能向共用空域内联合有人—无人驾驶飞机的活动和任务提供通信层。对于共用空域的活动[3],这一平台已用做主要的测试设备对多飞行器的协调[10]、通信协议的设计[2]和操作概念驱动的编队飞行算法测试[15]。关于内部开发的飞行网络系统、硬件系统和软件体系结构的进一步说明,请见文献[2]。

图 2　飞行网络模拟器的部件视图

本文结构安排如下:第2部分,介绍跨平台兼容性微航电系统硬件的设计和开发;第3部分提供小型试验飞行和地面平台的内部情况,以及微航电系统软件的执行,包括自主控制试验和硬件在环(HIL)测试;第4部分,在文献[2]中的处理之后,我们提供了联合空域飞行网络模拟器及其主要组件的情况概述。此外,还将具体说明微航电系统平台与飞行网络模拟器的硬件集成。

2 微航电系统的设计

2.1 通用体系结构

多总线主干微航电系统的体系结构,如图3所示,由四个不同的层组成。第一层是物理层,由传感装置、执行机构和电源电路构成。这一层包括惯性测量单元(克里斯塔)、全球定位系统(佳明)单元、高度计(霍尼韦尔)、磁力计(霍尼韦尔)、激光测距仪(奥卡 Optic-Logic)、超声波测距仪(迪凡科技)及迎角和侧滑传感器。这一套完整的传感器向我们提供整个小型无人机平台的自主性协同控制试验设计和试验的极大灵活性。第二层是利用内部设计和开发的 SmartCAN 节点将传感信息转换成唯一 ID 的控制器局域网总线报文的物理接口层。这些节点能使串行输入的传感信息或模拟输入数据的类型转换为控制器局域网总线数据类型。此外,自动驾驶仪与远程 RC 飞行员控制之间的转换操作是借助于如图7所示的开关电路实现的。开关电路是关键的飞行电路已经在图9所示的地面和飞行平台上作为正在进行的试验的一部分进行了广泛的测试。

第三层是围绕以太网和控制器局域网总线线路构成的处理器层。摩托罗拉 MPC555 处理器指示出实现飞行器的控制。如任务分配、任务规划和协同控制等更高层的算法是在 PC-104 处理器堆栈上实现的。ARM 处理器用于与地面站的通信和协调模式的计算。此外,消耗性 Gumstix 单板平台,就像用做任务层的通信和信息发布模块的单元一样,目前正在作为独立的链路16进行测试。

第四层是网络层,包含 Kvaser 数据记录器,记录控制器局域网总线上通过的信息,每条报文上都附有一个时间戳。这一层的第二部分包括 XTend RF 模块、IP 摄像机和无线以太网模块。ARM 处理器板(LPC2294)汇集了来自控制器局域网总线的所有关键飞行传感器和伺服系统信号信息。连接在 RF 模块上的这一处理器板在飞行和地面试验期间向地面站提供关键的链路。此外,IP 摄像机和无线以太网模块用于向地面站传输实时视频和有效载荷的相关数据。在以下各分节中,我们将按照标准功能用途的分类,详细回顾微航电系统的具体元件。

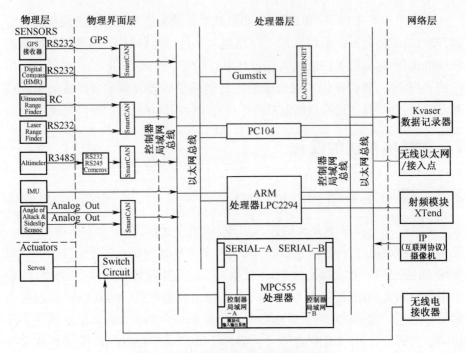

图3 微航电系统通用体系结构功能图

2.2 处理器

摩托罗拉 MPC555 处理器是一个 40MHz 处理器,它具有 PowerPC 内核与浮点单元,可以加速和研发先进控制算法。装有 MPC555 印制载板的摩托罗拉 MPC555 处理器(如图 3 和图 7),是微航电系统体系结构中的内核处理单元,能使程序员快速设计和原型设计出低层控制算法。基本硬件中包括 26KB 的快速 RAM。还有一个 448KB 的闪存 EEPROM。对于串行通信,有两个排队的多通道模块(QSMCM)。MPC555 有两个芯片级 RS-232 驱动器和双芯片级控制器局域网 2.0B 控制器模块(TouCAN)。MPC555 的内核还包括两个时间处理器单元(TPU)和一个模块化输入—输出(I/O)系统(MIOS1)。有双排队模拟—数字转换器(QADC64)[①]的系统内包括 32 个模拟输入。phyCORE555 单板计算机模块集成在我们内部开发的 MPC 载板上,如图 3 和图 7 所示。因此,与工厂默认的载板相比,新载板占 1/3 的面积,消耗能量很少,而要达到这一目的,需要提供所有必要的通用 I/O,包括串行链路上 MPC 闪存内的系统编程。

---

① www.free scale.com

MPC 板的一项最为关键的实用工具是 Matlab/Simulink 的实时工艺支持。程序员可以在嵌入式目标工具包和自动嵌入式代码生成功能的支持下,利用摩托罗拉 MPC555 的所有功能和设备。MPC555 的嵌入式目标工具包,包括控制器局域网的驱动程序、控制器局域网的报文块和所有 MPC555 驱动程序库。此外,MPC555 资源的所有配置,都是直接从 Simulink MPC555 特定库中的 MPC555 资源配置块进行控制的。因此,所有低层控制算法的开发与处理器的低层设备驱动程序严格隔离开。

在我们实施控制的过程中,MPC555 硬件最常用的功能之一是 MIOS(模块化输入输出系统)单元。MIOS 单元包括数字输入/输出通道。这些通道有 RC 伺服系统脉冲宽度调制输出的八个专用引脚和系统识别测试中记录 RC 驾驶员输入用的脉冲宽度或脉冲周期测量的十个引脚。注意,开关电路向 MPC555 的脉冲宽度调制(PWM)读出通道发送 6 个不同的脉冲宽度调制信号。捕获脉冲宽度调制信号后 MPC555 对数据进行打包并形成数据流,作为有特定 ID 的控制器局域网信息流进行数据记录。最常用的另一个库是控制器局域网报文块,能使控制器局域网数据同控制器局域网总线进行发送和接收。这些数据块不但包括控制器局域网的信息打包—开包,而且还具备报文拆分功能。在 Matlab/Simulink 环境下,通过任何报文简单快速成形能力的可用性,我们都可以利用基本数学运算对传感信息进行解析。利用 MPC555 的浮点单元可以加快复杂的算法和数学运算。最后,TouCAN 发送和 TouCAN 接收块直接使用两个芯片级控制器局域网通信单元并配置控制器局域网的报文格式(图 4)。

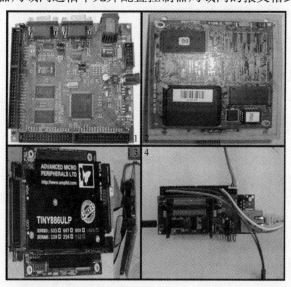

图 4　处理器-ARM 处理器(LPC2294)、MPC555(带内部设计载板)、
Tiny886ULP 超低功率 PC104+计算机、带 Robostix 的 Gumstix、netCF

353

ARM 处理器(LPC2294)①微控制器基于有 256KB 嵌入式闪存的 ARM7 系列 32 位 CPU。128 位的宽接口能实现高达 60MHz 的工作频率。ARM 处理器板主要用于地面站与航空电子设备的通信链路,并用于协调模式的计算。ARM 板有具备先进过滤能力的四个互连控制器局域网接口。串行接口包括两个 UART(16C550)高速 I2C 总线(400kb/s)和 SPI。另外,还有 8 个 10 位模拟数字转换器(ADC)单元、2 个 32 位定时器(包括 4 个捕获通道和 4 个比较通道),6 个脉冲宽度调制(PWM)输出、实时时钟和监视计时器。TCP/IP 通信也是由 ARM 板底部的以太网控制器芯片支持的。处理器板上写有内部开发的各种驱动代码,用于控制器局域网与串行通信、控制器局域网与串行口转换、数字卡尔曼滤波与传感器报文解析。

Tiny886ULP –超低功率 PC104 +计算机②是一个由 PC104 总线连接的 100%PC – AT 兼容单板计算机。100% 的 PC – AT 兼容性使其能直接在 Tiny886ULP 上开发代码,而且支持 Windows、Linux 和 QNX 操作系统,使其非常易于重新使用和输入在普通台式机上开发的现有代码。我们利用这种计算机作为飞行管理计算机来嵌入多飞行器的协调算法[15]。Tiny886ULP 提供 1GHz 的 Crusoe 处理器(有浮点运算单元 FPU)、512MB 的同步随机存取内存(SDRAM)、IDE 磁盘接口、10/100 以太网、2xRS – 232、VGA 输出、1xUSB、PC104+总线和 PS2 键盘/鼠标接口。以小于 5W 的平均功耗,处理器可以使我们的微航电系统应用具备易于集成和低功耗(无风扇)的特点。我们在 Tiny886ULP 上运行了 Windows、Linux 和 QNX 操作系统。我们使用的附加 PC104 板,包括 CAN104、PC104、CAN 控制器板和 Firespeed2000 板。CAN104 板可以提供 2 个 CAN 2.0b 接口,提供 PC–104 堆栈与我们目前的航空电子设备总线进行通信的能力。Firespeed2000 板可以供三个 IEEE –1394(火线)串行口和数据源进行高速数据传输,如视频和其他航空电子设备总线组件。

Gumstix connex(http://www.gumstix.com/)单板计算机尺寸仅为 80mm× 20mm×6.3mm,但按其小尺寸,它具有相当大的过程功率,使其非常适合用于微航电系统。我们正在利用这个模块实现 LINK16,如任务行动的通信和信息发布算法。Linux 2.6 操作系统在 Gumstix 上运行,免费的交叉编译工具链"Build-Root"由制造商为软件开发提供。我们将在台式机上开发的通信代码输入到本单元。Gumstix connex 板提供 400MHz 的 Marvell XScale PXA255 处理器(ARM

---

① www.nxp.com

② http://amdltd.com

V5 兼容）、64MB 的 SDRAM 和 16MB 的机载闪存。连接性是通过 60 针 Hirose I/O 接头和 92 针总线接头连接到附加扩展板来实现的,所有这些都由单一的 5V 电源供电。我们利用固定到 Gumstix 板上的"netCF"扩展板,扩展板提供网络连接的小型闪存卡和 10/100 以太网接口。我们还利用"Robostix"扩展卡,提供 6xPWM 输出、2xUART、1xI2C 和 8xADC,并且一直对工作在独立控制器单元模式下的地面机器人应用非常有用。

2.3 传感器套件

微航电系统设计中的传感器套件,包括惯性测量单元、GPS 接收器单元、磁强计(数字罗盘)、气压高度表、激光测距仪和超声波测距仪。

我们利用现成的 Garmin 15H 作为 GPS 接收器单元。这种设备可以跟踪多达 12 颗卫星,确定飞行器的位置和速度,并且还能输出 PPS 定时信号。PPS 信号连接到惯性测量单元,为惯性测量单元数据打上时间戳。GPS 接收器单元发送的 NMEA 语句是用户可通过其自定义界面进行选择的。GPS 数据大约每一秒钟接收一次。这一单元能通过基于 RS-232 的串行接口输出采集的数据。如图 5 所示,这一单元提供精确的全球定位和速度信息用于飞行器导航和控制算法。

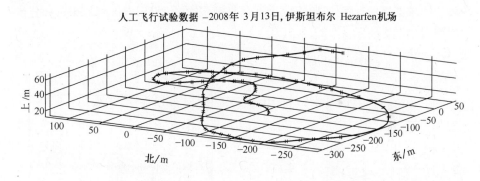

图 5　在伊斯坦布尔 Hezarfen 机场进行自主起飞和着陆传感器检验时记录的人工飞行试验 GPS 数据(最后一个循环和着陆)

对于惯性加速度和角速度的测量,我们利用云帽(Cloud Cap)技术提供 Crista 惯性测量单元。这一单元能通过基于 RS-232 的串行接口,也能通过控制器局域网接口输出采集的数据,还能在传输之前自动进行内部过采样并求出过采样数据的平均值。数据传输和过采样率是用户可选择的。惯性测量单元还能通过从 GPS 接收器单元采集的 PPS 信号给采集的信号打上时间戳。这一工作采用 50Hz 的数据更新速率,过采样速率为 20Hz。尤其是角速度的测量

$(p、q、r)$,是自动驾驶仪控制和导航回路所需要的。没有这些测量,就不可能对飞行器进行精确的控制。

霍尼韦尔 HPA200W5DB 气压高度表单元能提供温度、压力和气压高度测量值。我们利用 10Hz 的工厂设置日期更新速率提供气压高度信息。

辅助惯性定向的磁强计(数字罗盘)是霍尼韦尔 HMR 3300。该单元提供平台相对于地球磁场的定向 3 轴测量值。方位角的定向信息为 360°并完全覆盖 60°俯仰和横滚的范围。这一设备的数据更新为 8Hz。该单元能通过基于 RS-232 的串行接口输出采集的数据。这些欧拉角测量值也是至关重要的,是自动驾驶仪控制和导航回路所必需的。

为了开发自主降落和起飞算法,必须对航空飞行器的实际高度进行非常精准的测量,以防发生故障。为了实现这一目标,使用了激光测距仪和超声波测距仪。使用的激光测距仪单元为 Opti-Logic 激光测距仪(RS-400),提供飞行器相对于地面的实际高度。设备的数据更新速率为 10Hz。这一单元能通过基于 RS-232 的串行接口输出采集的数据。高度信息范围可达 400yd(1yd = 0.9144m),如图 6 所示。

Devantech SRF10 超声波测距仪单元(URF)用于起飞和着陆过程中地形上方实际高度的测量。这一单元能通过基于 I2C 的界面输出所采集的数据。这一设备的数据更新速率为 10Hz。高度信息范围可达 255in(1in = 2.54cm),分辨率为 1in,如图 6 所示。

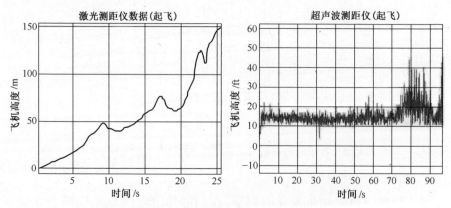

图 6　起飞过程中的激光测距仪和超声波测距仪数据

(在伊斯坦布尔 Hezarfen 机场记录的人工飞行试验数据)

如果微航电系统连接到固定翼无人驾驶飞行器上,则平台上装有迎角和侧滑角传感器,用来测量迎角和侧滑角。这些传感器类似于飞行器的垂直安定面并配有无限旋转电位器,提供与角位置相关的模拟输出。

356

我们利用 Kvaser Memorator 控制器局域网数据记录器作为飞行数据记录单元。利用飞行数据记录单元捕获控制器局域网总线的数据，并将其记录到 SD 和 MMC 兼容卡上。存储器容量可高达 2GB，可以记录这项工作的小时数。记录的数据可以很容易地采集到电脑内进行分析。基于控制器局域网的记录单元也能用做 CAN-USB 转换器，可以用来进行更好的调试或系统监测。

将所有的传感器装置连接到 MPC555 处理器之后，我们进行了执行剖析的分析，对处理器的能力进行了测试。利用 0.019994s 的平均采样时间，在最坏情况下，最大任务的停留时间为 0.000559s，平均停留时间为 0.000542s。进行执行剖析分析时，读出所有的传感器数据并进行解析，计算控制和过滤所经过的时间。解析所用的处理器处理能力大约为 3%，剩余的处理器源用来进行控制和过滤。

2.4　定制板：SmartCAN 和开关

SmartCAN：如图 3 所示，分布式多处理器的设计是围绕控制器局域网总线和以太网总线构成的，可以利用不同的功能、本地操作系统和编码标准提供互操作独立处理器的能力。这也简化了微航电系统，可以利用 SmartCAN 模块通过传感器定制对不同的传感器组重新进行配置(图 7)。

图 7　自动驾驶仪硬件－SmartCAN 节点，MPC555
（带内部设计载板）、开关板和自动驾驶仪平台

微航电系统设计所用的大多数传感器与控制器局域网总线不兼容并有不同的模拟和数字输出,如 RS-232、UART、I2C。我们内部开发的 SmartCAN 模块的所有传感器都围绕控制器局域网总线设置。SmartCAN 模块读出、解析和发送带有预定义控制器局域网 ID 的所有传感器信息到控制器局域网总线。这些控制器局域网 ID 是按优先顺序优先选择关键传感器的。每个 SmartCAN 节点的设计都采用 PIC18F458,直接传感控制器局域网总线上双向传输的信息流。在传感器有 RS-232 或 UART 输出的情况下,利用 MAX232 集成电路转换 TTL信号。读取传感信息后,由 PIC 微控制器进行处理并通过使用 PCA82C250 发送到控制器局域网总线,PCA82C250 用于从控制器局域网协议控制器转换到物理总线控制器局域网的高、低输出。四个不同的传感器可以连接到 SmartCAN节点。可以利用机载物理开关和系统激活的/数据流 LED 指示灯进行转换和监控。SmartCAN 定制板可以通过电路内调试程序编程口编程,消除卸载 PIC 集成电路的编程障碍,PIC 微处理器借助定时器终端程序编程,达到每个传感器的采样速率。此外,监视计时器的软件保护被激活,避免传感器读出故障。

开关:尽管微航电系统是专为自主飞行任务设计的,但在飞行试验中很可能会出现不可预知的情况,因此,在这种条件下由人为因素对平台进行干预的机制是一个非常重要的功能。为此,设计了图 7 所示的开关板。开关板的扩展功能是在人工飞行(利用 RC)与自主飞行(利用 MPC555)之间转换 PWM 输出的能力。

开关板从 RC 无线电收发器取 8 个 PWM 输入,从 MPC555(或任何其他板)取 6 个输入,并将控制输入引入伺服系统驱动程序。8 个 PWM 输入中的 2 个用于通道选择和 RC 现行信息。其余的 6 个 PWM 输入用于人工控制。转换操作是由 PIC18F873 建立的,利用 74HCT125 三态八进制缓冲器作为通道开关的接口。一个控制源(人工飞行员或 MPC555)无法使用时,开关板会自动分配另一个作为实际控制源。此外,为了系统识别和正常监测的目的,向伺服系统执行机构提供信号,在我们的体系结构中,作为 MPC555 读出的另一个输出。在任何需要的时间,这些信号都可以由 MPC555 用来估计伺服系统的位置。开关板有一个独立的电池供电,即使在微航电系统发生故障时,仍能保证开关板可以正常工作。

2.5　地面站

图 8 所示的地面站用户界面,不仅用来显示飞行器传感器数据,而且还将航路点数据发送到飞行器任务规划处理器。XTend 900MHz 射频收发器工具包

用于飞行器和地面站之间的通信链路。地面站图形用户界面是利用 Delphi 7.0 设计的,并有三个选项卡。第一个选项卡,可以看到飞行员主要飞行数据,包括采样速率的基本传感器读数、控制器局域网报文和 MPC 现行状态。第二个选项卡,加载数字地图,可以将航路点命令发送到飞行器。第三个选项卡,与串行通信协议和数字地图文件相关的初始参数是可以改变的。这一图形用户界面(GUI)与 Kvaser Memorator 数据记录仪一样,可以记录所有的控制器局域网报文,并且可以同时回放这些记录文件。另外还能向飞行器发送 Heartbeat 信号,通知通信链路是否还处于活动状态。

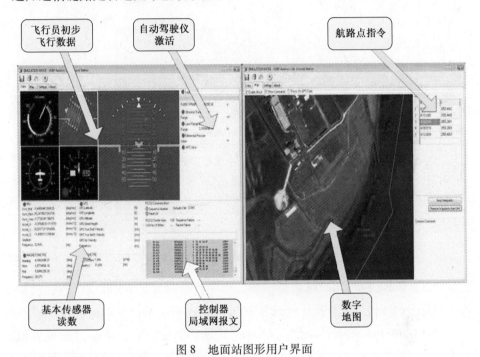

图 8　地面站图形用户界面

3　微航电系统控制的实现

内部改装的实际无人机/无人驾驶地面车辆集(包括 Vario 汽油直升机和特技飞行直升机、教练机 60 固定翼平台和 1/6 比例悍马(Humvee)[14])都集成有我们的跨平台兼容的微航电系统,支持自主飞行研究。装备有传感器和机载计算设备的试验微型直升机、固定翼飞机和地面车辆,提供必要的基础设施(图 9),支持自主飞行的先进研究,包括垂直起飞和着陆[14]、基于控制和分配自主性的视觉[15]。

"Aricopter"的基础结构是由德国模型直升机制造商 Vario 制造的 COTS 汽

Aricopter   Trainer60

Microbee   Humvee

图9　研究用无人机和地面车辆集

油直升机。Vario 的汽油教练机模型被选作飞行平台,因为 Vario 在价格、结构强度和提升能力方面优于其他选项,如 Century Heli 的"Predator Gasser"和 Bergen R/C 的"Industrial Twin"。"Microbee"是一个基于 Vario 特技飞行直升机的先进飞行平台。这种直升机具有增加的飞行包线并能进行特技机动飞行。"教练机 60"是一个初学者水平的固定翼平台,翼展为 160cm,并作为固定翼试验的主要飞机平台。"悍马"是用于试验航空电子系统基本功能的地面车辆。这是由 Nikko 制造的悍马 1/6 比例模型。这些试验飞行和地面平台向原型机提供独特的机遇,证明主体范围广泛的新概念,包括机动灵活性[8]、先进的飞行控制[13,20]、主动视觉传感和机队的自主性[7]。

多操作自主系统的算法设计和开发分为五个不同的部分:飞行/地面试验、系统识别和模型检验、飞机飞行/地面平台数学建模、控制器设计和模拟,如图 10 所示。首先,我们的无人驾驶飞机/无人驾驶地面车辆平台[14]的通用数学模型是围绕参数化模型实现的,这些模型用于系统的模拟和合适控制器的设计。实际的飞行和地面试验,通过系统和参数识别开发飞行或地面平台经验证的动态模型。另外,经验证的动态模型利用硬件和软件的仿真设置进行试验,提高控制器和自主算法。然后概念设计回路返回到外面飞行和地面试验,对经修改的控制器和算法进行测试,提高系统的自主性。在以下各分节中,将详细说明地面和空中平台的具体设计方法。

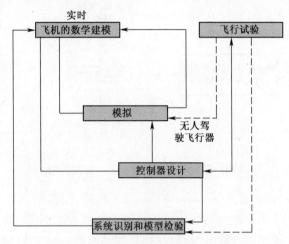

图 10　自主飞行的设计和开发概念

　　矩阵实验室(Matlab)/Simulink 是设计基本自主控制算法(包括降落和起飞)以及航路点导航的主要软件开发环境。这些设计可以迅速嵌入 MPC555 微控制器。小型无人飞行器所有典型的内部和外部控制回路以及导航回路,也在 MPC555 微控制器上得到了实现。微航电系统的设计也可以用以实现机动灵活的自主控制算法[16]。通过软件的细小修改,同一个系统也可以用于编队飞行试验[2]。相同的微航电系统的设计,目前正在垂直起飞和着陆尾坐式飞机[1]的用途方面进行转变,这种飞机具有独特的转换飞行状态,如悬停飞行、平飞和悬停—平飞转换。

　　在下面中,我们将回顾两种基本算法的开发流程作为例子。第一个例子说明自主控制和在"悍马"上进行的航路点导航试验。通过这个例子,我们将提供基于 Matlab/Simulink 环境下外部试验模拟和实际代码生成广泛用途的内部情况。第二个例子详细介绍实际飞行试验之前,"教练机 60"自动驾驶仪设计的硬件在环(HIL)测试。这两个应用实例证明了微航电系统的灵活性和快速的原型设计能力。

3.1　悍马(Humvee)上的自主控制和航路点导航试验

　　此后,我们在图 11 中说明开发地面车辆闭环控制和导航算法的过程。

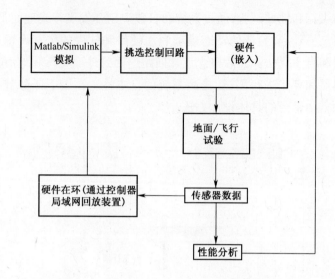

图 11 微航电系统控制实施过程流程图

作为第一步,我们建立了 Matlab/Simulink 模拟,模拟所有传感数据和控制体系结构。模拟采用非完整类车的地面车辆(图 12)模型作为动态模型。所取的地面车辆线性速度为常数,以便简化控制器的结构。经典的 PD-控制器设计(图 12)是要控制飞行器的航向。后来,这一控制器动态模型上进行模拟试验。将我们的航路点导航算法加入模拟之前,通过外部试验①对 PD-控制器进行了调整。航点导航算法是基于原始的航向控制器,尝试通过改变飞行器航向与目标航路点之间的参考输入角度达到给定的航路点。航路点导航算法在两点之间运行,对给定航路点与地面车辆之间的距离进行比较。如果这一距离等于或小于预先定义的限值,该算法则接受以下点作为新的目标航路点。将所有的目标航点嵌入两个矢量(航路点导航算法中的经度和纬度矢量作为嵌入式 Matlab 功能块执行),而航路点导航算法则由这些成对的经纬度按预先定义的顺序提供。我们的微航电系统设计,如 2.5 小节所述,也能通过地面站接收目标航路点。在实际外部试验中,利用 GPS 接收器更新位置测量值,利用数字罗盘更新航向测量值。在模拟中对导航算法进行验证(图 13)之后,设计适合于嵌入在 MPC555 微控制器上。这种与实时工艺相兼容的新 Matlab/Simulink 代码结构在图 12 中说明。

---

① 控制器系数的初始值是基于原三轮车模型选择的。我们利用外部地面试验数据调整了控制器的性能(超调量百分比、稳定时间和上升时间)。我们简单的航路点导航算法已经在获得可接受的性能之后加入到模拟中。此外,经调整的参数是通过 Matlab/Simulink 模拟为我们的具体应用进行交叉验证的,如图 11 所示。

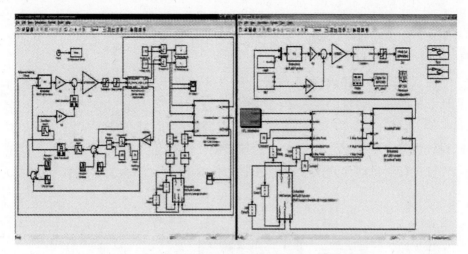

图 12　悍马导航和控制的 Matlab/Simulink 模拟及实现

　　适应过程包括用 Matlab 实时工作间（RTW）相容的块更换一些初始的模拟块。例如,地面车辆状态块用 TouCAN 块代替（MPC555 Simulink 库的标准块）,其中通道位置信息来自 GPS 接收器,航向信息来自数字罗盘。另外,将 PWM 输出块加到地面车辆的驱动伺服系统执行机构上,并移除地面车辆的数学模型,因为在实际外部试验中不需要使用该模型。此外,标准 C 或 M 文件（Matlab 脚本语言）两种语言表示的内嵌 Matlab 功能块是为算法复杂的 Simulink 块创建的。这一适应过程之后,MPC555 微控制器所需的 C 代码自动生成并嵌入 MPC555 微控制器。外部试验结果如图 13 所示,用来进一步调整控制和导航算

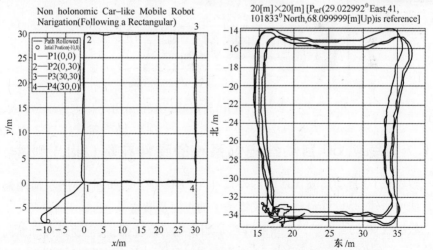

图 13　Matlab/Simulink 模拟悍马闭环导航和控制及外部试验结果
（在外部试验 ENU 框架内的航路点 [（0;0）、（0;20）、（20;20）、（20;0）] m）

363

法参数。注意,传感器数据也可以回放用于显示,如图 11 所示。另外,可以进行闭环系统识别和模型验证,无人驾驶飞行器的数学模型可以通过使用来自外部试验的传感器数据得到改善。

注意,我们利用微航电系统设计的自动代码生成功能发现,控制实施过程所需的时间比传统的嵌入式控制编程方法所用的时间要短得多[17]。利用这一能力,研究人员能专注于设计较高层的控制和导航算法,从而避免在算法设计过程中底层驱动程序多余的编程操作。例如,"教练机 60"固定翼无人驾驶飞行器自动驾驶仪系统的硬件在环(HIL)测试将在 3.2 小节中详细讨论(图 14)。

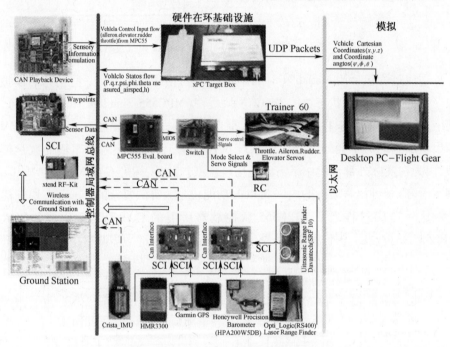

图 14　硬件在环(HIL)模拟器的设计结构

3.2　教练机 60 自动驾驶仪系统的硬件在环(HIL)测试

教练机 60 自动驾驶仪系统的硬件在环(HIL)测试,如图 10 所示通用概念设计法中所述,是设计自动驾驶仪算法中的重要步骤之一。

教练机 60 的自主航路点导航算法是用指定为高度保持、空速保持和航向保持(也定义为协调转弯)模式的三个外环路设计的[4]。这是在图 15 中说明的。在这些环路上面(图 16)有一个导航层,根据前一节详述的航路点地图产生飞机高

364

度、速度和航向。图 16 所示为飞行员驾驶起飞和自动驾驶仪算法测试。

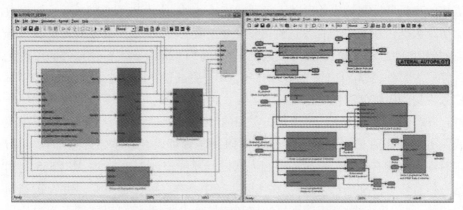

图 15 教练机 60 自动驾驶仪的 Matlab/simulink 模拟

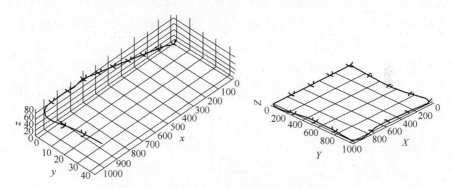

图 16 教练机 60 自动驾驶仪算法测试
（实际飞行员起飞,自动驾驶仪进行航路点导航）

图 14 中的硬件在环(HIL)设置,说明控制器局域网总线和以太网总线主干周围所有硬件的一般分布结构。硬件在环(HIL)平台可以分为四个主要的层。在第一层,传感信息通过控制器局域网回放装置或通过来自 xPC 目标框(xPC 目标框模拟动态模型)的状态信息传送到 MPC555。控制器局域网回放装置能通过索夫廷电脑利用控制器局域网总线将传感信息(GPS、高度计、HMR、IMU)传输到控制器局域网的接口卡。需要重点强调的是,传感器信息可以属于数据记录器(Kvaser Memorator)记录的实际飞行数据。此外,在第一层提供了硬件在环(HIL)设置与地面站的无线通信。在第二层,处理器层,我们有一个不同类型控制算法的 MPC555 处理器,和计算协调模式的 ARM 处理器,通过 XTend 射频套件、高层控制执行、任务规划和任务分配的 PC104 发送或接收信息。第三层称为动力模型层,包括 xPC 目标框。经识别和验证的飞机或地面车辆的动态模

型嵌入 xPC 目标框,在非线性状态传播之后,这一目标框利用控制器局域网通道接收飞行器控制输入并发送飞行器状态。此外,位置和姿态信息通过用户数据协议数据包从 xPC 目标发送到可视化层。具体地说,这一数据被转换为飞行器的经度、纬度和欧拉数据,并发送到运行开源 FlightGear 飞行模拟器的可视化计算机。另外,实际飞行器的硬件在环(HIL)测试是在控制输入可以作为 PWM 信号发送到飞机伺服机构时实现的。在这种特殊设置中,自动驾驶仪系统的硬件在环(HIL)是由两种不同的方式实现的。第一种方法称为"选项-A:回放模式",并显示在图 17 中。控制器局域网回放装置可以在有正确传感器 ID 的指定时隙内使所有传感信息通过控制器局域网总线流向 MPC555。MPC555 利用这一信息作为传感信息,就像是在实际飞行中一样,生成 PWM 信号并发送到伺服机构,用做教练机 60 模型飞机的控制信号。由此,我们可以测试飞行中的异常情况和硬件问题。另外,教练机 60 的真实飞行试验是利用 xPC 目标框进行动画播放的,这一目标框将传感信息转换为飞行器坐标并协调角度,通过 FlightGear 显示记录的飞行。第二种硬件在环(HIL)测试方法,"选项-B:模拟模式",通过图 18 所示的 FlightGear 飞行模拟器,测试自动驾驶仪算法并显示其性能。在第二种模式中,飞行器状态通过控制器局域网总线流向 MPC555 作为

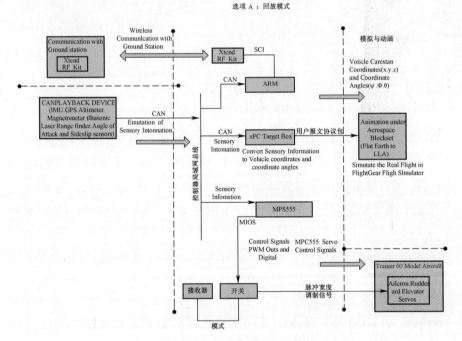

图 17　硬件在环(HIL)模拟器设计结构-选项 A

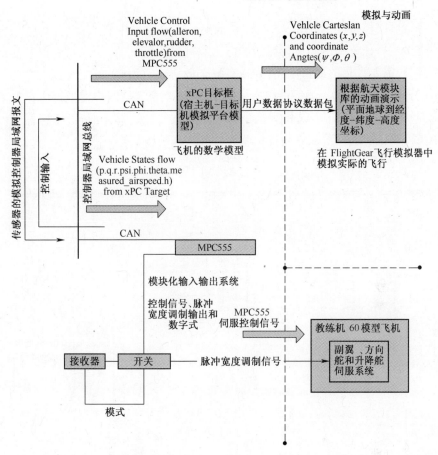

图 18　硬件在环(HIL)模拟器设计结构-选项 B

传感信息并由 MPC555 产生控制输入。在我们的自动驾驶仪算法测试中,经验证的动态模型被嵌入 xPC 目标,控制回路则被嵌入 MPC555 处理器。控制信号通过控制器局域网报文发送到 xPC 目标。xPC 目标传播飞机的非线性动态,获得飞机状态。xPC 目标将下一个控制周期的这些状态发送到 MPC555 控制器。另外,xPC 目标将状态信息转换为 FlightGear 原数据包形式并通过 UDP 将这些数据包流向可视化计算机,实时显示飞行控制算法。

　　在下一节中,我们将说明这种微航电系统的结构是如何集成到飞行网络模拟器中用于多飞行器协调试验场景的,而且涉及的飞行器包括联合空域中的有人驾驶飞机。

4 硬件在环(**HIL**) 的集成

 飞行网络模拟器,如图 19 所示,具备测试联合空域中有人/无人驾驶平台不同类型飞行任务和协同飞行算法的能力。外部飞行试验,作为每天试验活动的一部分,需要大量的逻辑电路,并在有复杂的协作应用时,可能导致不必要的风险(特别是在第一次试验飞行时)。其结果是,联合空域网络模拟器中微航电系统的硬件在环(HIL)集成和测试具有关键的重要性。具体而言,模拟器用做实际飞行试验前第一阶临界硬件检验和软件验证的步骤。

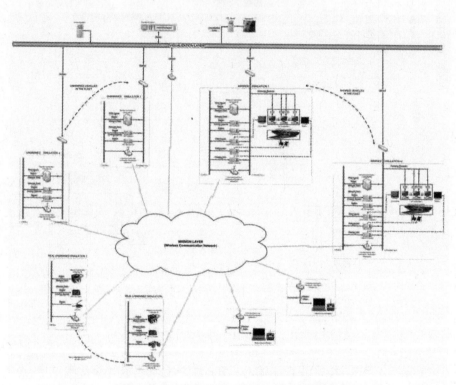

图 19　联合空域有人/无人飞行模拟器网络图

 此外,内部开发的网络模拟器的一个独特功能,是可以将实际飞行中的无人驾驶飞机连接到模拟的任务场景。这种能力可以进行有人/无人编队试飞试验,同时模拟有人驾驶平台和飞行中的实际无人机。因此,对于无人机机队的试验,可以模拟大型无人驾驶飞机机队的成员,而只有它们的子集是在实际的飞行中进行试验的。

 在开始介绍微航电系统(和实际的小型无人驾驶飞机平台)的硬件在环(HIL)集成到网络模拟器的细节之前,我们将首先回顾飞行模拟器的一般设计

368

和体系结构,包括主要组件和数据流层。

4.1 飞行网络模拟器

模拟器[①]的一般设计是围绕两层构成的:可视化层和任务层。这两层代表两种不同的数据总线结构和数据流。如图 19 所示,模拟部分,如飞行员驾驶飞机模拟器、无人机、实际无人驾驶车辆和飞行器(地面车辆和微型无人机)、地面站和模拟控制计算机,通过不同的有线和无线方式连接到这两个数据层。

可视化层需要可视化和模拟相关数据包在使用 UDP 数据包的整个有线以太网网络中通过(即导致向操作员或模拟器飞行员显示整个场景连贯的视觉图像)。可视化层采用开源 FlightGear 飞行模拟器数据包结构,直接集成到飞行模拟器的可视化部件上。这些可视化部件包括有人驾驶模拟器的三面板环境显示器(图 2)和飞行员/操作员战术/模拟显示器面板。任务层是通过使用预先定义的数据包数和结构模拟中所存在的每个独特实体的无线通信(串行和以太网)完成的。关键的任务数据,如目标任务、有效载荷读数、命令和要求,是通过这一无线任务层链路提供的。由于任务驱动的信息流量要求,在整个网络中与其他实体的通信和信息发布都需要有一个独立的多功能模块。为了满足这一需求,我们开发了一个标准化的指挥和信息发布模块(CID)作为网络模拟器硬件的组成部分。这一模块有几个通信接口,包括以太网、控制器局域网和串行链路,可以将各种附加的飞行员驾驶模拟飞行器、虚拟的或实际的无人机快速集成到可视化和任务层的现有模拟中。

数据流分层方式的原因影响了任务场景中实际操作无线通信链路与获得有人飞行器模拟器和操作员可视化和模拟信息的有线通信链路的区分。层的拆分不仅代表现实的任务实施,而且还可以对模拟实际任务中实施和经历的实际操作通信链路的无线网络结构(点对点、点对多点、ad-hoc)进行硬件在环(HIL)测试。网络模拟器组件的模块化设计,可根据有人驾驶和无人驾驶机队以及任务控制中心联合实时跨组模拟的需要进行修改。因此,网络模拟器内的硬件结构是针对模拟各飞行器处理器和通信模块的分布特性定制的。注意,可视化和任务层的分层总线方式,可在连接到相应的有线和无线总线后,立即将新的有人和无人模拟组件直接集成到场景中。

4.1.1 模拟控制中心

模拟控制中心由三个部分组成:模拟操作员计算机、世界计算机和

---

① 内部开发的飞行网络系统、硬件系统和软件体系结构的全面和广泛的处理,参见文献[2]。

369

FlightGear 服务器。操作员面板用于配置模拟器的网络设置。有关模拟的全部信息(有人—无人计算机的数量、机器的 IP 地址)都是从这个图形用户界面输入的。世界计算机用于控制可视化层的数据包流量。对于可视化和网络化操作,我们采用 FlightGear 原数据格式。FlightGear 原数据格式是用三种不同的数据包结构识别的:动态数据包(D)、FlightGear 多用户数据包和飞行动态模型数据包。动态数据包表示飞行器的动态,例如,运行每个有人和无人驾驶飞机数学模型的计算机提供的位置、方向和速度信息。多用户数据包包括有关位置、方向、速度以及飞行器模型的信息。飞行动态模型数据包包括有关飞行器或车辆的通用类型和配置信息。内部开发的称为状态发送器的程序,基本上是在世界计算机上运行的,将数据包从动态数据包转换到多用户数据包或飞行动态模型数据包。模拟的可视化需要使用多用户数据包和飞行动态模型数据包。状态发送器是 FlightGear 的附加模块,基本上是一个 C++程序,接收飞行器或车辆或任何其他模拟对象的动态状态信息,并在接收到这类信息时进行数据包转换。在模拟器中运行飞行器数学模型的所有无人和有人计算机(xPC 的计算机),都以特定的频率向这些程序发送状态作为动态数据包,状态发送器程序将动态数据包转换到多用户(P)数据包,并将其发送到 FlightGear 服务器和有人驾驶模拟器的 3D 多显示器可视化系统。除此之外,对于有人驾驶模拟器,状态发送器程序进行动态(D)到 FDM 数据包的转换,并发送 FDM 数据包有人驾驶模拟器座舱可视化显示的多显示器可视化系统。网络模拟器中的 FlightGear 服务器(Fg 服务器)在独立的计算机上运行,接收到模拟系统的传入连接。Fg 服务器中的交换数据包协议为用户数据协议(UDP)。我们通过 Fg 服务器不仅可以创立任务中所有模拟组件的完整列表和图,而且还能通过链接到服务器,向飞行员/操作员以及模拟控制器生成战术显示信息(图 20)。

4.1.2 有人驾驶飞机的模拟

有人驾驶飞机模拟系统,如图 19 所示,由一个通用飞行员操纵台和一个专用计算机机架组成。通用飞行员操纵台配备有标准的直升机(循环、踏板、协作、油门)和飞机(推力、襟翼)及飞行员输入设备。此外,飞行员还可以采用四自由度的操纵杆作为侧杆。飞行员控制台包括选择开关(如发动机、自动驾驶仪、稳定增益系统通—断开关)和警告灯(如高度、发动机故障),可对不同的操作需要和条件进行配置。驾驶员操纵台配备有三显示器可视化系统,提供来自FlightGear 的飞行场景景物信息。计算机机架系统包括一套双总线(控制器局域网和以太网)连接的电脑,可供飞行员输入模/数转换/飞行器数学模型的实

370

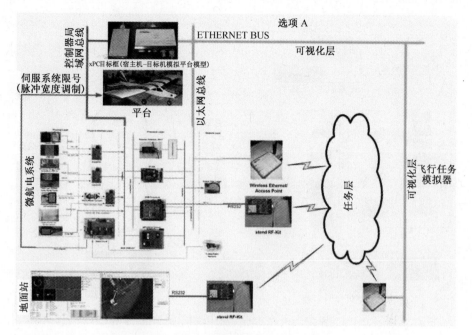

图 20　模式 A 硬件在环(HIL)的集成

时执行、任务和飞行控制,以及 C2 飞行员/操作员界面。

　　除了大量的 FlightGear 原飞行器模型①可供选择外,还在内部研制了几种
类型的飞行器,如直升机(EC-120、Vario)和战斗机(F-16、F-4)的 Matlab/Sim-
ulink 动态模型。为了实时模拟飞行器的动态,采用了 Matlab/Simulink 模型 xPC
目标技术。将 Matlab/Simulink 模拟模型编译到本机代码。本机代码在目标机
上的 xPC 操作系统内运行。配置 xPC 目标的设置后,制作了包括配置的操作系
统的软盘。在我们的实施过程中,通过软盘引导启动,利用普通电脑作为 xPC
的目标计算机。以太网的配置 Simulink 模型能连接并上传 xPC 目标计算机。
上传模型后,可以利用以太网通过遥控启动(图 21)。

4.1.3　无人驾驶飞机的模拟

　　网络模拟器中无人驾驶飞机的模拟集成可以通过虚拟飞行器或实际的无
人驾驶飞机来实现。虚拟无人驾驶的模拟在标准 PC 机架上运行,机架由四部
分组成:任务协调计算机、xPC 计算机/控制器、xPC 计算机/动态和指挥与信息
发布(CID)模块。由于网络中有两种信息流,即任务信息和可视化信息,所以,

---

　　①　注意,这些模型也可以用于有人驾驶的飞行模拟。

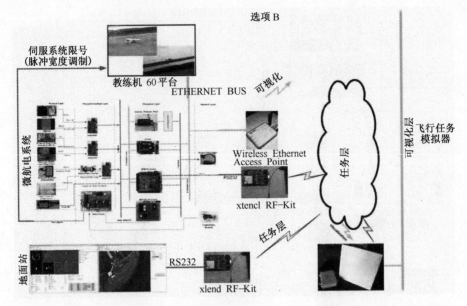

图 21　模式 B 硬件在环(HIL)的集成

有两种不同的通信总线:控制器局域网总线和以太网总线。控制器局域网总线用于任务相关信息流,而以太网则用于到可视化系统的数据流。虚拟无人驾驶飞机的模拟组件如图 19 所示。计算机系统由 4 台计算机组成,包括指挥与信息发布模块。每个独立的飞行器都必须使用指挥与信息发布模块,才能加入任务网络。指挥与信息发布模块实现了网络各部件之间通信和信息发布的简单通信协议。xPC 计算机/动态用于执行无人驾驶飞机实时动态算法,而控制计算机则提供闭环控制和指挥功能。任务协调计算机用于协同执行任务时,在机队内其他有人—无人驾驶飞机之间进行协调。

实际的无人驾驶飞机通过自己的指挥与信息发布(CID)模块连接到任务层,飞行器的信息数据通过任务模拟器自己专用的指挥与信息发布模块传送到可视化层。专用的指挥与信息发布模块收集来自实验室环境外面自然飞过或驶过的微型飞行器或地面车辆的数据。

4.2　微航电系统与无人驾驶飞机平台硬件在环(HIL)的集成

微航电系统的硬件在环(HIL)集成是以两种模式实现的:模式 A 和模式 B。在模式 A 时,系统配置为独立的硬件在环(HIL)结构,如第 3 节所述。在这种设置中,xPC TargetBox(目标框)计算机,称为动态模型层,嵌入了我们的实时飞行器动态模型,并接收飞行器的控制输入,通过控制器局域网通道利用微航电系统发送飞行器状态。对于网络模拟器场景与可视化集成,xPC TargetBox 链接到世界计算机上,通过用户数据协议数据包利用有线以太网线发送动态数据包(D)的位置和高度信息。在世界计算机上,通过 StateSender 转为(P)多用户数据包,用于可视化和场景的集成。

在这个特殊的设置中,位于实验室的微航电系统模块,在模拟联合空域内实现实时控制器和算法的实际飞行配置时运行。任务相关的通信是利用原飞行指挥与信息发布模块和无线以太网通过所有其他模拟的有人和无人驾驶系统实现的。

在模式 B 的配置中,微航电系统安装在无人驾驶飞行器上进行外部飞行试验。在飞行试验过程中,无人驾驶飞机连接到网络模拟器上,动态数据包(D)通过指挥与信息发布模块输送到世界计算机,并利用以太网发送到有外部天线的模拟器自己的指挥与信息发布模块。另外,它接收来自世界计算机的 1Hz 更新场景图像信息。在任务层,有人驾驶模拟或虚拟无人驾驶模拟,通过模拟器的指挥与信息发布模块链接到实际的飞行模块。模拟器自己的指挥与信息发布模块基本上作为飞行试验单元和模拟单元的路由器使用。

5 结论

在这项工作中,我们详细介绍了以控制器局域网和以太网总线为主体的微航电系统的设计和自主操作实施情况。除了模拟高速/高空飞行的无人驾驶飞机所用较大单元的航电系统结构外,这一系统还为我们提供了独特的功能,如快速原型设计/自动代码生成功能以及与地面、固定翼和旋转式小型无人驾驶飞机的跨平台兼容性。总线主干还允许对定制飞行管理计算机与通信单元进行集成和试验,实现适合联合有人—无人空域中机队操作的算法。这一单元集成到内部联合飞行网络模拟器的硬件在环(HIL),提供了在涉及有人驾驶和无人驾驶飞机高风险高成本的实际飞行试验之前这些单元的广泛试验能力和算法。

致谢

作者要感谢艾斯兰为有人驾驶飞行模拟器提供的硬件支持。塞尔达尔·阿泰斯和伊斯梅尔·巴耶齐特要感谢 TUBITAK(土耳其科学技术研究基金)在他们研究生教育期间提供的财务支持。此外,作者还要感谢巴哈迪尔·阿马甘对本次研究的每一部分给予的工程支持,法提赫·埃德姆·京迪兹对地面站

GUI 和 SmartCAN 代码的重新设计,米拉茨·阿克苏古提供的机械支持,奥克塔伊·阿尔斯兰在联合飞行网络模拟器的集成中所做的工作,萨利姆·艾格上尉担任试飞员和麦利赫·菲达诺鲁友好地提供的后勤保障。

参考文献

1. Aksugur, M., Inalhan, G., Beard, R.: Hybrid propulsion system design of a vtol tailsitter UAV. In: Wichita Aviation Technology Conference, Wichita, August 2008

2. Arslan, O., Armagan, B., Inalhan, G.: Development of a mission simulator for design and testing of C2 algorithms and HMI concepts across real and virtual manned-unmanned fleets. In: Hirsch, M.J, Commander, C. W., Pardalos, P.M., Murphey, R (eds.) Optimization and Cooperative Control Strategies. Lecture Notes in Computer Science, Springer (2008, in press)

3. Cetinkaya, A., Karaman, S., Arslan, O., Aksugur, M., Inalhan, G.: Design of a distributed c2 architecture for interoperable manned/unmanned fleets. In: 7th International Conference on Cooperative Control and Optimization, Gainesville, February 2007

4. Christiansen, R.S.: Design of an Autopilot for Small Unmanned Aerial Vehicles. Msc, Brigham Young University (2004)

5. Cummings, M.L., Guerlain, S.: An tnteractive decision support tool for real-time in-flight replanning of autonomous vehicles. In: AIAA 3rd "Unmanned Unlimited" Technical Conference, Workshop and Exhibit, pp. 1-8, Chicago, 20-23 September 2004

6. Elston, B.J., Frew, E.: A distributed avionics package for small uavs. In: AIAA Infotech at Aerospace. Arlington, September 2005

7. Evans, J., Inalhan, G., Jang, J.S., Teo, R., Tomlin, C.J.: Dragonfly: A versatile uav platform for the advancment of aircraft navigation and control. In: Proceedings of the 20th Digital Avionics System Conference, Daytona Beach, October 2001

8. Gavrilets, V., Shterenberg, A., Martinos, I., Sprague, K., Dahleh, M.A., Feron, E.: Avionics system for aggressive maneuvers. IEEE Aerosp. Electron. Syst. Mag. 16, 38-43 (2001)

9. Hollan, J., Hutchins, E., Kirsh, D.: Distributed cognition: Toward a new foundation for humancomputer interaction research. ACM Trans. Comput.-Hum. Interact. 7, 174-196 (2000).

10. How, J., Kuwata, Y., King, E.: Flight demonstrations of cooperative control for uav teams. In: 3rd Conference Unmanned Unlimited Technical Conference, Chicago, September 2004

11. Inalhan, G., Stipanovic, D.M., Tomlin, C.: Decentralized optimization, with application to multiple aircraft coordination. In: IEEE Conference on Decision and Control, Las Vegas, December 2002

12. Jang, J.S.: Nonlinear Control Using Discrete-Time Dynamic Inversion Under Input Saturation: Theory and Experiment on the Stanford Dragonfly UAVs. PhD, Stanford University, November (2003)

13. Johnson, E.N., Schrage, D.P.: The Georgia Tech unmanned aerial research vehicle: Gtmax. In: Proceedings of the AIAA Guidance, Navigation, and Control Conference, Austin, 11-14 August 2003

14. Karaman, S., Aksugur, M., Baltaci, T., Bronz, M., Kurtulus, C., Inalhan, G., Altug, E., Guvenc, L.: Aricopter : aerobotic platform for advances in flight, vision controls and distributed autonomy. In: IEEE Intel-

ligent Vehicles Symposium, Istanbul, June 2007

15. Karaman, S., Inalhan, G.: Large-scale task/target assignment for uav fleets using a distributed branch and price optimization scheme. In: Int. Federation of Automatic Control World Congress (IFAC WC'08), Seoul, June 2008

16. Koyuncu, E., Ure, N.K., Inalhan, G.: A probabilistic algorithm for mode based motion planning of agile air vehicles in complex environments. In: International Federation of Automatic Control World Congress, Seul, July 2008

17. Mutlu, T., Comak, S., Bayezit, I., Inalhan, G., Guvenc, L.: Development of a cross-compatible micro-avionics system for aerorobotics. In: IEEE Intelligent Vehicles Symposium, Istanbul, June 2007

18. Bear: Berkeley aerobot team homepage. University of California: Berkeley Robotics Laboratory.http://robotics.eecs.berkeley.edu/bear/ (2008)

19. GPL OpenSource: The flightgear flight simulator (1996)

20. Shim, D.H., Sastry, S.: A situation-aware flight control system design using real-time model predictive control for unmanned autonomous helicopters. In: AIAA Guidance, Navigation, and Control Conference, vol. 16, pp. 38-43, Keystone, 21-24 August 2006

21. Ure, N.K., Koyuncu, E.: A mode-based hybrid controller design for agile maneuvering uavs.In: International Conference on Cooperative Control and Optimization, Gainesville, 20-21 February 2008

22. Valenti, M., Schouwenaars, T., Kuwata, Y., Feron, E., How, J.: Implementation of a manned vehicle - UAV mission system. In: AIAA Guidance, Navigation, and Control Conference and Exhibit, Providence, 16-19 August 2004

第 *20* 篇

用于无人驾驶直升机控制研究的硬件平台

Emanuel Stingu ,Frank L.Lewis

（伊曼纽尔·斯廷古,弗兰克·L·刘易斯）

摘　要:在本文中讨论的主题涉及当前在无人驾驶直升机设备领域的自动化和机器人学科研究学院进行的研究工作。这些设备旨在实现特技飞行和多种多台飞行器的协作。设计了模块化的电气系统,该系统包括在控制器区域网络(CAN)总线上进行通信的传感器和运行专用实时 Linux 内核程序的机载计算机,在其他类型的飞行器和地面站上也使用这种系统。这也有利于研发多台飞行器控制算法。

关键词:无人驾驶直升机;实时控制;CAN 总线;多台飞行器协作

1　引言

近年来,无人驾驶系统对军事行动所做出的贡献在持续不断地增长,同时还减少了对人员生命造成的危险。无人驾驶飞机系统(UAS)能在诸如侦察和监视、精确目标定位、信号情报、数字化测图等任务中扮演重要角色。由于传感

E. Stingu (✉) · F. L. Lewis

Automation and Robotics Research Institute, University

of Texas at Arlington, Arlington, TX, USA

E-mail: pestingu@ arri.uta.edu

URL: http://arri.uta.edu/acs/

F. L. Lewis

E-mail: lewis@ uta.edu

K. P. Valavanis et al. (eds.), *Unmanned Aircraft Systems*.DOI: 10.1007/978-1-4020-9137-7_21.

器和通信设备的小型化,较小飞机现在能执行几年前使用较大飞机才能完成的相同任务。这不但在成本和后勤上具有显著的优势,而且能执行全新的任务,比如在市区环境下街道层面的作战。由于无人驾驶直升机具备悬停和垂直起飞的能力,所以它们特别有用。

在控制无人驾驶直升机的研究方面,已经进行了大量的研究工作[1-4]。其中大多数研究工作使用线性模型研究直升机动态特性,而且基本上是针对悬停、前飞或简单的机动动作。由于高推重比(能达到3),这些小型直升机具备实施特技机动飞行的特殊能力[5],但还没有彻底研究这些能力。甚至,大部分用来执行算法的平台都进行了修改以增加设备和机载计算机。通用的方法是用较高的滑撬取代原来的滑撬,以适应设备高度,然后把大部分增加的部件放入到在直升机机体下面的一个大型箱子里。在初始重心下面放置额外的重量增强了直升机的稳定性,但是严重限制了其特技飞行的能力。

本文论述了当前在无人驾驶直升机设备领域中自动化和机器人学科研究学院进行的研究工作,这些设备旨在实现特技飞行和多种多台飞行器的协作。我们通过提出一种以最小的工作量就可配置在不同类型飞行器上工作的模块化系统,提供了一种同以往该领域所做研究略有不同的方法。

2　问题描述

对控制系统的设计,有一些主要指导思想。为减少研发时间和成本,可重复使用性是很重要的。在直升机、地面车辆、地面监控站上可以使用相同的电子模块和相同的软件。该系统是模块化的,包括在 CAN 总线上通信的分散的电子模块。该构造允许贯穿整个直升机机体分配系统(图 1),对重心影响小,并且允许特技机动飞行。

安全性是一个大的关注事项,因为这种大小的直升机是昂贵的,且有可能给操作员带来非常大的危险。为了增加电子控制系统的稳健性,计算功能由机载奔腾 M 处理器和实时模块上的微处理器(当前者发生故障时可进行控制)来控制。此微处理器可以访问一组附加的本地(低精度)惯性传感器,因此当软件或电子器件发生故障时,它能使直升机安全着陆。控制器区域网络(CAN)协议对电磁干扰并不敏感,确保了在模块间通信线路的可靠性。对不同功能的供电是相互分离的,并加有短路保护。在线路发生故障的情况下,大部分系统仍将工作。各种电流、电压、温度和速度传感器在故障变得严重前,可以做出故障预报。

低功耗和重量轻对于无人机来说是非常重要的,因为它们决定了无人机的飞行时间和机动性。与相应的市购商品相比,专门设计的电子器件更小,重量更轻。通过使用高效的开关式电源,可以进行从电池到各种模块的所有电源变换。这样优化了电能的利用,也允许更长时间的飞行。

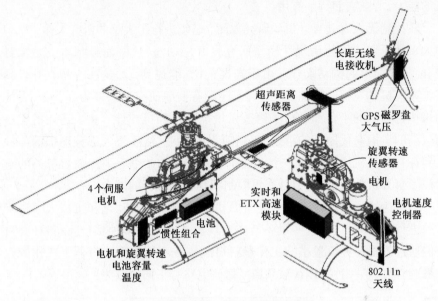

图 1　直升机机体不同电子模块的部位

3　直升机平台

机械平台为德国迷你直升机公司制造的 Joker2 型纯特技表演用电动直升机(图 2),主要技术指标如下:

图 2　Joker2 型直升机平台(包括电子控制系统)

- 主旋翼直径:1560mm。

- 尾旋翼直径:290mm。
- 质量:4.5~5.0kg(带电池)。
- 最大总质量:6.8kg。
- 飞行时间:8~20min(取决于飞行方式和负载)。
- 电池:两块锂聚合物电池,8000mA·h,18.5V。
- 电动机:Plettenberg 370/40/A2/Heli,三相无电刷电动机,2.5kW,低

振动。

主旋翼具有 Bell-Hiller 稳定器杆,但为了提高 3D 特技表演中的机动性,可以用完全不带稳定器杆的刚性旋翼毂替代它。选择电动直升机而不是内燃机的原因是燃油消耗以及直升机质量的变化会产生系统识别问题,因为燃油消耗以及直升机质量的变化使得每次试验时无法获得一致的测量值。采用电动机而不是内燃机,还因为前者更容易操作而后者必须定期调整且必须手动启动。

已做完将直升机连接到专门设计的直升机机台(图3)上的一些试验,该机台允许直升机以任一方向倾斜(有一些限制),围绕垂直轴旋转,上下起落并在平面内转圈。使用一个汽缸,可以忽略机台的质量。该机台最重要的作用在于调整直升机并可为悬停取得线性模型。

图3 直升机机台(带有 Raptor30V2 型直升机)

4 直升机控制系统的组织方式

电子控制系统分配在三处位置:在直升机机体上,在地面上(基地站),紧急

状态下分配给驾驶员（遥控）。因为机载计算机足以进行控制，地面基地站为可选项。使用两种独特的发送/接收线路来实现无线电通信。第一种，在900MHz波段，使用大功率收发机，用简单的全向天线来覆盖半径约为22526m的范围。这种通信线的缺点是它仅在低速工作，最大的比特率为115.2kb/s。在这种速度下，直升机仅能向地面监控站传送最重要的飞行变量，并在紧急状况下从地面站和遥控装置接收指令。第二种无线电通信线路是高速802.11n无线网络，具备300Mb/s的最大通过量。作用范围大约300m。网络使用UDP数据包，并允许每台设备与任何其他设备相互通信。这样就可以实施编队飞行算法，因为直升机、地面车辆以及地面站能较容易地实时分享信息。如果失去了高速通信线，就使用远程线路来维持控制并使车辆返回到高速无线电通信线路覆盖的区域内。

4.1 机载系统

促使设计机载电子系统的主要思想是能够将各部件分布到整个直升机机体，其分布方式如下：与原平台相比，重心不应偏移太大。在直升机机体下方放置一个包含所有电子系统的大箱子这种方法是不可行的，因为重心将向下移动过大，使得直升机更稳定，难以做特技机动飞行。只有小型直升机存在这种问题。

因为系统部件是分开分布的，所以必须采用可靠的通信信道。直升机为电动的，这为选择通信协议带来了更多的压力。电动机可以具有10A的电流峰值。悬停时平均电流消耗为25A。无电刷电动机的速度控制器必须将动力同步转换到不同的绕组，使旋翼运动，并通过脉宽调制控制动力传递到电动机。所有这种大电流和高电压的转换都造成另外的电磁干扰，可能使控制系统模块间的通信中断。远程无线电收发机的最大传输功率为1W。有些传输的能量能被直升机机体上的线路捕捉并在半导体部件内部进行整流，这导致另外的通信误差。所有这些问题的解决方法是选择CAN作为通信标准。控制器区域网络（CAN）是一个为实时控制应用而开发的高度集成的串行数据通信总线，最初是由博施公司为在汽车中使用而研发的。它具备很好的故障检测和隔离能力，这些能力与差示信号相结合可确保高度的稳健性。由于具有下述特点，它允许实时通信：相对高速（1Mb/s）；由于数据包较短，等待时间较少；使用逐位校验来节点选址，以防止冲突并使报文按优先序排列。

机载电子系统的框图如图4所示。

最重要的部件是实时模块（RTM）。它作为CAN总线和USB总线之间的通

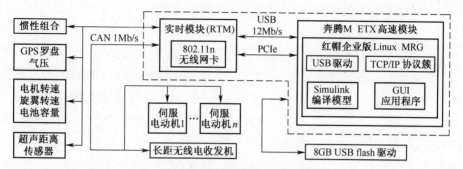

图4 直升机机载控制系统的组织方式

信桥梁,向所有模块提供动力,并实施一些在紧急状况下被激活的简单控制算法。它也是一块承载奔腾 M ETX 高速模块的装载板,该模块实际上运行复杂的控制算法(在正常条件下)。ETX 高速模块使用实时内核运行红帽企业版 Linux。它通过 PCI 高速总线连接至安装在实时模块上的一个 802.11n 无线网络转接器,也能用一个 12Mb/s USB 连接部件与实时模块通信。每个传感器或每组传感器都包含在一个单独的塑料箱子里,通过一个 CAN 总线以 1Mb/s 的数据率同实时模块进行通信。除了接收指令外,伺服电动机也能将自身位置发送回实时模块。

4.1.1 ETX 高速模块

对机载计算机构造来说,存在多种可能的选择。由于高度的平行度、较低的功耗或良好的浮点性能,采用 DSP 平台和 FPGA 平台有着较强的吸引力。遗憾的是,当它真正在全系统运行时,这些优势就都失去了。允许与 USB、以太网、和 PCI 快速服务通对接的软件构件,以及与外部设备(如 USB 视频摄像机和无线网卡)相互通信必备的驱动程序或程序库连接,一般来说都不是开源或免费的。目标是建立一个廉价的系统,其中一个人能完全控制软件,而且当需要时很容易扩展其功能。除此之外,易于执行控制算法也应在考虑范围内。因为直升机是一个研究平台,多数算法不会为了速度或平行度进行优化。它们将需要强大的浮点性能,可能不会在定点 DSP 上优化运行。执行 FPGA 需要 C 或 Matlab 代码转换成 VHDL 或 Verilog 代码,然后进行测试和综合,这是一个需要具备 FPGA 设计方面的专业知识的过程。

出于上述理由,对机载计算机构造的选择是要使用 $x86$ 系列通用处理器,它具备最大的软件支持量,与任一类型的控制算法相配都相当不错。通过英特尔奔腾 M 处理器(Dothan)和英特尔双核 Duo 处理器(执行平行算法),可达到系统设计时每瓦的最佳性能比(尤其是执行浮点任务时)。

包含所需处理器和全部必备外围设备的最小形式 CPU 板是 COM 高速模块化计算机(也称之为 ETX 高速模块)。它是一个高度集成的现成的组件块,以一个插入用户定制的专用装载板(在这个例子中为实时模块)的 PCI 高速总线构造为基础。COM 高速模块尺寸仅为 95mm×125mm,包括像视频、音频、以太网、存储界面以及 USB 端口等大部分应用所需的通用功能。在这些模块上的部件有处理器、芯片组(带有机载图表)、DDR 存储器、一个千兆位以太网控制器和必备的开关式电源,这种电源将输入的 12V 电压转换成不同电路所必需的电平。由于尺寸较小,这些模块没有为各种外部设备使用特定连接器,相反,它们通过一对高密度连接器同装载板相连接,此装载板在需要时可将必备的信号发送到连接器上。实时模块可用到 5 个 USB 端口、1Gb 的以太网端口以及一个综合模拟视频和电视信号输出。它也将一路 PCI 快速通道连接至一个迷你 PCI 高速无线适配器,将一路 USB 信道连接至实时模块微控制器。也使用少量的其他信号,主要是允许实时模块微控制器进行电源管理并监控 ETX 高速模块的工况。多数来自 ETX 高速模块的信号不被使用。尤其重要的是,在以后的设计中,能够将未使用的 PCI 高速通道连接至实时模块印制电路板上的一个 FPGA。

ETX 高速模块的硬件构型与微软的 Windows 和 Linux 兼容,因此它们能够同样作为通用计算机使用,无需为用户定制软件。

4.1.2 实时模块

实时模块是围绕以 48MHz 运行的 32 位 ARM 微控制器搭建的。微控制器的主要作用是支持在 CAN 总线和 USB 总线上的通信。它具备一个轻型的不受限的实时操作系统(确切地说,像 FreeRTOS),该系统提供同 RTOS 一样的基本功能:任务、有优先权的且相互协作的调度、信号标、互斥、队列、临界段以及许多其他功能。写入专用驱动程序以支持 USB 总线、CAN 总线以及 RS-232 串口上较短等待时间的通信。它们使用圆形缓冲器并利用微控制器的 DMA 传送能力,允许硬件做大部分工作并保证对通信事件有最快的可能反应,无需软件的介入。

通过 USB,微控制器与 ETX 高速模块或外部计算机相连。在一个取样周期内,两次使用这条信道:在开始时,微控制器发送传感器数据至 ETX 高速模块,在取样周期结束时,它接收指令将其发送至致动器。USB 通信所花费的时间必须缩至最短,这也是为了充分利用 USB 总线,将所有的努力都集中在优化驱动程序以实现等待时间较短的原因。引导装入程序也使用 USB 连接,它允许固件很容易地进行更新。

实时模块提供了两条可以连接外部传感器、致动器以及专用功能装置的 CAN 信道。通信使用 CANopen[6]，一个 CAN 基的更高层协议。此协议为实时数据、配置数据和网络管理数据提供了标准化的通信对象。在 CAN 总线上的每个装置有它自身的标识符和与之相关的对象词典(OD)，该词典对该装置及其网络的工况提供了完整的描述。所有的报文在 CAN 总线上传送。基于在对象词典中的条目，每台装置都实施了一个过滤过程，仅允许接收对其重要的报文。下面是在网络上的预定义报文类型。

- 管理报文

它们基于一个主从概念。在 CAN 总线上，只有一个主装置(对每个专门服务)和一个或多个从装置。实施下述服务：同步——用于使所有设备同步至取样时间。实时模块为主装置。与此报文有关的 CAN 标识符具备最高的优先权，并能同准备同时发送的所有其他报文一起获得逐位校验。因为每个 CAN 节点具备一个硬件计时器，为 CAN 报文加上时间标记。同步可精确到 $1\mu s$。启动时，从装置有 4 种可能状态：初始化、预运行、运行、终止。从装置发送此报文向主装置说明它们已由初始化状态转入预运行状态。实时模块发送此报文来启动、终止或复位一个或所有的从装置。

- 服务数据对象

这些是访问从装置对象词典的报文。这样主装置(实时模块)就能询问每个从装置并确定所支持的网络服务以及可用实时变量，从而更新其配置。当从装置处于预运行状态时，主装置对取样率、与 SYNC 报文有关的不同操作的时间偏移量以及其他特定参数进行配置。当对 CAN 总线上所有装置的配置完成时，主装置将这些从装置转换至运行状态。为了允许对 CAN 装置固件的更新，而不是将 CAN 装置从系统中拆除，要执行一个 CAN 引导装入程序。该程序在预运行状态下是运行的，使用 SDO 报文可对其进行访问。实时模块为必须编程的装置接收 CAN 标识符，并通过 USB 总线接收来自 ETX 高速模块或外接计算机的 HEX 文件，并将其通过 CAN 总线发送到要编程的装置。

- 分理数据对象

这些报文封装实时变量的内容，在每个采样周期内由 CAN 装置发送或接收这些变量。它们是基于生产者—消费者概念。数据从一个生产者(而且只有一个)传送到一个或多个消费者。在通常条件下，实时模块是传感器产生的数据的消费者，致动器是实时模块发出指令的消费者。在实时模块停止响应的情况下，CAN 装置改变了状态，并实施分布式控制算法，该算法设法稳定直升机并使其着陆。为了实现这个目标，致动器成为传感器数据的消费者。

USB 接口是供给通信装置类（CDC）的，该类作为虚拟的 COM 端口连接到 USB 主机，这大大简化了应用程序编程。它使用三个端点。默认的控制端点 0 用于进行装置管理。另两个为一对 IN 和 OUT 端点，能使用 BULK 或 Isochronous 传动装置。在当前的实施过程中，使用 BULK 传动装置的原因在于当只有一个装置被连接到 USB 根接头上时，这些 BULK 传动装置可以保证数据传送正确，并无太长的等待时间。在未来，为改善实时状态，将使用等时的传动装置，因为它们保证了最少的等待时间。万一有错误，数据的重新传送将在软件中进行。USB 通信为每个数据端点使用两个缓冲器。当软件处理一个缓冲器中的内容时，硬件使用另一个缓冲器工作。这样，硬件接口一般不必等待软件来填补缓冲器，允许 USB 全带宽使用。

实时模块也包括为所有安装在直升机上的不同模块供电的 10 个开关式电源（图5）。所有这些电源的电流受限并具备短路保护，能够从过流状态中自动恢复。所有这些电源能由微控制器分别激活，而且它们都上报过流条件，以便于在系统中故障定位。还包括一个大电流开关式锂聚合物电池充电器，无需将电池取下就可以进行外部充电。当连接有直流适配器时，实时模块也向内部电源总线供电。实时模块给予内部装置供电的优先权，仅使用剩余的电流为电池充电。即使在大量的充电/放电周期之后，也需要电池平衡器来保证所有的电池充电平稳。为了创建可以通知操控员的"燃料表"的功能，并为舰载电子设备创建可用飞行时间的控制算法，微控制器对充电和放电电流进行永久监控。为提高可靠性，每个 CAN 信道都由其自身的电源供电。在一个信道电源线上的

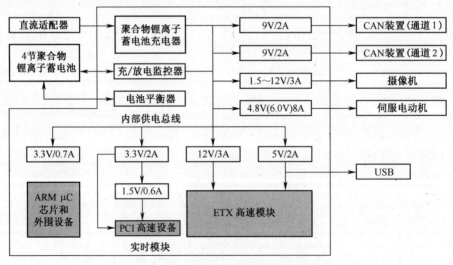

图5　在实时模块上供电系统的配置

短路不会使外部系统的所有功能失效。1.5~12V 可编程电源也包含在内,可以为具有立体视觉的视频摄影机以及在未来需要加入的其他装置充电。

4.1.3 惯性测量部件

惯性测量部件(IMU)是控制系统中最重要的部件之一。当没有对绝对位置和方向的其他测量手段或者测量不精确的情况下,它的测量对直升机在飞行期间全面状态的评估是至关重要的。已付出了最大努力,使用相对廉价的传感器尽可能达到此仪器最高精度。它使用 MEMS 加速计和具有较高内部共振频率的陀螺仪,从而确保在一个宽频范围内可靠的振动抑制,也可具有一个较高的带宽。

大部分商业上的解决方案是使用一个带有多路转换器的单一 A/D 转换器,以便将所有的 6 个模拟信道转换为数字表达。在不同的时刻,每个传感器取样,并且如果取样率低,提供给全部传感器的数据集就不是一致的。另一个问题是伴随温度的变化,产生的偏差和灵敏度校准问题,这里通常的三点校准技术不能提供足够精度。

因为模数转换器的成本比惯性传感器的成本低得多,所以对所有上述问题的解决方案是为每个信道使用一个专用的 ΔΣA/D 转换器。此方法有下面的优势:

- 提供一致的取样信号(所有信号同时取样)。
- 因为转换器时间被一条信道充分占用,而且消除了多路转换器的稳定时间,所以允许较快的取样率。
- 避免使用会造成偏差、灵敏度误差和温度偏离的复杂信号调节电路。这是能够做到的,因为当不再有多路转换器存在时,且 A/D 转换器的输入允许信号在每次取样后完全稳定,则无需对传感器输出进行缓冲。
- 仅需要一个简单的 RC 滤波器用以去除产生的伪信号,这是由于 ΔΣ 转换器的取样频率大约比 A/D 转换器的数据率快 450 倍。

还有,一个用户定制的解决方案允许及时在规定的时刻设置取样点,与其余在平台上能使用的传感器同步。

对于温度补偿,将同型的 A/D 转换器用做惯性传感器,以避免由于使用不精确的或有干扰的温度数据而将额外的误差引入到最终结果中。大约有 100 个点用于温度校准。为所有这些温度点,收集了所有传感器的原始测量结果。它们包括了从处于静止状态的 IMU 获得的偏移值以及利用加速计的重力和陀螺仪恒速旋转的罗经平台获得的灵敏度数据。将设计出更多的复杂试验,以提高校准性能并且考虑十字轴效应和对准误差。

在直升机平台的情况下,必须特别说明的另一方面是寻求一种方法,来消除 IMU 输出中的振动效应。使用电动直升机而不是燃气驱动的直升机保证了较少的振动,但是这并不够。在直升机机体和 IMU 之间使用机械振动阻尼器会增加偏差、相位延迟以及一些非线性特性,使测量精度变得更差。所有这些因素都取决于温度。在每个传感器的输出端使用模拟滤波器会使设计过于复杂化,不满足适配性的要求。将各种解决方案综合起来可以解决该问题(见图6)。首先,可使用具备良好性能但却简单的机械阻尼器(某一高度的双面胶带)过滤掉高于或接近于传感器内部共振频率的振动。使用一个 RC 滤波器,将传感器的带宽降到大约2kHz。这就限制了这种共振传感器固有的解调噪声。$\Delta\sum$ A/D 转换器对频率为 1.8MHz 的信号进行了取样,以 4kHz 的速率提供输出数据。IMU 由一个 32 位 ARM 微控制器驱动,该控制器应用了一个 FIR 滤波器,对数据进行向下取样,向下取样的速率为在 CAN 总线上编程的速率(当前为100Hz)。在传感器的初始化过程中,在 CAN 总线上也对滤波系数进行编程。

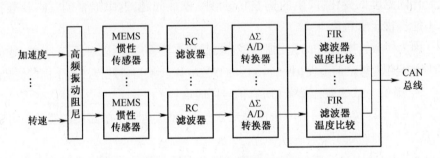

图 6   在 IMU 内部的信号路线

4.1.4   系统监控模块(SMM)

必须动用所有可能的手段使直升机和操作人员的安全得以增强。该尺寸的一种电动直升机的操作要求是在飞行过程中对一些具体参数进行严格的观察。系统监控模块是在低功率电子系统(其中包含机载计算机和大部分传感器,执行控制算法)和实际上能让直升机飞行的高功率机电系统之间的界面。这两个电子/电气系统具备单独的电池,以防止来自大电流和高电压系统对灵敏低压系统的干扰。因为 SMM 监控直升机电动机电源区域内的大部分参数,它接受主要的锂聚合物电池提供的动力。CAN 总线布置在机载计算机的电源区域。为允许在 CAN 总线上的通信,SMM 在其微控制器和 CAN 收发机之间采用光学隔离。

SMM 测量下面的参数:两个主电池中每个电池的电压、通过主电池的电流、它们的温度、电动机的温度、电动机速度和主旋翼速度。它也对电动机速度控制器提供指令(作为伺服型 PWM 信号)。

不允许锂聚合物电池达到低于 3.0V 的电压。如果电池达到了此电压,就会发生不可逆反应,在后续充电周期中严重限制电池的容量,甚至更糟糕的是导致火灾。因此,SMM 的一个重要功能是持续监控每个电池的电压。在控制系统不反应,并且不能使直升机着陆的情况下,SMM 慢慢降低电动机的转数使自身做迫降。电流监控功能再加上电压监控功能就可以对直升机所需的瞬间动力进行测量。这被用做一种"燃料表",可以显示剩余的电池时间,也能在控制算法中使用,以优化动力消耗。

电动机为三相无电刷电动机,无传感器测量其轴间夹角或速度。电子速度控制器使用 PWM 供电信号来控制速度。它将电动机的两相位同时与电池连接起来,并测量第三个相位以取得电动机旋转时产生的反 EMF 电压。这种测量电压的零交点可用于探测旋翼的角度和将电源切换到下一对相位。因为在电动机上安装速度传感器不是一个可行的解决方法,所以根据速度控制器向用于切换某个相位的低边场效应晶体管发出的指令进行测量。相位转换与旋翼的运动同步,因此能够探测确切的电动机速度。直升机主旋翼的速度可使用集成的 Hall 传感器检测。这两个速度不一定表示了齿轮的速比。电动机通过同步皮带和齿轮箱驱动主旋翼。另外,安装有一个单向轴承,该轴承可使主旋翼空转。另一种情况是两个速度跟不上齿轮速比,当有机械故障以及同步皮带跳齿时会出现这种情况。在这种情况下,主旋翼的速度小于齿轮速比和电动机速度的最小预期值。这种情况被持续监控,并发信号给控制算法和操作人员,以便在问题变得严重之前,就使直升机降落。

4.1.5　伺服电动机

直升机的非线性模型能够以最通用的形式写出:

$$\dot{x} = f(x, u)$$

式中:u 矢量可具有多个分量,但是其中的 4 个为伺服电动机的不同位移,这些伺服电动机控制叶片的角度。

δ front,δ left, δ right——确定旋转倾转盘位置;

δ tail——确定尾旋翼叶片的角度。

通常伺服电动机接收基准角度作为输入量,而一个内部反馈回路将伺服电动机转子盘旋转到那个位置。在稳定状态下,伺服电动机的真实位置将等同于基准指令。因为基准是已知的,在许多类似项目中利用它来估计伺服电动机的真正位置(该位置不能由测量取得),方法是通过使用时间延迟或较好的模型(图7),近似得到伺服电动机的动态特性。

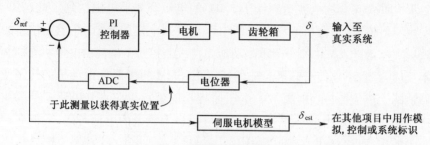

图7　伺服电动机框图

这个方法的问题在于:在大多数情况下,伺服电动机模型是未知的,即使该模型已知,动态特性取决于几个参数,如外力或供电电压。解决办法是在安装在伺服电动机(该伺服电动机向内部控制回路提供位置反馈)内部的电位器上测量电压。对每个伺服电动机来说,都将一块附加的印制电路板加入到现有的电子设备中,以便将其接到CAN总线(图8)。新的电子模块读取电位器电压并产生PWM信号,该信号被伺服电动机用于计算基准位置。用这种方法,利用参数估计算法能够得到伺服电动机的真实位置,从而实现更高的精度。

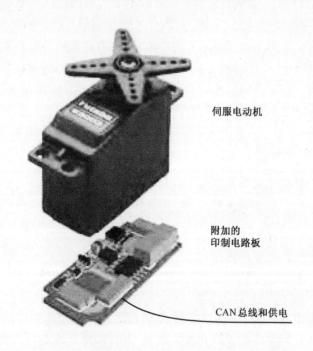

图8　附加的印制电路板(用于测定伺服电动机的位置)

4.1.6 无线电收发机

直升机使用两个无线电界面进行通信。出于安全的理由,它在900MHz上使用远程(14mile)无线电通信线路,因而它总是能够接收遥控指令,能够与任选基地站进行通信。高速通信线路为802.11n无线网络连接,用于和所有其他装置(如直升机、地面车辆、基地站)进行通信。

远程无线电收发机是可用于CAN总线上的模块。它包括一个由Digi国际公司制造的XT端RF模块。RF数据率为125kb/s。在这个相对低的速度下,仅有直升机最重要的状态能够以100Hz的频率实时发送。使用802.11n的无线网络发送完整的信息。在900MHz网络上有三个装置:直升机、遥控装置以及地面基地站。为确保确定性的数据包传递,必须避免传送冲突。这可通过使各装置与直升机同步、使用由直升机发送的数据包作为基准来实现。在10ms控制系统的取样周期内,在发送数据时,存在于网络上的3个装置中的每个装置都具有各自的指定窗口。它们保持自己的内部计时,即使由于无线电干扰,一些由直升机传送的无线电数据包未能收到,它们仍能保持同步并能以正确的时间发送数据。

802.11n的网络连接是通过使用一个英特尔4965AGN迷你PCI高速无线卡实现的,此无线卡安装在实时模块印制电路板上,但由运行红帽企业版Linux的ETX高速模块控制。它为三部天线提供支持。当前在直升机机体上只安装了一部垂直天线,但在未来还将安装另两部与现有这部垂直的天线,当直升机的定向改变时,这可使在特技机动作期间的数据传送更可靠。

4.1.7 视觉系统

视频摄像机能够成为便宜的传感器,特别是为获取立体视觉而配置安装时,可以提供大量有利于控制和航行的信息。当前,我们的兴趣集中在直升机的系统识别和非线性控制上,这种情况下不是绝对需要视频摄像机。然而在设计电子系统时考虑到摄像机。这种情况考虑使用多台Prosilica GC 650C摄像机。这些摄像机在千兆位以太网上使用GigE视觉标准进行通信。视频数据以数字未压缩形式直接提供。当使用大型帧的时候,位于顶部的处理器使用网络适配器可以捕捉到约占3%的数据。这比使用USB的效果要好得多,因为使用USB时数据包小,花费大量的CPU时间只是将数据传送到存储器。当前ETX高速模块仅有一个千兆位以太网连接,必须有一个小型外部以太网开关来同时连接两台摄像机。在未来的设计中,双端口PCI高速千兆位以太网控制器将在实时模块印制电路板上实施,以避免使用这种开关,或者添加一个带有两个以太网连接的附加 DSP 板。

立体视觉需要使两个摄像机十分精确地同步触发。大部分（如果不是全部）的 USB 摄像机不具备这样的特点。GC650C 摄像机允许外部的一个触发输入，也能产生触发信号。这样，一台摄像机能产生这种触发，第二台摄像机能使用这种触发进行同步操作，而无需额外的逻辑电路。另外诸如曝光时间、白色平衡、增益等参数能够在千兆位以太网界面上通过运行在 ETX 高速模块上的软件来同时配置。快速移动车辆所需的另一个重要特点是行进图像捕捉（非逐行），否则图像几乎不能使用。

将使用第三台小型 USB 摄像机在安装于一台地面车辆上的移动平台上降落。该摄像机将朝向下面，以获取在平台上的图案，图像处理算法将使用此图案来提取直升机相对于地面车辆的方向和距离。

为维持重心的高度足以使特技机动飞行不受影响，这些摄像机并未使用细长的滑橇式起落架安装在直升机机体的下面，而是安装在它的两侧（图 9）。此方法由于直升机机体的影响而限制了摄像机的运动，但是在摄像机固定的情况下可以使用这种方法。

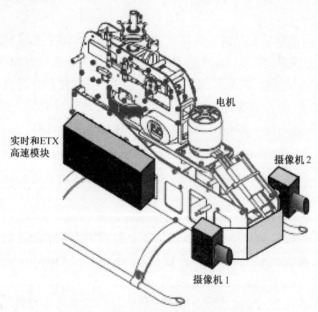

图 9　在直升机机体上摄像机的位置

4.2　遥控装置

涉及直升机的试验需要驾驶人员的介入。可能仅需做一些直升机平台基本功能方面的简单测试，激活自动控制功能或在出现各种故障时接管直升机，

390

使其安全着陆。遥控装置的使用源自于遥控直升机企业的兴趣,从而在系统中增加不必要的风险因素。众所周知,许多遥控装置对无线电干扰敏感。一些使用 2.4GHz 频率范围的较新型号解决了这个问题,但是航程有限。

为遥控装置设计了全新的电子仪器板。使用 Spektrum DX6i 模型作为必须定制的平台。它包括外壳、按钮、操纵杆以及具备图形界面的液晶显示器屏。原电子仪器板被新设计替代。提供的低容量的镍—金属氢化物电池只有在完全放电后才能够再充电,这样就限制了使用的灵活性。这些电池被更高容量的锂聚合物电池所代替,后者允许遥控装置为多项试验工作,无需重新充电。电子仪器板使用锂聚合物电池充电器,因此每次充电时不必将电池从外壳上取下。

操纵杆电位器、按钮以及液晶显示器连接到新的电子仪器板上。一台工作于 900MHz 的 XTend 射频收发器可使指令发送到直升机,使重要参数在液晶显示屏上显示给操控员。电池的电压和电流被持续取样,以便估计剩余工作时间,从而在电池耗光前向驾驶员发出警告。

4.3　基地站

基地站(图 10)是控制系统的一个任选部件。直升机上的机载计算机能够独立地运行控制算法并在系统中存储全部信号的历史记录。基地站的主要功能是向地面上的操纵者显示详细的信息并向直升机提供基准地面压力和 DGPS 修正值。

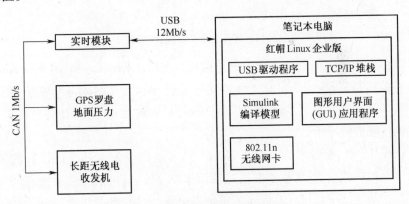

图 10　地面监控站的组织形式

直升机电子系统被设计成模块化和可重复使用。基地站无需额外的硬件。它能使用已经为直升机提供的一套模块,无需在地面上使用 ETX 高速模块。笔记本电脑功能更强。实时模块能通过 USB 总线与笔记本电脑连接,其连接方式与其和 ETX 高速模块连接的方式相同。

5 多种多车控制

直升机平台将被包括在不同类型车辆的"生态系统"中。当前还处于开发
阶段,有相对大型的地面车辆和四旋翼直升机(图 11)。

图 11 多车控制中的三类车辆

地面车辆采用一个 4×4 全地形轮椅式基座(X4 Extreme 型,由 Innovation in
Motion 公司制造)构成。它有 4 个独立电动机分别独立驱动每个轮子,还为前
轮配备了被动转向系统。驱动范围是 19mi,最大速度是 5.5m/h。它将作为直
升机的活动着陆平台。

在图 12 中,能看出大部分电子部件是那些已经为直升机设计好的部件。
地面车辆的负载很大,所以不必通过使用 ETX 高速模块来优化系统,以实现低
重量。在基地站中可以代之以安装笔记本电脑。对控制算法来说,远程无线电
收发机、惯性单元以及 GPS-罗盘传感器模块仍旧是必要的。使用为用户定制
的增量式磁性编码器来测量轮子的运动和驾驶方向。同光学编码器相比,在面
对振动、机械位移和灰尘时它们更加耐用,能在此应用方面实现同样的精度。
电动机由默认安装在平台上的大功率速度控制器控制。原来的控制系统使用

CAN 总线与速度控制器进行通信,所以无需做什么改变即可将其和实时模块相接合。

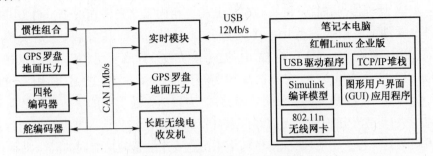

图 12   在地面车辆上的电子系统

为四旋翼直升机设计的电子系统是不同的,因为此直升机不可能有过重的载荷。因此不能使用一个功能强大的机载计算机。此控制算法只能在一个地面基地站上执行。机载电子系统测量不同的系统状态并使用一台无线电收发机将其发送至地面,在控制算法处理数据之后,它还接收必须发送到电动机的指令。框图如图 13 所示。

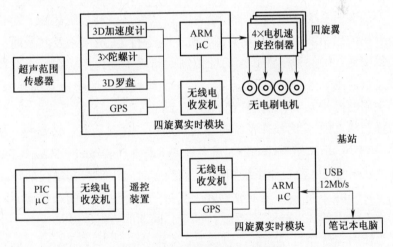

图 13   四旋翼直升机的电子系统

使用高度模块化的分级电子原理图进行直升机电子系统的设计。非常容易从不同的模块中选择所需的零件,并且把它们放在一张印制电路板上,以创建四旋翼实时模块(Q-RTM)。这里惯性传感器的精度要比直升机中的精度差,但是更容易连接。

无线电收发机是一个由 Digi 国际公司制造的 XBee-PRO 模块。它在 2.4GHz 频率下运行并具有 250kb/s 的射频数据率。作用距离是 1.6mi 左右。

由于具有较高的数据率、较小的尺寸以及第二重要的作用距离,这个型号比直升机上使用的 XTend 射频模块更受欢迎。硬件和软件界面连接实际上是相同的。ARM 处理器与在直升机实时模块上的也相同。这允许在两个平台上共享大部分软件。遥控装置使用一个与直升机相同的电子仪器板,但是安装了 XBee-PRO 模块而不是 XTend 模块。这个模块被设计成利用 Zigbeen 协议进行通信,但是在这种模式下,它不能实现实时性能。取而代之的是,使用低级的 802.15.4 协议(ZigBee 建立在此基础上)。为避免在通信中的等待时间和远程信息遗失,设置传送模式时无需等待来自目的地的任何确认。当直升机用远程收发机来避免传送中的冲突时,在网络中的这 3 个装置使用相同的同步机制。

使用 802.11n 无线网络来实现多车控制,以便在任两个实体之间通过用户数据协议(UDP)包来传送必要的数据。每台直升机、地面车辆,它们的基地站和四旋翼基地站的运作与这个网络相同,所以允许有一个统一的框架,其中车辆类型并不重要。

6 实时控制

严格的实时系统将正确结果的延迟交付认为是一种系统故障。对于无人驾驶直升机的控制系统来说,为了直升机安全运行,正确结果及其及时交付都必须得以实现。硬件和软件必须保证控制回路确实起作用。在一个取样周期内必须进行的主要操作如图 14 所示。对于取样频率低的慢速系统来说,能够在容易使用的操作系统(如微软的视窗或 Linux 系统)上实现整个控制过程。就高取样频率来说,实时操作系统对确定性的执行过程是绝对必要的。通常的选择为 QNX Neutrino 或 VxWorks。后者在 Spirit 和 Opportunity Mars Exploration Rovers 上使用。与主流操作系统相比,它们为实时应用程序和增强的可靠性提供了十分良好的支持,缺点是对硬件缺乏支持。虽然它们同驱动程序一起供整个外围设备使用,但很难对已不受支持的设备的功能进行扩展。

因为使用容易并对硬件的广泛支持,各种实时能力被加入到 Windows 和 Linux 中。主要方法是加入第二个实时内核,该内核能优先占取主内核。这可使 Windows 或 Linux 在一个新实时内核中作为一项任务运行。这种决策机制很好,但与硬件支持相关的初始问题仅仅得到了部分解决。对于一个实时任务,不允许进行 Windows 或 Linux 系统调用。为了利用像网络设备、USB 外围设备以及存储设备等那样的硬件支持,实时任务必须向 Windows 或 Linux 任务发送请求,而 Windows 或 Linux 任务又将其发送到合适的驱动程序处。在 Windows 或 Linux 界面运行的任何程序都不是确定的。在实时内核中能执行控制回路,

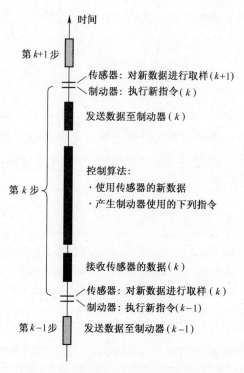

图 14　在取样系统中的临时事件序列

但它仍旧不能实时使用 Windows 或 Linux 服务。这对一些不需要具备为网络或 USB 通信使用的确定性能的应用程序来说可能是有利的,但是对当前的项目来说是一个主要的限制因素。

在最近几年,有一些研究工作致力于使 Linux2.6 内核实时化。Ingo Molnar (现在受雇于红帽公司)提出了一个补丁程序,该补丁程序极大地提高了内核的响应率。在 2007 年 12 月,红帽公司发布了红帽企业版 MRG(通告实时网格)的第 2 版,该版本包括优化过的内核。

每台计算机(在车辆上和在基地站上)运行红帽企业版 Linux MRG。由一个多流过程提供控制,该过程操控与实时模块间的 USB 通信、与其他基在站(一个或多个)和/或其他车辆间的网络通信,并且使用控制算法执行经过编译的 Simulink 模型。在基地站上,使用具备较低优先级的独立过程来向驾驶员显示必要信息并接收高级指令。

控制算法在 Simulink 内执行此。为传感器和致动器建立了专业模块,也有代表整个直升机、一台地面车辆、一个基地站或一个驾驶员遥控装置的各种模块,从而可以非常容易地执行编队控制算法。使用 Real-Time Workshop 软件将 Simulink 模型转换为 C 代码,然后将其编译为实时 Linux 应用程序,该程序在

395

ETX 高速模块或在笔记本电脑上运行。此应用程序将从实时控制器或无线网络中获得的所有必要数据提供给各个 Simulink 模块。

7   结论

在无人机控制方面的研究课题日益复杂。工业界和军方不愿接受未经实践证实其适用性的复杂的理论性解决方案。本文提出了能够用于对特技飞行无人机实施控制、进行编队飞行以及空地飞行器协调的硬件平台，从而有助于在实践中验证理论结果。

参考文献

1. Gavrilets, V., Mettler, B., Feron, E.: Nonlinear model for a small-size aerobatic helicopter. In: Proceedings of the AIAA Guidance, Navigation and Control Conference. Montreal, Quebec, Canada (2001)

2. Castillo, C.L., Alvis, W., Castillo-Effen, M., Moreno, W., Valavanis, K.: Small unmanned helicopter simplified and decentralized optimization-based controller design for non-aggressive flights. Int. J. Syst. Sci. Appl. 1, 303–315 (2006).

3. Vachtsevanos, G., Tang, L., Drozeski, G., Gutierrez, L.: From mission planning to flight control of unmanned aerial vehicles: strategies and implementation tools. Annu. Rev. Control 29, 101–115 (2004)

4. Dong, M., Chen, B.M., Cai, G., Peng, K.: Development of a real-time onboard and ground station software system for a UAV helicopter. AIAA J. Aerospace Comput. Inform. Commun. 4(8), 933–955 (2007)

5. Gavrilets, V., Mettler, B., Feron, E.: Dynamic model for a miniature aerobatic helicopter. MIT-LIDS report, no. LIDS-P-2580 (2003)

6. CAN in Automation Group. CANopen. Application layer and communication profile. Draft Standard 301 Revision 4.2 (2002)

第 *21* 篇

应用于工业的无人直升机的研制

David Hyunchul Shim,Jae-Sup Han,Hong-Tae Yeo
(戴维·辉楚·希姆,杰-苏普·韩,洪泰·耶欧)

摘　要:与无人机(UAV)在军事领域的广泛应用形成鲜明对比,由于成本高、操作复杂,同时与现有的基础设施存在抵触(尤其是进入民用空域)等原因,无人机在民用领域的成功应用远少于其军事应用,且鲜有报道。不过,在少数情况下,无人机被成功地用于完成民用领域内一些枯燥、脏乱且危险的任务。在本文中,我们选取了这些成功案例中的一个:无人机在农业上的应用,并介绍了我们在研制工业用无人机平台方面的研究工作。我们研制出的系统能够实现完全自主地携带30kg的有效载荷飞行1h以上。我们介绍了项目概况并对研制过程进行了详细描述。我们相信,与高度可靠的硬件相结合,同时针对民用需求进行适当改装,更多的无人机将在不久的将来成功地服务于公共需求。

关键词:无人机;无人机设计;飞行控制系统

D. H. Shim (✉)
Department of Aerospace Engineering, KAIST, Daejeon, South Korea
E-mail: hcshim@ kaist.ac.kr
URL: http://fdcl.kaist.ac.kr/~ hcshim

J.-S. Han · H.-T. Yeo
Oneseen Skytech, Co. Ltd., Busan, South Korea

J.-S. Han
E-mail: osst@ oneseen.net

H.-T. Yeo
E-mail: htyeo@ oneseen.net
URL: http://www.oneseen.com

K.P.Valavanis et al.(eds.),Unmanned Aircraft Systems.DOI:10.1007/978-1-4020-9137-7_22

1 引言

对于通常采用有人驾驶飞机执行的军事行动来说,无人机(UAV)已被证明是一种高效、经济的补充解决方案。正如最近的军事活动所见证的,无人机成功完成了很多极其艰巨或危险的任务。在民用领域,无人机也可以有很多应用,如法律的实施、交通报道、灾害监测、航拍等。不过,民用无人机仍未迎来它的黄金发展时期,主要有以下几个原因:首先,无人机的费用仍然非常昂贵,从而无法应用于很多民用领域。实现无人机安全无故障操作需要训练有素的操作人员,且必须熟悉无人机系统的各个方面,包括飞行动力学基础原理、电子学、通信、导航系统等。在充分利用民用无人机的概念之前,必须解决一些社会及法律方面的障碍,如空域冲突等。应当为无人机的适航性制定严格的审核程序,但截至目前,相关程序仍处于准备阶段。

在民用领域的某些应用上,无人机相对传统方法表现出了实质性的优势。例如,在包括韩国在内的很多亚洲地区,耕种大米在一国的农业中占据了最大比重,因此通过适当的施肥和病虫害防治以提高产量是非常重要的。虽然美国或某些其他国家已经在大面积耕种中使用了全尺寸飞机,但很多亚洲国家的稻田更小且高度分散。自20世纪80年代起,日本雅马哈公司(以其轻型摩托车和休闲车系列而驰名)开创性地将无人直升机的概念应用于农业。雅马哈公司研制出了一系列遥控直升机 R-50 和 RMAX(及其改型),获得了巨大成功。这就是最初的无线电控制的成比例直升机,机身下安装了喷雾设备,由地面驾驶员操纵飞行。雅马哈公司实现的最关键的进展之一就是雅马哈姿态控制系统,有助于提高原本不稳定的直升机平台的操控特性。最初,该系统只是作为R-50(已淘汰)的选配设备和 RMAX 的标配设备,但它凭借高质量的加速度计和速率陀螺仪实现了姿态稳定。目前最新型号是 RMAX Type ⅡG,能够在机载 GPS和航向传感器的帮助下实现自主导航。目前,雅马哈直升机已在许多日本政府资助的农场投入使用,并成为美国和全世界很多机构的研究平台。不过,2007年,该直升机的出口被禁止,目的可能是为了保护并防止敏感技术泄露到国外。

不过,从雅马哈直升机的例子可以看出,无人机系统如果高度可靠、易于操作,比传统方式表现得更为优越,能够节约额外的成本和人力,就可以作为在民用领域应用的一种可行的解决途径。受以上例子的启发,研究人员开展了联合研究,以研制出一种完全自主的工业用直升机平台,可携带 30kg 的有效载荷飞行 1h。该直升机将具备完全自主性:从简单的稳定性提升到全自动的飞行程序

（从起飞到着陆）。研制的系统将不仅满足农业需求，还包括很多其他应用，覆盖民用与军用领域（图1）。

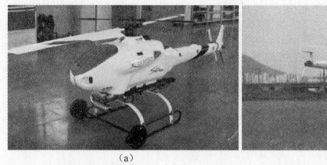 

(a)　　　　　　　　　　　　　　　　　(b)

图1　Oneseen Skytech 的工业用直升机 X-Copter(a)及其试飞(b)

2　系统描述

2.1　系统要求

我们的目标是发明一种具备足够的载荷携带能力和工作时间的无人直升机平台，该平台能够以高度自主的方式完成各类空中任务。巧合的是，2007年春季，韩国政府宣布为满足以下要求的农用无人直升机系统的研制提供资助机会：

—该无人直升机系统的最大起飞质量（MTOW）为 80kg 以上，有效载荷为30kg 或以上，工作时间为 1h 或以上。

—研制机载飞行控制系统和遥控地面站，用于：

- 姿态控制的机载飞行控制系统；
- 全自动的农作物喷粉流程；
- 农作物喷粉设备的设计与制造；
- 地面控制站的建造；
- 通信丢失时的紧急着陆系统。

为了提高产量，一块稻田在一年内必须多次施肥和喷洒杀虫剂。按照韩国的传统做法，即使用高压泵和喷嘴人工喷洒时，化学药剂很可能喷洒不均匀或喷洒过多，从而导致环境问题。当化学药剂被操作人员吸入时，他或她就可能身中剧毒。因此，有人建议由飞机实施喷洒，但与农耕面积更大的国家不同的是不使用全尺寸飞机，而是更小型的遥控直升机。与常规方式相比，空中喷洒能够更容易、更快速地覆盖更广泛的区域，能够精确控制喷洒量以适应飞行速度。转子的下降气流也可以使化学物质散布到更宽广的区域,从而抵达植物的更深层部位。

民用无人机的概念设计过程与军用无人机有很大不同。军用无人机必须坚固耐用以适应严苛的环境,必须采用先进的(且昂贵的)技术,如卫星通信、军用级 IMU 和 GPS 等。相反,商用无人机面临的各种来自于成本、公共安全以及操作人员培训方面的限制。采购、操作和维护一台商用无人机的总成本应当尽可能低,使普通人群和农民在这种情况下也能负担得起。作为正在兴起的、竞争激烈的民用市场上的一种可赢利的产品,选择适当的组件是非常重要的,这些组件应当在具备所需性能的同时与总体费用相适应。出于公共安全的考虑,民用无人机还要求有很高的可靠性。与军事应用不同(在国防领域可接受一定程度的事故),商用无人机对平民和财产造成的损失会导致极其复杂的情况。无人机还必须简单易操作,使普通人无需具备对飞机、导航、控制等专业的深入知识也能够操作。

2.2 初始尺寸设计

在概念设计过程中,我们从设计重要几何外形和发动机功率的初始尺寸开始。我们选择常规的尾部主转子的外形(与同轴或串翼外形相反),因为这种外形相对简单易懂。在初始尺寸设计上,我们参考了文献[2]的研究,在该项研究中建议在主转子/尾部转子尺寸和 RPM、尾部转子杠杆、机身尺寸、发动机动力等方面采用经验法则。在最大起飞质量为 100kg 的条件下,根据该法则,主转子的直径应当为 4m 左右,如表 1 所列。

由于在狭窄的稻田中,对于运输和安全操作来说主转子为 4m 的建议值过大,它的直径被减小为 3.1m,并相应地增加弦长以补偿升力损耗。

表 1 主转子直径和弦长尺寸设计

"平方–立方"标度律 $D \infty W_0^{1/3}$	$D = 0.980 W_0^{0.308}$ 其中 D 以[m]为单位且 W_0 以[kg]为单位 $\varepsilon_{min} = 7\%$, $\varepsilon_{max} = 30\%$, $R = 0.9606$	W_0/kg	D/m
		100	4.048

	$D = 9.133 W_0^{0.380}/V_m^{0.515}$ $V_m = S/L$ 以[km/h]为单位 $(\varepsilon_{min} = 6\%, \varepsilon_{max} = 21\%, R = 0.9744)$	W_0/kg	V_m/(km/h)	D/m
		100	120	4.465
		100	238	3.138

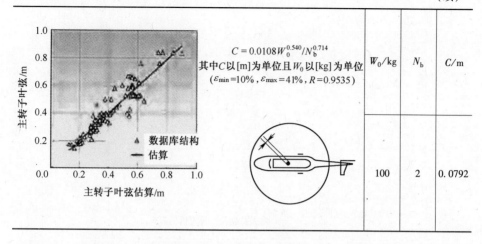

	W_0/kg	N_b	C/m
$C = 0.0108 W_0^{0.540}/N_b^{0.714}$ 其中 C 以[m]为单位且 W_0 以[kg]为单位 ($\varepsilon_{min}=10\%$, $\varepsilon_{max}=41\%$, $R=0.9535$)	100	2	0.0792

另一个重要的设计参数是发动机尺寸。根据表2中总结的设计方针，起飞功率应当为 15kW 左右，在极端飞行条件 120km/h 时的最大恒定功率应当不大于 20kW。因此，为了满足最大功率为 15~20kW（20~27 马力）以及给定总重量限制的要求，轻型的汽油发动机在额定功率、运行时间和费用方面是理所当然的选择。我们在总方针的基础上考虑了其余的重要尺寸设计因素，在表3中对结果进行了总结（图2）。

表2 最大起飞质量(=100kg)下的发动机尺寸设计

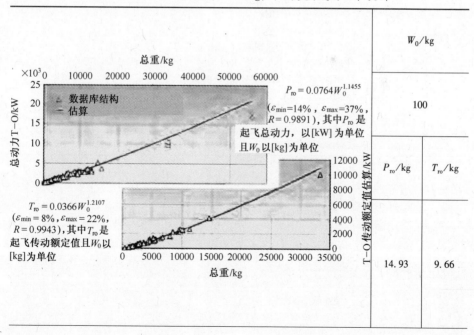

		W_0/kg
$P_{ro} = 0.0764 W_0^{1.1455}$ ($\varepsilon_{min}=14\%$, $\varepsilon_{max}=37\%$, $R=0.9891$)，其中 P_{ro} 是起飞总动力，以[kW]为单位且 W_0 以[kg]为单位		100
	P_{ro}/kg	T_{ro}/kg
$T_{ro} = 0.0366 W_0^{1.2107}$ ($\varepsilon_{min}=8\%$, $\varepsilon_{max}=22\%$, $R=0.9943$)，其中 T_{ro} 是起飞传动额定值且 W_0 以[kg]为单位	14.93	9.66

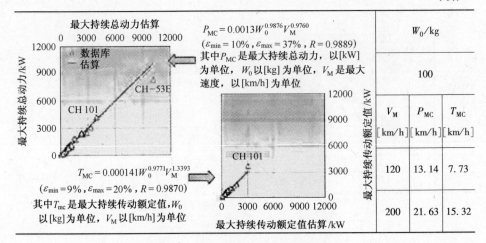

$$P_{MC} = 0.0013 W_0^{0.9876} V_M^{0.9760}$$

$(\varepsilon_{min} = 10\%, \varepsilon_{max} = 37\%, R = 0.9889)$ 其中 P_{MC} 是最大持续总动力，以 [kW] 为单位，W_0 以 [kg] 为单位，V_M 是最大速度，以 [km/h] 为单位

$$T_{MC} = 0.000141 W_0^{0.9771} V_M^{1.3393}$$

$(\varepsilon_{min} = 9\%, \varepsilon_{max} = 20\%, R = 0.9870)$ 其中 T_{mc} 是最大持续传动额定值，W_0 以 [kg] 为单位，V_M 以 [km/h] 为单位

W_0/kg		
100		
V_M	P_{MC}	T_{MC}
[km/h]	[km/h]	[km/h]
120	13.14	7.73
200	21.63	15.32

表3　X-Copter(图2)的技术指标

模型	Oneseen Skytech X-Copter 1
尺　寸	宽度:0.74m
	长度:2.680m/3.645m(含主转子)
	高度:1.18m
	主转子直径:3.135m
	尾部转子直径:0.544m
质　量	空重:83kg
	有效载荷:30kg
发动机	转式发动机,4 循环
	汽缸容积:294cm^3
	动力:38HP/49HP Max
	散热器水冷
	燃油:汽油:润滑油混合物(比例为50:1)
	油箱容量:10L
	电启动装置
	机载发电机(12V, 8A)
飞行时间	60~90min,取决于载荷与飞行条件
航空电子设备	导航:DGPS-辅助 INS
	GPS:Novatel OEM V-2
	IMU:惯性科学 ISIS IMU
	飞行计算机:PC104 Pentium III 400MHz
	通信:Microhard 无线电调制解调器(900MHz)
	机载状态指示灯和控制屏
自主性能	姿态稳定
	航路点导航及自动起飞与着陆
	空速敏感喷洒
	自动无碰撞路径生成与循迹飞行

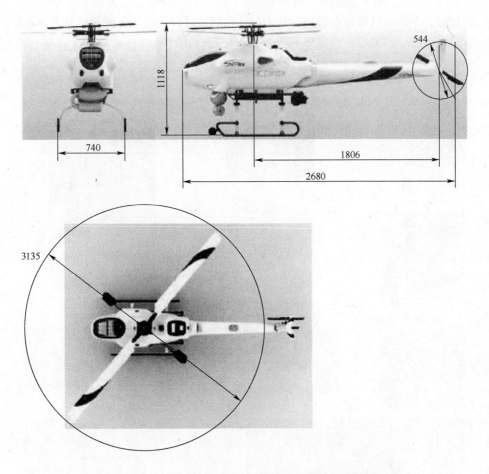

图 2 Oneseen X-Copter 1 的前视图、左视图、顶视图及关键尺寸

3 系统设计

利用草图对无人直升机的研制要求在以下领域深入开展。

结构:机架、起落架、尾梁。

动力装置:发动机、传动装置、油箱/泵。

空气动力学组件:主转子和尾部转子、桨叶、机身。

控制机构:旋转斜盘、控制联动装置、伺服传动装置、水平安定面联动装置。

航空电子设备:飞行控制、传感器、控制屏、发电机、状态指示灯。

有效载荷设备:喷洒装置、各类箱柜。

整架飞机以发动机、传动装置和主转子旋翼主轴总成为基础制造,还配装了起落架、航空电子设备外罩以及尾梁单元。为了减轻重量,整架飞机都采用了轻型铝合金和碳纤维复合材料。整个设计和制造过程采用了三维设计软件 Solid-Works 和 CosmosWorks,以便能更快更高效地设计出样机。该系统的设计使其易于拆卸运输。打开整流罩很容易接触主要组件,因此维护简便(图3)。

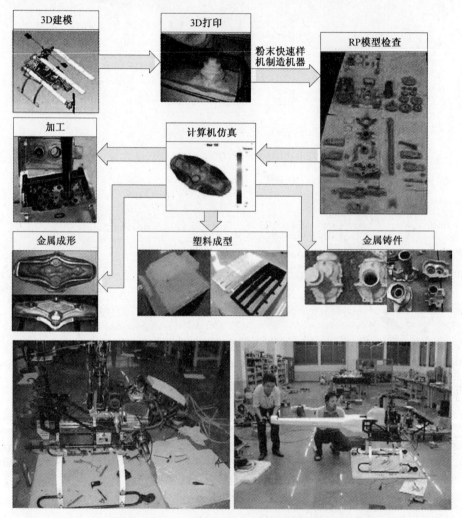

图3 Oneseen X-Copter 1 的设计与装配过程

针对高应力载荷和疲劳需具备回弹能力的主转子组件,宜采用非锻造加工而非 CNC 加工,从而在更轻的质量下达到更高的强度和更短的制造时间。变速箱采用沙铝模浇铸工艺制造,辅以 3D 建模和快速样机设计过程。传动装置由铸铝 AC4C 制成,并经热处理以提高强度。其他如安定面桨叶等样机部件由

硅成型和快速模型制造。起落架由纤维强化塑料制成,使结构轻而坚固(图4
与图5)。

图4 主转子头部的热锻造过程

(a)

(b)

(c)

(d)

图5 变速箱铝铸造过程

(a)计算机模型;(b)快速嵌入件样板设计;(c)未抛光的铝铸件;(d)成品。

以第 2.2 节中所列的尺寸设计结果为基础,我们为该平台评估了许多商用发动机。起初,我们选择了 Rotax FR125Max 发动机,以及目前正在评估的另一款发动机,以达到更高级别的有效载荷。主转子的传动比由发动机扭矩/功率特性确定,主转子/尾部转子的推荐速度见第 2.2 节。

所选的主转子有 Bell-Hiller 型安定面,它可以延迟翼动响应时间,增加滚转阻尼和俯仰响应,并减少旋转斜盘的伺服传动装置的载荷[3]。对于较大的直升机来说,最好不用安定面机构(尤其是当机载飞行控制能够更加灵活地提高飞行性能时),而是采用预置机械连接。因此,我们正在考虑一种无需安定面的设计,从而在不久的将来既能够维持其机动性又能降低总成本和复杂度。

为了满足所需的自主性,飞机配装了机载导航与控制系统。在此,飞行控制系统的组件选择过程需要在性能和成本之间权衡。与固定翼飞机不同,直升机需要精确的速度反馈以保持稳定性,这就要求使用一组高精度 IMU 和 GPS 的精确导航方案。某些传感器不仅昂贵得惊人(超过 1 万美元),且在民用领域应用受限。因此非常需要结合差分 GPS 的非军用级 IMU 可达到的典型精度,以提高整体导航精度。不过,DGPS 也非常昂贵,安装与操作复杂,且在通信连接丢失或 GPS 信号质量下降时易受干扰。在很好地权衡利弊之后,我们从差分 GPS 和最高端的商用 IMU 着手进行样机设计,不过最终将代之以低成本的 IMU 和 GPS。

起初飞行控制器的 CPU 是基于 PC104 的,它有着研制阶段所需的较大灵活性和高效性。PC104 上的英特尔 CPU 比大多数嵌入式处理器要快得多,此外这台机器上还有很多硬件和可运行的操作系统。不过,由于 PC104 稍微超出所期望的价格范围(尤其是批量生产),因此我们计划代之以低成本的嵌入式处理器,如 StrongARM 处理器。在本项研究中,我们使用 QNX 实时操作系统,以实现之前许多研究项目[4,5]中已经验证的实时能力和高效研制环境。图 6 中给出了硬件和软件的体系结构。

针对控制器设计,我们继续参考文献[3]和文献[4]的作者此前的研究。直升机在近悬停条件下有着先天的不稳定性,且只能在正确的水平线性速度反馈时保持稳定。在未能稳定整架飞机动态时,姿态(角度和速度)反馈进一步抑制了姿态响应,使操作者感觉直升机对扰动的敏感性较弱,对操纵杆指令的反应更加迟缓。姿态评估可以通过 3 个正交速率陀螺来实现(如果它们在平均任务时间上有着相对较小的漂移量)。在完全自主的农作物喷粉模式下,飞机应当沿着无冲突路径导引飞行,同时保持恒定的喷洒量。除速率陀螺之外,自动飞行还需要有 3 个正交加速度计和高品质 GPS 组成的精确导航传感器。在民

406

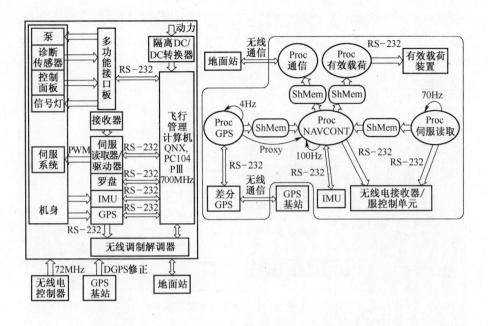

图6　X-Copter 1 的硬件和软件体系结构

用无人直升机上使用 GPS 是一项需慎重的选择,因为 GPS 在信号阻塞或干扰时出现的任何性能下降的情况都可能导致直升机的意外移动。不过,在目前没有其他选择来代替 GPS 辅助的 INS 修正时,它暂时仍被视为一种必然选择。

为了实现安全可靠的操作,系统应当具备自诊断功能和清晰的用户界面,以获得当前状态信息。X-Copter 1 有大量内置各种安全敏感元件的传感器,如发动机温度、油位、电池电压等,同时飞行计算机会根据当前情况给出适当的视觉信号。绿灯表示一切运转正常,黄灯和红灯表示存在性能下降的情况,分别需要立即引起注意或启动紧急程序(图7)。

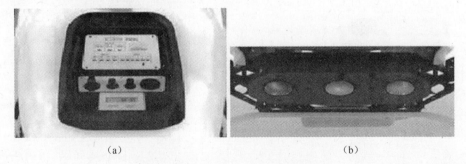

（a）　　　　　　　　　　　　　　　　　（b）

图7　机载控制屏(a),尾部状态灯(b)

在农业应用上,在活动场地操作专用地面站十分不便,尽管该地面站的运行能够极大地帮助操作者了解飞机的当前状态。在没有任何专用地面站时,只具备姿态稳定功能的入门级模型可能完全可用。对于更高端的模型,PDA 或基于笔记本的地面站可用于确定航路点或农作物喷粉区域。图 8 给出了推荐地面站的快照。

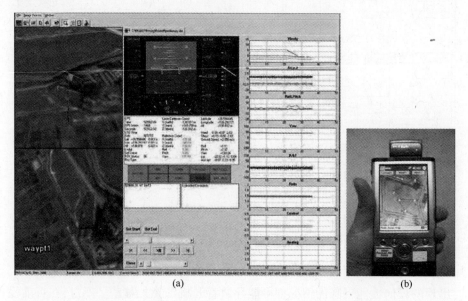

(a)　　　　　　　　　　　　　　(b)

图 8　全屏幕版本(a)和 PDA 版本(b)的地面站快照

对于农业任务,设计建造了一个加装的泵系统,如图 9 所示。这台泵可由飞行计算机开启或关闭,或者直接由操作者遥控。喷洒量可以调节以适应飞机的速度,从而使稻田能得到均匀喷洒。

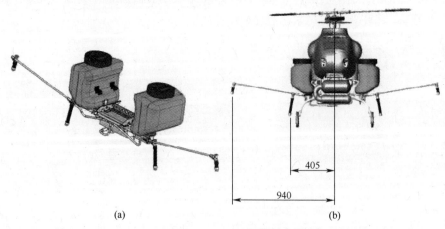

(a)　　　　　　　　　　　　　　(b)

图 9　泵组件(a)和泵系统的尺寸(b)

4 飞行试验

如上文所述,可靠性是民用无人机的关键指标之一,因此在发布前对样机进行了一系列严格的试验。在完成装配并进行基本功能检查之后,飞机进行了调整试验。试验中,将飞机系在一个平衡跷板式旋翼平台上,平台将提供 3 个自由度:绕中心旋转、上下运动和绕平台旋转(平台系在跷板臂末端)(见图10)。为安全起见,试验区域由重型钢架和金属丝网围起来作为防护,以防任何飞行物碰撞操作人员。调整试验是自由飞行前检查系统各个部件的重要步骤,包括功能、持久性以及风险最小化的总振级。

在调整试验中完成全面验证之后,飞机被转移至实地进行自由飞行试验,以检查飞机各细节部分的总体状态。如图 10 所示,无人机在飞行特性和操控方面表现出令人满意的性能。

(a)   (b)

图 10　调整试验(a)和实地试验(b)

在研制机身的同时,我们使用更小型的、更易于管理的平台作为替代品研制并验证了本文提出的飞行控制系统。通过这种方法,无需使用昂贵的样机就能够对导航传感器、硬件、软件和控制算法进行验证。图 11 给出了基于商用电动直升机的替代飞机。飞行控制系统基于多回路 PID 系统,这是一种经过验证的工业方法。在分级系统中的控制系统之上执行航路点导航算法[3]。替代飞机使用本文提及的导航与控制系统进行了多次试飞,包括一次远程相对高空飞行,经过一组 5 个航路点(飞行距离为 2300m;离地高度为 180m)。图 12 给出了本次飞行的试验结果。

在成功完成机身和飞行控制系统的试验之后,我们目前的工作是将这两个主要组件进行整体对接。飞机将进行一系列试飞,以对系统的各个方面进行评估,包括性能、可靠性以及操作的灵活性。

图 11　替代飞机的自动飞行

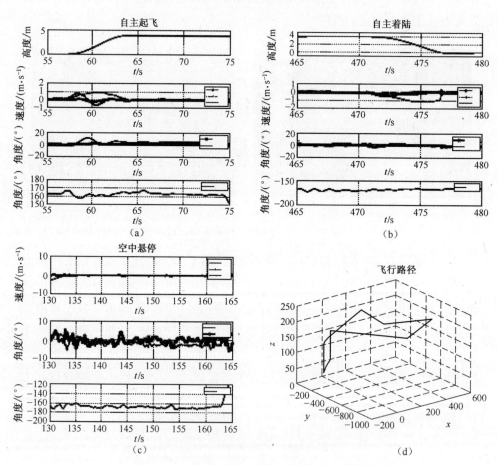

图 12　替代飞机在飞行距离为 2300m、经过离地
高度为 180m 的一组航路点时的试飞结果

5 结论

在本文中,我们介绍了工业用直升机设计的设计目标、初始尺寸设计并对各个部件进行了详细描述。在韩国政府的部分资助下,目前研究人员已组成研究团队,旨在研制能够携带 30kg 有效载荷、飞行时间约为 1h 或以上的应用于农业领域的无人直升机。迄今为止,该直升机平台已完成了调整试验和实地飞行试验,并将在未来的几个月内进行更加严格的试验。

致谢

作者衷心感谢韩国知识与经济部提供的经费支持。

参考文献

1. Yamaha Corp.: Yamaha Corp. Website, https://www.yamaha-motor.co.jp/global/industrial/sky/history/rmax-iig (2005)

2. Omri, R., Vladimir, K.: Helicopter Sizing by Statistics. AHS Forum 58, June (2002)

3. Shim, D.H.: Hierarchical control system synthesis for rotorcraft-based unmanned aerial vehicles. Ph. D. thesis, University of California, Berkeley (2000)

4. Shim, D.H., Chung, H., Sastry, S.: Autonomous exploration in unknown urban environments for unmanned aerial vehicles. IEEE Robot. Autom. Mag. 13, 27-33, September (2006)

5. Shim, D.H., Kim, H.J.: A flight control system for aerial robots: algorithms and experiments. IFAC Control Engineering Practice, October (2003)

—————— 第 **22** 篇 ——————

自主直升机试验平台的实现

R.D.Garcia,K.P.Valavanis
(R·D·加西亚,K·P·瓦拉瓦尼斯)

摘　要:目前正在研究任务范围广泛的小型无人机(UAV),包括用于搜索和救援、监视、侦察、交通监控、火灾探测、管道和电气线路检查以及边境巡逻等,仅列举几例应用领域。虽然小型/微型无人机,包括垂直起降(VTOL)飞行器和小型直升机,在民用和军用领域,包括研究和发展、集成、原型设计和外场试验中均已显示出巨大的潜力,但这些无人驾驶系统/飞行器还仅限于少数几个试验室。这种研发的缺失,一方面由于在设计、集成和测试充分运行的原型机时需耗用大量时间和成本;另一方面是因为缺乏能够全面说明如何设计和构建"完善的"和"可运行的"原型系统的相关出版资料。本文尝试通过详细说明具体设计为试验平台飞行器小型无人驾驶直升机的技术问题克服现有的障碍和限制。这种设计旨在提供一个通用框架,不仅能使研究人员增加新技术系统,而且还能使研究人员对飞行器本身增加创新。

关键词:移动机器人;直升机的控制;直升机的可靠性;模块化计算机系统

R. D. Garcia (✉)

Army Research Laboratory, Aberdeen Proving Ground, Aberdeen, MD 21005, USA

E-mail: duster3@gmail.com

K. P. Valavanis

Department of Electrical and Computer Engineering,

School of Engineering and Computer Science,

University of Denver, Denver, CO 80208, USA

E-mail: kvalavan@du.edu, kimon.valavanis@du.edu

K.P.Valavanis et al.(eds.),*Unmanned Aircraft Systems*.DOI:10.1007/978-1-4020-9137-7_23

1 引言

过去几十年间,机器人领域不仅使人类拓宽了自身的能力,而且还超越了人类。有可能通过从遥控轮式机器人转为完全自主的机器人,其旨在设法取消或降低"人"这个要素的干预。考虑到人体在机车速度和决策方面的限制,与最新计算机系统的操作速度以及直流电机的速度和精度相比,自主系统超越操作人员的能力是显而易见的。

最近,人们已发现各种机器人功能已扩展到商用和军用飞行器的飞行控制领域。这一转变甚至开始包括高度灵活和低成本的微型无人机(MUAV)。这些微型无人机使其能对控制、融合和视觉算法以及系统集成进行低成本的研究和试验。

目前人们对无人机的研究领域产生了很大的兴趣,其中包括搜索和救援[1-4]、监视[5-10]、交通监控[11-14]、火灾探测[15-18]、管道和电气线路检查[19,20]、边境巡逻[21,22]以及容错性[23]等,仅列举这几例。虽然无人机在许多此类领域中都表现出极大的潜力,但其总体发展进度仍比较慢。这可归因于采购、复制或开发自主飞行器以验证新思路存在一定的困难。

目前已出现几架以开发为导向且基于遥控(技术)的自主直升机,这些直升机主要为一些学术团体或政府资助机构所拥有并由其负责操控,其中最著名的包括:麻省理工学院(MIT)、卡内基·麦隆大学(CMU)、斯坦福大学、佐治亚理工学院、南加州大学、加州大学伯克利分校和联邦科学与工业研究组织(表1)。虽然这些飞行器都是面向开发的,但它们的设计一般都是用于内部开发,并且没有提供完全复制其飞行器、控制系统和算法的足够信息。

表 1 拥有开发无人驾驶直升机的试验室

大　学	硬件和传感器	软　件
麻省理工学院[24-26]	X-Cell 60 直升机 ISIS-惯性测量单元(100Hz 和 0.02°/min 漂移),霍尼韦尔 HPB200A 高度计(2ft 精度),超星全球定位系统(1Hz)	QNX 操作系统,13 状态扩展的卡尔曼滤波器(状态评估),基于 LQR 的控制
卡内基·麦隆大学[26-29]	雅马哈 R-Max 直升机,Litton LN-200 惯性测量单元(400Hz),Novatel RT-2差分全球定位系统(2cm 精度),RVH-100 磁通量闸门罗盘(5Hz)	VxWork 操作系统,13 状态扩展的卡尔曼滤波器(状态评估),基于 PD 的控制和 H_∞ 控制

大 学	硬件和传感器	软 件
斯坦福大学[30,31]	XCell Tempest 91 直升机，Microstrain 3DM-GX1（100Hz），Novatel RT-2 差分全球定位系统（2cm 精度），DragonFly2 摄像机（位置评估）	未公开的操作系统，12 状态扩展的卡尔曼滤波器（状态评估），线性二次调节器微分动态编程扩展
佐治亚理工学院[32-34]	雅马哈 R-50 直升机，ISIS-惯性测量单元（100Hz 和 0.02°/min 漂移），Novatel RT-2 差分全球定位系统（2cm 精度），RVH-2300 三轴磁力计	OS：QNX、VxWorks、Linux，实时 CORBA，对象请求代理体系结构，17 状态扩展的卡尔曼滤波器，中性网络控制（反馈线性化）
加州大学伯克利分校[35,36]	雅马哈 R-Max 和 Maxi Joker 直升机，波音 DQI-NP INS/全球定位系统，Novatel Millen RT-2 差分全球定位系统（2cm 精度）	VxWorks 操作系统，无状态评估（传感器提供），增强学习控制
南加州大学[37,38]	卓尔根双发工业直升机，ISIS 惯性测量单元（100Hz 和 0.02°/min 漂移），Novatel RT-2 差分全球定位系统（2cm 精度），TCM2-50 三轴磁力计，激光高度表（10cm 精度，10Hz）	Linux 操作系统，16 状态卡尔曼滤波器（状态评估），基于解耦 PID 的控制
联邦科学与工业研究组织[26,39]	XCell 60 直升机，装有罗盘的定制嵌入式惯性测量单元（76Hz），装有广域增强系统（WAAS）的 Ublox 全球定位系统（2cm 精度），高度评估用立体视觉	Linux 操作系统，利用视觉的速度评估，2X7 状态扩展的卡尔曼滤波器，附加滤波器，基于比例、积分和微分（PID）的控制
JPL[40,41]	卓尔根工业直升机，NovAtel OEM4 差分全球定位系统，ISIS 惯性测量单元（2cm 精度），MDL ILM200A 激光高度表，TCM2 罗盘	QNS 实时操作系统，基于性能的和 H_∞ 控制，扩展的卡尔曼滤波器（状态评估），基于图像的动画评估

　　另外，目前还有几家微型无人驾驶直升机的商业供应商。其中最著名的有美国勒特姆公司（Rotomotion）和神经机器人技术有限公司（NRI）。虽然这两家公司生产的飞行器已显示出自主机动的极大能力，但所有飞行器都是在严格专有的硬件和软件上操作的。由于无法操作或改变其中的任何软件或硬件，严重限制了这些飞行器作为开发机的使用。

尽管过去完成的和目前进行的研究已经显示出开发无人机的巨大好处和利益,但这些想法从文字到实现仍有很多限制。为了使这些飞行器的所有好处成为现实并缩小创新理念与创新技术之间的差距,必须有用于开发和试验的持续媒介。

2 平台和硬件

设计试验平台飞行器时,硬件是所有无人机的标准元件和主要困难源。对硬件所作的决策可以明显降低或提高无人驾驶系统的复杂性和功能性。鉴于此,在选择自主直升机试验平台使用的所有硬件、相互连接和座架中付出了极大的努力。注意,文献[42]中提供了关于个别硬件组件和说明以及详细原理图的具体信息。

2.1 平台

为自主直升机试验平台选定的平台是电动 Maxi-Joker Ⅱ。Maxi-Joker Ⅱ 直升机具有以下特点:

——制造商:Joker。

——主旋翼直径:1.8m。

——干质量:4.22kg(不计电池)。

——尺寸:56in×10.25in×16.5in(不计桨叶)。

——有效负载容量:4.5kg(装电池后)。

——持续时间:15～20min。

——机用电池:37V(10A)锂聚合物。

——伺服系统电池:4.8V(2.0A)镍氢(Ni-MH)。

——发动机:Plettenberg HP 370/40/A2 Heli。

——调速器:Schulze future 40/160H。

选择这一平台,是因为其大约 3000 美元的成本、可以随时飞行、希望避免携带和存放易爆燃料、振动小、规模相对较小及其超过 20mile/h 处理阵风的能力。

注意,没有对 Maxi Joker Ⅱ 套机或上述任何设备进行改装。套机、电机、调速器以及所有支持设备都按制造商提供的手册说明进行了组装和设置。

2.2 硬件

无人机系统的主要硬件组件包括:

——奔腾 M 755 2.0 GHz 处理器；

——G5M100-N Mini-ITX 主板；

——Microstrain3DMG-X1 惯性测量单元；

——2G Crucial 333 MHz RAM；

——Novatel 超星Ⅱ全球定位系统接收器(5Hz,5V 模型)；

——Microbotics 伺服系统/安全控制器(SSC)；

——Thunderpower11.1 V 4.2A·h LiPo 电池；

——Intel Pro 2200 802.11B/G Mini-PCI 无线卡；

——URG-04LX Hokuyo 激光测距仪；

——IVC-200G 4 通道帧接收器；

——120 Watt picoPSU-120 电源；

——索尼 FCB-EX980S 模块摄像机。

图1所示为装配有试验平台设备的 Joker Maxi Ⅱ。

图1　完全组装好的试验平台直升机嵌合体

采用这种硬件配置是因为其计算能力高,有各种输入/输出(I/O)接口、体积小、热排放和成本低。图 2 为试验平台的总体概念。

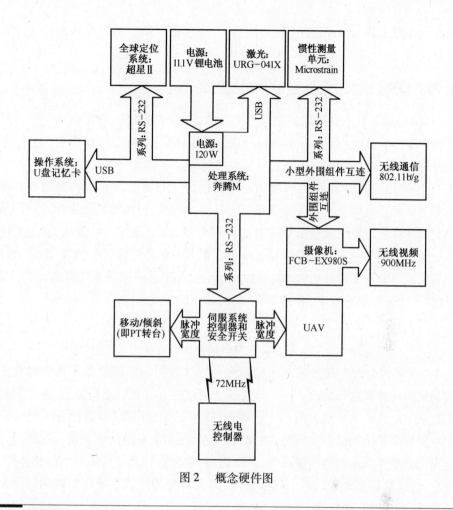

图 2　概念硬件图

3　软件

　　虽然这一试验平台几乎可以使用所有的现代操作系统(OS),但直升机是利用 Linux 发行的版本进行了严格的操作。选择 Linux 是因为在学术界和工业领域使用稳定、便于修改且应用普遍。使用的发行版本已包含了多个 Slackware 版本(从 10.0 至 12.0)和 Gentoo。当前所用的发行版本是 Slackware(版本 12.0)。选择 Slackware 是因为易于安装且具备从 USB 闪盘开机的能力。还应注意,试验平台操作系统是完全由 RAM 驱动器进行操作的。由于 RAM 的物理限制,要求操作系统具有操作过程所需足够 RAM 的最小尺寸。

　　从构思上,试验平台所用软件的设计是高度模块化的,并支持可以动态修改的操作结构。模块化设计允许代码重用、迅速集成并易于理解。动态修改就意味着该系统有在运行期间删除或添加功能。为了支持这些设计要求,开发的软件作为通过共享存储器结构同时运行并通过信息的一组程序。利用这一开发方法,监控过程可以根据试验平台的需要开始和停止程序。

3.1 伺服系统周期变距和总变距混合

Maxi Joker Ⅱ平台采用的是三点式斜盘,可以控制横滚、俯仰并通过伺服系统周期变距和总变距混合(CCPM)的集体变距,简称为伺服系统混合。伺服系统混合在不影响精度的情况下提供机械上比较简单的设计。试验平台将[-1,1]范围内传统的横滚、俯仰和集体命令转换为脉冲宽度(PW)值,然后再转换成 CCPM 并传递到飞行器的伺服系统。具体的横滚、俯仰和集体命令对应于从中立脉冲宽度到最大或最小脉冲宽度的距离百分比。公式(1)表示,测定相应于一个命令的脉冲宽度值的计算。对于方程 1,Max P_i 是伺服系统"i"的最大脉冲宽度值,MinP_i 是其最小的脉冲宽度值,N_{P_i} 是其中立的脉冲宽度值,O_{P_i} 是伺服系统"i"的计算脉冲宽度,而 α 是 [-1,1] 范围内的一个值。

$$O_{P_i} = \begin{cases} (MaxP_i - N_{P_i}) * \alpha & \alpha \geqslant 0 \\ (N_{P_i} - Min_{P_i}) * \alpha & \alpha < 0 \end{cases} \tag{1}$$

CCPM 混合首先混合侧向或横滚命令。这是因为横滚命令不需要对前面的伺服系统位置进行修改。这一算法首先通过检查是正值还是负值,测定伺服系统从中立开始的运动方向。一旦确定,脉冲宽度偏差则是利用公式(1)计算的左侧伺服系统的值。然后将这一值加入左、右伺服系统的中立值。这将以完全相同的量降低左侧的伺服系统,从而提高右侧的伺服系统,保存当前集体值。注意,将这一偏差加入到两个伺服系统,因为右侧的伺服系统与左侧的伺服系统是反向安装的,因此加入到两个伺服系统就会低一个,提高另一个。

此后,CCPM 混合算法混合纵向或俯仰命令。这也是利用方程(1)为前面的伺服系统进行计算的。一旦计算出偏差,便将其值加入前面伺服系统的中立位置。由于斜盘的配置,前面与左侧和右侧伺服系统命令的比为 2∶1。这是因为前控制臂与两个侧控制臂之间的距离比不等。因此,前面伺服系统的单脉冲宽度变化仅对应于左侧和右侧伺服系统 0.5 的脉冲宽度变化率。记住这一点,为前面的伺服系统所计算的偏差除以 2,并加入左侧的伺服系统并从右侧的伺服系统中减去。注意,左侧和右侧伺服值的变化是已计算的横向或横滚值的变化,即混合算法的一部分。

必须混合的最后一个命令是集体命令。集体最小值、中立和最大值不会直接连接到特定的伺服系统。这些值描述了集体命令的右侧、左侧和前面伺服系统的变化量,而试验平台的变化量范围为 0~160μs 混合首先利用方程(1)计算

418

脉冲宽度偏差。然后,将这个值加入集体中立的负值中。这个值表示集体输入的脉冲宽度变化值并加入到前面和右侧的伺服系统值,再从左侧伺服系统的值中减去。应该提及的是,Maxi Joker-2具有"前缘"旋翼。因此,必须降低斜盘,增加集体值。这就是为什么将计算的集体值脉冲宽度偏差加入到集体中立值负值的原因。

虽然脉冲宽度的偏航命令不是利用CCPM计算的,但值得注意的是,它是用公式(1)计算的。由于偏航命令对应于单个伺服系统,所以,公式(1)计算出的值可以直接加入到偏航的中立值,从而计算出期望的脉冲宽度。

3.2 位置误差的计算

本节所述的计算表示计算试验平台的位置误差或偏移量所用的算法。具体地说,位置误差表示的是从当前位置到期望位置的距离,单位为英尺(ft)。

位置误差是通过确定当前全球定位系统(GPS)坐标与所计算飞行路线期望位置之间的距离进行典型计算的。飞行路线用经度与纬度航路点之间的直线表示。

飞行路线上期望的位置通过找出飞行器周围的固定圆与当前飞行路线之间的交点来确定。要确定这些交点,必须首先由软件计算出飞行器到前一航路点和当前航路点之间的距离。

试验平台采用地球模型计算横向 E_X 和纵向 E_Y、文献[43]中定义的全球定位系统坐标之间的距离(英尺)。注意,因为只有横向和纵向距离是利用文献[43]中的公式计算的,所以,高度变量始终利用当前GPS的高度保持为常数。鉴于短距离和低飞行高度,这将不会对距离的计算产生不利影响。

一旦计算出 E_X 和 E_Y 并转换为英尺,现在软件就可以确定飞行器与飞行路线的相对位置。这可以通过确定是否存在割线或切线来完成。这一公式是在文献[44]和文献[45]中定义的,在此不再重复。如果存在交点,试验平台将利用直线距离确定哪些交点最接近下一个航路点,然后利用这一点作为中间目标。此后计算出也是在文献[44]和文献[45]中定义的到达这一中间目标的 x 和 y 距离。如果不存在交点,要利用中间目标,则飞行器与航线相距太远。在这种情况下,位置的 x 和 y 误差将通过确定试验平台到下一航路点的直线距离进行计算。

确定位置误差的最后一步是将 x 和 y 的距离从世界坐标系转换到当地坐标系。当地坐标系利用飞行器的航向作 Y 轴。向控制器提供这些旋转值作为俯仰方向的误差和横滚方向的误差。图3所示为确定位置误差的一个例子。

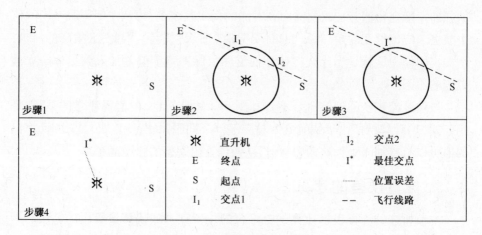

图3 位置误差的计算示例

但应注意的是,高度或 Z 轴、位置误差是通过确定高度设定点与 GPS 提供的高度之差以英尺为单位严格计算的。向集体控制器提供这一值作为集体的位置误差。

航向误差是当前航向与期望航向的偏差。航向误差通过确定从当前航向到期望航向的最短距离计算。这通常是从期望航向中减去当前航向得出的。由于航向范围是$-180°\sim 180°$,所以必须进行检查,保证其他方向的运动将不是最佳的。这是通过确定当前航向与期望航向之间的差值是否大于$180°$或小于$-180°$来实现的。一旦确定了最佳误差,则将其提供给偏航控制器作为航向误差。

虽然速度通常是控制直升机的关键要素之一,但这显然是最难以求出精确值的。在试验平台上,速度是通过对惯性测量单元(IMU)提供的加速度进行积分计算的。试验平台试图利用 GPS 计算的速度和一阶卡尔曼滤波器对速度计算中的漂移、偏置和噪声进行补偿。

对采集速度的加速度进行积分,首先要求取消在飞行器初始化过程中计算的重力。因此,这一程序必须首先将重力矢量 g 旋转到当地的坐标系。这通过以下公式计算得出:

$$\begin{bmatrix} g'_y \\ g'_z \\ g'_x \end{bmatrix} = \begin{bmatrix} 1 & 0 & 0 \\ 0 & \cos(-C_{D2R}(\psi)) & -\sin(-C_{D2R}(\psi)) \\ 0 & \sin(-C_{D2R}(\psi)) & \cos(-C_{D2R}(\psi)) \end{bmatrix} * \begin{bmatrix} 0 \\ g_z \\ 0 \end{bmatrix} \quad (2)$$

绕 X 轴旋转重力矢量 g,则

420

$$\begin{bmatrix} g_y'' \\ g_z'' \\ g_x'' \end{bmatrix} = \begin{bmatrix} \cos(-C_{\text{D2R}}(\theta)) & -\sin(-C_{\text{D2R}}(\theta)) & 0 \\ \sin(-C_{\text{D2R}}(\theta)) & \cos(-C_{\text{D2R}}(\theta)) & 0 \\ 0 & 0 & 1 \end{bmatrix} * \begin{bmatrix} g_y' \\ g_z' \\ g_x' \end{bmatrix} \tag{3}$$

绕 Y 轴旋转矢量 $\boldsymbol{g}'$。ψ 和 θ 分别代表欧拉角横滚和俯仰。注意,在方程(2)中,只有重力矢量 Z 轴上的重力读数被旋转。由于飞行器在计算重力矢量时是稳定的,所有的加速度都被认为是在 Z 轴上。假定在 X 和 Y 轴上记录的重力加速度是错误的并在漂移计算中进行系统滤波。由于这一事实,没有必要绕 Z 轴旋转重力矢量。

旋转的重力矢量 $\boldsymbol{g}''$,现在可以从 IMU 提供的加速度中减去。然后部分旋转到世界坐标系的新加速度矢量,称为 $\boldsymbol{a}$,减去一个近似的漂移,将在本节后面讨论。对于本文,部分旋转指的只是不绕所有三个轴旋转的过程。$\boldsymbol{a}$ 的旋转过程利用以下公式计算:

$$\begin{bmatrix} a_y' \\ a_z' \\ a_x' \end{bmatrix} = \begin{bmatrix} \cos(C_{\text{D2R}}(\theta)) & -\sin(C_{\text{D2R}}(\theta)) & 0 \\ \sin(C_{\text{D2R}}(\theta)) & \cos(C_{\text{D2R}}(\theta)) & 0 \\ 0 & 0 & 1 \end{bmatrix} * \begin{bmatrix} a_y \\ a_z \\ a_x \end{bmatrix} \tag{4}$$

绕 Y 轴旋转矢量 $\boldsymbol{a}$,则

$$\begin{bmatrix} a_y'' \\ a_z'' \\ a_x'' \end{bmatrix} = \begin{bmatrix} 1 & 0 & 0 \\ 0 & \cos(C_{\text{D2R}}(\psi)) & -\sin(C_{\text{D2R}}(\psi)) \\ 0 & \sin(C_{\text{D2R}}(\psi)) & \cos(C_{\text{D2R}}(\psi)) \end{bmatrix} * \begin{bmatrix} a_y' \\ a_z' \\ a_x' \end{bmatrix} \tag{5}$$

绕 X 轴旋转矢量 $\boldsymbol{a}'$,这种部分旋转是在漂移存放在这一坐标系中时进行的。从 $\boldsymbol{a}$ 中减去漂移矢量后,立即利用以下公式完成向世界坐标系的旋转:

$$\begin{bmatrix} a_y''' \\ a_z''' \\ a_x''' \end{bmatrix} = \begin{bmatrix} \cos(-C_{\text{D2R}}(\phi)) & 0 & \sin(-C_{\text{D2R}}(\phi)) \\ 0 & 1 & 0 \\ -\sin(-C_{\text{D2R}}(\phi)) & 0 & \cos(-C_{\text{D2R}}(\phi)) \end{bmatrix} * \begin{bmatrix} a_y'' \\ a_z'' \\ a_x'' \end{bmatrix} \tag{6}$$

式中:ϕ 为偏航欧拉角。

计算速度的下一步是利用定义为前控制环路 $\boldsymbol{a}'''$ 的 $\boldsymbol{a}'''_{\tau-1}$ 求出 $\boldsymbol{a}'''$ 的平均值。这样做是考虑到因使用离散传感器读数出现的数据损失。假定加速度的变化对于 IMU 读数之间的短时段是线性的。因此,较早与当前加速度的平均值应提供更精确的积分值。

平均加速度矢量 $\boldsymbol{a}'''$ 是利用 IMU 数据的时间戳积分得出的。然后将这一计算的速度矢量加入当前保存的两个速度矢量 $\boldsymbol{V}_I$ 和 $\boldsymbol{V}_F$ 中。矢量 $\boldsymbol{V}_I$ 和 $\boldsymbol{V}_F$ 表示仅分别利用积分加速度和由 GPS 修正的积分加速度计算出的飞行器的整个操作

421

速度。这些矢量将在本节后面讨论。注意,所有的速度读数保存在世界坐标系中,并且只是暂时转换到当地坐标系,向控制器提供横滚、俯仰和集体速度。

提供了新的 GPS 位置时,对目前的速度和速度计算值进行修正。这包括计算偏差的近似值和融合 GPS 与 IMU 的计算速度。

虽然 GPS 速度可以通过确定运动距离除以过去的时间量进行计算,这种方法的结果通常并不理想。一个原因是,计算来自离散读数的速度(如 GPS 坐标)时会引入读数的解析所带来的误差。在计算使用的时间量减少时,这一误差值会明显增大。现在这一 GPS 速度误差将定义为

$$G_{E_A}(\Delta\tau) = \left| \frac{M_A}{\Delta\tau} \right| \tag{7}$$

式中:M 为传感器读数的分辨率(ft);在轴 A 和 $\Delta\tau$ 上是离散读数之间通过的时间量(s)。

考虑到计算两个连续读数的 GPS 速度时,这一点很重要。当分辨率最低时,NMEA GPGGA 信息只能提供大约 6in 分辨率的位置。如果 GPS 的工作频率为 5Hz,速度是利用连续读数计算的,GPS 的速度误差则可能最大至 2.5ft/s。注意,要减小这种误差,必须增大 $\Delta\tau$。简单地增加 $\Delta\tau$,假设在这一特别的时间间隔内,系统是停滞不动的。尽管这一假设可能是周期性是有效的,但对于每个时间间隔,假设却是无效的。更好的算法应动态地增加 $\Delta\tau$(如适用)。

为了保证试验平台采用更精确的 GPS 速度,开发了一种动态更新 $\Delta\tau$ 的新方法。这种方法尝试利用认为合理的过去的 GPS 速度计算出目前 GPS 速度的近似值。

这种算法首先计算最近 1s 发生的 GPS 运动的多速度矢量。这些矢量利用以下公式计算:

$$\begin{bmatrix} T_{i_Y} \\ T_{i_Z} \\ T_{i_X} \end{bmatrix} = \begin{bmatrix} (F(E_y(\tau,\tau-i))) * \dfrac{Hz_G}{i} \\ (F(E_z(\tau,\tau-i))) * \dfrac{Hz_G}{i} \\ (F(E_x(\tau,\tau-i))) * \dfrac{Hz_G}{i} \end{bmatrix} \tag{8}$$

式中:T_i 表示利用 'I + 1' GPS 多读数计算出的临时 GPS 速度;F 为从米转换为英尺的一个函数;E 为利用世界模型方程计算当前 GPS 位置 τ 与 $\tau-i$ GPS 位置之间的距离矢量,并且是 GPS 的工作频率。

由于这些只是对过去 1s 有用的数据进行计算的,所以 'i' 的范围将为 [1,

422

Hz_G]并将计算出 Hz_G 矢量。

将 GPS 速度矢量 $\boldsymbol{V}_G$ 初始化到 T_1,并从 $i=2$ 开始,对矢量 T_i 的成分进行比较,计算出误差阈值。这利用以下公式计算:

如果 T_{i_A} 为正值

$$
V_{G_A} = \begin{cases} T_{i_A} & V_{G_A} - G_{E_A}\left(\dfrac{i-1}{Hz_G}\right) < T_{i_A} < V_{G_A} + G_{E_A}\left(\dfrac{i-1}{Hz_G}\right) \\[4mm] V_{G_A} - G_{E_A}\left(\dfrac{i-1}{Hz_G}\right) & T_{i_A} \leqslant V_{G_A} - G_{E_A}\left(\dfrac{i-1}{Hz_G}\right) \\[4mm] V_{G_A} + G_{E_A}\left(\dfrac{i-1}{Hz_G}\right) & T_{i_A} \geqslant V_{G_A} + G_{E_A}\left(\dfrac{i-1}{Hz_G}\right) \text{ 或 } T_{i_A} * T_{i-1_A} < 0 \end{cases}
$$

$$(9)$$

或,如果 T_{i_A} 为负值

$$
V_{G_A} = \begin{cases} T_{i_A} & V_{G_A} + G_{E_A}\left(\dfrac{i-1}{Hz_G}\right) \leqslant T_{i_A} \leqslant V_{G_A} - G_{E_A}\left(\dfrac{i-1}{Hz_G}\right) \\[4mm] V_{G_A} + G_{E_A}\left(\dfrac{i-1}{Hz_G}\right) & T_{i_A} \leqslant V_{G_A} + G_{E_A}\left(\dfrac{i-1}{Hz_G}\right) \text{ 或 } T_{i_A} * T_{i-1_A} < 0 \\[4mm] V_{G_A} - G_{E_A}\left(\dfrac{i-1}{Hz_G}\right) & T_{i_A} \geqslant V_{G_A} - G_{E_A}\left(\dfrac{i-1}{Hz_G}\right) \end{cases}
$$

$$(10)$$

注意,下标 A 表示特定的轴(即横向、纵向或垂直)。更新到 V_G 并一直持续到所有 T_i 矢量都已耗尽,或一直持续到 T_i 不能达到 V_{G_A} 和 G_E 设定的边界。边界失效是由方程(10)中的不等式确定的。如果阈值分解为矢量 T_i 的特定元素,那么,该轴已经使用了认为对进行计算有效的所有数据。这一失效的轴则通过利用不等式(11)或式(12)中最接近的值将 V_G 中相应的轴设定到失效的 T_i 元素而结束。虽然矢量 $\boldsymbol{V}_G$ 中的其他元素可能会持续到被更新,但其阈值已分解的各轴则不再更新。注意 T_i 矢量可以单独进行计算和比较,而不是计算公式(8)中所述的所有可能的矢量。根据需要计算矢量,将减小算法的计算复杂程度。这种算法清楚并且便于理解。

$$
V_{G_A} - G_{E_A}\left(\frac{i-1}{Hz_G}\right) \leqslant T_{i_A} \leqslant V_{G_A} + G_{E_A}\left(\frac{i-1}{Hz_G}\right) \tag{11}
$$

$$
V_{G_A} + G_{E_A}\left(\frac{i-1}{Hz_G}\right) \leqslant T_{i_A} \leqslant V_{G_A} - G_{E_A}\left(\frac{i-1}{Hz_G}\right) \tag{12}
$$

为了清晰起见,图 4 详细介绍了 5Hz 接收器沿单轴的 GPS 数据的例子。注意,位置数据标为 1~6,其中 1 是当前最新的数据,而 6 是最早的,网格代表了

423

特定轴上 GPS 的最低分辨率。利用以上方法计算当前的速度,算法将首先利用位置 1 和 2 计算出基础速度 T_1。这将提供 0ft/s 的速度。此后,算法将利用位置 1、2 和 3 计算出速度。这也将提供零英尺/秒的速度,这不违反不等式(11),即范围(-1.7, 1.7)。利用位置 1、2、3 和 4 再次提供零速度,这也不会违反方程(11),即范围(-0.8, 0.8)。使用位置 1、2、3、4 和 5 提供 0.8ft/s 的速度。这一速度违反了方程(11),即范围(-0.6, 0.6),从而停止该特定轴上 GPS 数据的进一步积分。由于这违反了阈值正值一侧的临时速度,沿该轴的最终速度设置为 0,最后的有效速度另加阈值,0.6ft/s。

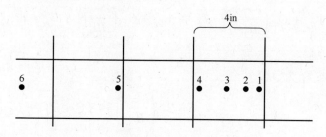

图 4　沿单轴的 6 个 GPS 读数的例子

　　上述方法允许利用过去的数据使公式(7)中的 $\Delta\tau$ 动态地增大,这些数据似乎是有效的,因此由于分辨率而减小了速度误差。图 5 所示为利用标准速度计算方法和试验平台使用的方法单次运行试验平台的速度计算。

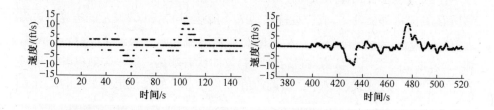

图 5　利用标准方法(左)和试验平台使用的方法(右)计算的飞行速度

　　从 IMU 积分加速度计算的速度,通常具有相同等级的漂移。在非常短的时间段内,这种漂移通常是恒定的。漂移会严重影响速度的计算,速度通常会在几秒钟内是没用的。图 6 所述为利用 IMU 提供的加速度计算的速度,但减去了该加速度的重力矢量。

　　在操作过程中,速度算法不断尝试计算漂移并将其从加速度读数中移除。这首先要计算出 IMU 严格计算速度 V_I 与 GPS 计算速度 V_G 之间的差值。计算公式如下:

424

$$S = (V_{I_\tau} - V_{G_\tau}) - (V_{I_{\tau-H}} - V_{G_{\tau-H}}) \qquad (13)$$

式中:S 是偏移量的斜率矢量;τ 是当前的时步;H 是一秒钟内的时步数。

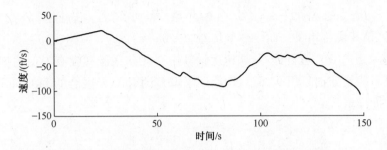

图 6　利用积分加速度计算的飞行速度,没有漂移修正

这一矢量利用以下公式绕 Z 轴旋转:

$$\begin{bmatrix} S'_y \\ S'_z \\ S'_x \end{bmatrix} = \begin{bmatrix} \cos(C_{\mathrm{D2R}}(\phi)) & 0 & \sin(C_{\mathrm{D2R}}(\phi)) \\ 0 & 1 & 0 \\ -\sin(C_{\mathrm{D2R}}(\phi)) & 0 & \cos(C_{\mathrm{D2R}}(\phi)) \end{bmatrix} * \begin{bmatrix} S_y \\ S_z \\ S_x \end{bmatrix} \qquad (14)$$

S' 是加入到前面保存的任何偏差,用 B 表示。偏差 B 保存在这一坐标系内有两个原因。首先是计算 IMU 范围内传感器特定轴的偏差。这样偏差就应利用 IMU 的定向进行保存。第二是完全旋转到当地坐标系是多余的。B 仅用来从加速度矢量 a'' 中减去偏差。由于这一矢量已经在正确的坐标系内,不必完全旋转 B。图 7 所示是通过包含和不包含偏差的加速度积分计算出的飞行速度。

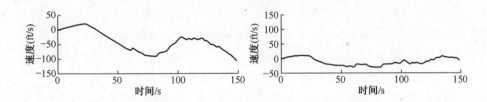

图 7　经修正(右)和未经修正(左)计算的飞行速度

应当注意的是,在试验过程中已确定在 GPS 计算速度与 IMU 计算速度之间存在偏差。IMU 速度是大约 1s 前的 GPS 速度。为了说明这一点,公式(13)中所描述的斜率计算就有 1s 的偏差。斜率是通过对当前 GPS 速度与 1s 前的 IMU 速度进行比较计算的,而不是计算当前 GPS 速度与当前 IMU 速度之差,即

$$S = (V_{I_{\tau-H}} - V_{G_\tau}) - (V_{I_{\tau-2H}} - V_{G_{\tau-H}}) \qquad (15)$$

求出漂移的近似值后,GPS 速度矢量 V_G 便用以下公式与 $V_{F_{\tau-H}}$ 进行融合。

425

$$\begin{bmatrix} V_{Fy_\tau} \\ V_{Fz_\tau} \\ V_{Fx_\tau} \end{bmatrix} = \begin{bmatrix} V_{Fy_\tau} \\ V_{Fz_\tau} \\ V_{Fx_\tau} \end{bmatrix} + \begin{bmatrix} K_y \\ K_z \\ K_x \end{bmatrix} * \left(\begin{bmatrix} V_{Gy} \\ V_{Gz} \\ V_{Gx} \end{bmatrix} - \begin{bmatrix} V_{Fy_{\tau-H}} \\ V_{Fz_{\tau-H}} \\ V_{Fx_{\tau-H}} \end{bmatrix} \right) \qquad (16)$$

式中:矢量 K 为标准的一阶卡尔曼增益。

利用公式(16)进行计算,从速度计算中移除前面漂移没有说明的偏移量。图 8 显示的是分别只用 GPS、只用修正了偏差的 IMU 及融合的 IMU 和 GPS 计算的速度详情。

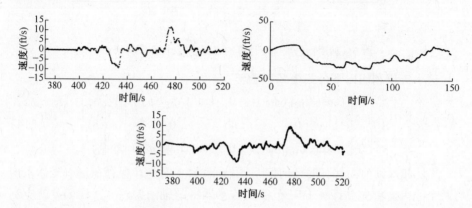

图 8　利用 GPS(左上)、经偏差修正的 IMU(右上)和融合的 GPS/IMU(下)计算的飞行速度

3.3　加速度变体的计算

本节中后面将描述的试验平台的控制器,利用加速度帮助确定正确的控制响应。虽然加速度是由 IMU 直接提供的,但这些加速度都是没有经过滤波的,并且通常都不会与以上的速度计算完全对应。考虑到这一点,利用经滤波和融合的速度矢量重新对加速度进行计算,现在则称为加速度变体。

首先,计算出当前速度 V_{F_Ω} 与最后 7 个速度 $V_{F_{\Omega-1}}$, $V_{F_{\Omega-2}}$, $\cdots$, $V_{F_{\Omega-7}}$ 之差。利用 7 个速度提供足够的平滑性而在加速度计算中没有大的延迟。这是通过利用不同大小的速度集进行试验确定的。求出这 7 个值的平均值,得出速度变体 $\overline{\Delta F_V}$。然后利用以下公式计算出加速度变体 A_V:

$$A_V = \frac{\overline{\Delta V_F}}{\Omega - (\Omega - 7)} \qquad (17)$$

式中:Ω 表示 V_{F_Ω} 的时间戳;$(\Omega - 7)$ 表示 $V_{F_{\Omega-7}}$ 的时间戳。

然后,加速度变体通过一阶卡尔曼滤波器并提供给俯仰和横滚控制器作为加速度。图 9 所述为 IMU 提供的加速度变体和原始加速度的比较。

426

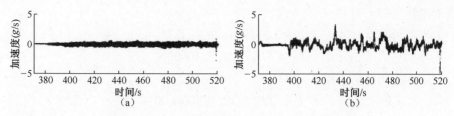

图9　来自IMU(a)和变体计算(b)的飞行加速度

3.4　配平积分器

为了确保直升机的飞行进程,对飞行器的位置误差、速度和加速度进行了连续的监测。在导航期间,飞行算法不断计算3个积分器。这些积分器用作横滚、俯仰和集体,并加入到这些轴的脉冲宽度输出。利用一个小常量通过递增或递减积分器进行计算。无论是否有加速度或速度,只有在飞行器位于其目标位置阈值以外并没有进展时进行计算。积分方向基于需要取得的进展方向。

横滚和俯仰积分器也用来改变直升机的中立定向。把中立定向视为飞行器悬停的定向。这方面的进一步讨论详见下一节。

3.5　天线平移

试验台的GPS天线朝向水平尾翼顶部的吊架端部。这一位置用来保证GPS天线不靠近任何飞行器结构或可能干扰其卫星接收的部件。这种安装方法引发飞行器位置数据出现恒定的误差。由于飞行器的尺寸,偏移是相当小的($<2.5ft$)。虽然误差很小,但它却会在飞行器航向旋转过程中发生问题。

航向旋转导致飞行器绕飞行器主轴旋转。如果GPS天线安装在飞行器尾部,出现绕主轴的旋转作为绕一个圆的位置移动。这个位置移动也计算为GPS速度。为了确保试验平台可以在飞行期间安全有效地改变航向,进行两次平移移除GPS天线安装位置造成的位置误差和速度。

进行位置平移,移除GPS天线与直升机旋转轴之间的偏移。位置平移算法首先通过将当地坐标系恒定偏移量旋转到世界坐标系来确定天线的位置误差。这是用以下公式计算的:

$$
\begin{bmatrix} P'_y \\ P'_z \\ P'_x \end{bmatrix} = \begin{bmatrix} \cos(-C_{D2R}(\phi)) & 0 & \sin(-C_{D2R}(\phi)) \\ 0 & 1 & 0 \\ -\sin(-C_{D2R}(\phi)) & 0 & \cos(-C_{D2R}(\phi)) \end{bmatrix} * \begin{bmatrix} P_y \\ P_z \\ P_x \end{bmatrix} \quad (18)
$$

式中:P为GPS天线在世界坐标系中的位置偏移量。注意,位置偏移量的x成分在当地坐标系中始终为0。这是因为天线位于直升机尾翼吊架上,因此位于

427

当地坐标系的 y 轴上。

P' 则利用以下公式转换为十进制格式的偏移量：

$$L_X = (P'_X \times M_X)/1000000 \tag{19}$$

计算纵向偏移量和

$$L_Y = (P'_Y \times M_Y)/1000000 \tag{20}$$

计算横向偏移量。注意，偏移量 P' 与 GPS 分辨率 M 的乘积 P 除以 100 万，然后加到 NMEA 的位置单元中。

虽然偏移量现在是可以直接从 GPS 提供的位置移除的,但这样可能会导致意外的结果。正如前面所提到那样,在 IMU 数据与 GPS 数据之间有一个明显的时间偏移。这一偏移近似到 1s 的延迟。要说明这一点,向位置平移的变化 T_P 最多延迟 1s。这是利用以下公式,通过计算和保存在公式(19)和公式(20)中计算的当前 GPS 时步修正值与前一 GPS 时步之差计算的：

$$\begin{bmatrix} Ts_{X_\tau} \\ Ts_{Y_\tau} \end{bmatrix} = \begin{bmatrix} L_{X_\tau} \\ L_{Y_\tau} \end{bmatrix} - \begin{bmatrix} L_{X_{\tau-1}} \\ L_{Y_{\tau-2}} \end{bmatrix} \tag{21}$$

注意,Ts 只保存 GPS 数据最后一秒的有效数据,其大小等于 GPS 数据的频率。这样,将一组新的数据加入到 Ts 时,必须移除最早的数据集。移除的任何 Ts 不为零的值都加入到 T_P。这样可以确保所有的平移都将在 1s 内纳入位置计算。

但应注意的是,GPS 的位置数据可能不会延迟一整秒。因此,这一算法可以监视位置数据的变化,并确定这些变化是否与旋转引起的变化相对应。这是通过对当前 GPS 位置与前一 GPS 位置之差 L_d 进行比较得出的。如果在横轴 L_{dY} 或纵轴 L_{dX} 上存在差值,则与 Ts 中保存的各轴对应值进行比较。利用这些比较进行修正,实现位置平移并利用以下公式进行计算：

$$Tp_A = \begin{cases} Tp_A + Ts_{A_{\tau-i}} & Ld_A = Ts_{A_{\tau-i}} \\ Tp_A + Ts_{A_{\tau-1}} & Ld_A > Ts_{A_{\tau-i}} > 0 \text{ 或 } Ld_A < Ts_{A_{\tau-i}} < 0 \\ Tp_A + Ld_A & Ts_{A_{\tau-i}} > Ld_A > 0 \text{ 或 } Ts_{A_{\tau-i}} < Ld_A < 0 \\ Tp_A & \text{其他} \end{cases} \tag{22}$$

$$Ts_{A_{\tau-i}} = \begin{cases} 0 & \text{对 } Ld_A \geqslant Ts_{A_{\tau-i}} > 0 \text{ 或 } Ld_A \leqslant Ts_{A_{\tau-i}} < 0 \\ Ts_{A_{\tau-i}} = Ts_{A_{\tau-i}} - Ld_A & \text{对 } Ts_{A_{\tau-i}} > Ld_A > 0 \text{ 或 } Ts_{A_{\tau-i}} < Ld_A < 0 \\ Ts_{A_{\tau-i}} & \text{其他} \end{cases} \tag{23}$$

和

428

$$Ld_A = \begin{cases} Ld_A = Ld_A - Ts_{A_{\tau-i}} & Ld_A > Ts_{A_{\tau-i}} > 0 \text{ 或 } Ld_A < Ts_{A_{\tau-i}} < 0 \\ Ld_A = 0 & Ts_{A_{\tau-i}} \geqslant Ld_A > 0 \text{ 或 } Ts_{A_{\tau-i}} \leqslant Ld_A < 0 \\ Ld_A & \text{其他} \end{cases}$$

$$(24)$$

式中：A 为轴，不论是纵轴还是横轴；i 为移动保存在 Ts 中的数据所用的变量。

注意，i 被初始化到等于 GPS 的频率并在横向和纵向轴进行了公式(22)、公式(23)和公式(24)的计算之后再减去 1。比较计算是在进行了 $i = 0$ 的计算后进行的。应注意，保存在 Ts 中的值在公式(23)中进行了修改。这样确保在这些计算中进行的修正不会在以后的计算中重复使用。

纬度偏移值 Tp_y 和经度偏移值 Tp_x 始终在进行位置误差计算之前从 GPS 提供的经度和维度中移除。这样可以确保位置误差代表直升机旋转轴或主轴的误差，而不是 GPS 天线的位置。

虽然位置平移算法能有效地平移 GPS 的位置，其平移量不能直接用于速度计算。位置平移算法最长只能延迟偏移 1s。GPS 位置需要 1s 以上的时间识别这种移动是可行的。因此，利用平移位置计算的速度可以计算位置平移算法引起的偏移速度，而且是一个延迟的 GPS 位置的相等但却相反的速度。

要解释这些问题，开发了速度平移算法。该算法的目的是移除因旋转计算出的速度，但绝不会增加或建立速度。与位置平移算法不同，位置平移算法是试图使 GPS 的天线位置与飞行器的位置相匹配，而速度平移算法则只尝试移除航向旋转可能造成的 GPS 连续位置之差。

速度平移算法与位置平移算法一样，首先利用公式(18)确定天线的位置误差，再利用公式(19)和公式(20)计算横向和纵向偏移。然后，利用公式(21)计算出 Ts。注意，因时间从 Ts 中移除的任何没有使用的数据都被直接移除，但绝不会用于这一算法。这一方法可以防止算法建立或增加速度。与位置平移算法不同，速度平移算法不利用公式(22)、公式(23)和公式(24)计算平移的修改。相反，这种算法利用

$$Tv_A = \begin{cases} Tv_A + Ts_{A_{\tau-i}} & Ld_A = Ts_{A_{\tau-i}} \\ Tv_A + Ts_{A_{\tau-i}} & Ld_A > Ts_{A_{\tau-i}} > 0 \text{ 或 } Ld_A < Ts_{A_{\tau-i}} < 0 \\ Tv_A + Ld_A & Ts_{A_{\tau-i}} > Ld_A > 0 \text{ 或 } Ts_{A_{\tau-i}} < Ld_A < 0 \\ Tv_A & \text{其他} \end{cases}$$

$$(25)$$

公式(23)和公式(24)直接计算速度平移 Tv，速度平移始终被初始化到 0。如前所述，i 表示移动保存在 Ts 中的数据所用的变量，并初始化到等于 GPS 的

频率。对横向和纵向轴上进行公式(23)、公式(24)和公式(25)的计算之后,该变量应减去1。在进行了 $i=0$ 的计算后,进行比较计算。

纬度偏移值 Tvy 和经度偏移值 Tvx 始终在进行 GPS 速度计算之前从 GPS 提供的经度和维度中移除。注意,对 GPS 位置数据进行的修改不会在速度计算以外进行,并且不会影响其他任何算法或计算。

4 控制器

选用模糊逻辑作为开发直升机试验平台控制器的方法。模糊逻辑提供了控制开发的多种优势,包括使用语言变量,利用不精确或相互矛盾输入的功能、简单的修改和直接利用多名专家知识的能力。

直升机控制器是利用考虑的几个关键方面开发的。首先,控制器需要在物理上可能的情况下保持稳定。这在希望操作小型自主直升机小型机队来启动项目时是需要的。由于基于小型遥控无人机动态变化很大,即使在复制品之间,为使用多架无人机开发的任何控制器必须是稳定的。稳定控制器加上模块化软件和模块化硬件的设计将允许最快地实现自主无人机机队。

控制器设计中的一个重要方面是基于通用的遥控直升机飞行,而不是 Joker Maxi Ⅱ 直升机的飞行建立模糊规则的。这样就可以根据飞行概念,而不是特定直升机的细节,将焦点集中在提供控制上。这是通过对 Joker Maxi Ⅱ 遥控直升机经验不多的飞行专家进行的。这样可以保证所作的决定不是基于单一的平台。

虽然对直升机的动态进行了大量的耦合,但它们耦合的程度会受到正在飞行的类型的严重影响。积极的机动操作,如失速和大角度转弯,需要从所有控制方面进行大量的补偿。不积极的机动操作,如悬停和简单的航路点飞行,可以虚拟解耦。控制解耦进一步受益于较新技术传感器的操作速率和分辨率。虽然控制器可能不会立即对耦合进行补偿,但来自传感器的输入允许对明显降级发生之前进行补偿。这里介绍的工作将控制解耦为四类:集体控制、偏航控制、横滚控制和俯仰控制。注意,油门控制在飞行过程中需要保持不变。

虽然本文所述控制器的设计没有努力开发模型,它们的设计是为了控制特定类型的飞行器,即直升机。这种飞行器有几个基本特性,这些基本特性对应于这类飞行器的通用模型。

首先,直升机上只有两个可控面:主旋翼和尾桨。在当地坐标系中,主旋翼可以直接控制垂直力和两个角力(横向和纵向)。尾桨可以直接控制本地垂直轴的角力。因此,直升机引起非角速度的只有单一可控面。这种非角速度,现

在称为升力,只能在当地坐标系中建立垂直力。因此,世界坐标系范围内的速度直接连接到飞行器的定向并可利用以下公式进行计算:

$$V_{\text{TOT}} = \int F_{\text{MR}} + {}'F_{\text{G}} + {}'F_{\text{D}} + {}'F_{\text{E}} \tag{26}$$

式中:${}'F_{\text{G}}$是重力在当地坐标系内产生的力矢量;F_{MR}是主旋翼在当地坐标系内产生的力矢量;${}'F_{\text{D}}$是拉力在当地坐标系内产生的力矢量;而${}'F_{\text{E}}$则是所有其他力在坐标系内产生的力矢量。其他力包括作用于直升机上的其他所有力,包括风、温度、重量分布等。注意,${}'F_{\text{E}}$认为远小于${}'F_{\text{G}}$和F_{MR}。${}'F_{\text{E}}$开始接近其中的任何一个力时,飞行器最有可能成为不可控的。

现在应注意,V_{TOT}具有自然的阈值,防止速度矢量无界限地增大。V_{TOT}增大时,拉力${}'F_{\text{D}}$也将作为一个反向力增大。因为${}'F_{\text{G}}$具有恒定的强度,F_{MR}是受到飞行器动力的限制,而${}'F_{\text{E}}$被认为是很小的,所以,V_{TOT}最终将受到${}'F_{\text{D}}$的限制。

其次,直升机的容重是,也应该是,位于主旋翼的下面中央。因而重心位于主旋翼中心处飞行器自然旋转轴的下面。这种设计会引起模拟钟摆效应,飞行器的容重将会在主旋翼下自然摆动。然后,这种钟摆效应将受到外来力,如拉力的抑制而减弱。因此,在没有大角力的情况下,飞行器会以接近水平的方式自然稳定。这就是说,控制器利用很小的控制力,就可以防止出现过大的角度。

利用这一通用的最广义信息开发了一种控制器来计算期望速度,然后实现了这一速度。控制器试图通过控制飞行器的速度直接操纵和稳定飞行器。

位置误差是操纵飞行器的背后动力。本文所述的控制器,其设计目的是利用位置误差确定期望的速度。注意,期望速度严格来说是一个描述速度期望方向和强度的模糊变量。这一期望速度则是与飞行器状态一起由控制器用来确定控制输出的。期望速度是为横向、纵向和垂直轴以及航向定向计算的。试验平台的航向速度是由航向保持陀螺严格控制的。因此,为航向计算出的期望速度足以用来控制尾桨。

应当指出的是从未对期望速度进行过实际的计算。本文所述是说明模糊控制器试图模拟的决策过程。这种类型的描述也用于本节的其余部分。

控制是基于期望速度的,通过模糊控制器计算的第一个输入是飞行器的速度。从式(26)中可以看出,速度是与直升机的升力和定向成正比的。假设升力基本上是不变的,刚性主旋翼直升机的横向和纵向速度可以由飞行器的定向来控制。因此,横向和纵向控制器通过对期望速度与当前速度的比较来计算期望的定向。

垂直速度是通过计算期望的升力变化或集体进行控制的。期望的这种变化基于当前速度与期望速度之间的差值。注意,在飞行过程中,假定自然升力或中立集体具有足够的升力抵消重力,从而产生垂直稳定性。期望的速度需要减少或增加自然升力。

虽然控制器尽力确定将提供期望速度的定向和升力,给出定向或升力得到的具体速度,在很大程度上取决于飞行器的类型和配置。在试图补偿这种类型的变化中,期望的定向是根据加速度变体的输入进行修改的。

加速度变体输入,确定速度变化的速率是否合适。对于横轴和纵轴,这种输入试图修改期望的定向,以适应所使用的飞行器。如果期望的角度产生速度变化的速率过大,期望的角度则会减小。如果期望的角度产生速度变化的速率过慢,期望的角度则增大。这种概念也可用来修改升力的变化。升力的变化经过加速度变体修正后,期望的集体便是控制器的输出。注意,这些修改不是从操作到操作,只是利用当前最新的状态数据计算的。

现在,已经计算出期望的角度,控制器必须确定能实现这些角度的输出。这是通过计算确定飞行器将旋转的方向和速度的期望角速率实现的。这一值是基于当前与期望的角度之差的。

为了确保飞行器不会得到难以控制的定向,模糊规则中设定了限制条件。这些规则允许在受约束的阈值范围内实现的角度。这些约束条件的值是通过定向输入的两个极端隶属函数(MF)直接设计在模糊控制器内的。飞行器开始接近指定的定向阈值时,期望的角速率就会变得倾斜。这种倾斜降低了任何期望的角速率,增强了飞行器的定向。飞行器一旦超过了定向的阈值,控制器就将只计算减小飞行器角度的期望角速率。

利用关野(Sugeno)恒定的模糊逻辑和加权的平均解模糊方法在 Matlab 上为试验平台设计了这 4 个模糊控制器。控制器的所有规则是基于"与"方法并利用隶属产品确定每项规则的效力。每个控制器都有一个单一的输出,其范围是 [-1,1],分别对应于特定控制的最小和最大脉冲宽度。应当指出,控制器的所有输入,除了定向(角度)外,都是以各种英制单位(即英尺、英尺/秒、英尺/秒^2)计算的。定向输入是基于欧拉角,并以(°)为单位的。

几种假设是在控制器设计过程中提出的。首先,横滚和俯仰的控制都是基于这样的一种假设,即水平的飞行器将产生最小的速度和加速度。虽然这种说法通常都不是有效的,但有一种定向对建立最小的速度是最好的。这个最好的定向可以是也可以不是完全水平的,但是周期性动态的。最好的定向基于多个变量,在此只举几例,包括重量分布、机械设置和风。为了进行补偿,飞行算法实现了在前一节中介绍的 3 个积分器。这些积分器不但用来调整飞行器的配平,而且还用来修改其水平的内部定义。如果飞行器漂移偏离了航向或不能达

432

到期望的位置,积分器会缓慢地增加飞行器在这一方向的配平。同时,飞行器的水平定义是在积分器方向旋转的。这样允许飞行器不断地尝试找到最佳的水平定义,最终增加控制器的精确度并验证上述假设。

其次,是集体控制器假定,中立或零命令将不会建立任何垂直速度。这种说法也通常是不实际的。仅举几例,悬停集体会根据风、油门和电池充电发生很大的变化。因此,集体积分器不断更新集体的配平值。这会将控制器的中立位置动态增大或减小到其最佳的位置,从而验证这一假设。

横滚和俯仰控制器的决定基于4个输入:位置误差、速度、方向和加速度变体(在前面已讨论过)。注意,所有输入都在直升机的当地坐标系中。图10和图11详细介绍了横滚和俯仰控制器的准确设置。应当注意的是,外部的隶属函数扩大到−∞和∞。这是为了保证这些输入的任何可能值都可以由控制器进行适当的操作。

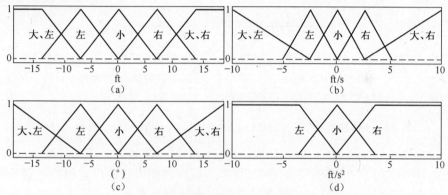

图 10　横滚控制器的位置误差(a)、速度(b)、角度(c)
和加速度变体(d)的隶属函数

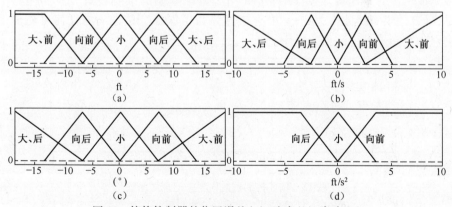

图 11　俯仰控制器的位置误差(a)、速度(b)、角度(c)
和加速度变体(d)的隶属函数

应当注意,横滚和俯仰两种控制器的规则是相同的。这在遥控直升机尾部对这两个轴有最小影响时似乎是有效的。通过负责保持航向稳定的航向保持陀螺,进一步减小尾部的影响。

集体控制器负责直升机的所有垂直运动。控制决策基于 3 个输入:垂直位置误差、垂直速度和垂直加速度变体。注意,所有输入都在直升机的当地坐标系中。图 12 详细介绍了集体控制的精确设置。应当注意的是,外部的隶属函数扩大到-∞ 和∞。这是为了保证这些输入的任何可能值都可以由控制器进行适当的操作。

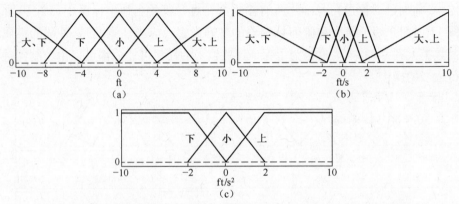

图 12　集体控制器的垂直误差(a)、速度(b)和变体加速度(c)的隶属函数

偏航控制器负责直升机的所有航行变化。控制决策基于单一的输入:航向误差。因使用了航向保持陀螺,只需要单一输入就能成功地稳定和控制直升机的航向。使用的航向保持陀螺将所有控制转换为速率命令。如果控制输入为0,则陀螺试图保持角速率为 0。如果控制输入不为 0,陀螺则试图建立一个与控制成比例的角速度。图 13 详细介绍了偏航控制的准确设置。应当注意的是,外部的隶属函数扩大到-∞ 和∞。这是为了保证这些输入的任何可能值都可以由控制器进行适当的操作。

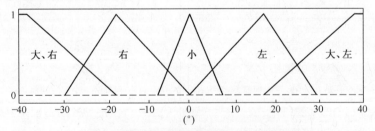

图 13　偏航控制器航向误差的隶属函数

为了确保每种可能的输入组合都考虑到了规则是为每个控制器的每种可能的输入组合制订的。这样做最重要的是为了保证模糊规则集是完整的。这

434

种方法还能保证每个输入组合都由专家进行了各方面的评估,从而确保输入组合不会错误地组合在一起并指定一项单一的规则。利用这一方法建立了各种不同规则,其中横滚和俯仰控制器 375 项,集体控制器 75 项和偏航控制器 5 项。虽然这里没有介绍具体的规则,但这些规则可在文献[42]中提供。

此时,在没有精确飞行器模型的非线性系统上证明模糊控制器稳定性的任何数学方法都没有得到广泛的接受。虽然本文不能证明所述控制器的稳定性,但却尝试通过下一节讨论和文献[42]中详述的广泛试验提供一定水平的可靠性。

虽然试验平台是为无人机技术的现场试验研制的,但其目的不是要取代模拟试验。首先,现场试验需要耗费大量的时间。所耗费的时间仅将设备移动到飞行位置和准备飞行器与车辆所耗费的时间可能就需要数小时。其次,现场试验存在着固有的危险性。现场进行的任何试验,无论采取怎样的安全预防措施,从根本上都会使飞行器和车辆、旁观人员和周围环境处于潜在的危险状态。由于这些原因,控制器和大多数的软件算法都是模拟进行初步试验的。

研究试验室利用 X-飞机飞行模拟器进行试验平台直升机的试验及其软件的初步开发。X-飞机是美国联邦航空局认证的商用飞行模拟器,既支持固定机翼也支持垂直起降飞行器。除了标准飞行器模型外,X-飞机还支持可以直接在 X-飞机上建模的定制飞行器。模拟器、仿真模型和 Simulink 控制模型具体的详细说明可在文献[42]和文献[46]中找到。

5 试验与结果

由于本项研究的切变广度,试验必须分多层进行,包括整个积分阶段的工作和试验各个部分的试验和验证。试验是根据试验的具体类型分别在实验室环境、模拟和室外进行的。试验类型包括:持续时间、热量、冲击、振动、有效载荷限制、CPU 利用率和控制器验证。

进行有效载荷试验是确定飞行器可以承载的绝对最大重量。有效载荷限制是通过利用 0.5lb 的配重逐步增加飞行器的重量,直到遥控飞行员认为飞行器不安全或无法将重量提升离开地面效应来确定。

试验结果显示,最大有效载荷约超过普通飞行器飞行质量 5.5kg。

持续时间试验是利用试验平台使用的所有电池进行的。表 2 列出了每个独立电池的持续时间试验结果。应当注意的是,试验 11.1V 4.2A·h 的锂聚合物电池的试验包括了各种供电场景。这是通过改变 CPU 使用率、传感器输出速率和通信速率进行的。还应当提到,各个电池的持续时间是它们使用年限和使用方法的一个函数。同样他们供电的设备的持续时间也是电池使用年限和使用方法的一个函数。

表 2　电池的运行时间

电　池	最长持续时间	试验室设定的最长时间
11.1V 4.2A · h LiPo	45~90min	40min
11.1V 0.5A · h LiPo	18h	10h
4.8V 2.0A · h NiMh	45min	30min
37V 10A · h LiPo	16~17min	12min

由于处理硬件外壳的设计,存在一些散热问题。因而进行了多项试验,确定是否会因内部热量造成任何故障。这些试验的时间从仅几小时到最多三天变化不等。即使连续工作三天之后,封闭式处理系统仍然工作无故障。试验过程中,系统的内部温度达到了 168°,CPU 的内部温度达到了 150°。

由于本文描述了能进行多领域开发的直升机试验平台,处理系统必须具有操作期间可用的自由时钟周期。要确定在飞行过程中 CPU 的可用量,对试验平台进行了初始化并进行了正常飞行操作。飞行过程中的 CPU 利用率为 0%~2%,平均约为 0.8%。

为了验证为试验平台开发的控制器,进行了多项试验。这些试验包括在各种不同的环境条件下多飞行起落航线进行的多次飞行。试验是在模拟中和室外环境下实际硬件上进行的。

5.1　模拟试验

模拟试验是利用文献[42]中详述的 X-飞机模拟器和 Matlab 2006A,在有风和无风的情况下进行的。这些试验包括悬停和航路点导航。进行的航路点导航有两种,包括要求飞行器停止并稳定在每个单独的航路点的导航和不允许飞行器稳定在任何航路点的导航。模拟中试验的整个飞行包线在表 3 中提供。

表 3　模拟中试验的飞行包线

变　量	范　围
飞行速度	0~10m/h
风速	0~23m/h
风切变	0~20°
阵风	0~23m/h *

* 总风速不超过 23m/h

悬停试验的时间长度从几分钟到几个小时变化不等。首先利用无风、恒定风速(约 5n mile/h)和动态变化速度和方向(0~5n mile/h 和 0~20°风切变)的风进行这些试验。图 14 和图 15 详细介绍了模拟中选定的悬停试验结果。应当注意的是,因为模拟控制器中没有积分项,结果中确实存在偏移。

436

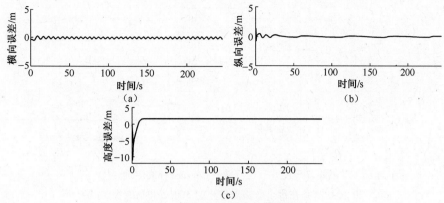

图 14　零风速悬停的位置误差

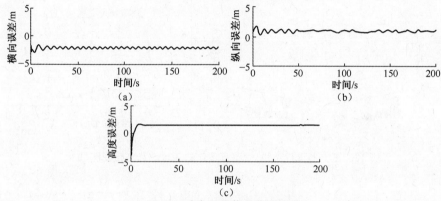

图 15　动态风悬停的位置误差

　　飞行试验的目的是,试验飞行器在各种不同的条件下机动操作到航路点的能力,这些条件包括风的变化和航路点的稳定。通过首先允许飞行器稳定在单个航路点然后再继续(图 16 和图 17)。第二组试验对飞行器在航路点之间不允许稳定在航路点的机动操作能力进行了试验(图 18 和图 19)。注意,在每个航路点时,飞行器按照命令沿新的飞行路线方向旋转,因此,飞行器始终沿着前进的方向移动。

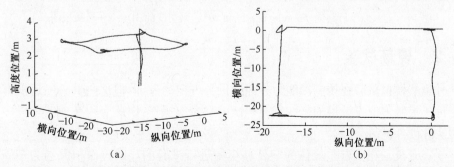

图 16　正方形飞行路线,无风效应并在每个航路点停止的 3D(a)和鸟瞰视图(b)

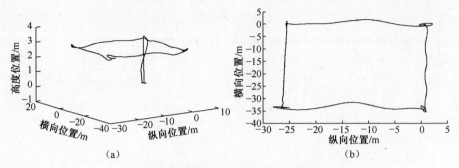

图 17　正方形飞行路线,5n mile/h 的风速、
20°风切变并在每个航路点停止的 3D(a)和鸟瞰视图(b)

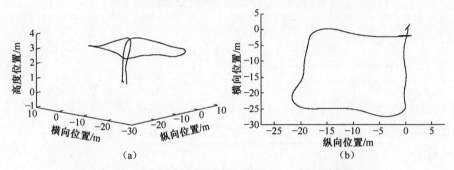

图 18　正方形飞行路线,航路点不停的 3D(a)和鸟瞰视图(b)

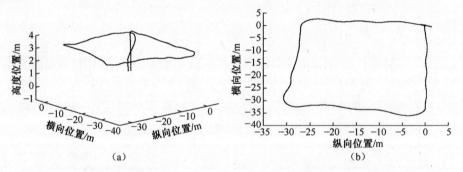

图 19　正方形飞行路线,5n mile/h 的风和 20°的风切变的 3D(a)和鸟瞰视图(b)

5.2　现场试验

　　虽然模拟试验在控制器能力方面提供了一定的保证,但这些试验还远没有定论。控制器的设计目的是在直升机试验平台上操作,因此必须在现实环境中对实际硬件进行验证。

　　直升机是在城市非最佳的室外环境中进行试验的。试验面积大约为 70m 宽,100m 长。试验区周围有许多建筑物环绕,其中包括西北方的一个四层停车

438

场,北方的一个三层办公楼和南方的一个四层办公楼。这种环境形成了不同的风效应和达不到最佳的 GPS 接收环境。

现场试验包括航路点导航、悬停、起飞和着陆。这些试验是首次单独进行的,然后作为一个集成的综合集。现场试验的整个飞行包线在表 4 中提供。

表 4　在现场试验的飞行包线

变量	范围
飞行速度	0~5m/h
时间	白天和夜晚
风速	0~15m/h
风切变	0~5°
阵风	0~5m/h
云量	晴转阴
雨	晴转雾

悬停自然是首先在试验平台上进行的室外试验。这些试验是在安全飞行员进行飞行器起飞,并使其悬停在距离地面大约 50ft 的高度进行的。飞行器一旦稳定,安全飞行员就放弃对试验平台的控制。试验平台负责保持其放弃控制时所在的位置。图 20 详细介绍了一段时间内,在有非常温和阵风的非常轻风中连续悬停期间出现的位置误差。注意,飞行的前 35~40s 包含严格的正纵向误差。出现这一误差的部分原因是纵向风和车辆设置。应当提到的是,绘制本节中所有附图所用的位置数据是直接从 GPS 单元收集的。因此,收集的所有位置数据会有与 GPS 相关的误差和噪声。为了弥补这一点,自主飞行的各种视频均可随原始研究一起提供,或在佛罗里达州坦帕市的 USF 图书馆存档中或网站 www. uavrobotics. com 上找到。

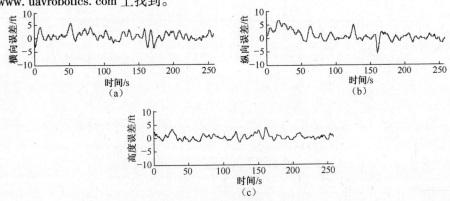

图 20　悬停期间的位置误差

对悬停进行了足够的试验之后,立即进行了试验,验证控制器在各点之间进行机动操作的能力。这些试验包括安全飞行员进行飞行器起飞并使其悬停在距离地面大约 50ft 的高度。然后安全飞行员会放弃控制,飞行器也会开始经过硬编码航路点。一旦经过了整套航路点,飞行器便会悬停在最后一个航路点。图 21 详细介绍了典型的路线,然后是试验平台,同时进行 4 个航路点形成的正方形起落航线的飞行。

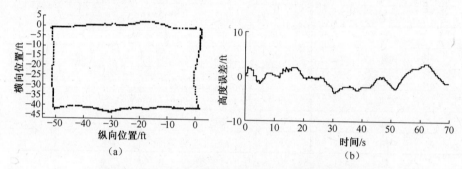

图 21　正方形飞行路线鸟瞰视图(a)和高度误差(b)

飞行器一旦表现出成功地进行飞行机动的一致能力后,立即进行试验,验证控制器成功地起飞和着陆的能力。这些试验需要安全飞行员在飞行器通电前放弃控制。放弃控制后,飞行器将给主旋翼供电并升空。达到大约 30ft 的预定高度之后,控制器便开始试验的着陆阶段。飞行器一旦成功地着陆,主旋翼便会断电。图 22 详细介绍了其中一次试验期间的垂直误差以及横向和纵向位置。注意,起飞过程中的横向和纵向误差是因为在方向和加速度计漂移大小两方面出现的极大偏移引起的。这些误差最终将通过前一节所述的漂移计算被消除。

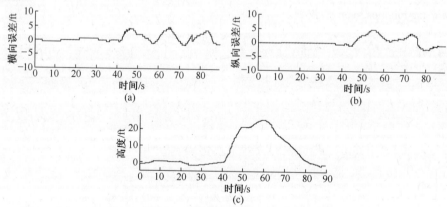

图 22　L 典型起飞和着陆试验的横向误差(a)、纵向误差(b)和高度(c)

440

试验控制器的最后一步是进行编入试验平台程序的所有功能积分集的飞行,包括起飞、着陆、悬停和导航。这些试验包括几个飞行起落航线,其中有方形-S形、直线和垂直等步骤。注意,垂直步骤是纵向和垂直轴的转换。图23详细介绍了试验平台三种飞行起落航线的飞行路线。

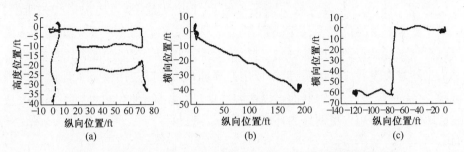

图23　垂直步(a)、直线(b)和方形-S形(c)飞行路线的现场试验

6　结论与今后的工作

这项研究提出了无人驾驶直升机试验平台的技术现状。这种飞行器是专门为支持拆卸、改装和更换最终用户认为必要的硬件和软件设计的。这通过设计和实现模块化硬件和软件以及使用商用现货(COTS)部件成为可能。这种飞行器已完成了300次以上完全自主的飞行,但这只代表世界上少量完全自主的直升机之一。作为试验平台飞行器,因其透彻的设计而成为独有的。这正是研究人员的希望,本文将向其他人提供参加并进一步帮助这一技术的机会和动因。

直升机试验平台已显示出自主导航航路点、悬停、起飞和着陆的能力,以及滤波和融合数据而不依赖于飞行器具体模型的能力。可以从这一点实现的未来可能的工作几乎是无限的。这种飞行器是为改装和试验设计的,从而使其供诸多领域借鉴。在此仅举几例,这包括视觉处理、控制器设计、软件架构设计、硬件设计、滤波和融合以及机械设计。

在不久的将来,可预见的工作很可能会包括控制器的更新,尝试将不可控的力分成外部和内部两个类别,并对这些力提供正确的补偿。也可以更新或开发控制器,利用状态反馈永久性地修改控制器的输出。一次具体的反馈更新,将是允许加速度变体对控制器计算的期望角度进行永久性的更新。

另一个可预见的更新包括对其他平台上的底盘和处理系统进行安装和试验。这可能包括直升机以及其他类型的无人机,包括固定翼飞机和地面车辆的类型和尺寸的变化。注意,地面车辆的使用已经过试验达到了文献[47]和文献[48]中有限的程度,其中,本文所述的处理系统、传感器和软件都已经引入四轮驱动的遥控卡车。这种无人驾驶地面车辆已应用于无人机/无人驾驶地面车辆的协调、机群控制和起落航线编队。

视觉,虽然在本文中只是简单地提及,但还可以提供大量有关飞行器的状态信息,以及提供飞行器完成更多任务的能力。信息类型可能包括有关速度、相对于一个对象的位置或甚至飞行器故障检测的状态信息。视觉处理算法也可以提供飞行器识别和跟踪对象,进行统计计算和易于容错的能力。

虽然本文没有详细说明,但图形用户界面(GUI)的使用将极大地改善这种试验平台的感染力。这种界面可以很容易地进行设计,使用户可以动态地改变飞行路线并在对用户更友好的环境中收集信息。

致谢

本项研究由橡树岭科学与教育研究所(ORISE)、ONR 给予的 N00014-03-01-786 和 N00014-04-10-487 提供资助,SPAWAR 和交通部通过 USF CUTR 给予的 2117-1054-02 资助研究基金提供了部分支持。

参考文献

1. Hrabar, S., et al.: Combined optic-flow and stereo-based navigation of urban canyons for a UAV. In: Proceedings of the 2005 IEEE Intenational Conference on Intelligent Robots and Systems(2005)

2. Quigley, M., Goodrich, M.A., Beard, R.W.: Semi-autonomous human-UAV interfaces for fixedwing mini-UAVs. In: Proceedings of the 2004 IEEE/RSJ International Conference on Intelligent Robots and Systems (2004)

3. Ryan, A., Hedrick, J.K.: A mode-switching path planner for UAV-assisted search and rescue. In: 44th IEEE Conference on Decision and Control, 2005 European Control Conference. CDCECC'05, pp. 1471 - 1476 (2005)

4. Ryan, A., et al.: An overview of emerging results in cooperative UAV control. In: 43rd IEEE Conference on Decision and Control, 2004 European Control Conference. CDC-ECC'04 (2004)

5. Freed, M., Harris, R., Shafto, M.: Human-interaction challenges in UAV-based autonomous surveillance. In: Proceedings of the 2004 Spring Symposium on Interactions Between Humansand Autonomous Systems Over Extended Operations (2004)

6. Freed, M., Harris, R., Shafto, M.G.: Human vs. autonomous control of UAV surveillance. In: AIAA 1st Intelligent Systems Technical Conference, pp. 1-7 (2004)

7. Kingston, D., Beard, R., Casbeer, D.: Decentralized perimeter surveillance using a team of UAVs. In: Proceedings of the AIAA Conference on Guidance, Navigation, and Control (2005)

8. Loyall, J., et al.: Model-based design of end-to-end quality of service in a multi-UAV surveillance and tar-

442

get tracking application. In: 2nd RTAS Workshop on Model-Driven Embedded Systems(MoDES). Toronto, Canada, May 2004

9. Nygaards, J., et al.: Navigation aided image processing in UAV surveillance: preliminary results and design of an airborne experimental system. J. Robot. Syst. **21**(2), 63-72 (2004)

10. Quigley, M., et al.: Target acquisition, localization, and surveillance using a fixed-wing mini-UAVand gimbaled camera. In: Proceedings of the 2005 IEEE International Conference on Roboticsand Automation, pp. 2600-2605 (2005)

11. Coifman, B., et al.: Surface transportation surveillance from unmanned aerial vehicles. In: Procs.of the 83rd Annual Meeting of the Transportation Research Board, pp. 11-20 (2004)

12. Coifman, B., et al.: Roadway traffic monitoring from an unmanned aerial vehicle. IEE Proc.Intell. Transp. Syst. **153**(1), 11 (2006)

13. Dovis, F., et al.: HeliNet: a traffic monitoring cost-eff ective solution integratedwith the UMTS system. In: 2000 IEEE 51st Vehicular Technology Conference Proceedings, 2000. VTC 2000-Spring Tokyo (2000)

14. Srinivasan, S., et al.: Airborne traffic surveillance systems: video surveillance of highway traffic. In: Proceedings of the ACM 2nd International Workshop on Video Surveillance & Sensor Networks, pp. 131-135 (2004)

15. Casbeer, D.W., et al.: Cooperative forest fire surveillance using a team of small unmanned air vehicles. Int. J. Syst. Sci. **37**(6), 351-360 (2006)

16. Martínez-de Dios, J.R., Merino, L., Ollero, A.: Fire detection using autonomous aerial vehicles with infrared and visual cameras. In: Proceedings of the 16th IFAC World Congress (2005)

17. Ollero, A., et al.: Motion compensation and object detection for autonomous helicopter visual navigation in the COMETS system. In: Proceedings of ICRA 20004 IEEE International Conference on Robotics and Automation, vol. 1, pp. 19-24 (2004)

18. Rufino, G., Moccia, A.: Integrated VIS-NIR hyperspectral/thermal-IR electro-optical payload system for a mini-UAV. Infotech@ Aerospace, pp. 1-9 (2005)

19. Hausamann, D., et al.: Monitoring of gas pipelines - a civil UAV application. Aircr. Eng. Aerosp.Technol. **77**(5), 352-360 (2005)

20. Ostendorp, M.: Innovative airborne inventory and inspection technology for electric power line condition assessments and defect reporting. In: 2000 IEEE ESMO-2000 IEEE 9th International Conference on Transmission and Distribution Construction, Operation and Live - Line Maintenance Proceedings, pp. 123 - 128 (2000)

21. Girard, A.R., Howell, A.S., Hedrick, J.K.: Border patrol and surveillance missions using multiple unmanned air vehicles. In: 43rd IEEE Conference on Decision and Control. CDC (2004)

22. Morris, J.: DHS using Northrop Grumman UAV in Arizona border patrol flights. 2004[cited 2008 July 18]; Available from: www. aviationweek. com/aw/generic/story _ generic. jsp? channel = hsd&id = news/ HSD_WH1_11104.xm

23. Garcia, R.D., Valavanis, K.P., Kandel, A.: Fuzzy logic based autonomous unmanned helicopter navigation with a tail rotor failure. In: 15th Mediterranean Conference on Control and Automation. Athens, Greece (2007)

24. Gavrilets, V., et al.: Avionics system for a small unmanned helicopter performing aggressive maneuvers. In: The 19th Digital Avionics Systems Conferences, 2000. Proceedings. DASC (2000)

25. Gavrilets, V., et al.: Avionics system for aggressive maneuvers. Aerosp. Electron. Syst. Mag., IEEE **16**(9), 38–43 (2001)

26. Saripalli, S., et al.: A tale of two helicopters. IEEE/RSJ Int. Conf. Intell. Robots Syst. **1**(1), 805–810 (2003)

27. Kanade, T., Amidi, O., Ke, Q.: Real–time and 3D vision for autonomous small and micro air vehicles. In: 43rd IEEE Conference on Decision and Control. CDC (2004)

28. Mettler, B., et al.: Attitude control optimization for a small–scale unmanned helicopter. In: AIAA Guidance, Navigation and Control Conference, pp. 40–59 (2000)

29. Mettler, B., Tischler, M. B., Kanade, T.: System identification of small – size unmanned helicopter dynamics. Annu. Forum Proc. Am. Helicopter Soc. **2**, 1706–1717 (1999)

30. Abbeel, P., et al.: An application of reinforcement learning to aerobatic helicopter flight. In: Proceedings of Neural Information Processing Systems (NIPS) Conference, Vancouver, B.C., Canada (2007)

31. Abbeel, P., Ganapathi, V., Ng, A.Y.: Learning vehicular dynamics, with application to modeling helicopters. In: Proceedings of Neural Information Processing Systems (NIPS) (2006)

32. Johnson, E.N.: UAV Research at Georgia Tech. Presentation at TU Delft (2002)

33. Johnson, E.N., Mishra, S.: Flight simulation for the development of an experimental UAV. In: Proceedings of the AIAA Modeling and Simulation Technologies Conference (2002)

34. Johnson, E.N., Schrage, D.P.: The Georgia Tech unmanned aerial research vehicle: GTMax. In: Proceedings of the AIAA Guidance, Navigation, and Control Conference (2003)

35. Meingast, M., Geyer, C., Sastry, S.: Vision based terrain recovery for landing unmanned aerial vehicles. In: 43rd IEEE Conference on Decision and Control. CDC. vol. 2, pp. 1670–1675 (2004)

36. Ng, A.Y., et al.: Autonomous helicopter flight via reinforcement learning. In: Proceedings of Advances in Neural Information Processing Systems (NIPS) (2004)

37. Kelly, J., Saripalli, S., Sukhatme, G.S.: Combined visual and inertial navigation for an unmanned aerial vehicle. In: International Conference on Field and Service Robotics (2007)

38. Mejias, L., et al.: Visual servoing of an autonomous helicopter in urban areas using feature tracking. J. Field Robot. **23**(3), 185–199 (2006)

39. Roberts, J.M., Corke, P.I., Buskey, G.: Low–cost flight control system for a small autonomous helicopter. Proc. IEEE Int. Conf. Robot. Autom. **1**, 546–551 (2003)

40. Montgomery, J.F., et al.: Autonomous helicopter testbed: a platform for planetary exploration technology research and development. J. Field Robot. **23**(3/4), 245–267 (2006)

41. Unknown: The Autonomous Helicopter Testbed. 2004 [cited 2008 January 28]; Available from: http://www-robotics.jpl.nasa.gov/systems/system.cfm? System=13

42. Garcia, R.D.: Designing an autonomous helicopter testbed: from conception through implementation, in computer science engineering, p. 305. University of South Florida, Tampa (2008)

43. Carlson, C.G., Clay, D.E.: The earth model – calculating field size and distances between points using GPS coordinates. In: Site Specific Management Guidelines, p. 4. Potash & PhosphateInstitute (1999)

44. Weisstein, E.W.: Circle-line intersection. [cited 2007 October 19]; Available from: http://mathworld. wolfram.com/Circle-LineIntersection.html

45. Rhoad, R., Milauskas, G., Whipple, R.: Geometry for Enjoyment and Challenge, rev. ed.McDougal, Littell & Company, Evanston, IL (1984)

46. Ernst, D., et al.: Unmanned vehicle controller design, evaluation and implementation: from MATLAB to printed circuit board. J. Intell. Robot. Syst. **49**, 23 (2007)

47. Barnes, L., Alvis, W.: Heterogeneous swarm formation control using bivariate normal functions to generate potential fields. In: Proceedings of the IEEE Workshop on Distributed Intelligent Systems: Collective Intelligence and Its Applications (DIS'06), vol. 00, p. 85-94 (2006)

48. Barnes, L., Fields, M., Valavanis, K.: Unmanned ground vehicle swarm formation control using potential fields. In: Mediterranean Conference on Control & Automation, Athens, Greece, 2007

第 *23* 篇

八旋翼直升机的建模和实时稳定性研究

S.Salazar,H.Romero,R.Lozano,P.Castillo
(S·萨拉查,H·罗梅罗,R·罗扎诺,P·卡斯蒂略)

摘　要:我们介绍一个由八个旋翼组成的多旋翼直升机的独创布局。四个旋翼,也叫做主旋翼,用于稳定直升机姿态,而其余四个旋翼(横向旋翼)是无人机在横向运动时使用的。该布局的主要特征是姿态动力和平移动力是相互隔离的。利用著名的欧拉—拉格朗日方法获得动态模型。为了验证该模型,我们使用一个简单的非线性控制定律,利用光流和图像处理技术进行了实时试验。
关键词:建模;控制;无人机;多旋翼

Partially supported by SNI-CONACyT México

S. Salazar (✉)
Instituto de Investigaciones Eléctricas
Reforma 113 Col. Palmira, CP 62490 Cuernavaca, Mor., Mexico
E-mail: ssalazar@ iie.org.mx

H. Romero · R. Lozano · P. Castillo
Heudiasyc UMR 6599 CNRS-UTC, BP 20529 Compiègne, France
H. Romero · R. Lozano · P. Castillo
LAFMIA UMR 3175 CNRS-CINVESTAV, Av. IPN 2508, AP 14-740 Mexico D.F., Mexico
H. Romero
E-mail: hromerot@ hds.utc.fr

R. Lozano
E-mail: rlozano@ hds.utc.fr

P. Castillo
E-mail: castillo@ hds.utc.fr

K. P. Valavanis et al. (eds.), *Unmanned Aircraft Systems*. DOI:10.1007/978-1-4020-9137-7_24

1 引言

无人机(UAV)是一种用动力推进的飞行器,它不带操作员,利用空气动力提供升力,能够自主飞行(通过机载计算机)和/或遥控飞行(通过无线电控制),能够回收反复使用。相对于有人驾驶的飞行器,无人机能够在通信不灵、污染或危险环境下执行各种任务。例如,在一点上空不断盘旋,用于通信中继或通信干扰(通信不灵)的情况;收集空气样本用于测量污染或测量化学武器/生物武器(CW/BW)毒素(污染的情况);飞过敌方防空区进行侦察(危险的情况)。无人机的制造成本很小(仅需要2~5倍于驾驶员体重的专业设备就可以支持它;不需要涉及2倍、3倍甚至4倍冗余系统来确保飞行员的返回,不仅仅是飞行器的返回),并且它的操作成本也很小(不需要考虑驾驶员熟练的飞行技能,只需1/2的费用用于维护无人机,氧气服务也可以取消)[2],虽然无人机具有以上优点并日益为人们所接受,但是它还是存在一些争议。

未来的无人机将从远距离操作发展成为独立自主的自动机器人操作,能够自己执行给定任务。自主性能力可以在多个层面对其进行定义,但是终极自主性将要通过未来无人机任务管理计算机实现类似人脑的能力。

在航空领域,仅以自动驾驶仪、惯性导航系统、数据链方面取得的诸多重要的进步为例,无人驾驶飞行已经成为了它们之后的推动力或发挥作用的动机。虽然在20世纪的大部分时间里,无人机的研发步履蹒跚,面临技术不足的困境,努力集中在小型的个别的军事项目上,克服了自动稳定、遥控和自主导航[2]等问题。20世纪的最后几十年,通过对无人机机载的飞行和任务管理计算机中的日趋强大的微处理器的集成[4,12,13],大力提高支持这些能力的技术。随着无人机的不断进步,21世纪早期我们将看到更加强大的无人机。

根据尺寸(从几厘米到几十米长)和任务执行(续航时间、运行高度等)对无人机进行分类。当然,无人机的用途是要运载有效载荷。目前,赋予无人机的主要任务是航空观测和监视。很明显,无人机的有利之处在于它在执行某些任务中具有优势,例如,有的任务机组人员不能提供真正的帮助,或者有的任务危险性太高。无人机在不间断航行、续航力、响应性、较低的可观测性和运行的多功能性等方面具备诸多优点,这些是有人驾驶飞行器所不具备的。

通常来讲,考虑使用无人机执行这些任务,就有必要对其飞机本身、有效载荷、尤其是传感器、传输系统、机载情报系统,与操作员共享权限和数据处理(三维光学或雷达成像等)以及传感器整体化[11-13]等方面进行全方位的改进。

本文中我们介绍一个由八个旋翼组成的多旋翼直升机的独创布局。四个旋翼,也叫做主旋翼,用于稳定直升机姿态,而其余四个旋翼(横向旋翼)是无人机在横向运动时使用的(图1)。该布局的主要特点是姿态动力和平移动力几乎是完全隔离的。据我们所知,它是第一架具有这种布局的直升机。本文中考虑到空气动力学的影响,我们充分利用研究结果并提出非线性模型。为了验证该模型,我们提出了一个非线性控制策略并将其应用在实时试验中。

图 1 八旋翼直升机

　　本文概要如下:第二部分中我们研究八旋翼直升机的数学非线性模型;第三部分中我们介绍控制策略;第四部分介绍平台描述;第五部分介绍一些试验;最后,在第六部分中给出结论。

2 数学模型

　　本部分旨在要利用欧拉—拉格朗日方法研究八旋翼的直升机的非线性动力模型。描述无人机的姿态和位置的方程式基本上是具有六自由度的旋转式刚体的方程式。那些方程式能够分为运动学方程式和动力学方程式。

2.1 直升机的特点

　　研究中的航空机器人由刚性十字框架组成,装备有八个旋翼,如图 2 所示。为了避免由于反作用扭矩造成的航向偏移,主要旋翼采用左右旋翼顺时针旋转,前后旋翼逆时针旋转的布局。利用相同的基本原理,位于相同轴上的外部横向电机以相同方向旋转可避免横摇和纵摇偏移现象的出现。

　　上下运动是通过增加或减少主旋翼的总推力而产生的。偏航运动是通过每对旋翼的差速而产生的。在偏航方向的运动是通过增加(减少)前后电机的

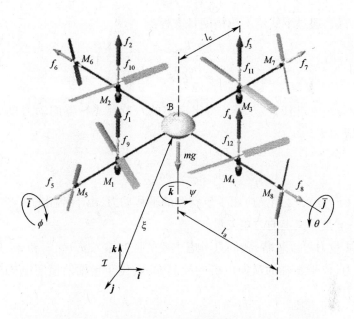

图 2　八旋翼直升机的矢量图

速度同时减少(增加)左右电机[6,7]的速度而产生的。向前/向后、向左/向右的运动是通过每个横向旋翼生成推力的差速控制策略来完成的。

2.2　欧拉—拉格朗日方程式

飞行器的动力模型将利用拉格朗日法而得出。该方法基于动力系统中两种能量的基本形式:动能和势能。令 $\mathcal{I} = \{\boldsymbol{i},\boldsymbol{j},\boldsymbol{k}\}$,表示外部基准轴系,且令 $\mathcal{B} = \{\overline{\boldsymbol{i}},\overline{\boldsymbol{j}},\overline{\boldsymbol{k}}\}$,表示刚性飞行器的坐标,如图 2 所示。

令 $\boldsymbol{q} = (\boldsymbol{\xi},\boldsymbol{\eta}) \in \mathbf{R}^6$,表示直升机的广义坐标矢量,其中,$\boldsymbol{\xi} = (x,y,z) \in \mathbf{R}^3$ 表示相对于框架 I 的旋翼飞机的质心位置,且 $\boldsymbol{\eta} = (\psi,\theta,\phi) \in \mathbf{R}^3$ 是欧拉角(偏航角、纵摇角、横摇角),这些角度描述飞行器的方位。

旋翼飞机的平移和旋转的动能表达式为

$$T_{\text{trans}} \overset{\triangle}{=\!=\!=} \frac{m}{2}\dot{\boldsymbol{\xi}}^{\mathrm{T}}\dot{\boldsymbol{\xi}}$$

$$T_{\text{rot}} \overset{\triangle}{=\!=\!=} \frac{1}{2}\dot{\boldsymbol{\eta}}^{\mathrm{T}}\boldsymbol{J}\dot{\boldsymbol{\eta}}$$

式中:m 为旋翼飞机的质量;且 $\boldsymbol{J} = \boldsymbol{W}_{\eta}^{\mathrm{T}}\boldsymbol{I}\boldsymbol{W}_{\eta}$ 为惯性矩阵,详见文献[14]。

由于标准引力 g 的存在因此唯独势能需要慎重考虑。因此,势能表达式为

$$U = mgz$$

按此方法,通过下式给出拉格朗日方程

$$\mathscr{L}(q, \dot{q}) = T_{\text{trans}} + T_{\text{rot}} - U$$

$$= \frac{m}{2}\dot{\xi}^{\text{T}}\dot{\xi} + \frac{1}{2}\dot{\eta}^{\text{T}}J\dot{\eta} - mgz$$

运用欧拉—拉格朗日方程式得出完整的八旋翼飞行器的动力模型并得出外部总合成力 F。

$$\frac{\mathrm{d}}{\mathrm{d}t}\frac{\partial \mathscr{L}}{\partial \dot{q}} - \frac{\mathscr{L}}{\partial q} = F$$

式中:$F = (F_\xi, \tau)$,F_ξ 定义应用于航空器的平移动力,由于控制输入产生并与框架 $\mathscr{F}$ 有关;τ 是广义上的力矩矢量。

小的质量力可以忽略,我们只考虑主要的控制输入 u, u_x, u_y 和 τ。他们分别代表总推力,位于 x 轴的横向电机的控制输入,位于 y 轴的横向电机控制输入以及广义力矩。

2.2.1 力

从图 2 发现与框架 $\mathscr{B}$ 有关,应用于迷你直升机的力可以定义为

$$\overline{F} = u_x\overline{\boldsymbol{i}} + u_y\overline{\boldsymbol{j}} + u_z\overline{\boldsymbol{k}}$$

其中

$$u_x = f_6 - f_8$$
$$u_y = f_5 - f_7$$
$$u_z = u + f_9 + f_{10} + f_{11} + f_{12}$$

且

$$u = f_1 + f_2 + f_3 + f_4; f_i = k\omega_i^2, i = 1, \cdots, 4$$

式中:$k>0$ 为取决于空气密度、半径、外形、桨叶的桨距角的一个参数;ω_i 为电机 "i"($M_i, i = 1, \cdots, 4$)的角速度。

额外的力 f_j,$\forall j = 9, \cdots, 12$,作用于各主旋翼上,如图 2 所示。这些力是由于横向旋翼产生的气流而形成的($f_{\tilde{i}}, \tilde{i} = 1, \cdots, 4$)。这意味着矢量的大小 f_j 是来自于相应横向旋翼的输入横向气流的函数,如图 3 所示。

为了分清符号,我们将使用下标 p 表示主旋翼,下标 s 表示横向旋翼。推力 $f_k = f_i + f_j, k, i = 1, \cdots, 4, j = 9, \cdots, 12$,表示为

$$f_k = 2\rho A_p \hat{V} V_p \tag{1}$$

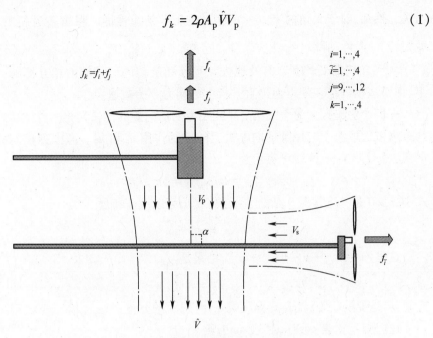

$f_k = f_i + f_j$

$i = 1, \cdots, 4$
$\tilde{i} = 1, \cdots, 4$
$j = 9, \cdots, 12$
$k = 1, \cdots, 4$

图3 对主推力和横向推力进行的分析

式中：V_p[①] 是主螺旋桨的诱导风速；$\hat{V}$ 是旋翼组（主旋翼和横向旋翼）的总诱导风速。

方程式如下：

$$\hat{V} = \left[(V_s \cos\alpha + V_p)^2 + (V_s \sin\alpha)^2 \right]^{\frac{1}{2}} \tag{2}$$

式中：α 是主旋翼轴与横向旋翼轴[②]之间的角。

由于平移动力的简单且容易理解，我们选择 $\alpha = 90°$，这样将方程(2)代入方程(1)，得

$$f_k = 2\rho A_p V_p^2 \left(1 + \frac{V_s^2}{V_p^2} \right)^{\frac{1}{2}} \tag{3}$$

注意，式中出现非线性附加项（V_s^2 / V_p^2）与相应的横向旋翼产生的气流

---

① 在螺旋推进器上的诱导风速定义为 $V = \left(\dfrac{f}{2\rho A} \right)^{\frac{1}{2}}$；此处 f 是螺旋推进器产生的推力，ρ 是空气密度，A 是推进器的面积[9]。

② 注意如果没有额外的横向旋翼，$V_s = 0$，这意味着 $\hat{V} = V_p$，$f_j = 0$，使得方程式(1)成为 $f_k = f_i = 2\rho A_p V_p^2$；$\forall k, i = 1, \cdots, 4$。

有关。然而,对于大值的 V_s,这个附加项几乎是线性的。根据直升机的设计,我们有 $V_p > V_s$,所以 $(V_s/V_p) < 1$。这样,$(1 + V_s^2/V_p^2)^{\frac{1}{2}} < \sqrt{2}$。式(3)中的 (V_s^2/V_p^2) 项将需要均衡以有效地去除平移和旋转的位移间的相互影响。实际上,由于该项的存在使得迷你直升机上的动力开始减速。

在四个主旋翼中每个的力 f_i 受到相应的横向旋翼的横向推力 f_i' 的影响。横向推力依次取决于应用到横向电机上的控制作用 u_x 和 u_y。考虑到相同的横向电机,力 $f_j(j=9,\cdots,12)$ 可表示为

$$f_9 = bu_{x_r}, f_{10} = bu_{y_r}, f_{11} = bu_{x_l}, f_{12} = bu_{y_l}$$

式中,$b \geqslant 0$ 是一个常数。那么,控制输入 u_z 可以重新写做

$$u_z = u + b\bar{u} \tag{4}$$

这里,$\bar{u} = u_{x_r} + u_{y_r} + u_{x_l} + u_{y_l}$,结果是

$$F_\xi = \boldsymbol{R}\,\overline{F}$$

式中:$\boldsymbol{R}$ 是变换矩阵,代表旋翼飞机从 $\mathscr{B}$ 到 $\mathscr{T}$ 的方位。

我们用 c_θ 代表 $\cos\theta$,s_θ 代表 $\sin\theta$,则

$$\boldsymbol{R} = \begin{bmatrix} c_\psi c_\theta & c_\psi s_\theta s_\phi - s_\psi c_\phi & c_\psi s_\theta c_\phi + s_\psi s_\phi \\ s_\psi c_\theta & s_\psi s_\theta s_\phi + c_\psi c_\phi & s_\psi s_\theta c_\phi - c_\psi s_\phi \\ -s_\theta & c_\theta s_\phi & c_\theta c_\phi \end{bmatrix}$$

2.2.2　力矩

在 η 变量上的广义力矩为

$$\boldsymbol{\tau} \stackrel{\triangle}{=\!=\!=} \begin{bmatrix} \tau_\psi \\ \tau_\theta \\ \tau_\phi \end{bmatrix} = \begin{bmatrix} \sum_{j=1}^{4} \tau_{M_j} \\ (f_2 - f_4)l_c + bu_x \\ (f_3 - f_1)l_c + bu_y \end{bmatrix}$$

式中:l_c 是质心到任何内部旋翼的距离;τ_{M_j} 是电机 M_j 产生的力偶。欧拉—拉格朗日方程式表示为

$$\begin{cases} m\ddot{\xi} + \begin{bmatrix} 0 & 0 & mg \end{bmatrix}^{\mathrm{T}} = F_\xi \\ J\ddot{\eta} + \boldsymbol{C}(\eta, \dot{\eta})\,\dot{\eta} = \tau \end{cases} \tag{5}$$

式中:$\boldsymbol{C}(\eta, \eta)$ 为科里奥利矩阵。

为了进一步简化分析,我们提议改变输入变量。

$$\tau = \boldsymbol{C}(\eta, \dot{\eta})\,\dot{\eta} + J\tilde{\tau} \tag{6}$$

式中：$\tilde{\tau} = [\begin{array}{ccc} \tilde{\tau}_\psi & \tilde{\tau}_\theta & \tilde{\tau}_\phi \end{array}]^T$ 是新的输入值。那么有

$$\ddot{\eta} = \tilde{\tau}$$

重新将方程式(5)和式(6)写作

$$m\ddot{x} = u_x c_\theta c_\psi - u_y (c_\phi s_\psi - c_\psi s_\theta s_\phi) + (s_\phi s_\psi + c_\phi c_\psi s_\theta) u_z \qquad (7)$$

$$m\ddot{y} = u_x c_\theta s_\psi + u_y (c_\phi c_\psi + s_\theta s_\phi s_\psi) - (c_\psi s_\phi - c_\phi s_\theta s_\psi) u_z \qquad (8)$$

$$m\ddot{z} = -u_x s_\theta + u_y c_\theta s_\phi - mg + c_\theta c_\phi u_z \qquad (9)$$

$$\ddot{\psi} = \tilde{\tau}_\psi \qquad (10)$$

$$\ddot{\theta} = \tilde{\tau}_\theta \qquad (11)$$

$$\ddot{\phi} = \tilde{\tau}_\phi \qquad (12)$$

式中：水平面坐标用 x 和 y 代表，z 为垂直的位置；ψ 为围绕 z 轴的航向角；θ 为围绕(新的) y 轴的俯仰角；ϕ 为围绕(新的) x 轴的横摇角；控制输入 u 是主推力或者是主总距输入(从飞行器底部向外指向)；$\tilde{\tau}_\psi$、$\tilde{\tau}_\theta$ 和 $\tilde{\tau}_\phi$ 为新的转矩(航向力矩、俯仰力矩和横摇力矩)；形成横向位移的控制输入用 u_x 和 u_y 表示。

3 控制策略

在这一部分中，我们提出一个简单的非线性控制定律，可稳定在悬停飞行过程中的八旋翼直升机。

定义为

$$\tilde{\tau} = \begin{bmatrix} -\sigma_{g_1}(k_{\psi_1}(\psi - \psi_d)) - \sigma_{g_2}(k_{\psi_2}\dot{\psi}) \\ -\sigma_{g_3}(k_{\theta_1}(\theta - \theta_d)) - \sigma_{g_4}(k_{\theta_2}\dot{\theta}) \\ -\sigma_{g_5}(k_{\theta_1}(\phi - \phi_d)) - \sigma_{g_6}(k_{\phi_2}\dot{\phi}) \end{bmatrix} \qquad (13)$$

式中：$\sigma_{g_i}(\cdot)$ 是一个饱和函数，即 $|\sigma_{g_i}(\cdot)| \leq g_i$，$\forall g_i > 0, i = 1, \cdots, 6$，和 $k_{l,\ell} > 0$，$\forall l = \psi, \theta, \phi$；$\ell = 1, 2$，是恒量。那么

$$\ddot{\psi} = -\sigma_{g_1}(k_{\psi_1}(\psi - \psi_d)) - \sigma_{g_2}(k_{\psi_2}\dot{\psi})$$

$$\ddot{\theta} = -\sigma_{g_3}(k_{\theta_1}(\theta - \theta_d)) - \sigma_{g_4}(k_{\theta_2}\dot{\theta})$$

$$\ddot{\phi} = -\sigma_{g_5}(k_{\phi_1}(\phi - \phi_d)) - \sigma_{g_6}(k_{\phi_2}\dot{\phi})$$

3.1 稳定性分析

我们将利用俯仰动力来证明闭环系统式(6)~式(13)的稳定性，对于其他

姿态动力的验证方法与之相似。那么，我们要考虑该系统

$$\begin{cases} \dot{\theta}_1 = \theta_2 \\ \dot{\theta}_2 = \tilde{\tau}_\theta \end{cases} \tag{14}$$

提出以下控制输入

$$\tilde{\tau}_\theta = -\sigma_{g_3}(k_{\theta_2}\theta_2) - \sigma_{g_4}(k_{\theta_1}\theta_1)$$

定义下列正函数 $V_1 = \dfrac{1}{2}\theta_2^2$，那么

$$\dot{V}_1 = \theta_2\dot{\theta}_2 = -\theta_2[\sigma_{g_3}(k_{\theta_2}\theta_2) + \sigma_{g_4}(k_{\theta_1}\theta_1)]$$

发现如果 $|k_{\theta_2}\theta_2| > g_4$，那么 $\dot{V}_1 < 0$。这意味着 $\exists T_1$，使得 $|\theta_2(t)| \leqslant g_4/k_{\theta_2} \forall t > T_1$，选择 $g_3 > g_4$，得

$$\tilde{\tau}_\theta = -k_{\theta_2}\theta_2 - \sigma_{g_4}(k_{\theta_1}\theta_1), \forall t > T_1 \tag{15}$$

定义

$$v = k_{\theta_2}\theta_1 + \theta_2$$

求差分并利用式 15，得出：

$$\dot{v} = k_{\theta_2}\dot{\theta}_1 + \dot{\theta}_2 = k_{\theta_2}\theta_2 + \tilde{\tau}_\theta$$
$$= -\sigma_{g_4}[(k_{\theta_1}/k_{\theta_2})(v - \theta_2)], \forall t > T_1$$

定义

$$V_2 = \frac{1}{2}v^2$$

得出

$$\dot{V}_2 = v\dot{v} = -v\sigma_{g_4}[(k_{\theta_1}/k_{\theta_2})(v - \theta_2)]$$

发现如果 $|v| > g_4/k_{\theta_2}$，那么 $\dot{V}_2 < 0$。这暗示 $\exists T_2 > T_1$，这样

$$|v| \leqslant g_4/k_{\theta_2} \tag{16}$$

如果

$$k_{\theta_2}^2 \geqslant 2k_{\theta_1} \tag{17}$$

那么，$(k_{\theta_1}/k_{\theta_2})|v - \theta_2| \leqslant g_4$。这样，从式(15)、式(16)和式(17)中，可得出当 $t > T_2$ 时

$$\bar{\tau}_\theta = -k_{\theta_1}\theta_1 - k_{\theta_1}\theta_2 = -\boldsymbol{K}^T\bar{\theta} \tag{18}$$

式中

454

$$K = \begin{pmatrix} k_{\theta_1} \\ k_{\theta_2} \end{pmatrix}, \bar{\boldsymbol{\theta}} = \begin{pmatrix} \theta_1 \\ \theta_2 \end{pmatrix}$$

重新写系统式(14),我们得出

$$\dot{\bar{\boldsymbol{\theta}}} = A\bar{\boldsymbol{\theta}} + Bu$$

式中

$$A = \begin{pmatrix} 0 & 1 \\ 0 & 0 \end{pmatrix}, B = \begin{pmatrix} 0 \\ 1 \end{pmatrix}$$

利用式(18),我们得出

$$\dot{\bar{\boldsymbol{\theta}}} = (A - BK^{\mathrm{T}})\bar{\boldsymbol{\theta}}$$

那么,我们需要选择 k_{θ_1} 和 k_{θ_2},这样矩阵 $(A - BK^{\mathrm{T}})$ 是稳定的且方程(17)是有效的。

3.2 平移分系统

综上所述,当 $t \to \infty$ 时,$\psi, \theta, \phi \to 0$,那么,当时间 T_3 足够大,ψ、θ 和 ϕ 任意小时,那么,式(5)表达为

$$\begin{cases} m\ddot{x} = u_x \\ m\ddot{y} = u_y \\ m\ddot{z} = -mg + u + b\bar{u} \end{cases} \tag{19}$$

为了稳定飞行器的位置,我们提出

$$\begin{cases} u = mg - b\bar{u} - m\sigma_{g_7}(k_{z_1}(z - z_d)) - m\sigma_{g_8}(k_{z_1}\dot{z}) \\ u_x = -m\sigma_{g_9}(k_{x_1}(x - x_d)) - m\sigma_{g_{10}}(k_{x_1}\dot{x}) \\ u_y = -m\sigma_{g_{11}}(k_{y_1}(y - y_d)) - m\sigma_{g_{12}}(k_{y_1}\dot{y}) \end{cases} \tag{20}$$

将式(20)代入式(19),得出

$$\begin{cases} \ddot{z} = -\sigma_{g_7}(k_{z_1}(z - z_d)) - \sigma_{g_8}(k_{z_1}\dot{z}) \\ \ddot{x} = -\sigma_{g_9}(k_{x_1}(x - x_d)) - \sigma_{g_{10}}(k_{x_1}\dot{x}) \\ \ddot{y} = -\sigma_{g_{11}}(k_{y_1}(y - y_d)) - \sigma_{g_{12}}(k_{y_1}\dot{y}) \end{cases}$$

那么,这意味着(见计算 θ 动力的方法) $\ddot{z}, \ddot{x}, \ddot{y}, \dot{z}, \dot{x}, \dot{y} \to 0, z \to z_d, x \to x_d, y \to y_d$。

4 平台结构

该平台由八旋翼的飞行器组成,该飞行器装备有两台机载 RABBIT 微型处

理器 RCM3400。该微型处理器具有如下主要特点：29.4MHz 的运行模块、512K 闪存、4 个 PWM 输出端、6 个串口、2 个输入捕获通道，更多细节详见文献[3,5, 15]。第一台微型处理器实时运行控制运算法则可稳定八旋翼飞机，可读取 INS（惯性导航系统）提供的信息。第二台微型处理器用于计算 PWM 级输出可控制横向旋翼，通过一台相机，用光流测量法测量速度，而另一台相机用于获得 x 和 y 位置[1,10]。

高度的闭环算法则使用了红外传感器，它的工作范围是 $0.2 \sim 1.5\text{m}$ 之间。惯性测量单元由三轴陀螺仪（测量范围为±300°/s）、三轴加速度计（测量范围为±6g）和三轴磁力计组成。INS 提供角速度、加速度以及地球磁场的方向，采样速度达到 50Hz。我们也利用两台相机[8]给出的测量结果对我们的平台进行了测试。可从光流直接得到位置和速度，相机提供视频处理，采样速度为 10Hz[1,10]。

5　试验结果

本部分介绍实时的试验结果，验证自主悬停飞行过程中八旋翼飞机的性能。实际上调整方程式的控制增益可获得飞行器的快速反应，但是尽可能地避免机械振动。用同样的方法选择参数可使飞行器保持在距离预期点很近的地方。

在试验中应用所提议的控制策略，可将迷你直升机稳定在悬停状态，我们得到能够让人满意的工作状态，如图 4 和图 5 所示。控制的目的是要使旋翼直升机在 $\xi = (140,100,100)\text{cm}$ 且 $\eta = (0,0,0)°$ 时实现悬停（图 4 和图 5）。图 6 和图 7 所示为应用于直升机的控制信号。

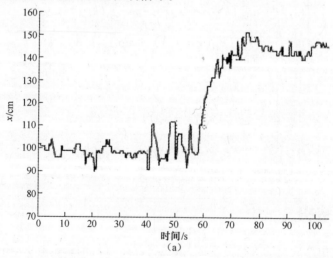

(a)

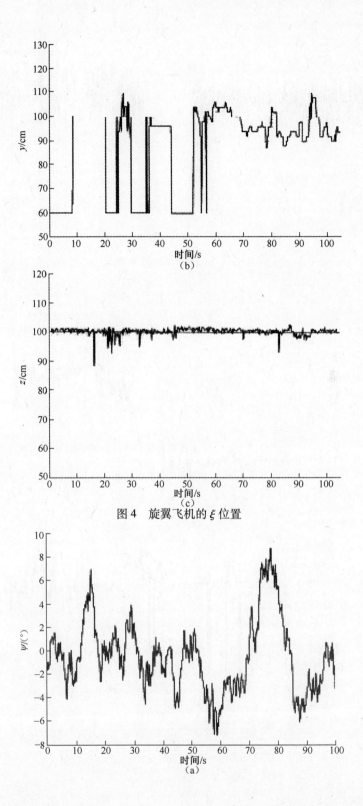

图 4 旋翼飞机的 ξ 位置

457

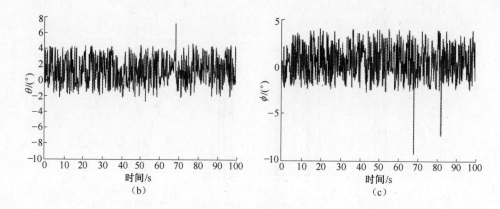

（b）

（c）

图 5　旋翼飞机的 η 角

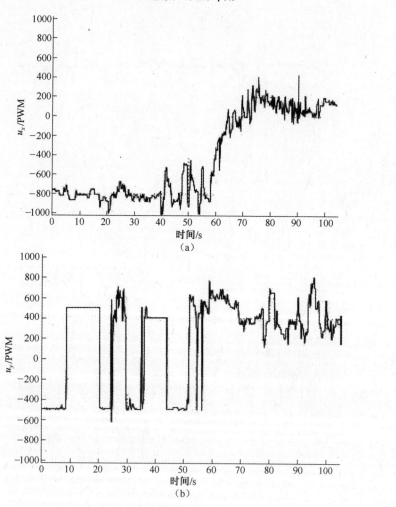

（a）

（b）

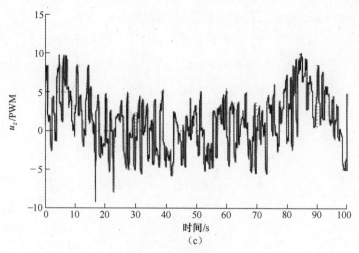

（c）

图 6 平移控制输入

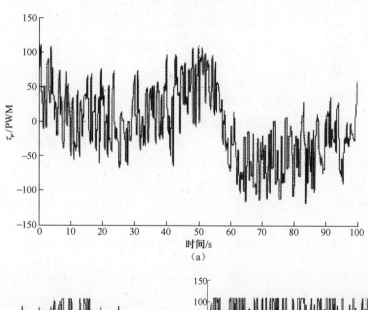

（a）

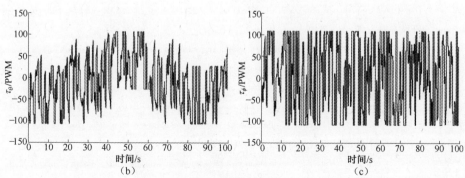

图 7 高度控制输入

在下列结构中将这些输入控制增加至偏移设置点 $\sigma\_(\cdot)$。

$$u_{xl} = \sigma\_x + u_x$$

$$u_{xr} = \sigma\_x - u_x$$

$$u_{yl} = \sigma\_y + u_y$$

$$u_{yr} = \sigma\_y - u_y$$

$$\tau_{\theta_2} = \sigma\_\theta + \tilde{\tau}_\theta + \tilde{\tau}_\psi + u_z + k_1 u_{yr}$$

$$\tau_{\theta_4} = \sigma\_\theta - \tilde{\tau}_\theta + \tilde{\tau}_\psi + u_z + k_1 u_{yl}$$

$$\tau_{\phi_1} = \sigma\_\phi + \tilde{\tau}_\phi - \tilde{\tau}_\psi + u_z + k_2 u_{xr}$$

$$\tau_{\phi_3} = \sigma\_\phi - \tilde{\tau}_\phi - \tilde{\tau}_\psi + u_z + k_2 u_{xl}$$

其中,当飞行器开始起飞时,选择偏移量。k_1 和 k_2 是恒值。

6 结论

本文介绍了八旋翼无人机的稳定性。平移动力与旋转动力几乎是隔离的,是这些布局的主要特征之一。因此,我们可以运用简单的非线性控制策略补偿剩余的动态耦合,可使飞行器稳定并进行定位。控制算法则考虑了系统的局限性并在实时应用中得到实现。实时试验显示应用了所提议的控制法则的直升机具有令人满意性能。

参考文献

1. Bouguet, J.Y.: Pyramidal implementation of the Lucas Kanade feature tracker. In: Technical report Intel Corporation (1999)

2. Lyon, D.: A military perspective on small unmanned aerial vehicles. Instrumentation and Measurement Magazine, IEEE, 7(3), 27-31 (2004)

3. Salazar-Cruz, S., Lozano, R.: Stabilization and nonlinear control for a novel tri-rotor miniaircraft.In: Proc. of IEEE International Conference on Robotics and Automation, pp. 2924-2929(2005)

4. Green, W.E., Oh, P.Y., Barrows, G.L.: Flying insect inspired vision for autonomous aerial robot maneuvers in near-earth environments. In: Proc. of IEEE International Conference on Robotics and Automation (2004)

5. Romero, H., Benosman, R., Lozano, R.: Stabilization and location of a four rotors helicopter applying vision. In Proc. American Control Conference ACC. pp. 3931-3936 (2006)

6. Castillo, P., Lozano, R., Dzul, A.: Stabilization of a mini rotorcraft with four rotors. Control Systems Magazine, IEEE 25, 45-55 (2005)

7. Tayebi, A., McGilvray, S.: Attitude stabilization of a four-rotor aerial robot. In: Proc. of Conference on Deci-

sion and Control, IEEE CDC., vol. 2, pp. 1216–1221 (2004)

8. Hartley, R., Zisserman, A.: Multiple View Geometry in Computer Vision, 2nd Edn. In: Cambridge University Press, ISBN 0521540518 (2004)

9. McCormick Jr., B.W.: Aerodynamics of V/STOL Flight. Dover Publication Inc. (1999)

10. Beauchemin, S.S., Barron, J.L.: The computation of optical flow. In: ACM Computing Surveys, 27, 433–467 (1995)

11. King, C.Y.: Virtual instrumentation–based system in a real–time applications of GPS/GIS. In: Proc. Conference on Recent Advances in Space Technologies, pp. 403–408 (2003)

12. Sasiadek, J.Z., Hartana, P.: Sensor Fusion for Navigation of an Autonomous Unmanned Aerial Vehicle. In: Proc. International Conference on Robotics and Automation, vol. 4, pp. 429–434(2004)

13. Yoo, C.–S., Ahn, I.–K.: Low cost GPS/INS sensor fusion system for UAV navigation. In: Proc. Digital Avionics Systems Conference, vol. 2, pp. 8.A.1–1–8.A.1–9 (2003)

14. Goldstein, H.: Classical Mechanics, 2nd Edn. Addison Wesley Series in Physics, Adison–Wesley, U.S.A. (1980)

15. Castillo, P., Lozano, R., Dzul, A.: Modelling and Control of Mini–Flying Machines. Springer–Verlag in Advances in Industrial Control. ISBN: 1–85233–957–8 (2005) July

第 24 篇

对"Volcan 项目"的综述:
一种探索火山环境的无人飞行器系统

G.Astuti,G.Giudice,D.Longo,
C.D.Melita,G.Muscato,A.Orlando
(G. 阿斯图蒂,G. 米迪切,D. 隆哥,
C.D. 蜜甜,G. 穆斯卡多,A. 奥兰多)

摘 要:本文综述了 Volcan 项目,其目的是研制一种能够对火山区域进行空中监视并分析火山烟缕中气体成分的自主空中系统。有越来越多的试验性证据表明,测定火山气体的化学成分有助于预测火山爆发。然而,在现场进行气体取样是一项艰难的作业,常使科学家暴露在巨大风险中。为此,研制了一种具有远程感应技术的无人飞行器系统,它能够感应火山口附近的烟缕。本文中,既介绍了空中平台,同时也呈现了与恶劣环境中(如在火山环境中)飞行有关的一些问题以及为了寻找这种飞行器的正确构型而进行的试验。本文将介绍所研制的自主导航系统和进行气体分析的传感器设备;最后,将描述试验结果。

关键词:无人飞行器系统;火山烟缕气体取样;自主导航系统;回路中的硬件

G. Astuti · G. Giudice · D. Longo · C. D. Melita · G. Muscato (✉) · A. Orlando

Dipartimento di Ingegneria Elettrica, Elettronica e dei Sistemi (DIEES),

Università degli Studi di Catania, Viale A. Doria 6, Catania, Italy

E-mail: gmuscato@diees.unict.it

URL: http://www.robotic.diees.unict.it

K. P. Valavanis et al. (eds.), *Unmanned Aircraft Systems*.DOI: 10.1007/978-1-4020-9137-7_25

缩写词

ADAHRS 飞机数据姿态和航向基准系统

COTS 商业准军用

DIEES 工程电气、电子系统系

EKF 扩展的卡尔曼滤波器

FCCS 飞行计算机控制系统

GBS 地面基站

GCI 地面控制界面

GDLS 地面数据链系统

GUI 图形化用户界面

HIL 硬件在回路中

HOTAS 手握式节气门和操纵杆

INGV 国家地理和火山研究院

PIC 指令引航

PIL 驾驶员在回路

R/C 遥控

SACS 伺服舵机控制系统

UAS 无人飞行器系统

UAV 无人机

VHUD 虚拟平视显示器

WP 航路点

1 引言

今天无人机(UAV)正在作为一种可进行环境监控的强有力工具而常常被采用,而为地球科学所进行的空中平台研究中就包含了好几项 NASA 项目。对火山的研究是在应用于地球科学中的机器人领域中最令人感兴趣的活动之一;即使已研制的几种空中平台将用于火山环境中,但是收集和分析火山烟缕中的气体仍然是一个公开存在的问题。

意大利卡塔尼亚大学的工程电气、电子系统系(DIEES)参与了几个有关火山和相关问题的研究项目。其中的一些研究工作属于 Robovolc 项目范围内,该项目的目标是研制用于探索和分析火山现象的机器人系统。

在现场进行气体取样是获得有关烟雾主要成分浓度信息的最可靠手段;对火山喷发气体进行成分分析对火山学家了解火山特性来说是至关重要的。在火山喷发时收集的近域数据可作为计算机模拟火山活动的输入数据,从而更好地预测长期存在的火山现象,如熔岩流的喷发。

例如,在最近埃特纳火山喷发过程中对不同种类酸性气体之间的浓度比率的测定提供了深入了解挥发性外溶的深度以及火山活动进展等情况的信息。在 2002—2003 年间火山喷发过程中对斯特隆博利火山进行类似的测定,证明了就在爆发高潮活动之前具有非常高的 S/Cl 比率,而随着喷发耗尽,S/Cl 比率逐渐降低,重新开始斯特隆博利活动。

在现场进行气体取样通常使科学家暴露在巨大的风险之中,然而这样做还

是不能测定 CO_2,它是火山流体中最重要的挥发性物质。因此,采用飞行的机器似乎是正确的选择;所有需要的仪器工具都可以直接带入烟缕中,在烟缕与大气相互作用而产生污染之前就可以获得收集的测量数据。

让一架装备了特定传感器的 UAV 飞入烟缕中就可以测量 CO_2 在火山气体烟缕中的比率:埃特纳火山烟缕中的 CO_2/SO_2 比率将可以利用野外便携式多传感器气体分析器来测定。目的是对近火山口烟缕的密度进行抽样:在现场进行测定将集中于 Voragine 火山口和东北火山口,这是埃特纳火山最近最活跃的两个排放火山口。这项作业将由 UAV 完成,通过接收从基地站发来的 GPS 航路点数据,UAV 将被驱入烟缕中。在对两个火山口烟缕进行测量时,将积极地将空气抽入红外单元和电化学单元(顺序地工作)中,可以实时测量 CO_2 和 SO_2 烟缕浓度。最后,利用该数据与 GPS 位置的相关性将可以绘出所需的气体浓度示图。

本文综述了 Volcan 项目,重点是研制能够收集和分析进入火山烟缕中的气体的自主空中系统。Volcan 项目的合作伙伴包括 DIEES、国家地理和火山研究院(INGV)和一家当地的公司 OTe 系统公司。本文在描述一项典型任务之后,将展现整个系统并描述该空中平台:已经进行了几次试验和试验性飞行,以选择该飞行器的正确构型并确保在高空和恶劣的火山环境中具有所期望的性能。

已经研制出一种导航系统,目的是使 UAV 能够自主并能够在没有人为干预的情况下完成气体取样任务。本文将展现该系统的构造和各个分模块,同时给出已获得的试验结果。

2 规划的任务

由于靠近主要火山口的大多数埃特纳火山区域都非常粗糙不平,所以决定将基地营地安置在 Piano delle Concazze(北纬 37° 45′ 55.59″,东经 15°00′50.35″),靠近东北火山口脚下。这大片高原可以进行起飞和着陆,因为它是在非常靠近 Ox 山谷的一个区域内的几乎水平地面,Ox 山谷是火山东南侧的一个大的凹陷区域,Voragine 火山口和东北火山口喷出的火山烟缕通常被风吹到这里。事实上,由安置在火山附近的气象站所记录的数据通常预报的风向是沿着 Ox 山谷的方向从北向西北吹。

另外,Piano delle Concazze 的海拔高度是 2800m,与烟缕的高度(海拔 3000~3500m)相近,与希望探索区域大约相距 2000m,预计这一区域的化学气体具有最大浓度。

火山云的宽度大约有 500m,所以在烟缕内的巡航速度必须低于 17m/s

(60km/h),以便收集到约 30 个样品,烟缕每条飞行通道的取样时间是 1s。

图 1 显示了从 Ox 山谷观察的希望探索区域的视图,而图 2 显示了埃特纳火山的空中视图。橙色虚线代表了规划的任务。图 3 是从 Ox 山谷凹陷区域南侧拍摄的图片,显示了从 Voragine 火山口喷发的目标烟缕。

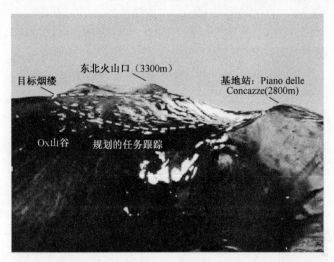

图 1 从 Ox 山谷观察的埃特纳火山前景图。虚线代表了规划的任务航迹:在从位于 Piano delle Concazze 的基地营地手动起飞后,飞机将自主执行任务进入烟缕中,对希望研究的气体进行取样并飞回着陆带

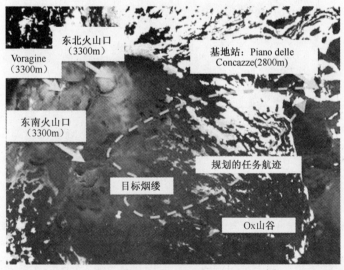

图 2 埃特纳火山的空中视图。即使是从这张从卫星拍摄的照片中也能看到 Voragine 火山口和东北火山口的目标烟缕

图3 从 Ox 山谷洼地的南面看到的埃特纳火山。照片中可清晰地看见目标烟缕

图4 显示了一项典型任务的各个主要阶段。

图4 一项典型任务(虚线)的空中视图;阶段 M2 到 M4 将由 UAV 沿着预定的航迹
自主进行,而起飞(M1)和着陆(M5)将由指令引航操作完成

M1—遥控操作(驾驶员控制)起飞;M2—初始爬升;M3—基于航路点的自主飞行(测量阶段);
M4—接近基地和降低高度阶段;M5—遥控操作(驾驶员控制)降落。

与这种任务相关的主要问题之一是存在风力很强和很强的湍流:在过去的
各项任务过程中以及在埃特纳火山山顶高海拔进行现场勘察的过程中,都注意
到有很强的风力。2007 年 6 月在 2800m 高度用一架小型训练模型机执行一项

466

任务时,西北风速高达 80km/h 以上。

图 5 显示了在这项任务期间飞机的部分航迹;指定了两个航路点(五角星),而且机上自动驾驶仪中激活任务模式(见第 4 节),经过航路点进行自动导航。正如所能观察到的那样,到达第一个航路点 WP1 后,飞机就向左转弯,指向第二个航路点,但是一阵强风力严重影响了飞机的航向。需要进行一系列转弯以到达第二个航路点。

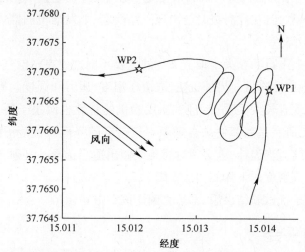

图 5 2007 年 6 月在 2800m 高度用一架小型训练模型机执行了一项任务。曲线是从任务记录中析取的部分航迹。机上自动驾驶仪经过航路点进行自动导航;五角星代表两个指定的航路点。一系列转弯是由于强大的北风-西北风(80km/h)阻碍了飞机的航路而造成的

3 空中系统

选择和设计一种可在恶劣环境和条件下操作的空中系统要考虑几个限制因素:与高海拔飞行和气体取样技术相关的一些问题尤其具有重大意义。在文献[17-20]中可以找到有关 Volcan UAV 设计的详细情况。

项目的主要技术要求如下。

——采用一种电动发动机作为推进系统。这一限制条件主要是由火山学家提出的:从内燃发动机发出的气体会改变火山云的化学组成,从而使收集的测量结果无效。

——具有大约 30min 的自主性以及 3km 的工作距离:火山烟缕距离基地营地约 2000m。

——有效载荷大约 5kg:需要一种很大的有效载荷,以便携带机上航空电子

设备(自主导航系统、无线电通信线路、INGV 传感器、数据记录仪)。

——最小巡航速度大约为 40km/h,在烟缕收集一些令人满意数量的样品,就如专门论述所计划的任务的部分所描述的那样。

——最大巡航高度为 4000m。

在过去 3 年里进行了几次试验飞行和试验室试验,以便评估在恶劣环境(如火山环境)下的材料、发动机和航空电子设备,并确立整个系统在高海拔的质量、性能和可靠性,在高海拔时会出现一些问题,如发动机的推力和有效性降低,或者升力下降。

在海平面上飞行和在火山顶上飞行的主要不同之处在于空气密度,随着高度的上升,空气密度降低。另外,这还取决于温度、压力和湿度。机翼和螺旋桨特性与空气密度有较大关系;而且汽油发动机的特性也取决于所有这些参数。一般的规律是,所有这些部件都会随着空气密度的降低而性能下降,所以必须对机翼剖面做出适当设计,也必须对螺旋桨做出适当选择。必须考虑到电力发动机不会因空气密度的下降而性能下降。

综合考虑干扰试验结果后,本节将阐述该空中平台。

3.1 空中平台

所选择的飞机考虑了与在 3000m 以上海拔高度飞行以及在风速大于 80km/h 时存在的强湍流等情况相关的一些问题。

设计 Volcan UAV 时考虑了项目的限制条件并借鉴了几次设计试验。受到更有名的航空探测器 UAV 的构型启发,最后设计出的飞机机身是用碳纤维和玻璃纤维制成的,木制机翼和 V 形尾翼,翼展为 3m,总质量为 13kg,有一个 2000W 无电刷电动机,锂—钋电池组,最大巡航速度为 150km/h。它满足上述所有指标,如图 6 所示。现在,Volcan 可由汽车发射,但是还在研究固定发射系统,目的是即使在没有适合汽车的平坦地方或者有雪的地方也可以起飞。

图 6　Volcan UAV

在参考文献[17-20]中有更多关于 Volcan UAV 的信息。

已经执行了几项任务,以便试验这种飞机在火山环境下的特性:即使在恶劣条件下也能具有良好的机动性和高度的稳定性。

为了使 Volcan UAV 的研究工作更容易进行且更快地进展并使风险降到最低,在初始阶段使用了一个商业低成本模型飞机。选取这种飞机同样考虑了研制 Volcan UAV 需要考虑的地方,但是目的是要使起飞和着陆操作更简单易行,同时组装和运输也更容易。在检验了几种飞机模型之后,Graupner Taxi2400 被选为 DPVolcan(研制阶段的 Volcan UAV);这种模型具有 2.39m 翼展,翼面积为 84dm^2,这是一种性能优越的飞机,可空中拖航大尺寸滑翔机(图 7)。其鲁棒性和稳定性使得这种飞机非常适于在火山环境下飞行;大机身和高有效载荷可以携带所有机上电子模块和传感器模块。

图 7 DPVolcan。为空中拖航而设计,这种大型 Graupner Taxi2400 模型
具有良好的机动性和出色的鲁棒性,可以火山环境下使用

3.2 发动机

虽然最后的构型将需要一种电动发动机,但是对电动发动机和内燃发动机都进行了试验,以便比较它们在高海拔的特性。在一个试验性的工作台上,通过使用电子测力计来测量几种具有不同螺旋桨的发动机的静推力;虽然静推力与在真实飞行中发动机所提供的动推力有相当大的不同,但是这种试验可以了解以下内容:

——几种类型发动机在高海拔时的效率损失;

——在长度和纵倾方面适合于正在试验的发动机的正确类型的螺旋桨。

另外,这些已进行的试验的目的是要为 Graupner Taxi2400 飞机寻找最佳发动机—螺旋桨组合形式,所以这些试验都聚焦于为这种飞机所推荐的两种发动机。

表 1 为用于试验的发动机的主要特点。

表 1　在低海拔(100m ASL)和高海拔(2585m ASL)试验的发动机的主要特点

发动机名称	发动机类型	供油(电)类型
Graupner Compact650	电动	6 个锂-钋电池(22V 4A 30C)
Roto 35Vi	双冲程 34.8cm^3	汽油

表 2 是 DIEES 试验室从海拔 100m 进行的试验的结果,对比在 2585m ASL 进行试验时所获得的数据。为了检验测量程序的精度,分别对电动发动机和内燃发动机监测了功率消耗和 RPM,并将测量的值与预期值相比较。

表 2 中还显示了由于高度的变化而引起的静推力减少的绝对值和减少百分比;正如所预计的那样,在高空时推力有非常大的损失。具有 18/12 螺旋桨的电动发动机和具有 21/10 螺旋桨的内燃发动机可以获得最佳的性能。

表 2　在海拔 100m 和 2585m ASL 进行试验时采用几种
类型的螺旋桨进行试验的发动机所产生的静推力

发动机	螺旋桨长度/纵倾/in	静推力(100m ASL)/kg	静推力(2585m ASL)/kg	静推力减少绝对值/kg	静推力减少百分比/%
Compact650	20/10	3.50	3.00	0.50	14.28
Compact650	18/12	2.50	1.70	0.80	32.00
Roto 35Vi	22/12	6.00	4.80	1.20	20.00
Roto 35Vi	22/10	6.50	5.60	1.10	13.84
Roto 35Vi	21/12	6.00	5.20	0.80	13.33
Roto 35Vi	21/10	7.00	6.00	1.00	14.28

最后两栏显示了由于高度的变化而造成的减少绝对值和减少百分比。

然而,有几方面的考虑因素建议 Graupner Taxi2400 采用内燃发动机:

——因为频繁出现强风,所以选择了比 Graupner 推荐的发动机具有更好性能的发动机。

——在研发阶段,就成本和时间来说采用电动发动机是一种浪费。事实上,大功率电动发动机需要有极昂贵的高容量锂-钋电池,而且还必须有几个备用电池。另外,由于起飞和着陆程序,必须经常更换电池造成浪费的时间很多。

因此,DPVolcan 飞机采用了 ZDZ80cm^3 双冲程汽油发动机;这种双凸轮发动机可确保在低空具有 15kg 静推力,而且标称功率为 5.88kW(7.89hp)。正在进行几次试验,以便鉴定在所研究物质(CO_2、SO_2……气体烟缕)的测量值和汽油燃烧所产生的排放物之间的相关性。如果这些试验显示测量值并没有受到排放物的影响,则在最后飞机定型时可能采用内燃发动机。

4 飞行器控制和任务管理系统

飞行器执行任务时的环境和工作条件都建议飞行器采用自主导航系统。有两个主要问题不允许使用传统的遥控 UAV。

第一个问题是安全位置和火山烟缕之间的距离很长。火山的环境非常恶劣,经常是不可能在火山口附近找到机场跑道;通常都在安全区域执行起飞任务,而由于起飞区域和目标烟缕之间的距离很远;所以从起飞的地方很难进行 R/C 遥控操作。

第二个问题与在飞机飞入烟雾时失去视线有关:烟缕中的气体通常都非常浓密,所以不能够从视觉上发现飞行器。

对于飞行器控制和任务管理系统的主要计划指标如下:

——一种自主的导航系统(除了起飞和着陆时);

——通过航路点进行路径规划;

——对测量值的本地和遥控数据记录;

——在用户友好的 PC 界面上的实时可视化。

所以研发了一种导航系统,目的是要使 Volcan UAV 自主化:机上航空电子设备模块,可以在每种飞行状态下配置飞机,并使 UAV 能够实现自主飞行和有效载荷的控制。

图 8 显示了所研发的无人飞行器系统(UAS)的方框图。

机载航空电子设备组中的红色方格中是构成自动驾驶仪核心部分的设备;实行导航和稳定性算法可以获得执行全部预定任务的完全自主的飞行平台。

自动驾驶仪具有用途广,机动灵活的特性,可以重新配置系统并适应各种任务需求;主要特性如下。

——可以在全航路点自主导航和驾驶员在回路中(PIL)模式之间选择控制类型。在第一种情况下,自动驾驶仪控制飞机的导航和稳定性:通过航路点规划任务,在任务开始时将每个航路点(WP)的位置置于地理坐标地图中。在执行任务时可以通过增加/改变/消除地图上的航路点而很容易地修正任务。在 PIL 模式中,通过使用手握式节气门操纵杆(HOTAS)可以从控制站遥控操作飞机,而机载自动驾驶仪控制飞机的稳定性。

——使用用户友好界面和无线电通信线路可以不断交换飞机和控制站之间的数据;图示用户界面(GUI)用于在执行任务时实时在地图上显示飞机位置,以便监控某些 UAV 参数,如电池电量、速度、位置和方向、传感器测量值。

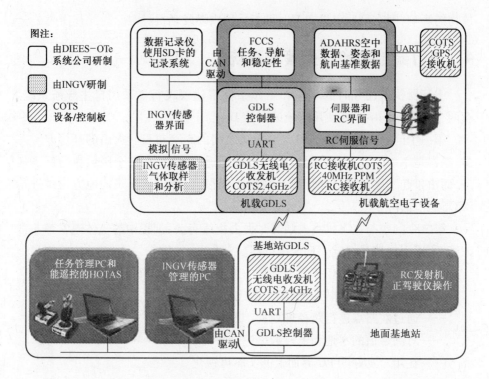

图注:
□ 由DIEES-OTe系统公司研制
▨ 由INGV研制
▨ COTS设备/控制板

图 8　Volcan 无人飞行器系统:机载航空电子设备包括自动驾驶仪、数据记录仪和
INGV 传感器专用板卡。地面基地站既可以规划和管理任务又可以显示 INGV 传感器
数据。COTS2.4GHz 无线电通信线路系统用于在飞机和地面站之间进行数据交换

——对导航和稳定性算法参数进行联机设置可以重新配置自动驾驶仪,使
其响应意外出现的条件。这种重要的特性在火山环境中是最基本的特性,在火
山环境中气候的变化非常频繁。

下面将对构成所研发的 UAS 的模块进行详细描述。

4.1　INGV 传感器和数据记录仪

气体分析仪集成了用于测定 CO_2 的红外频谱仪(型号 GascardⅡ,标定范围 0~
$3000×10^{-6}$;精度±2%;分辨率 $0.8×10^{-6}$)和专门测定 SO_2 的电化学传感器(SO2-S-
100 型号 Membrapor,标定范围 0~$200×10^{-6}$;精度 2%;分辨率 $0.5×10^{-6}$)。

INGV 传感器接口板上的调节电路可以处理来自气体传感器的模拟信
号;配备有一个 10 位的 AD 转换器的微晶片微型控制器可获取传感器信号并
可通过 CAN 总线将已转换的数据传送给数据记录仪板和无线电通信线路
接口。

472

机上数据记录仪具有一双重功能:它可作为一种黑匣子,记录所有飞行参数和数据,同时它又可储存所有来自 INGV 传感器的测量值以及从机上 GPS 接收机接收到的飞机位置信息。以这样的方式,就有可能知道每一收集样品的确切位置。

4.2 FCCS——飞行计算机控制系统

飞行计算机控制系统(FCCS)提供自主的导航和稳定性控制,并可作为指挥和稳定性增强系统。这种设备可作为真正的自动驾驶仪使用,通过航路点导航执行完全规划的任务;另外,它可发挥各项驾驶员辅助功能,实施驾驶员在回路中的操作。

FCCS 处理器既可实现飞行控制又可完成任务。在 FCCS 处理器中运行的控制线可实现 3 种 PID 控制回路,计算出飞机操纵面的位置,这是使飞机达到所期望位置、航向、速度和高度所必需的。来自空气数据姿态和航向基准系统(ADAHRS)的数据用控制算法处理,从而通过 CAN 总线向伺服舵机控制系统(SACS)提供输出指令。

在飞行过程中可从任务管理 PC 上的 GUI 选择要实现的操作模式如下。

1. 任务模式

这是可以执行完全自主任务的模式:通过在任务管理 PC 的地图上固定一系列航路点的地理坐标可向自动驾驶仪指明航路。

稳定性增强的电传操纵系统 这种模式提供主要的驾驶员在回路中操作;驾驶员操纵任务管理 PC 的 HOTAS 以使飞机飞行。通过移动控制杆,驾驶员可设置姿态角速率和节气门位置;机动飞行的参数通过地面数据链系统(GDLS)传送给自动驾驶仪。然后 FCCS 控制操纵面,以满足驾驶员的需求并确保飞机的稳定性。

2. 飞行保持

任务管理 PC 的 GUI 中有 3 个铵钮可以进入空速保持模式、航向保持模式和高度保持模式。

当激活空速保持模式时,FCCS 就通过控制发动机推力来维持预先选择的空速。在航向保持模式中,调节滚动角以遵循预先选择的航向角,而在高度保持模式中,激活俯仰调节。

飞行保持可以在任务模式中激活,也可以在稳定性增强的电传操纵系统中激活。

3. 飞行指挥仪

飞行指挥仪模式可用于向驾驶员提供可视提示;FCCS 根据滚动角和俯仰角计算各次机动飞行,为了达到预编程目的地(任务模式)或者维持所选的飞行状态(飞行保持)并通过无线电通信线路将其发送给地面站。

在任务管理 PC 上的 GUI 中,在俯仰角和滚动角仪表盘中集成了专用的飞行指挥仪可视界面;用 FCCS 算法计算的机动飞行角度连同实际角度一起被显示出来。

在图 9 中,显示了这两种仪表盘:左边是滚动角指示器,右边是俯仰角指示器。白色 Volcan 的图像呈现了实际的姿态角,而灰色 Volcan 的图像是为了达到所期望的飞行条件由 FCCS 所建议进行的机动飞行:驾驶员必须进行右转并上仰操作直到白色 Volcan 与灰色 Volcan 相重叠。

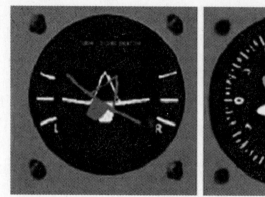

图 9 任务管理 PC 的姿态仪表盘。当 FCCS 处于飞行指挥仪模式中时,由自动驾驶仪建议进行的机动飞行(灰色的图像)连同实际的姿态角(白色图像)一起显示出来:
按照 FCCS 的建议,驾驶员可以通过移动 HOTAS,从而使图像重叠

4. 姿态控制模式

该模式用于协助调整导航和稳定性控制算法。处于该模式时,FCCS 的作用是稳定控制器,用于姿态调整(滚动和俯仰角)。

为了实现对自动驾驶仪的调整,需要设置一个基准姿态角,并通过飞机的响应(根据爬升时间、过度偏转、调整时间和稳态误差得到)来得到用于 PID 控制回路的适合的值。

5. 配置模式

为了进行精细调整可以直接使用控制算法参数。配置模式结合辅助模式可以很容易地并快速地进行联机设置导航算法参数和稳定性算法参数,从而可以观察在飞行过程中飞机的真实响应。

474

FCCS 处理器是一种 8 位的微晶片 PIC,安装在相同的飞机数据姿态和航向基准系统的电子板上,如图 10 所示。

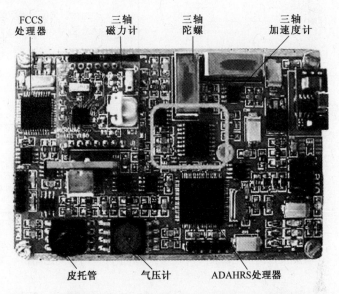

图 10　飞机数据姿态和航向基准系统,图中显示了传感器装置和
ADAHRS 处理器。在左上边,是 FCCS 处理器

在台架试验时,采用基于 X-飞机模拟器的硬件在回路中(HIL)架构是一种理想的平台,可观察定制的飞机。在文献[17]中,通过采纳 Laminar Research 的 X-飞机飞行模拟器(在 FCCS 板的研制阶段采用),描述了 FCCS 构造,同时也描述了硬件在回路中的技术。

如文献[17]所描述的那样,控制架构是以采纳两个串联的 PID 控制器进行姿态调整为基础的。

(1)滚动航向调整:所期望的航向是外回路的基准值,通过这个值为内控制回路计算出滚动角装定点得到的副翼位置和方向舵伺服电动机位置。

(2)俯仰航向调整:所期望的高度是外控制回路的给定装定点,外控制回路的输出是内回路的基准俯仰角。内控制回路的输出是升降舵伺服电动机位置。

一种简单的 PID 控制器可用于进行空速调整;基准值是指定的高度,而输出是所期望的节气门伺服电动机位置。

图 11 是一种框图,描绘了 FCCS 与其他自动驾驶仪模块的相互作用。装定点的值取决于 FCCS 操作模式;在任务模式和飞行保持模式中,基准值是给定的输入到外控制回路的输入值,可为内回路计算装定值。在增强稳定性的电传操纵系统模式和姿态控制模式中,各个外回路分离开来,而基准值是直接给定的

输入到内控制回路的输入值。

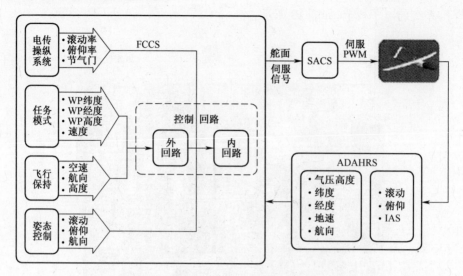

图 11 FCCS、伺服舵机控制系统以及飞机数据姿态和航向基准系统之间相互作用的框图

4.3 ADAHRS——飞机数据姿态和航向基准系统

来自 MEMS 三轴加速计、三轴压力陀螺、三轴磁力计、温度传感器、气压高度表、空速压力传感器和 GPS 的信息用传感器合成算法进行综合,这种算法以卡尔曼滤波技术为基础,在高性能的高速数字信号处理器中运算,可提供完整的六自由度姿态和位置方案。

图 12 描绘了在图 10 中显示的控制板。这种捷联式低成本惯性导航装置的传感器组合包括:

——Freescale MMA1220D 加速计(用于 Z 轴);

——Freescale MMA2260 加速度(用于 X 轴和 Y 轴);

——Tokin 三轴压力陀螺;

——用于空速测量(皮托管)的 Freescale MPX5010 压差传感器;

——用于确定高度的 Freescale MPXAZ4115A 绝对压力传感器;

——用于模拟传感器过滤的第二级硬件滤波器;

——COTS GPS 接收机;

——达拉斯 DS18S20 温度传感器;

——Pni MicroMag3 三轴磁传感器模块;

——微晶片 dsPIC33FJ256GP710 通用数字信号控制器。

这种装置是第二代研发的 ADAHRS;第一代板[18]以 8 位的微晶片 PIC 为

476

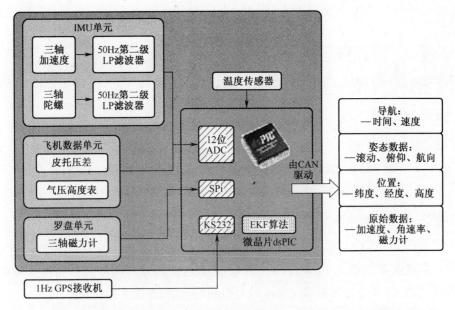

图 12　ADAHRS 构造的框图;来自传感器的模拟信息和数字信息用传感器

合成算法处理,这种算法以一种扩展的卡尔曼滤波器为基础,重建飞机的姿

态数据和导航数据。通过 CAN 航空航天协议,可经由 CAN 总线传送过滤的数据

基础,而航向角利用由 GPS 接收机提供的飞机位置确定的航线角计算出。在研发阶段和第一周期的飞行过程中成功地使用了第一代板。即使在执行任务过程中没有问题,这种方法也会遭受强风和/或侧风的影响:如果飞机横斜地飞行,从 GPS 获得的航向就会与真正的航向不同。第二代 ADAHRS 解决了这一问题,因为采用了三轴磁传感器模块。

两级扩展的卡尔曼滤波器(EKF)[24]可通过结合传感器测量值计算出飞机姿态:图 13 显示了在 dsPIC 中实施的传感器合成算法的框图。四元数代数可使算法更加快速和更加精确。

加速计信号和陀螺模拟信号由 dsPIC 内部 12 位 ADC 获取。已经进行了几次试验,以研究传感器特性:已经分析了振动相关性、静态响应和动态响应,从而可采用在所有条件和环境下都具有高性能的特定的数字滤波器。另外,已检测了传感器漂移和噪声,以便更好地确定 EKF 的处理误差和测量误差的协方差矩阵。

4.3.1　姿态评估

在滤波器的第一级,状态矢量包括单位四元数 $Q = [q_0\ q_1\ q_2\ q_3]^T$,表示飞机

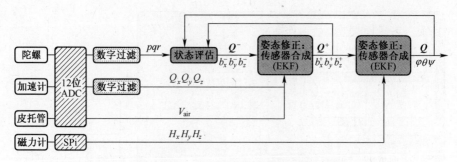

图 13　在 ADAHRS 板的 dsPIC 数字信号控制器中实施的两级扩展
的卡尔曼滤波器的框图。四元数代数用于使算法更快速且更精确

的姿态[25]和低频率陀螺漂移 $b = \begin{bmatrix} b_x & b_y & b_z \end{bmatrix}^T$:

$$x_1 = \begin{bmatrix} q_0 & q_1 & q_2 & q_3 & b_x & b_y & b_z \end{bmatrix}^T$$

　　在状态评估单元中,单位四元数 Q^- 是通过采用众所周知的整套微分方程计算出的,这套微分方程涉及单位四元数和角速率,考虑了陀螺偏差[26-29]:

$$\omega_x = p - b_x$$
$$\omega_y = q - b_y$$
$$\omega_z = r - b_z$$

式中:p、q、r 是由三轴陀螺提供的测量值;陀螺漂移被建模为第一级系统,并带有一个时间常数,该常数是根据传感器特征记录的偏移特性进行调整后得到的。

　　由三轴加速计提供的线性动态加速度 a_x、a_y、a_z 以及由皮托管提供的空速 V_{air} 可用于计算静态重力分量[30]。这些都用于第一级 EKF(姿态修正单元)中以修正姿态计算并计算修正的单位四元数 Q^+ 和陀螺偏移。

4.3.2　航向评估

　　在第二级 EKF(航向修正单元)中,由磁力计沿飞机的三个轴测量的磁场分量 $H = \begin{bmatrix} H_x & H_y & H_z \end{bmatrix}^T$ 可以修正航向角。

　　所采用的滤波器计算出以下两方面之间的误差:

——通过来自第一级的姿态单位四元数 Q^+ 估计的航向角;

——通过利用磁力计测量值计算的航向角。

　　然后 EKF 就用这误差来修正姿态四元数 Q^+。

　　利用 CAN 航空航天协议,单位四元数 Q 和姿态角 φ、θ、ψ 连同传感器的原始数据可经由 CAN 总线传送。

主要的 ADAHRS 频率如下。

——防假频滤波器:第二级 50Hz 低通滤波器。

——ADC 取样:150Hz。

——数字滤波:20Hz FIR/IIR。

——传感器合成算法:

状态估计为 80Hz;

姿态修正为 80Hz;

航向修正为 20Hz。

——经由 CAN 总线传输:50Hz。

图 14 显示了研发的 ADAHRS 和商用惯性测量部件(XSens 的 MTi)之间的对比;在试验过程中,两个惯性测量部件固定在相同偏转的飞机上,测量了姿态角。

在文献[18]中,描述了在 ADAHRS 研发阶段使用的硬件在回路中架构,该架构以 Laminar Reasearch 的 X-飞机飞行模拟器为基础,同时描述了所获得的试验结果。

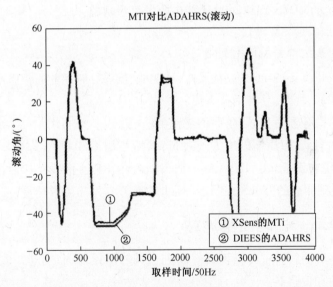

图 14　MTi 滚动角(①)对比 ADAHRS 评估的滚动角(②)。取样时间为 20ms

4.4　SACS——伺服舵机控制系统

SACS 通过 CAN 航空航天协议接收伺服指令,同时利用 PWM 输出控制随机 RC 伺服器。每个 SACS 能够控制多达 8 个伺服器或其他外围设备,并且通过正常的 R/C 无线电指令可以激活手动干预。

SACS 有两种操作模式：

——驾驶员在回路(PIC)模式：直接向伺服电动机设置来自 R/C 接收器的伺服信号。在起飞和降落程序使用该模式，此时飞机由驾驶员通过 R/C 发射机进行操作。

——自动驾驶仪(UAV)模式：由来自 FCCS 的 CAN 航空航天协议框架来驱动伺服输出信号。当自动驾驶仪处于控制时设置该模式。

当系统启动时，应为 PIC 模式；通过来自 R/C 接收机的控制信号转换到 UAV 模式。

SACS 还可向伺服器提供电源，它是从机上电池得到的；光耦合伺服器信号增强了电源的抗扰性。它还可监控电池的电压和电流吸收过程，并可通过 CAN 航空航天协议传输这些信息。

4.5　GDLS——地面数据链系统

这些模块提供机上电子设备和地面站之间的无线电通信线路；它们以 Microhard 系统的 COTS MHX2400 无线电收发机为基础：

——2.4GHz ISM 波段；

——最大容许发射功率=1W；

——提供真正的 115k 波特操作，透明的、低等待时间的通信系统；

——60mi，视距，具有增益天线。

GDLS 采用透明模式的 CAN 航空航天总线。来自 CAN 总线的数据由 GDLS 控制器(图 8)压缩以增大通过量，然后利用 UART 串行总线传送到发射 RF 的无线电收发机。由 RF 无线电收发机经由 RF 通信线路接收的数据通过 UART 传送到相应的 GDLS 控制器，通过 CAN 总线解压缩并传送。

4.6　GBS——地面基地站

地面基地站(GBS)可以设置并改进飞机的配置，从而规划并监控任务，管理有效载荷和传感器。

基地站的两个笔记本电脑运行研发出的应用程序：

——INGV 传感器管理 PC：专用软件可以管理并显示来自机上气体传感器的数据，同时显示由 GPS 提供的取样位置。可以进行实时可视化分析和统计分析。

——任务管理 PC：一个地面控制界面(GCI)允许很容易地进行"点击和飞行"操作，有利于进行强有力的任务规划、监控和飞行中调整。

GCI 划分为几个部分：

飞机配置

这部分是一种有用的工具，可用于配置特定的 UAV 平台参数，如推进系统、特殊舵面（V 形尾翼、X 形尾翼、襟副翼等）、有效载荷控制功能。

任务管理

这部分在图 15 中显示，允许配置和管理任务，主要特点如下：

——通过在地理坐标地图上 n 次点击航路点设置点进行任务规划。

——飞行中任务重新编程和航路点加载。

——飞行计划保存和恢复能力。

——在地理坐标地图上飞机位置的可视化。同样的地图还可用于显示规划的航路点和执行任务的路径。

——姿态角和飞行参数（空速、地速、高度、电池电量、系统警告、故障和状态）在面板上的可视化。

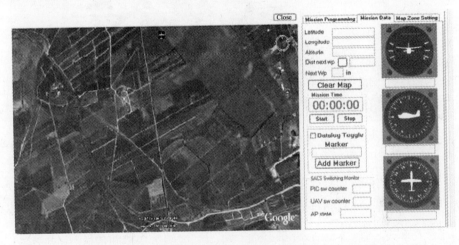

图 15　地面控制界面的任务管理部分。右边显示了仪表盘。
地理坐标地图允许通过简单点的 n 次点击航路点来规划任务

当 FCCS 处于飞行保持模式时，这部分还可以进入并设置空速保持、航向保持和高度保持等模式。

FCCS 配置

这部分允许设置 FCCS。为了使特定飞机的 FCCS 集成更简单和快速，GCI 提供了一种专用的配置工具，可以进行：

——在飞行过程中实时设置控制回路参数。

——实时标绘出控制回路调整中所涉及的最重要的数据。

481

电传操纵系统管理

这部分用于主要的驾驶员在回路中操作;驾驶员操作 HOTAS 以使飞机飞行。通过移动控制杆,驾驶员可设置姿态角速率和节气门位置;机动飞行的参数通过地面数据链系统传送给自动驾驶仪(见专门描述 FCCS 的部分中稳定性增强的电传操纵系统模式)。

为了有利于电传操纵系统的操作,已研发了一种专用的插件,从而可在三维虚拟环境中通过 Google Earth 显示飞机的位置和姿态;另外,虚拟平视显示器(VHUD)可以提供导航数据,还不会阻碍驾驶员的视野(图 16)。

图 16　地面控制界面的虚拟平视显示。当使用电传操作时,这个有用的
插件可以通过虚拟仪器知道飞机的姿态,而不会阻碍驾驶员的视野

此外,在俯仰角面板仪器和滚动角仪表盘中都集成了一种飞行指挥仪可视界面,以便在进入飞行指挥仪模式时,可以显示由 FCCS 发送的可视提示(见专门描述 FCCS 的部分)。

结果是形成一种虚拟的飞机座舱,能够有助于进行驾驶员在回路中的操作,并为驾驶员提供所有所需的信息。

5　试验结果

在去年已进行了几次飞行,目的是试验 FCCS 和 ADAHRS 板卡并调整自动驾驶仪参数;几个机型已试验并校准了定位算法、导航算法和稳定性算法,所有可能的飞机布局的推进系统将可确保具有最佳性能。在高空已执行了许多任务,以便测试所研发的 UAS 在恶劣环境中的特性。

几次飞行试验已确认了 UAS 的有效性。

482

图 17 显示了在有强风情况下需要大范围改变滚动角时的滚动角情况；虽然飞机以-30°滚动角飞行，但是在姿态控制模式下还是向自动驾驶仪指定了30°的滚动角基准。

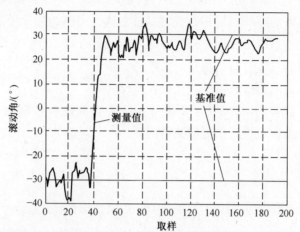

图 17　当飞机以-30°滚动角飞行时所测量的滚动角以及
向自动驾驶仪指定的30°的滚动基准值时。取样时间为100ms

今天，系统已极其可靠和稳定，并可以执行完全自主的任务。

图 18 显示了在 2007 年夏天执行一项任务期间的空视图；通过固定 4 个WP（红星），指定了周边为 2000m 的方形路径。在起飞和爬升（黑色轨迹）后，任务模式被激活，可以通过 WP 进行导航；白色图形代表 DPVolcan 连续飞行了几次的路径。

图 18　在 2007 年夏天执行一项任务期间所进行跟踪的空视图。五角星
代表 4 个指定的航路点；在起飞后（路径的黑色部分），任务模式被激活。
白色轨迹代表在着陆前已执行了几次的任务的航向

6 结论

本文综述了 Volcan 项目的情况,其内容是研制一种能够在火山环境中进行气体分析和勘查的 UAS。这种系统可以自主执行完整的测量任务,但除了起飞和着陆阶段。该系统可使用户很容易地改变任务参数,并可在飞行过程中监控所有飞行数据和气体分析传感器。另外还介绍了几项功能以利于任务的执行,如稳定性增强的电传操纵系统和飞行保持模式。

已进行了试验测试,确认了所设计系统的有效性和可靠性。计划于 2008 年在埃特纳火山区域进行扩展的测量活动。

致谢

这项研究工作与意大利卡塔尼亚 Ote 系统公司合作进行。

参考文献

1. Ramanathan, V., et al.: Warming trends in Asia amplified by brown cloud solar absorption. Nature 448, 575–579 (2007)

2. Ramanathan, V., Roberts, G., Corrigan, C., Ramana, M. V., Nguyen, H.: Maldives AUAV Campaign (MAC): observing aerosol – cloud – radiation interactions simultaneously from three stacked autonomous unmanned aerial vehicles (AUAVs). Available at: http://www – abc – asia. ucsd. edu/MAC/MAC_proposal_FINAL_2005July05.pdf (2005)

3. Holland, G.H., et al.: The aerosonde robotic aircraft: a new paradigm for environmental observations. Bull. Am. Meteorol. Soc. 82, 889–901 (2001)

4. Valero, F.P.J., Pope, S.K., Ellingson, R.G., Strawa, A.W., Vitko, J. Jr.: Determination of clearsky radiative flux profiles, heating rates, and optical depths using unmanned aerospace vehicles as a platform. J. Atmos. Ocean. Technol. 13, 1024–1030 (1996)

5. Bland, G., Coronado, P., Miles, T., Bretthauer, J.P.: The AEROS Project experiments with small electric powered UAVs for earth science. In: Proceedings of Infotech@ Aerospace. American Institute of Aeronautics and Astronautics, 26–29 Sep. 2005, Arlington, VA, USA

6. NASA—Ames Research Center, Earth Science Division. Available at: http://geo.arc.nasa.gov/

7. NASA—Dryden Flight Research Center. Available at: http://www.nasa.gov/centers/dryden/research/ESCD/index.html

8. Saggiani, G., et al.: A UAV system for observing volcanoes and natural hazards. AGU Fall Meeting Abstracts (2007)

9. Patterson, M.C.L., et al. Volcano surveillance by ACR Silver Fox. Infotech@ Aerospace, 26–29 September 2005, Arlington, VA

10. The ROBOVOLC project homepage. Available at: http://www.robovolc.diees.unict.it

11. Muscato, G., Caltabiano, D., Guccione, S., Longo, D., Coltelli, M., Cristaldi, A., Pecora, E., Sacco, V., Sim, P., Virk, G.S., Briole, P., Semerano, A., White, T.: ROBOVOLC: a robot for volcano exploration – result of first test campaign. Ind. Robot Int. 30(3), 231–242 (2003)

12. Caltabiano, D., Muscato, G.: A robotic system for volcano exploration. In: Kordic, V., Lazinica, A., Merdan, M. (eds.) Cutting Edge Robotics. Advanced Robotic Systems Scientific Book, pp.499–519. Pro Literatur, Germany, ISBN:3–86611–038–3 (2005)

13. Service Robots Group – Università di Catania. Available at: http://www.robotic.diees.unict.it/

14. Aiuppa, A., Federico, C., Paonita, A., Pecoraino, G., Valenza, M.: S, Cl and F degassing as an indicator of volcanic dynamics: the 2001 eruption of Mount Etna. Geophys. Res. Lett. 29(11), 1559 (2002). doi: 10.1029/2002GL015032

15. Symonds, R., Rose, W.I., Bluth, G.J.S., Gerlach, T.M.: Volcanic-gas studies: methods, results and applications. In: Carroll, M.R., Halloway, J.R. (eds.) Volatiles in Magmas. Reviews in Mineralogy, vol. 30, pp. 1–66. Mineralogical Society of America, Chantilly, VA (1994)

16. Stix, J., Gaonac'h, H.: Gas, plume and thermal monitoring. In: Sigurdsson, H. (ed.) Encyclopædia of Volcanoes, pp. 1141–1164. Academic, New York (2000)

17. Astuti, G., Longo, D., Melita, D., Muscato, G., Orlando, A.: Hardware in the loop tuning for a volcanic gas sampling UAV. In: Valavanis, K.P. (ed.) Advances in Unmanned Aerial Vehicles, State of the Art and the Road to Autonomy. Intelligent Systems, Control and Automation: Science and Engineering, vol. 33. Springer, New York, ISBN:978–1–4020–6113–4 (2007)

18. Astuti, G., Longo, D., Melita, C.D., Muscato, G., Orlando, A.: HIL tuning of UAV for exploration of risky environments. In: Proceedings of the IARP Workshop HUDEM'08 Robotics for Risky Environments and Humanitarian De-Mining. Il Cairo, Egypt, 28–30 March (2008)

19. Longo, D., Melita, D., Muscato, G., Sessa, S.: A mixed terrestrial aerial robotic platform for volcanic and industrial surveillance. In: Proceedings of the IEEE International Conference on Safety, Security and Rescue Robotics 2007. Rome (Italy), 27–29 September (2007)

20. Caltabiano, D., Muscato, G., Orlando, A., Federico, C., Giudice, G., Guerrieri, S.: Architecture of a UAV for volcanic gas sampling. In: Proceedings of the ETFA2005 10th IEEE International Conference on Emerging Technologies and Factory Automation. Catania, Italy, 19–22September (2005)

21. The Aerosonde Robotic Aircraft homepage. Available at: http://www.aerosonde.com/

22. Graupner homepage. Available at: http://www.graupner.de/

23. X-Plane simulator by Laminar Research homepage. Available at: http://www.x-plane.com/

24. Brown, R.G., Hwang, P.Y.C.: Introduction to Random Signals and Applied Kalman Filtering. Wiley, New York (1992)

25. Diebel, J.: Representing Attitude: Euler Angles, Unit Quaternions, and Rotation Vectors. Stanford University, Stanford, CA

26. Kim, A., Golnaraghi, M.F.: A quaternion-based orientation estimation algorithm using an inertial measurement unit. In: Proceedings of the IEEE Position Location and Navigation Symposium, 2004 (2004)

27. Gebre-Egziabher, D., et al.: A gyro-free quaternion-based attitude determination system suitable for imple-

mentation using low cost sensors. In: Proceedings of the IEEE Position Location and Navigation Symposium 2000 (2000)

28. Jang, J.S., Liccardo, D.: Small UAV Automation Using MEMS. IEEE A&E Systems Magazine, pp. 30-34. May (2007)

29. Jang, J.S., Liccardo, D.: Automation of small UAVs using a low cost MEMS sensor and embedded computing platform. In: 25th Digital Avionics Systems Conference. 15 October (2006)

30. Eldredge, A.M.: Improved state estimation for miniature air vehicles. Master's degree thesis, Department of Mechanical Engineering, Brigham Young University, December (2006)

第 *25* 篇

无人机实时航路规划之遗传算法的
现场可编程门阵列(FPGA)实现

Francois C.J.Allaire,Mohamed Taibouchi,
Gilles Labonté,Giovanni Fusina
(弗朗索瓦·C·J·阿莱尔,穆罕默德·塔尔布希
吉利斯·拉布隆特,乔万尼·富西纳)

摘　要:无人机(UAV)的主要目标是通过其有效载荷向运营商提供服务。目前,要获得这些无人机服务,则还需要人工操作员对无人机进行导航。现已研究出的许多技术可以增加无人机航路规划层面的导航自主性。这一任务最具挑战性的方面是,要求无人机在未知的环境中飞行时,重新制订规划。在航路规划中通过进行其

F. C. J. Allaire (✉) · M. Tarbouchi
Electrical and Computer Engineering Department, Royal Military College of Canada,
Kingston, ON K7K7L6, Canada
E-mail: francois.allaire@ rmc.ca

M. Tarbouchi
E-mail: tarbouchi-m@ rmc.ca

G. Labonté
Mathematics and Computer Science Department, Royal Military College of Canada,
Kingston, ON K7K7L6, Canada
E-mail: labonte-g@ rmc.ca

G. Fusina
Defence R&D of Canada - Ottawa, Ottawa, ON K1A0Z4, Canada
E-mail: Giovanni.Fusina@ drdc-rddc.gc.ca

K. P. Valavanis et al. (eds.), *Unmanned Aircraft Systems* DOI: 10.1007/978-1-4020-9137-7_26

他验算得出的一项技术是遗传算法(GA),因为遗传算法具有在保留已发现的最佳"解"的同时还能够探索"解"空间的能力。但遗传算法因其迭代过程涉及许多候补解,而往往比较慢,因此,这一方法还没有在实时系统中得到积极的应用。本文介绍了我们为改进遗传算法的计算时间,从而获得航路规划发生器所做的研究,这种发生器可以在无人机遇到突发事件时实时重编航路。本文详细介绍如何与现场可编程门阵列(FPGA)实现遗传算法并行化操作。我们的现场可编程门阵列实现,不仅会带来卓越的自主航路规划程序,还能提供可增加到无人机平台上的硬件芯片的设计基础。

关键词:无人机;航路规划;遗传算法;现场可编程门阵列(FPGA);实时

1 引言

无人机服务于不同领域。在军事方面,已经就以下方面对提高各种不同任务的无人机的自主性进行了研究:

- 压制敌方的防空[1-3];
- 空地目标锁定情况[4];
- 监视和侦察[5];
- 避让危险区[6-15];
- 指挥、控制、通信和情报[16]。

在民用方面,无人机也可以用于以下目的:

- 天气预报/飓风探测;
- 警察文明监视;
- 农田播种;
- 边境监视。

所有这些情况都需要有一项共同的工作:航路规划。这项工作对保持任务的良好状态是非常关键的,并能确保任务和无人机的安全。面对世界瞬息万变的现实,无人机需要实时重新规划自己的航路。目前,有专门从事无人机导航的人工操作员负责这项功能。本文解释了一种解决方案,向无人机提供基于在现场可编程门阵列电路板上实现遗传算法的自主实时航路规划能力。这种解决方案不仅可以满足无人机的实时要求,而且还通过一些附加工作提供无人机军用和/或民用平台即插即用的硬件设计。

首先,本文介绍了不同的现有航路规划算法;它解释了选择遗传算法的原因。其次,详细说明了采用的具体遗传算法的方法。第三,本文介绍了在现场可编程门阵列电路板上实现遗传算法的详细情况。最后,探讨得出的结论。

2　航路规划技术

在移动机器人世界中使用的航路规划技术很多。每项技术都各有优点和缺点。有些技术在试验室内环境方面比较好,而另一些则更适用于室外环境。有些技术在适应固定的环境方面比较好,而另一些则更适用于动态环境。有些比较适用于游动机器人,而另一些则更适用于飞行机器人。本节将这些现有技术划分为三组进行了综述:

- 确定性的技术;
- 概率技术;
- 启发式技术。

本节旨在强调为什么来自启发式技术遗传算法的方法是动态环境飞行机器人无人机航路规划的出色候选法。

2.1　确定性算法

确定性算法组包括采用固定成本方程的各项技术。这些技术始终可以提供给定场景的相同结果。它们往往会力求获得可能不是最佳"解"的最短航路。

2.1.1　"A 星"系列

这个系列中最知名的一个是迪科斯彻(Disjkstra)算法,这种算法计算出经过单元格的成本和当前位置周围直到目标位置的每个单元格。第二个是"A星"算法,通过加入启发式常数提高密集的搜索,引导只对目标位置方向的单元格进行搜索。第三个是"D 星"算法,通过增加第二个启发式进一步完善搜索过程,在遇到不可预见的障碍的情况下,最大限度地减少重复计算。第四个是"AD 星"算法,利用膨胀因子快速获得满足实时要求的次优解。本文将不去更深地介绍这些技术的细节;文献[17]对这四种不同的技术进行了良好的比较。然而,从图1[18]中可以推断出,我们从 2D 游动环境到 3D 无人机世界时,搜索是如何在数学上变得更困难的。此外,无人机正在飞越各大区域,因此,这一算法具有大量的单元格进行评估。正如"A 星"系列的演变所示,需要采用启发式来摆脱这种计算的繁琐性。

2.1.2　势场

势场的概念包含排斥力代表的障碍物和吸引力代表的目标。机器人需要各种力的矢量和利用产生的矢量作为其速度方向指令。这一概念的缺点是,可

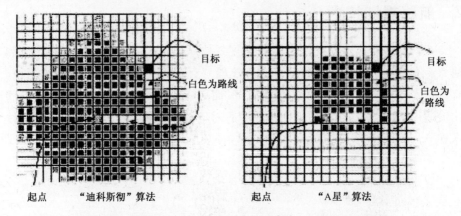

起点　　　"迪科斯彻"算法　　　　　　起点　　　　"A星"算法

图 1　迪科斯彻算法和 A 星算法的计算[18]。起点位于无障碍
环境中，并尝试找到到达目标的最短航路。黑色单元格代表该算法
必须为找到最佳航路所通过的单元格成本进行评估的单元格

以是最接近障碍物的,尤其是凹陷的障碍物的势场的局部最小值。此外,当我们移至 3D 无人机世界,矢量总和有附加分量需要处理时,计算的复杂程度会增加。文献［19］中详细地说明了一些技术(例如,"质量—弹簧—阻尼系统"),克服了最小值的问题,但也带来了新的问题(如"高分辨率远离障碍远,而低分辨率接近障碍")。

2.1.3　精细技术

决定性的方法往往是计算上需要的,因为在已知的情况下,需要进行许多计算才能得出准确的预测结果。文献［19,20］开发了精细技术并证明解决计算问题的好方法是将问题分解为两级航路清晰度:无人机特定半径范围内周围环境的高航路清晰度和这一半径外环境的粗航路清晰度。这些技术的目的是尽可能减少克服突发事件的计算时间,并能实时进行重新计算。

2.2　概率算法

概率组包括使用概率为无人机世界的不确定性建模的技术。马尔可夫决策过程(MDP)是这些技术中的一种。文献［20］对这种方法的缺点进行了评论。需要理解的是,即使马尔可夫决策过程解决了无人机世界的不确定性问题,马尔可夫决策过程仍然是一个复杂的建模过程,但并没有考虑重要的制约因素,如时间限制,这在处理无人机小组时是非常重要的。这项研究因开发这些模型的复杂性而没有考虑概率算法组。这种复杂性将最有可能会影响满足实时性的要求。

2.3　启发式算法

启发式算法组通过利用一些启发式的问题介绍,涵盖了决定性和概率算法组的混合概念。在航路规划中使用的两种这类技术是:

- 人工神经网络;
- 遗传算法(GA)。

2.3.1　人工神经网络

人工神经网络是基于可以根据需要调节或训练所需行为的人脑细胞的概念设计的。这种方法遇到的难点在于获得适当的训练数据,让神经网络学会正确的行为。有人可能会想训练神经网络成为航路规划的专家,但要训练这一系统克服所有可能的突发事件,将会遇到无法胜任、时间不足或缺乏数据的问题。

2.3.2　遗传算法

遗传算法是基于达尔文的进化论设计的,其中交叉和突变可以产生更好的种群。遗传算法利用随机性覆盖无人机航路规划优化问题潜在解的整个搜索区域,并利用确定性保持最佳解。遗传算法因此采用决定性和概率方法,同时利用简单的运算子来改进解:交叉和变异。遗传算法可以提供高质量的解[19,21,22]。此外,遗传算法可以在同一时间产生许多可能的解,并继续使用无任何先验信息的普通数据[23]。但是,由于遗传算法的迭代过程慢(参见图 2 中的白色环路),对这项技术的积极研究并没有继续进行实时航路规划程序的开发。

```
遗传算法:
    初始化种群;
    评估初始种群;
    不能满足收敛性判别准则时,进行竞争性选择WHITE:
        产生新解的交叉解;
        成熟的新解;
        评估新解;
        用新解更新旧的种群;
    白色环路终结
```

图 2　遗传算法的伪代码

我们的研究确认了遗传算法的优势;利用现场可编程门阵列实现,明显改进了处理时间,克服了遗传算法的计算劣势。这允许基于遗传算法的实时航路规划程序为无人机进行规划。

3 采用的遗传算法

把由科科(Cocaud)[24]开发、渥太华加拿大国防研究和发展机构(DRDC)资助的"遗传算法在航路规划中的应用",用作这项研究的初始起点。本节通过详细说明下列元素来解释这种应用:

- 初始种群的特征;
- 选择技术;
- 交叉运算子;
- 变异运算子;
- 种群更新技术;
- 评估技术;
- 收敛性判别准则。

所有细节都是根据科科(Cocaud)[24]的试验和建议设置的。

3.1 种群特点

种群是由一定数量被称为染色体的解组成的。每个染色体代表一个航路解。它是由一定数量代表过渡航路点的基因组成的。通过试验发现,航路解大约有30~40种不同航路的种群提供了良好的解。遗传算法应用的初始成分也确保了每个潜在的航路解不会超过20个过渡航路点,但至少有2个过渡航路点。每个过渡航路点的特点都是其3个空间坐标。所有航路解的开始航路点和结束航路点都是固定不变的,因此这些不被视为基因。种群的规模在整个遗传算法过程中都是固定不变的。

初始种群是由固定数量的航路解组成的,每个最初都有两个随机生成的过渡航路点。因此,每个初始航路解最初都有正好4个航路点,包括起始和结束航点在内。

3.2 选择

科科(Cocaud)最初的遗传算法实现[24]采用了标准的轮盘赌轮法选择用于交叉阶段的父代航路解。这种选择方法计算每个航路解的选择概率。概率与航路解的适应度成正比:航路越好,概率就越高;航路越差,概率就越低。概率的大小一旦设定,一个随机数发生器系统就提供了根据这些概率选择一种航路解的一个数字。

3.3 交叉

交叉操作会影响选定的两个航路解,并对两个航路解之间的随机子航路进行置换。具体的地区通常是由一个或两个切割点选择的,而该区域内唯一的子航路则被置换。最初的遗传算法实现始终选择航路的中间用于切割点,同时在航路点中间之前或之后随机切割用于奇数航路点的航路。因此,每个父代航路都交换中间航路点之后的过渡航路点。交叉是在70%的种群上创造"子代"实现的。

3.4 突变

最初的遗传算法实现采用了五种不同的突变方法加速收敛:扰动突变、插入突变、删除突变、平转突变和交换突变。突变是对5%的子代种群进行的。这些子代是按照正常分布概率随机选择的。

3.4.1 扰动突变

扰动突变随机选择被选定的子代航路的一个航路点,并随机修改其3个坐标的值,同时保持它们在大小等于全图尺寸15%的区域内(图3)。被接受之前,始终都要检查新的航路点,确保其不会被阻挡。

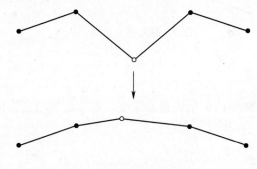

图3 扰动突变示例[12]

3.4.2 插入突变

插入突变与扰动突变进行的操作相同,但它保持初始航路点并在其后给航路增加一个新的航路点,同时遵守每个航路的最大航路点数量(图4)。

493

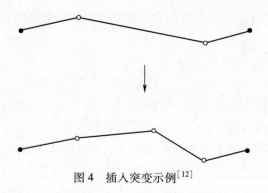

图 4　插入突变示例[12]

3.4.3　删除突变

删除突变随机选择一个航路点,并将其从当前的航路中删除,同时遵守每个航路的最小航路点数量(图 5)。

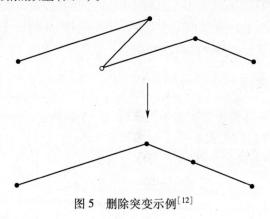

图 5　删除突变示例[12]

3.4.4　平转突变

平转突变评估航路内每个转角的锐度。如果发现超过特定阈值的角度时,将增加一个航路点,并使新角大于原角。

3.4.5　交换突变

这种变异运算子仅在考虑多目标任务时用[24]。因为航路规划通常在同一时间内仅涉及一个目标,以下我们将不考虑这种突变。

3.5　种群升级

这一步骤包括在利用子代种群和旧种群建立有正确数量航路解的新种群

494

中。初始遗传算法的实现所采用的新种群包括:整个子代种群;来自旧种群的最佳航路的 5%;以及通过从旧种群剩余的 95% 中随机选择足够的航路完成种群计算。最后的选择采用了轮盘赌轮技术。每次选择一个剩余解,重新进行轮盘赌轮计算而不包括所选择的解。

3.6 评估

一旦建立起新的种群,每个航路解都需要对其适应度(优度)重新进行评估。这一评估阶段在我们的研究中没有对[24]原来的实现进行改变,因为后一种方法需要一些改进,但不包括在本文中。

3.7 收敛性判别准则

收敛性判别准则传达遗传算法停止其迭代过程的时间。可以采用多个准则。常用准则包括如下三项:

- 固定的代数(迭代次数);
- 经评估计算的固定适应度(优度);
- 固定的时间量。

最初的遗传算法实现在 50~70 代后停止迭代过程,使遗传算法有足够的时间利用已收敛的遗传算法进行收敛而不浪费时间。

4 现场可编程门阵列(FPGA)设计

现场可编程门阵列(FPGA)包含一个可编程芯片,其中逻辑门可以由用户根据需要进行重排。这项技术提供开发特定操作的专用处理器的灵活性,而个人计算机内部不使用通用处理器。处理器使用的芯片面积则可以通过纳入并行处理进行优化。这就是为什么一些研究[25-36]已尝试在现场可编程门阵列上实现不同的遗传算法的原因所在。然而,它们中的任何一种都没有用于无人机的航路规划,其中还需要考虑到基因的第三维,即高度或 Z 轴。它们中的任何一个都没有考虑像本项研究中介绍的那样实现精细的变异运算子。任何一个也没有采用严格的并行化,同时保持标准的遗传算法结构。我们对这三个不同点进行的研究带来了一些新的观点。

本节将介绍在现场可编程门阵列电路板上实现第 3 节所述遗传算法硬件设计的详细情况。图 6 所示为设计的一个框图。除了评定阶段外,整个算法均在现场可编程门阵列上运行。评估与模拟环境相同,也在计算机上运行。本节将详细介绍这一设计,其中包括以下几点:

- 对初始遗传算法实现的某些结构修改；
- 控制单元；
- 接收单元；
- 选择单元和种群更新；
- 交叉单元；
- 突变单元；
- 发送单元。

4.1 对初始遗传算法实现的结构修改

要将图 6 所示现场可编程门阵列的硬件设计集成到基于计算机的初始遗传算法可执行文件中，需要进行一些修改。

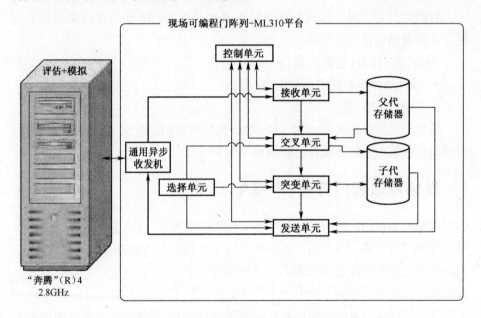

图 6 现场可编程门阵列上的主要硬件模块

粗箭头提供的是工艺流程的概念。

4.1.1 固定种群特点

第一个修改是将种群的规模固定到 32 个航路解的预定值，从而控制从现场可编程门阵列电路板上使用的硬件尺寸。

固定种群的规模也可以将每次迭代产生的子代数量固定在 22 个（旧种群的 69%）。在同一行的新种群中，从旧种群保持的最佳航路解数量固定在 2 个

496

（旧种群的6%）。有了这些固定的数量，就可以在必须动态计算这些值时节省时间。

4.1.2 分类算法

第二个修改包括在评估阶段后的插入分类算法中。有了基于其适应度分数分类的这一航路解，就可以缩短在种群中找出最佳解所需的时间。这一修改也可以进行一次固定并用于与解等级成正比的所有轮盘赌轮概率；而不是在迭代过程中每次修改适应度值时都重新计算概率。

研究了一系列的分类算法后[37]，认为快速分类算法对于要处理的种群规模是最快捷的。因此，实现快速分类算法，减少加入到评估阶段的计算量。

4.2 控制单元

控制单元一次"接通"一个特定单元。一旦特定单元完成了它的功能，就会向控制单元发回一个"完毕"信号，使控制单元"断开"特定单元并在遗传算法过程中"接通"下一个单元。

控制单元必须遵循以下过程：

（1）在"收听"状态等待查看在包含要接收的染色体数量的通用异步收发机（UART）上是否发现一个字节指令；

（2）接收到这一指令后，"接通"接收单元接收计算机的父代种群；

（3）"接通"交叉单元，交叉父代种群，从而建立子代种群；

（4）"接通"突变单元，使子代种群中的5个子代变异；

（5）控制单元"接通"发送单元，发送更新的新种群。

发送一旦结束，计算机就可计算种群中的个体值；根据新的适应度分数对种群进行分类；并将新种群发回现场可编程门阵列。

4.3 接收单元

接收单位，一旦由控制单元"接通"，便会直接与通用异步收发机通信，接收父代种群的每个航路解。接收单元将接收到的种群存入父代存储器。

4.4 选择单元和种群更新

选择单元是始终从控制单元独立"接通"的唯一单元。选择单元连续提供改变每个时钟周期的24种不同的随机地址数（交叉11个、突变5个和种群更新8个）。

种群更新包括从最差旧有父代中选择两个最佳父代(预定地址)和子代种群(预定地址)以及 8 个随机航路解(动态地址),以新建父代种群。因此,选择单元的随机地址数量提供了种群更新所需的 8 个动态地址,在一个时钟周期内选择 32 个新父代种群的航路解。

4.5 交叉单元

交叉单元由 11 个相同模块组成,通过两个父代航路之间的父代航路中间点(中间点是奇数点舍入得出的)置换航路点。交叉模块利用与文献[24]相同的交叉技术,但不是按顺序执行交叉,这是完全并行的。在一个时钟周期内,交叉单元利用选择单元的 11 个输出两次,并且将其进行不同的组合。这样便导致具有 22 个父代,用于一个时钟周期内的交叉。

4.6 突变单元

突变单元由一个扰动突变模块、两个数据输入器突变模块和两个删除突变模块组成;所有这些模块都是并行运行的。而平滑突变不包括在内,因为插入突变可以产生类似的效果。不同的突变模块采用来自文献[24]的相应技术。

4.7 发送单元

发送单元(图 6 中的"发送单元")直接与通用异步收发机通信,发送所有32 个新更新种群的染色体。

5 结果讨论

5.1 试验环境

为了对初始遗传算法实现(在第 3 节中介绍)与这项研究的最终现场可编程门阵列实现设计(在第 4 节中介绍)之间的计算时间进行比较,这项研究采用了峡谷模拟环境(图 7)。模拟环境提供了具有恒定单向风的粗糙大气模型。起点固定在地图上的一个末端,而终点则固定在地图的另一末端。场景环境是在测试试验中固定的。

多次试验都是先用 C 代码可执行文件[24]作为独立的系统运行的。平均时间是从这些试验中提取的,用来提供表 1 中所列的结果。试验是在 CPU 为2.8GHz 奔腾(R)4 上运行的。

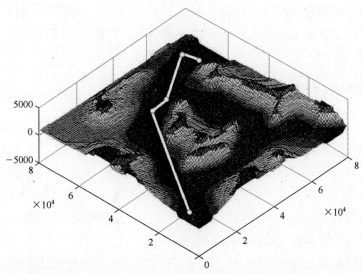

图 7 试验环境地图(80km×80km×3.5km),分辨率为 500 × 500。Z 轴的分辨率
是由定义 X 和 Y 平面上每个单元格高度所用的 16 位整数确定的

表 1 时序结果

遗传算法阶段	基于计算机的初始遗传算法	用 FPGA 修改的遗传算法	速度提高
选择和交叉	94ms	8.85μs	10000×
突变	2ms	18μs[a]	111×
种群更新	30ms	600ns[b]	50000×
评估	60s/50s	N/A[c]	1.2×[d]

时间值是经过多次试验获得的平均值。使用的 PC 是一台 CPU 为 2.8GHz 奔腾(R)4 计算机。使用的现场可编程门阵列是一个时钟频率为 100MHz 的 Virtex-Ⅱ Pro(2vp30ff 896)。

a:突变只在 Active-HDL,版本 7.1(ALDEC,公司的开发软件)提供的模拟环境中进行了试验。这一限制是因为,目前的现场可编程门阵列平台(ML310)没有足够的资源完成整个设计;需要使用现场可编程门阵列 ML410(ML310 资源的 2 倍)。然而,在试验硬件上的选择/交叉系统之前,还应用 Active-HDL 进行试验。模拟结果正确地预测出利用连接到 C 代码可执行文件(在计算机上运行)的现场可编程门阵列电路板获得的结果。因此,我们可以推断,这对突变模拟的预测是正确的。

b:我们可以在时钟周期内访问所有更新过的种群(在 10ns 内)。因此经 60 代后,我们用了 600ns 更新种群。有的可能想用这一数字乘以航路点与染色体(5)的平均值,因为我们可以通过时钟周期仅读出一个航路点(只有在我们打算复制新存储器空间内的这些信息时才是正确的)。即使有这样的乘法,我们仍然有"10000 ×"的速度提升。

c:在我们的研究中没有在现场可编程门阵列上实现评估阶段,因为需要对原来的实现方法[24]进行一些改进,但不包括在本出版物中。

d:对原来计算时间提高 12 倍的种群进行分类。这是因为,分类的种群要找到计算每个种群成员最终适应度分数所用的适应度统计,需要搜索时间比较短。

第二组试验集纳入了 C 代码可执行文件内的快速分类算法(在同一计算机上运行);有选择和交叉单元的系统在现场可编程门阵列(ML310 Xilink 平台)上运行。

5.2　时序改进说明

对于交叉和种群这两个更新阶段,改进达到了 10000 倍。这主要是因为,最初的遗传算法实现必须在每次选择时产生一个新的随机数之后,按顺序一次选择一个解,同时在现场可编程门阵列中并行完成这一过程。选择赌轮的重编也是初始遗传算法实现中的一项繁琐任务。在现场可编程门阵列中,这些任务在一个时钟周期(10ns)内进行。对于交叉单元,复制相同交叉模块(11 倍)所用的全面并行性导致了这样一种良好的提高。

突变时间的改进达到了 100 倍。这是因为原始的遗传算法实现所进行的突变比硬件设计的突变要少。突变数量之差是因为,初始遗传算法采用的是要施加到子代染色体的突变概率,而硬件设计采用的是要突变的子种群的固定百分比。但是,能够同时进行 5 个突变仍然使初始遗传算法实行中的计算时间提高了 100 倍。

5.3　未来的工作

第一步应该是优化种群成员的评估阶段。其次,利用相同尺寸的现场可编程门阵列,作为 Virtex-4 LX200,比此处所用的 ML310 平台的资源多 10 倍。如果硬件设计可以同时评估 22 个子解的适应度,我们在理论上至少可以使评估过程的时间提高 1000 倍。整个遗传算法的航路规划算法将完全运行在现场可编程门阵列上,并具备连接到另一个无人机硬件平台所需的独立性。通过这种改善,我们将获得提供近似于最佳解的重新规划能力,我们估计,大约将运行 100ms。因此,以 150km/h 飞行的 Sperwer(长 4.2m),在获得要跟随的新引导航路之前,将只包括 4.17m 的距离。这一距离在大多数航路规划算法考虑的飞机尺寸的安全区内。然后,我们将有一项实时航路的规划程序。

第三步是利用实用跟踪算法在更复杂的模拟环境中对我们的系统进行试验,增强对航路规划程序安全性的信任。然后,利用实际无人机进行现场试验将是现实的。

同时也有空间来优化目前的硬件设计,节省一些空间和功率损耗,因为我们现在的设计完全是面向速度采集的。

6 结论

这项研究成功地提高了遗传算法的航路规划算法的处理时间。现场可编程门阵列的实现提高了软件可执行文件大约 10000 倍的执行速度。这一改进使无人机可以处理突发事件的实时航路重新规划系统纳入未来的无人机系统。

致谢

F·C·J·阿莱尔感谢渥太华大学的工学硕士 C·科科（Cocaud）提供的 C 代码。它提供了这项研究项目的基础。F·C·J·阿莱尔感谢 G·拉布隆特博士和 M·塔尔布希博士在整个研究中给予的指导。F·C·J·阿莱尔还要感谢加拿大皇家军事学院的工学硕士 J·顿菲尔德在整个研究中提供的很大支持。F·C·J·阿莱尔感谢加拿大皇家军事学院的工学硕士福利科在本文修订中提供的支持。最后，F·C·J·阿莱尔要感谢 D·阿哈利利和 J·L·德罗姆在现场可编程门阵列技术方面提供的技术支持。

参考文献

1. Orgen, P., Winstrand, M.: Combining path planning and target assignment to minimize risk in a SEAD mission. In: AIAA Guidance, Navigation, and Control Conf., pp. 566-572. San Francisco, USA (2005)

2. Ye, Y.-Y., Min, C.-P., Shen, L.-C., Chang, W.-S.: VORONOI diagram based spatial mission planning for UAVs. Journal of System Simulation, China **17**(6), 1353-1355, 1359 (2005)

3. Yu, Z., Zhou, R., Chen, Z.: A mission planning algorithm for autonomous control system of unmanned air vehicle. In: 5th International Symposium on Instrumentation and Control Technology, pp. 572-576. Beijing, China (2003)

4. Vaidyanathan, R., Hocaoglu, C., Prince, T.S., Quinn, R.D.: Evolutionary path planning for autonomous air vehicles using multiresolution path representation. In: IEEE International Conf. of Intelligent Robots and Systems, vol. 1, pp. 69-76. Maui, USA (2001)

5. Rubio, J.C., Vagners, J., Rysdyk, R.: Adaptive path planning for autonomous UAV oceanic search missions. AIAA 1st Intelligent Systems Technical Conf., vol. 1, pp. 131-140. Chicago, USA (2004)

6. Shim, D.H., Chung, H., Kim, H.J., Sastry, S.: Autonomous exploration in unknown environments for unmanned aerial vehicles. In: AIAA Guidance, Navigation, and Control Conf., vol. 8, pp. 6381-6388. San Francisco, USA (2005)

7. Chaudhry, A., Misovec, K., D'Andrea, R.: Low observability path planning for an unmanned air vehicle using mixed integer linear programming. In: 43rd IEEE Conf. on Decision and Control. Paradise Island, USA (2004)

8. Theunissen, E., Bolderheij, F., Koeners, G.J.M.: Integration of threat information into the route(re-) plan-

ning task. In: 24th Digital Avionics Systems Conf., vol. 2, pp. 14. Washington, DC, USA(2005)

9. Rathinam, S., Sengupta, R.: Safe UAV navigation with sensor processing delays in an unknown environment. In: 43rd IEEE Conf. on Decision and Control, vol. 1, pp. 1081–1086. Nassau, USA(2004)

10. AIAA: Collection of technical papers. In: AIAA 3rd "Unmanned–Unlimited" Technical Conf., Workshop, and Exhibit, vol. 1, p. 586. Chicago, USA (2004)

11. Boskovic, J.D., Prasanth, R., Mehra, R.K.: A multi–layer autonomous intelligent control architecture for unmanned aerial vehicles. J. Aerosp. Comput. Inf. Commun., pp. 605–628. Woburn, USA (2004)

12. Zheng, C., Ding, M., Zhou, C.: Real–time route planning for unmanned air vehicle with an evolutionary algorithm. Int. J. Pattern Recogn. Artif. Intell. Wuhan, China 17(1), 63–81 (2003)

13. Boskovic, J.D., Prasanth, R., Mehra, R.K.: A multi–layer control architecture for unmanned aerial vehicles. In: American Control Conference, vol. 3, pp. 1825–1830. Anchorage, USA (2002)

14. Rathbun, D., Kragelund, S., Pongpunwattana, A., Capozzi, B.: An evolution based path planning algorithm for autonomous motion of a UAV through uncertain environments. In: AIAA/IEEE Digital Avionics Systems Conf., vol. 2, pp. 8D21–8D212. Irvine, USA (2002)

15. Shiller, I., Draper, J.S.: Mission adaptable autonomous vehicles. Neural Netw. Ocean Eng., pp.143–150. Washignton DC, USA (1991)

16. Fletcher, B.: Autonomous vehicles and the net–centric battlespace. In: International Unmanned Undersea Vehicle Symposium, San Diego, USA (2000)

17. Ferguson, D., Likhachev, M., Stentz, A.: A guide to heuristic–based path planning. In: International Conf. on Automated Planning & Scheduling (ICAPS), vol. 6, pp. 9–18. Monterey, USA, Work Shop (2005)

18. McKeever, S.D.: Path Planning for an Autonomous Vehicle. Massachusetts Institute of Technology, Massachusetts, USA (2000)

19. Judd, K.B.: Trajectory Planning Strategies for Unmanned Air Vehicles. Dept. of Mech. Eng., Brigham Young Univ., Provo, USA (2001)

20. Chanthery, E.: Planification de Mission pour un Véhicule Aérien Autonome, pp. 15. École Nationale Supérieur de l'Aéronautique et de l'Espace, Toulouse, France (2002)

21. Sugihara, K., Smith, J.: Genetic algorithms for adaptive planning of path and trajectory of a mobile robot in 2d terrains. IEICE Trans. Inf. Syst. E82–D(1), 309–317 (1999)

22. Pellazar, M.B.: Vehicle route planning with constraints using genetic algorithms. In: IEEE National Aerospace and Electronics Conf., pp. 111–119 (1998)

23. Mostafa, H.E., Khadragi, A.I., Hanafi, Y.Y.: Hardware implementation of genetic algorithm on FPGA. In: Proc. of the 21st National Radio Science Conf., pp. 367–375. Cairo, Egypt (2004)

24. Cocaud, C.: Autonomous Tasks Allocation and Path Generation of UAV's. Dept. of Mech. Eng., Univ. of Ottawa, Ontario, Canada (2006)

25. Tachibana, T., Murata, Y., Shibata, N., Yasumoto, K., Ito, M.: A hardware implementation method of multi–objective genetic algorithms. In: IEEE Congress on Evolutionary Computation, pp. 3153–3160. Vancouver, Canada (2006)

26. Tachibana, T., Murata, Y., Shibata, N., Yasumoto, K., Ito, M.: General architecture for hardware imple-

mentation of genetic algorithm. In: 14th Annual IEEE Symposium on Field Programmable Custom Computing Machine, pp. 2-3. Napa, USA (2006)

27. Tang, W., Yip, L.: Hardware implementation of genetic algorithms using FPGA. In: 47th Midwest Symposium on Circuits and Systems, vol. 1, pp. 549-552. Hiroshima, Japan (2004)

28. Hamid, M.S., Marshall, S.: FPGA realisation of the genetic algorithm for the design of greyscale soft morphological filters. In: International Conf. on Visual Information Eng., pp. 141-144.Guildford, UK (2003)

29. Karnik, G., Reformat, M., Pedrycz, W.: Autonomous genetic machine. In: Canadian Conf. on Elect. and Comp. Eng., vol. 2, pp. 828-833. Winnipeg, Canada (2002)

30. Skliarova, I., Ferrari, A.B.: FPGA-based implementation of genetic algorithm for the traveling salesman problem and its industrial application. In: 15th International Conf. on Industrial and Eng. Application of Artificial Intelligence and Expert Syst. IEA/AIE, pp. 77-87. Cairn, Australia(2002)

31. Lei, T., Ming-cheng, Z., Jing-xia, W.: The hardware implementation of a genetic algorithm model with FPGA. In: Proc. 2002 IEEE International Conf. on Field Programmable, pp. 374-377. Hong Kong, China (2002)

32. Hailim, J., Dongming, J.: Self-adaptation of fuzzy controller optimized by hardware-based GA.In: Proc. of 6th International Conf. on Solid-State and IC Technology, vol. 2, pp. 1147-1150.Shanghai, China (2001)

33. Aporntewan, C., Chongstitvatana, P.: A hardware implementation of the compact genetic algorithm.In: Proc. of the IEEE Conf. on Evolutionary Computation, vol. 1, pp. 624-625. Soul(2001)

34. Shackleford, B., Snider, G., Carter, R.J., Okushi, E., Yasuda, M., Seo, K., Yasuura, H.: A highperformance,pipelined, FPGA-based genetic algorithm machine. Genetic Programming and Evolvable Machine 2, 33-60 (2001)

35. Scott, S.S., Samal, A., Seth, S.: HGA: a hardware-based genetic algorithm. In: ACM 3rd International Symp. on FPGA, pp. 53-59. Monterey, USA (1995)

36. Emam, H., Ashour, M.A., Fekry, H., Wahdan, A.M.: Introducing an FPGA based genetic algorithms in the applications of blind signals separation. In: Proc. 3rd IEEE International Workshop on Syst.-on-Chip for Real-Time Appl., pp. 123-127. Calgary, Canada (2003)

37. Thiébaut, D.: Sorting algorithms. Dept. of Comp. Science, Smith College, Northampton,MA, USA (1997) Available:http://maven.smith.edu/~thiebaut/java/sort/demo.html (1997).Accessed 23 April 2008

第 26 篇

独特模拟环境下小型旋翼机比例积分微分（PID）控制器的概念与验证

Ainsmar Brown,Richard Garcia

（恩斯玛尔·布朗,理查德·加西亚）

摘　要:当前,美国陆军研究试验室(ARL)车辆技术局计划扩展其无人机部门的规模,即将旋转翼和微系统控制项目纳入其中。目的是研究执行侦察任务及目标攻击和强攻的无人机系统。本项目证明在自主控制系统的研究和模拟中扩大陆军研究试验室计划正在进行的工作。比例积分微分控制算法是对 Simulink(Simulink 是 MathWorks 公司的注册商标)建模并与飞行模拟器通信,对物理无线电控制直升机建模。航路点导航和飞行包线试验则是系统地评估可行的自动驾驶仪设计的最终目标。对如何可能使这一环境未来更具活力做出结论。

关键词:Simulink;MATLAB;无人机;UAS;模拟;X-飞机;比例积分微分(PID)

International Symposium on Unmanned Aerial Vehicles, Orlando, FL, June 23-24, 2008

A. Brown (✉)

National Institute of Aerospace,

Army Research Lab—Vehicle Technology Directorate,

Aberdeen Proving Grounds, MD 21005-5066, USA

E-mail: ainsmar.brown@ nianet.org

R. Garcia

Motile Robotics Inc., Army Research Lab—Vehicle Technology Directorate,

Aberdeen Proving Grounds, MD 21005-5066, USA

K. P. Valavanis et al. (eds.),*Unmanned Aircraft Systems*.DOI: 10.1007/978-1-4020-9137-7_27

专用术语

θ 俯仰姿态	I 单位矩阵
ψ 偏航姿态	k 当前离散时间步长
φ 横滚姿态	K_p 比例增益
ρ 流体密度	K_d 微分增益
λ 流入系数	K_i 积分增益
α 气动迎角	T 推力
A 指定区域	V_E 元件的速度
AR 升力面宽高比	X 机体 x 坐标
C 翼型弦长	x 飞行器状态
C_L 升力系数	Y 机体 y 坐标
C_D 拉力系数	Z 机体 z 坐标

1 引言

由于最近传感器和电厂技术的进步,针对大尺寸类别飞机的需求已明显减少。随着现代自动驾驶仪的发展,如 Micropilot、Athena 和 Procerus 公司或在许多情况下,有广泛的计算机工程系的大学设计的自动驾驶仪,如图 1 所示的飞行器类似的较小飞行器的发展变得更加可行且令人期待。

图 1 较小型无线电控制(R/C)飞行器。由上向下,由左向右:T-Rex、WowWee Flytech Dragonfly、Minicopter Maxi Joker 2 和 E-Flite Blade CX 2。图片源自文献[7-10]

虽然图 1 所示的飞机比过去的许多飞机更小、更轻、更安静且更便宜,但它们都是专门为普通消费者设计的产品,因此,不符合耐受性、安全性等的一般要求。目前的趋势是研究小组利用这些遥控飞行器作为其自己的自动驾驶仪软件和硬件设计的试验平台。这样,就可以在不需要高成本和军队目前所用飞机的典型安全性限制的情况下进行广泛的研究。只需进行一些小的调整,这些标准的遥控飞机就可以成为无人机系统研究和开发的重要组成部件。目前影响这种开发的一个问题是利用模拟和在整个开发过程中所发挥的作用。目前的模拟软件,如 MathWorks 的 Simulink 和 Laminar Research(层流研究)的 X-飞机,可以提供高精确度和有影响力的试验数据。虽然这些数据可以简化并加快开发过程,但作为开发工具,它们的作用已经变得微乎其微。

2 航空学的背景概念

2.1 X-飞机模型

6°自由度直升机的运动方程建模有多种方式。需要特别注意三维(3D)空间内的角定向。这是因为俯仰姿态等于 90°时飞行器定向的不确定性(模糊性)。传统惯例是使用欧拉角,不常用的方法是利用四元数数学消除 90°俯仰姿态的不确定性。四元数法的应用在格林(Green)[2] 的论文和几种导航教科书中有专门的说明。为了这种设计目的,这种直升机将不会在攻击性的飞行条件下使用。飞行器的主要飞行模式包括悬停和稳定向前平飞。更具体地说就是直升机在任何地方都永远不需要实现接近 90°的俯仰姿态,否则将引起一个奇点并使欧拉角方程失效。

如前所述,模拟依赖于 Laminar Research 的 X-飞机建模和视觉效果。X-飞机利用多步骤过程为低速、高速和(在较小程度上)跨音速飞行状态建模。此后是文献[3] 中证明的信息概要以及尼尔森(Nelson)[4] 和普劳蒂(Prouty)[5] 中说明的理论模型背后的方程。作为参考,普劳蒂在本节中提供了直升机空气动力学和飞行建模的背景,而尼尔森则说明了第 2.2 节中使用的自动飞行器控制的一般概念。

第一步是将飞机操纵面细分成较小的段,以便采用"叶元"理论。这样通过找到每个"叶元"上的力在整个飞行器上建立增量力,这可视为因该段的空气动力特性施加不同力的理论面积。虽然这一元体可以包括一片水平安定面或一片主机身,但它们往往根据是否尝试确定飞行器的升力或拉力而被限定于某些体。由气动表面产生的一般力的封闭形式表达式在公式(1)中以推力表达式的

形式给出:

$$dT = \frac{1}{2}\rho V_E^2 c[a(\beta - \phi - \alpha_i)drcos(\phi + \alpha_i) - C_d dr(sin\phi + \alpha_i)] \cdot 元件数$$

(1)

利用飞行器产生的力的表达式,可以按"牛顿第一定律"计算出线性和角加速度。

下一步是确定每个飞行器部件的速度。这些方程中所包含的是诱导迎角、螺桨洗流和下洗流,所有这些都与旋翼飞机的空气动力相关。诱导迎角来自围绕气动面边缘的空气在尖端产生的涡流。因此,机翼或尾段经受的升力量很小。因为与固定翼飞机相比,直升机的升力面(如有)要小得多,这一术语也可视为非常小,甚至在许多情况下可以忽略不计。诱导迎角公式及其在有效迎角内的作用在公式(2)和公式(3)中给出。有效迎角是在考虑到可归于不同空气动力学概念的升力动态损耗或增益后,控制面所"感觉到"的净合成迎角。如为旋转翼,流入是主要的来源。

$$\alpha_{effective} = \alpha_{geometric} - \alpha_i$$

(2)

$$\alpha_i = \frac{C_L}{\pi AR}$$

(3)

对直升机尤其重要的螺桨洗流方程,来自这种流入的想法和动量理论中使用的圆盘法。在这种情况下,螺桨或旋翼被视为一个连续的圆盘并切成同心环片。以下公式在要求的功率方面得到了解决:

$$P = \sqrt{\frac{T^3}{2\rho A}}$$

(4)

所有气动系数均取自二维(2D)翼型升力曲线的斜率绘图。普朗特—格劳厄脱(Prandtl-Glauert)用于可压缩流,钻石翼型法用于超声速流,但不适用于旋翼飞行。普朗特—格劳厄脱方程,在较高的速度下流体密度变化的简单修正系数在公式(5)中给出,其中"a"表示升力曲线的斜率。

$$a_{comp} = \frac{a_{incompressible}}{\sqrt{1 - M^2}}$$

$$a = dC_L/d\alpha$$

$$a = dC_L/d\alpha$$

(5)

截止版本 8.60,X-飞机已在航空航天工程和导航中使用了符合公认准则的不同寻常的参考系统。在 X-飞机中,V_x 和 V_z 是相对于地球表面的速度,而给出的爬升率则为 V_y。在本文的上下文中,始终遵守传统的航空航天公约,其中

V_x 和 V_y 是平面速度，V_z 是爬升和下降速度。

2.2 比例积分微分(PID)控制计划

执行可接受的系统可控制性解决方案的方法很多。唯一的实际要求是要有一个系统，向横向周期、纵向周期、尾桨集体、主旋翼集体四个主要直升机控制输出中的每一个发送指令。根据不同的飞行模式，这些控制的不同组合可以改变飞机的性能。

这里使用的 PID(比例积分微分)控制包括悬停控制的一个双环路系统和向前飞行的一个三环路系统。悬停控制器利用角度定向作为最内侧的环路并增加了机体框架速度反馈回路来控制飞行器。向前飞行控制器增加了一个全球位置控制器作为最外侧的环路，与 Shim[6] 中所述的方法类似。为了尝试设计一个有可接受响应的集体控制器，必要时使用一个有 K_p、K_d 和 K_i 增益的完整的比例积分微分控制器。在其他情况下，可能使用 PI 或 PD 控制器。主旋翼集体接收飞行器测量高度 h 和飞行器测量爬升速度 V_z 的反馈。

$$集体 = K_p h + K_d dh + \int K_i h dh + K_p V_z + K_d dV_z + \int K_i V_z dV_z \tag{6}$$

原则上，式(6)中的第 2 项和第 5 项重叠，第 1 项和第 6 项重叠，但是，因为最终这些值都将来自不同的传感器，所以分别跟踪并做出响应是有用的。

主旋翼横向和纵向周期性变距的控制如下。

$$\begin{cases} 横向周期 = K_{p\theta}\theta + K_{d\theta}d\theta + \int K_{i\theta}\theta d\theta + K_{pV_x}V_x + K_{dV_x}dV_x + \int K_{iV_x}V_x dV_x \\ 纵向周期 = K_{p\phi}\phi + K_{d\phi}d\phi + \int K_{i\phi}\phi d\phi + K_{pV_y}V_y + K_{dV_y}dV_y + \int K_{iV_y}V_y dV_y \end{cases}$$

$$\tag{7}$$

要计算的最终控制输出是尾桨集体。方程(8)为尾桨比例积分微分控制器的表达式。在向前飞行中，偏航姿态控制在主旋翼横向控制中增加了一个反馈回路。这使系统有了更快的总体响应，并限制了尾桨保持航向所需要的工作量。向主旋翼横向周期性控制提供偏航姿态还允许进行更复杂的机动操作，例如协调转弯。方程(9)给出了主旋翼的增强横向周期性控制。

$$尾桨_{向前飞行} = K_p \psi + K_d d\psi + \int K_i \psi d\psi \tag{8}$$

$$横向周期_{增强} = K_p \phi + K_d d\phi + \int K_i \phi d\phi + K_{p\psi}\psi + K_{d\psi}d\psi + \int K_{i\psi}\psi d\psi \tag{9}$$

通过试验和模拟中的误差，显然可以消除一些反馈控制，提高比例积分微分控制器的性能。尤其是，在悬停的情况下，将横滚角度积分项设置为零，提高了直升机的稳定性。可能的原因是,直升机受到过多控制的太多约束,并需要有解除约束,重新获得稳定性的控制算法。包括消除位置反馈的另一个实例是悬停。只要飞行器状态足够快地更新到控制器,飞行器就能够保持有漂移偏差的足够悬停状态。考虑到大多数的 GPS 是如何倾向于在其输出中保留不可忽略的随机误差的,即使在跟踪单一位置时,认为在短期条件下没有 GPS 保持悬停可以是有用的,但在大多数情况下,当然是不切实际的。

所有比例积分微分控制器包括最大控制输出的低和高切断。我们将最大控制输出归 1 时,切断范围为 0.1~0.65。使用切断的好处是保持所做的响应等级一般都有较大的增益,同时避免控制中进行长时间的过补偿。如果没有切断,控制将以大增益迅速做出响应,但可能会在适当的时间框架内遇到保持稳定性的问题。对于采用附加反馈可以增长到过度程度的积分反馈,如果没有设置边界,那么切断则显得尤为重要。

3 模拟

本文中所用模拟环境的基本布局是由第二作者[1]在南佛罗里达大学以前的文章中设计的。利用来自商业版 X-飞机模拟器的飞行数据以及向 MathWorks Simulink™ 的处理和控制建模环境输入的数据,实现了一个全功能的模拟环境。这样用户可以设计所需的任何类型的控制算法,并且很容易将这种算法集成到 Simulink 模型中。这样用户也可以利用从航路点导航到极端 3D 竞争机动操作的任何项目进行试验(图 2)。

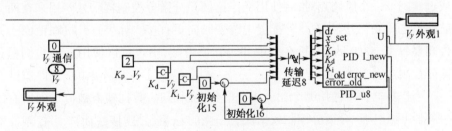

图 2　Simulink 比例积分微分控制器数据块模块

原本围绕模糊逻辑控制器设计的模拟器转而采用比例积分微分控制法则。图 3 所示为涉及安装组件的广义视图。环路从 X-飞机数据处理中心开始。X-飞机通过用户数据报协议(UDP)通信向 Simulink 模型提供数据。然后,通过处理数据块从这里发送当前飞行器的纬度、经度、角速度、速度和角定向。这些数据块中的第一个负责滤除传感器的噪声和/或漂移。此后,将飞行器的状态发送到第二个数据块,这一数据块负责将数据从以地球为中心的固定坐标系转换成直升机的机体固定坐标系。

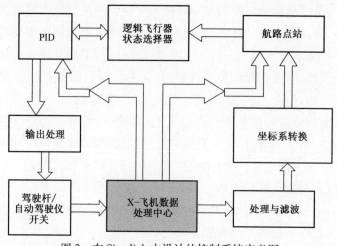

图 3　在 Simulink 中设计的控制系统广义图

　　其次,是航路点处理站确定飞机的位置误差并利用这一误差决定飞行器是否应向其下一个航路点移动、着陆或继续其当前的航线飞行。

　　之后,航路点处理站决定了直升机应有的状态之后,将信息传递到逻辑控制器选择器。这一数据块组负责决定应激活哪个版本的比例积分微分控制器来正确执行指定的飞行模式。因此,在给定时间激活的比例积分微分控制器,将根据飞行器是否将悬停、直接飞行到一个航路点、按用户指定的方向飞到下一个航路点、着陆或结束其任务等进行改变。一般来说,当前指令是保持悬停或过渡到下一个航路点时,将使用悬停比例积分微分控制器。悬停用来在两个航路点之间变化,因为在悬停配置中改变航向更直接。如果直升机在地面上并告知要起飞,或如果直升机在空中并告知要着陆,则也可以使用悬停比例积分微分控制器。

　　当选择器确定使用哪个比例积分微分控制器时,数据输入被传送到所有的控制器,而比例积分微分控制数据块另一侧的一个开关则只选择一组控制器输出传送到驾驶杆/自动驾驶仪开关。在这个数据块中,用户可以选择由自动驾驶仪执行任务或直接通过无线电控制器式的计算机驾驶杆进行控制。这种增加的可控性在飞行试验过程中起主要作用。例如,如果用户发现自动驾驶仪工作不正常,并确定问题可能在尾翼控制器,那么她/他就可以隔离一个特定的控制器并以手动方式进行控制。如果飞行器对自动驾驶仪的反应是,即使在手动控制具体控制的输出时仍然有问题,那么用户就可以推断他或她最初的想法是错误的,只能寻求其他解决方案。

510

4 关键飞行模式

4.1 配平状态

　　虽然在收到稳定的增益后,比例积分微分控制器最终将融入最终值,误差可能仍然存在,甚至出现了很强的 K_i 项。因此,必须对直升机进行配平,使其满足飞行要求。在这种模拟的环境中,这就意味着在比例积分微分控制器已确定了最佳的输出指令后,向控制输出集加入常量。在实际飞行中,这就意味着除了飞行员或自动驾驶仪发送的指令外,还有操纵面的稳态偏转。在本文"结果"部分中,会注意到飞行器定向的一些稳态误差。这在直升机的动态方面是可以接受的,因为在配平状态下,飞行器要平衡横滚方向的侧向力,需要有一个横滚定向或偏航定向的非零值。这一模型包含横滚方向的定向误差。其结果是直升机将始终以非零的横滚姿态飞行。

4.2 航路点导航

　　航路点数据中心是用 C 语言编写的一个 Simulink S 函数,考虑到了确定什么是无人机系统最佳下一步的多个变量。在起飞中,航路点数据中心考虑直升机距离指令高度有多远。飞行器进入期望的高度阈值范围时,系统计算直升机在这一高度保持了多少秒。如果满足了时间要求,该中心将指令飞往下一航路点。直升机接近每个航路点时,航路点中心继续监视航向、高度以及期望与实际纬度和经度坐标之间的差别。满足了当前航路点的所有要求后,航路点中心会指令飞往下一位置。飞行器通过了所有的航路点后,该中心向直升机发送着陆指令。飞行器着陆后,发送另一指令使主旋翼反螺距来产生反推力。这样使直升机着陆,成功地完成任务(图 4)。

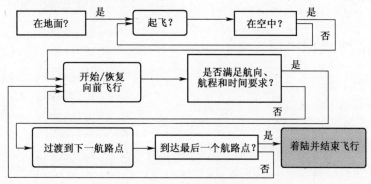

图 4　航路点导航过程流程图

511

4.3　基本驾驶员控制增稳系统

　　现代自动驾驶仪的另一个普遍预期方面是增加飞行员控制输入的能力。将这一功能的基本尝试加入到模拟中。控制增益来源于经修改的悬停控制器。这种控制方案包括增强对控制的其他部分是相互排斥的爬升和下降。控制的其他部分包括低速前进、后退、向左和向右飞行以及飞行器偏航。飞行器的响应来自图 5 中所示相同质量的二次向前飞行自动驾驶仪(B)。这些飞行模式是由控制器根据飞行员的输入增加的。如果右驾驶杆仅指示四个方向中的任何一个,直升机则按给定的方向移动。如果飞行员没有使驾驶杆准确地指向任意一个方向,则飞行器将默认进入悬停。

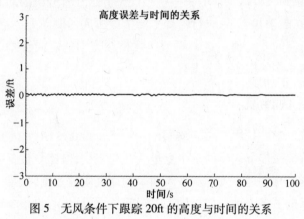

图 5　无风条件下跟踪 20ft 的高度与时间的关系

5　结果、讨论和结论

　　直升机控制器的过程继续随着时间的推移而发展。以下绘图、讨论和附图显示了直升机模拟和试验设置的最终结果,并提供了数据演进前景。这样可以更好地了解得出最终结果过程中可能出现的问题。

5.1　试验结果

　　控制器参数集是利用组件构建法采集的。这种方法类似于为调整商用现有自动驾驶仪所推荐的程序。第一步是调整尾部集体控制器,同时飞行器在距地面 1in 的各个部分悬停。然后,主旋翼的周期性控制由稍大的静态主旋翼集体进行调整。最后,加入到主旋翼集体,维持旋翼机离地大约 5ft 的悬停状态。利用悬停控制器获得满意的结果后,对向前飞行进行了调整,应考虑的事项如第 2.2 节所述。有关初期试验模型和验证模型的所有控制增益,参见图 6。

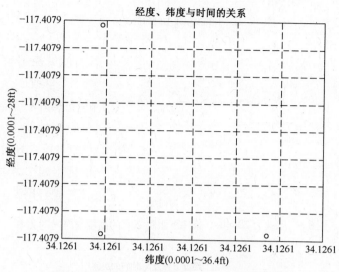

图6　无风条件下的经度和纬度与时间的关系

　　悬停状态,正如所期望的那样,指的是垂直起降的一种极为重要的飞行方式。试验过程从调整悬停条件的比例积分微分控制器开始。顺利完成这一步之后,实现向前飞行的过程变得有些简单了。图7~图12证明不同场景的悬停性能。许多高度跟踪误差来自30~60in X-飞机给出的GPS位置的舍入误差,虽然进行了舍入,结果仍显示出10s内大约6in的平均偏差。

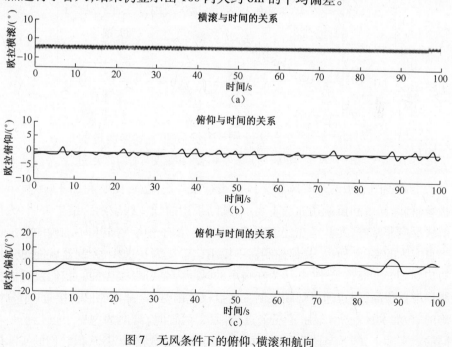

图7　无风条件下的俯仰、横滚和航向

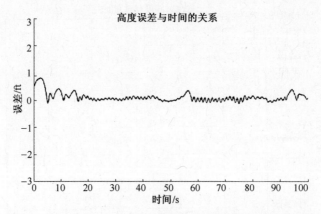

图8　风速为 20mile/h 条件下跟踪 20ft 的高度与时间的关系

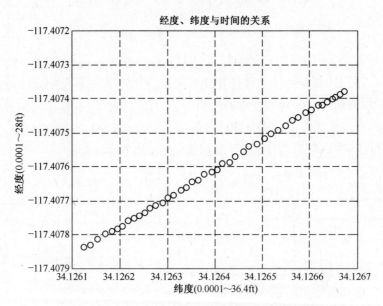

图9　风速为 20mile/h 条件下经度和维度与时间的关系

上述各图显示的是有风和无风的飞行条件。注意,图9和图12中显示的指令俯仰、横滚和偏航用曲线 1 表示,其结果用曲线 2 线表示。结果表明,无风航线反应非常好,尤其是在经度和纬度位置。由于预期嘈杂和不准确的数据将来自实际的 GPS,所以,悬停控制器不使用位置反馈。这样,控制器就能迅速地集成到 Simulink 模型中,并认为在很短的时间内是可以接受的。我们设置的控制器增益很高,但也通过切断限制了其授权范围时,直升机能保持接近"十分精确的"位置 90s。图8显示了三个点,着眼于两轴时,给出的这三个点几乎是相同的。实际上,图8与图7和图9具有相同数量的数据采集点,但它们的实际值

514

则作为图 8 中可见的三个中的一个重复着。图 10、图 11 和图 12 所示为每小时 20 英里风速条件下的同一架直升机的情况。虽然飞行器没有很好地保持其所需的航向,但其位置的稳定性却比无风条件下低得多。这些风所代表的是标准蒲福(Beaufort)式风级 5 级。

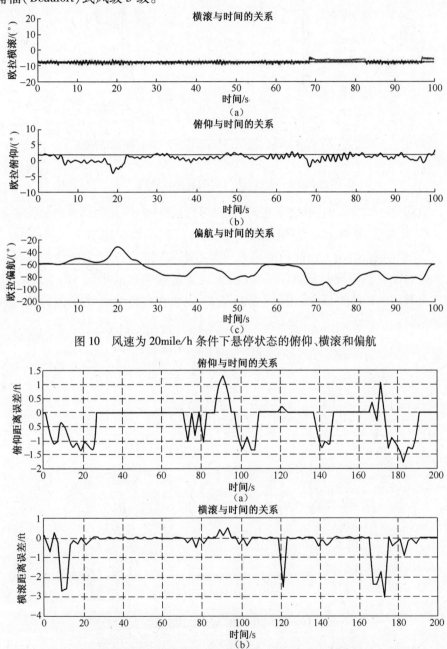

图 10　风速为 20mile/h 条件下悬停状态的俯仰、横滚和偏航

图 11　悬停过程中机体方向俯仰和横滚位置误差与时间的关系

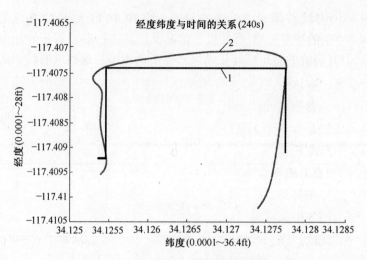

图 12　采用方法"A"的航路点导航

　　就像是一次练习,在确定了正确实现试验设置中悬停比例积分微分控制器的位置反馈后,便实现了模拟悬停最合适的位置反馈。我们仅通过将 -0.1 和 -0.4 比例项分别纳入俯仰和横滚方向误差来实现的。为了尝试使控制反馈与物理自动驾驶仪控制器更像一些,位置的更新频率被减小到 5Hz 来到模仿 GPS 接收器的传统更新率。图 13 所示是 X-飞机在超过 200s 的时间范围内获得的结果。

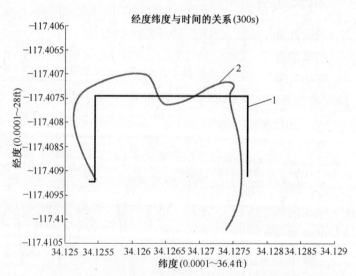

图 13　采用方法"B"给出的航路点导航

　　在航路点导航情况下,多个方法都可以认为是有价值的。在从一点到另一

516

点快速交付货物或者跟踪更快的地面车辆和空中飞行器时,最好采用方法"A"。这种方法的特点是直升机的机头指向航路点方向而其机体则向前倾斜,高速向前飞行。接近目前的航路点时,一旦满足了一些边界条件的要求便会变化其飞行状态。在这一点上,飞行器转向下一个航路点,并调整其航向继续飞行。以下绘图是参照这种模式显示的。

第二种方法是专用于近距离和周围环境的。这种类型的导航称为方法"B"。在这种模式下,直升机可以低速和以任何给定的航向飞行到不同的航路点。这就是说,直升机可能有相对于下一航路点的稳态偏航姿态。因此,除了正常的稳态配平条件外,还导致获得期望速度矢量的横滚和俯仰姿态小得多,但仍不为零。图 5 中第三和第四个航路点之间的纽结,是因为直升机正在尝试修正到期望的航向。飞行器接受指令向后飞行并经历一些困难,但却是能恢复的,如绘图所示。一些这类的不稳定性是由 X-飞机处理小型飞行器物理性质的能力差引起的。在现实中,遥控直升机的尾部控制往往比 X-飞机要好一点。这在图 12、图 13 中最后一个航路点之后的延伸,是因着陆序列而不是航路点导航引起的。

6 未来的工作

6.1 验证和长期目标

这种模拟的设计基于有试验实际无人机系统控制算法的工具。因此,作为验证这些模拟结果的方法,构建一个机上有自动驾驶仪硬件和软件的直升机,是一个必须遵守的步骤。尽管可能有人认为,联邦航空局认证 X-飞机的状态就足够了,但遥控直升机的设置可以有很大的差异,甚至居于同一架飞机设计的两个实例之间。这与典型的模拟误差结合在一起,使硬件验证成为一个合乎逻辑的步骤。也许另一种验证方法是与 X-飞机和/或 Simulink 或其他一些类似的环境中无人机前一次模拟进行比较。文献检索的结果已给出一些所期望的指示。

作为一项基本的验证试验,本文中的飞行控制器已进行了调整,对 Shim 论文中的模拟和试验部分所述的 Kyosho(京商)60SR Ⅱ型石墨概念直升机进行控制。实际的飞行器也是根据文献 [6]"附录"中表 A-1 和表 A-2 给出的估计飞行器性能在 X-飞机中建模的。图 14 中的图形显示的是按照 1999 年建立的飞行器上典型的所有大型机载航电系统和自动驾驶仪设备的考虑设计的模型。图 15 和图 16 中给出了仿效文献[6] 中飞行计划得出的结果。这些图的目的是显示 Shim 论文中给出的类似的飞行计划。Shim 论文中飞行计划的相对精度为 1m 左右。图 15 和图 16 所示为自动驾驶仪引导模型化 Kyosho 直升机在期望航路点 4ft 范围内的能力,这是相当于 1m(3.28ft)的数量级。主要结论:控制器足以沿着论文中给出的,与论文中提供的飞行器参数相同的航路点飞行。控制器也能做到这一点,并且增益变化小或没有变化。实际方法的差别可能是因为 Shim 论文中设计的比例积分微分控制器与本文中设计的控制器不同引起的。此外,Shim 的论文采用的是航路点导航使用的有限飞行包线。因此,它能利用线性化稳定的倒数,而 X-飞机中的模型采用的是包括第 2.1 节提及的空气动力损失的空气动力学方法,产生所涉及的飞行动力。这一验证的结果因此指向在试验用试验平台,如试验遥控直升机,上对这一控制器进行实际试验的值。

图 14　X-飞机内伯克利小熊座(URSA minor)2 模型

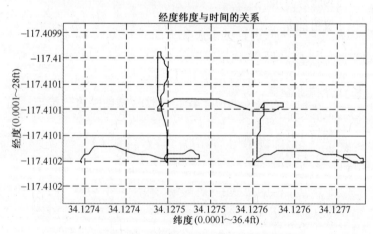

图 15　X-飞机/Simulink 模拟环境下伯克利飞行器纬度和经度的低速、近距离导航绘图

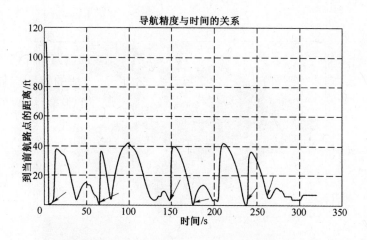

图 16   到当前航路点的相对距离(箭头)

　　预期的第一项验证建议,作为一个项目,在第 6.2 节中讨论了建立这一机制的设备和期望的程序。

6.2   对未来目标的最后思考和推荐的方法

　　利用市场上可买到设备制造廉价的无人机系统在过去几乎是不可能的,但在过去的 10 年里,这种不可能性已变得更像是爱好者和研究人员常见的做法。一般的方法都是从价格适中的遥控飞行器开始的。在这种情况下,一些首选的平台包括 Thunder Tiger Raptor 和 Minicopter Joker。这些飞行器平台可以满足约 5lb(1lb=0.453952kg)的有效载荷要求,并且很容易获得。

　　自动驾驶仪可能是用 C 语言编程的,并用于使用 Pico ITX 主板、基于 Linux 的机载计算机。其他的可能性包括在 Qwerk、Gumstix、FPGA 或 Microchip[1] PIC 平台上加载自动驾驶仪。所有这些计算平台都提供了很小的形状—因数以及相对先进的计算功率输出。近年来已经发表了几篇论文,记录了这种设备在无人驾驶飞行器试验平台上的使用情况。正在使用这类其他平台的可能性,取决于具体的项目和每个项目所提出的要求(图 17)。

　　最后,为了将无人机系统连接在一起,需要使用多个传感器和安装设备。这一列表包括了 IMU/INS(惯性测量单元/惯性导航系统)传感器、GPS(全球定位系统)、罗盘、高度计激光器和阻尼器(用于释放过度振动传感器)。当所有这些项目都安装在无人机系统平台上并且完成了适当的地面试验后,就可能进行

1　PIC 芯片是 Microchip 的注册商标。

图 17 Pico-ITX 主板的形状—因数比较。http://www.via.com.
tw/en/initiatives/spearhead/pico-itx/;访问于 2007 年 12 月 4 日

比例积分微分控制模拟的验证。

本文中可能的其他研究,包含对传感器滤波技术的详细研究,其中可能有卡尔曼滤波,一些自适应滤波或类似贝叶斯滤波等。对这些的测定取决于什么最适合于无人机系统项目的具体数据。为了进一步提高模拟器和自动驾驶仪的跟踪性能,设计某种类型的智能控制是有益的。这种自适应比例积分微分控制器应具备独立地动态改变增益的能力而无需进行人工输入。总的来说,这种试验平台的设计,作为研究用飞行器,在未来的研究中几乎具备无限的可能性。在进行了这一步骤后,进一步验证来自编队飞行、高层控制增稳、特定任务场景的模拟、趋避机器学习技术和基于视觉的导航等任何情况,都将变得更具可行性。另外,未来随着用于 X-飞机内旋翼机的设计参数越来越多,即使系统动力仍然在一个黑盒子内,模拟系统的识别可能也是一项可行的方案,可以提供记录 X-飞机输出数据的能力。

附录

AI Simulink 模块图

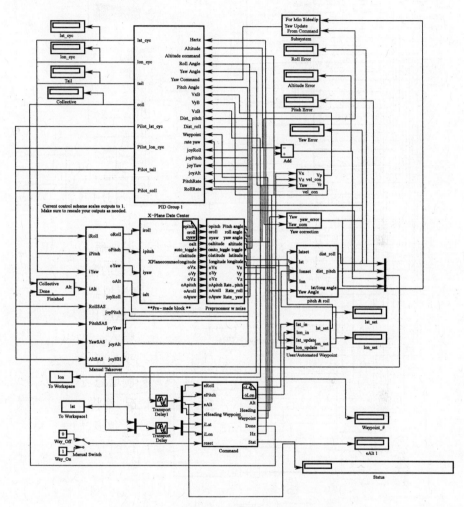

图 A-1　完整 Simulink 模块集(未显示子系统)

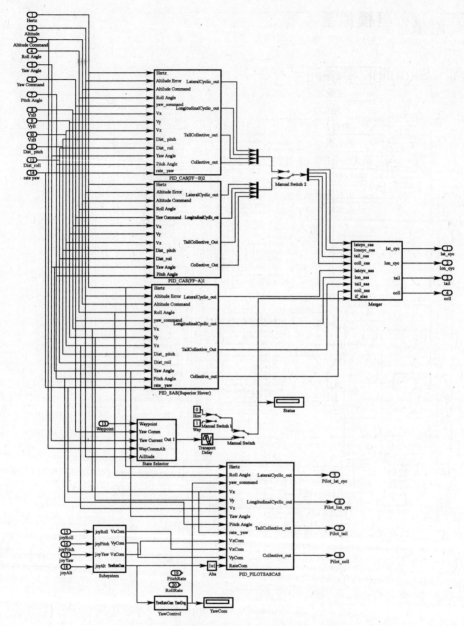

图 A-2 比例积分微分(PID)控制器子系统

A2 飞行器模拟基本规范

表 A-1 直升机特性

飞行器性质	值
主旋翼半径	3 ft
尾桨半径	0.7 ft
机体最大半径	0.5 ft
发动机最大功率	2.2 hp
最大安全速度(主旋翼)	1250
最大安全速度(尾桨)	5000
垂直安定面长度	1.4ft
水平安定面长度	1.4ft
空重	13 lbs
最大起飞重量	16 lbs

表 A-2 控制系统增益(USF 模型)

	悬 停	FF-A	FF-B	飞行员控制增稳系统/增稳系统
$K_p\theta$	-1.75	(-)0.1	(-)0.02	-1.75
$K_d\theta$	-0.001	(-)0.0005	(-)0.0005	-0.001
$K_i\theta$	-0.5	(-)0.0001	(-)0.0	-0.5
$K_p\phi$	1.2	0.1	0.6	1.2
$K_d\phi$	0.0	0.025	0.04	0.0
$K_i\phi$	0.0	0.0	0.0	0.0
$K_p\psi$	0.004	0.0015	0.005	0.004
$K_d\psi$	0.4	0.0001	0.002	0.4
$K_i\psi$	0.001	0.08	0.001	0.001
$K_p V_x$	-0.5	0.0	-0.01	-0.5
$K_d V_x$	-0.0025	0.0	-0.0025	-0.0025
$K_i V_x$	-0.2	0.0	0.0	-0.2
$K_p V_y$	2	0.0	0.1	2
$K_d V_y$	0.001	0.0	0.1	0.001
$K_i V_y$	0.004	0.0	0.0	0.04
$K_p V_z$	0.05	0.005	0.05	2
$K_d V_z$	0.0015	0.0	0.0015	0.0015
$K_i V_z$	0.0	0.0	0.0	0.02
$K_p h$	1.5	0.05	1.5	0.0
$K_d h$	0.1	0.001	0.1	0.0
$K_i h$	2	0.0	2	0.0
$K_p耦合$	0.0	0.001	0.0	0.0

表 A-3 控制系统增益(伯克利模型)

	悬 停	FF-A	FF-B	飞行员控制增稳系统/增稳系统
$K_p\theta$	-1.75	(-)0.2	-1.75	-1.75
$K_d\theta$	-0.001	(-)0	-0.001	-0.001
$K_i\theta$	-0.05	(-)0.01	-0.5	-0.5
$K_p\phi$	1.2	0.3	1.2	1.2
$K_d\phi$	0.0	0.035	0.0	0.4
$K_i\phi$	0.0	0.0	0.5	0.0
$K_p\psi$	0.004	0.0015	0.004	0.004
$K_d\psi$	0.4	0.0001	0.4	0.0004
$K_i\psi$	0.001	0.08	0.001	0.001
$K_p V_x$	-0.8	0.0	-0.08	-0.5
$K_d V_x$	-0.0025	0.0	-0.0025	-0.0025
$K_i V_x$	-0.2	0.0	-0.2	-0.2
$K_p V_y$	2	0.0	2	2
$K_d V_y$	0.001	0.0	0.001	0.001
$K_i V_y$	0.04	0.0	0.04	0.04
$K_p V_z$	0.05	0.005	0.05	4
$K_d V_z$	0.0015	0.0	0.0015	0.0015
$K_i V_z$	0.0	0.0	0.0	0.02
$K_p h$	1.5	0.05	1.5	0.0
$K_d h$	0.1	0.001	0.1	0.0
$K_i h$	2	0.0	2	0.0
K_p耦合	0.0	0.001	0.0	0.0

参考文献

1. Garcia, R.D.: Designing an autonomous helicopter testbed: from platform selection to software design. Ph.D. Thesis, Department of CSEE, UVS. The University of South Florida (2008)

2. Green, W.E.: A multimodal micro air vehicle for autonomous flight in near-earth environments.Ph.D. Thesis, Drexel University (2007)

3. Meyer, A.: About X-plane. http://x-plane.com/about.html. Accessed 19, November 2007

4. Minicopter. www.minicopter-canada.com/. Accessed 20 November 2007

5. Nelson, R.C.: Flight Stability and Automatic Control. McGraw Hill, Boston (1998)

6. Prouty, R.W.: Helicopter Performance, Stability and Control. Kieger (printed 2002, errata 2005)

7. Shim, H.D.: Hierarchical flight control system synthesis for rotorcraft-based unmanned aerial vehicles. Ph.D. Thesis, The University of California: Berkeley (2000)

8. WowWee Products. Product Wiki. www.productwiki.com/wowwee - flytech - dragonfly/. Accessed 20 November 2007

9. www.commons.wikimedia.org/wiki/Image: Align_T-Rex_2386_mini.jpg. Accessed 20 November 2007

10. www.e-fliterc.com/Products/Default.aspx? ProdID=EFLH1250. Accessed 20 November 2007

内 容 简 介

　　本论文集涉及国外无人机发展动态、发展趋势以及无人系统能源与动力技术、平台技术、自主控制技术、通信技术、平台/任务载荷一体化技术等方面内容。可为一线科研技术人员的技术攻关提供情报支撑和资料参考,并为无人系统领域管理人员的决策制定提供有益参考。